Überspannungen in Energieversorgungsnetzen

Überspannungen in Energieversorgungsnetzen

Von

Dr.-Ing. Herbert Baatz

Vorstand der Studiengesellschaft für Höchstspannungsanlagen e. V.
Berlin und Ruit/Eßlingen a. N.

Mit 213 Abbildungen

Springer-Verlag Berlin Heidelberg GmbH

1956

ISBN 978-3-642-47357-9   ISBN 978-3-642-47355-5 (eBook)
DOI 10.1007/978-3-642-47355-5

Vorwort.

Die Betriebssicherheit der elektrischen Energieversorgungsnetze wird wesentlich durch die Häufigkeit des Auftretens von Überspannungen bestimmt. Es ist daher notwendig, die Ursachen der Überspannungen zu erkennen, um Maßnahmen gegen ihr Entstehen oder zu ihrer Begrenzung zu treffen.

Das vorliegende Buch behandelt die wesentlichen Vorgänge, die beim Betrieb der Netze zu Überspannungen führen können. Dabei war es die Absicht des Verfassers, diese Vorgänge in ihrem gesamten Zusammenhang möglichst einfach und anschaulich zu erklären. Es ist bewußt auf theoretische Ableitungen und die Behandlung besonderer selten auftretender Vorgänge verzichtet worden, da R. Rüdenberg die Theorie der elektrischen Schaltvorgänge in seinem ausgezeichneten Buch grundlegend bringt. Das Buch ist besonders dem praktisch tätigen Ingenieur des Netzbetriebes gewidmet, um ihm einen Überblick über die Vorgänge zu geben, die in seinem Netz auftreten können, wie auch über die Maßnahmen zur Vermeidung, Verminderung oder Begrenzung der Überspannungen.

Die ersten Abschnitte befassen sich mit Überspannungen, die durch Gewittereinwirkung auf Freileitungen auftreten. In zusammenfassender Darstellung ist auf die bisher im Schrifttum vorliegenden Untersuchungen über die Entstehung der elektrischen Ladung in den Wolken sowie des Blitzes eingegangen. Die Forschung auf diesem Gebiete ist in Schweden durch Norinder, in der Schweiz durch Berger, in Deutschland durch die Studiengesellschaft für Höchstspannungsanlagen sowie in Nordamerika, Südafrika, England und anderen Ländern durch zahlreiche Ingenieure und Physiker vorangetrieben worden. Während die Meteorologen vor allem das Entstehen der Gewitterwolke und die Bildung der elektrischen Ladung interessierte, führten die Ingenieure der Energieversorgung die Untersuchungen über die Bildung und das Wesen des Blitzes durch. Sie wollten den Verlauf des Blitzvorganges erkennen, um entsprechende Schutzmaßnahmen für die Sicherheit der Energieübertragung treffen zu können. Dies führte zu der Technik der Stoßspannungsprüfung der Anlagen und Betriebsmittel sowie zu einer entsprechenden Bemessung der Isolation gegenüber Stoßspannungen.

Die Untersuchungen über Schutzmaßnahmen gegen Gewittereinwirkungen betreffen den Schutzbereich von Erdseilen und Blitzableitern, das Verhalten von Erdungen beim Durchfluß von Blitzströmen sowie die Entwicklung von Überspannungsschutzgeräten. Während Ableiter und Kondensatoren zunächst nur der Begrenzung der Überspannungen durch Blitzeinwirkung dienten, werden sie heute auch gegen innere Überspannungen durch Schaltvorgänge verwendet, sofern diese nicht durch andere Maßnahmen beseitigt werden können.

Ein weiterer Abschnitt befaßt sich mit Überspannungen, die durch Schaltvorgänge in Netzen erzeugt werden. Neben den Vorgängen, die bei Erdschluß in Netzen mit isoliertem oder über Erdschlußspulen geerdetem Netzsternpunkt auftreten, sind es die Ausgleichvorgänge beim Schalten der Betriebsmittel, wie Transformatoren, Leitungen und Kondensatoren. Eingehende Untersuchungen über Schaltvorgänge in Netzen wurden in Deutschland von der Studiengesellschaft für Höchstspannungsanlagen seit Anfang der dreißiger Jahre unter der Leitung ihres ersten Vorstandes Professor Dr.-Ing. E. h. A. MATTHIAS durchgeführt. Er veranlaßte hierfür im Jahre 1930 den Bau eines Vierkathodenstrahl-Oszillographen mit kalter Kathode und umlaufender Trommel von 2 m Filmlänge. Dieser in einem Meßwagen eingebaute Oszillograph hat über 10 Jahre lang wertvolle Dienste bei Netzversuchen geleistet, bis er dann als Folge der Entwicklung durch Oszillographen mit abgeschmolzenen Glasröhren abgelöst wurde. Die deutschen Elektrizitätswerke haben dadurch, daß sie ihre Netze für solche Versuche zur Verfügung gestellt haben, einen wertvollen Beitrag zur Lösung der Probleme geleistet. Die als Beispiele wiedergegebenen Oszillogramme von Schaltvorgängen entstammen sämtlich Untersuchungen der Studiengesellschaft, die der Verfasser teils selbst durchgeführt, teils geleitet hat. Der Studiengesellschaft sei besonders dafür gedankt, daß solch vielseitiges Material über Schaltvorgänge angeführt werden kann.

Beim Korrekturlesen und bei der Aufstellung des Sachverzeichnisses hat mich Herr Dipl.-Ing. WASTE in hervorragender Weise unterstützt. Hierfür möchte ich ihm besonders danken. Mein Dank gilt auch dem Springer-Verlag dafür, daß er sich bereit erklärt hat, vor allem den Abschnitt über innere Überspannungen in Netzen durch die Wiedergabe zahlreicher Oszillogramme wertvoller zu gestalten.

Ruit/Eßlingen a. N., im November 1955. **Herbert Baatz.**

Inhaltsverzeichnis.

Berichtigung.

S. 126, Z. 7: statt $10^{-2}s$ **lies** $T = 10^{-2}s$.

S. 180, Z. 1: statt $L_\mu \gg L_1, L_1, L_2$ **lies** $L_\mu \gg L_s, L_1, L_2$.

S. 181, Gl. b: In der zweiten Klammer
     statt $(2\,C + \cdots)$ **lies** $(2\,C_0 + \cdots)$.

S. 216, Z. 2: statt $= iZ$ **lies** $= i_s Z$.

A. Das Gewitter.

1. Der elektrische Aufbau des Gewitters.

Aus Messungen über die Veränderung der elektrischen Feldstärke bei Gewitter schloß WILSON [1/8] bereits, daß die Gewitterwolke ein Bipol ist, wobei die positive Ladung über der negativen liegt. SIMPSON und SCRASE [1/20] und später SIMPSON und ROBINSON [1/39] haben mit Registrierballons die Feldstärke in Gewitterwolken, allerdings nicht im Gebiet der höchsten Aktivität gemessen. Bild 1 zeigt, daß die Feldstärken, die

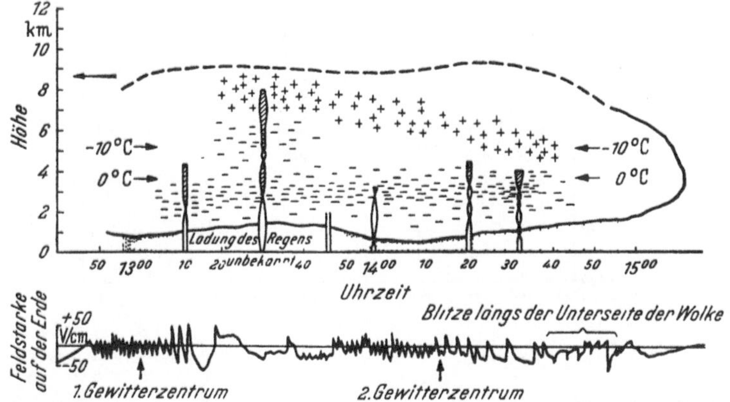

Bild 1. Elektrische Feldstärkemessung von SIMPSON und SCRASE mit Registrierballons [1/20].

durch die senkrechten Säulen dargestellt sind, sich erheblich ändern. Positive Felder sind in den Säulen schraffiert, negative Felder nicht schraffiert. Der waagerechte Abstand der Begrenzungslinien ist ein Maß für die Größe der Feldstärke. Die größte gemessene Feldstärke war etwa 100 V/cm. Höhere Werte wurden sehr selten aufgezeichnet. Daraus wäre zu schließen, daß sehr große Feldstärken nur in eng begrenzten Zonen dort auftreten, wo die Blitzentladung sich ausbildet. Die Feldstärke bleibt von der Erde bis zur Unterseite der Wolken mehr oder weniger gleich. Sie liegt in der Größe von 50 bis 100 V/cm. Man sieht aus der aufgezeichneten Feldstärkenkurve auf der Erde, daß nach einem Blitzschlag sich das Feld zuerst schnell, dann langsamer erholt in gleicher Weise, wie sich

1 Baatz, Überspannungen.

die Ladung in der Wolke wieder bildet. Bei 100 V/cm und einer Wolkenhöhe von 1000 m ergäbe sich demnach ein Potential der Wolke auf ihrer
Unterseite gegen die Erde von 10000 kV.

Die Richtung der Feldstärke auf der Erde ist von der Wolkenladung,
insbesondere auf deren Unterseite abhängig. Das Feld bei ruhigem Wetter
ist positiv. Mit Annäherung der Gewitterwolke wird es negativ, wird dann
unter dem Gewitterherd selbst im allgemeinen wieder stark positiv, wech-
selt wieder nach negativ, um dann allmählich wiederum positiv zu
werden.

Während des Blitzschlages treten auch auf der Erde erhebliche Feldstärken auf, die bis 1 kV/cm und mehr betragen. Bild 2 zeigt Messungen
dieser sehr kurzzeitig auftretenden Feldstärken von LEWIS und FOUST

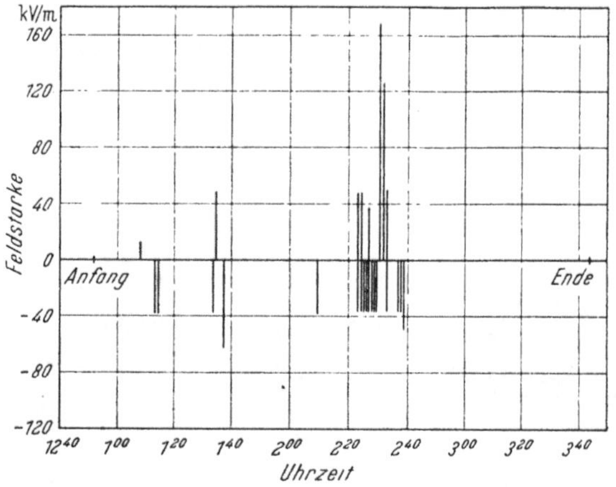

Bild 2. Hochstwerte der Feldstärke auf der Erde während eines Gewitters [2/3].

[2/3]. Die Empfindlichkeit der im Laboratorium geeichten Meßgeräte
war so eingestellt, daß diese nur bei Blitzschlägen registrierten. Die
Höhe der gemessenen Feldstärke ist natürlich abhängig von der Entfernung des Blitzschlages.

MINSER [1/30] nimmt auf Grund von Beobachtungen und Messungen
mit Flugzeugen an, daß die Ladungen besonders in der Temperaturzone
unter 0° C entstehen, da nach den Messungen große Ladungen nicht nur in
Cumulonimbuswolken, sondern auch in den Cumuluswolken, die Schauer
ergeben, auftreten. Die Beobachtungen von MINSER sind in Bild 3 dargestellt. In einer Höhe von etwa 4000 bis 6000 m sind Graupel und
Wasser bei Temperaturen zwischen 0 und −20° C gemischt. Das Gebiet
über dieser Zone enthält vorherrschend positive Ladung, das Gebiet unter
dieser Zone vorherrschend negative Ladung. Einschläge in Flugzeuge
traten am häufigsten im Temperaturgebiet um den Gefrierpunkt von

1 bis $-3°$C auf. Sie wurden bei Höhen zwischen 600 und 5500 m beobachtet.

GUNN [1/53] hat Feldstärken an der Oberfläche von Flugzeugen in allen Arten von Wolken gemessen (Bild 4). Der mittlere Höchstwert in neun verschiedenen Gewitterwolken war 1300 V/cm. Die vom Flugzeug unbeeinflußte Feldstärke könnte allerdings noch etwas höher sein, zumal wenn das Feld überwiegend horizontale Richtung hat. Bei vertikalem Feld wird die Feldstärke etwas geringer als die Meßwerte. Große Feldstärken treten im allgemeinen nur innerhalb der Wolke auf, und zwar in der Nähe des Gefrierpunktes. Als Höchstwert wurden 3400 V/cm bei einer Höhe von rd. 4000 m kurz vor einem Blitzschlag durch das Flugzeug gemessen. Der Strom durch die Flügelenden 1 s vor dem Blitzschlag betrug 200 μA.

In normalen ruhenden Wolken liegt die Feldstärke unter 10 V/cm und innerhalb gewöhnlicher Regenwolken unter 40 V/cm.

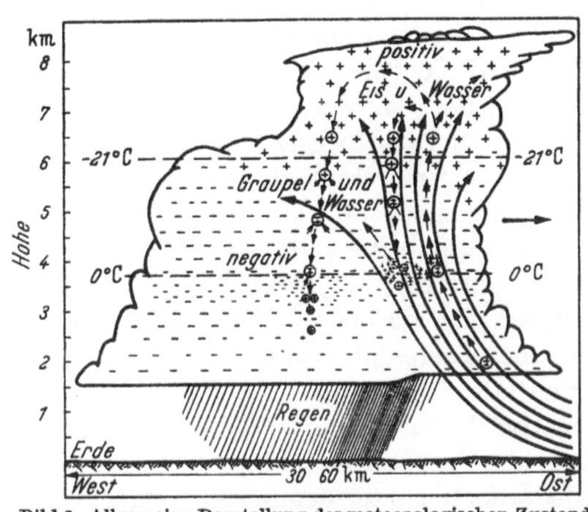

Bild 3. Allgemeine Darstellung des meteorologischen Zustandes und des Vorganges der Ladungstrennung in einer Gitterwolke [1/30].

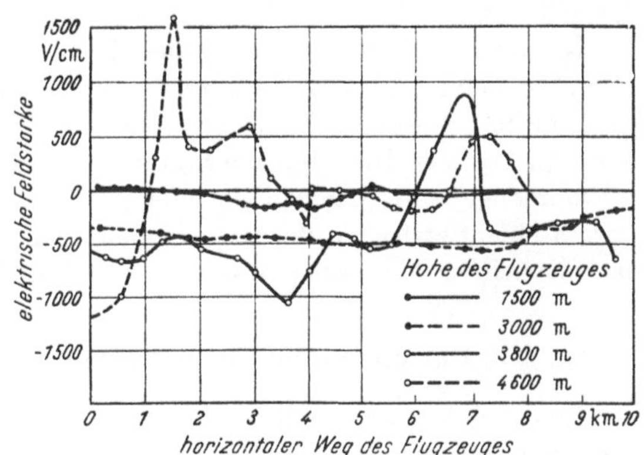

Bild 4. Elektrische Feldstärke in verschiedener Höhe einer tätigen Gewitterwolke [1/53].

Der bipolare Aufbau der Gewitterwolke wird durch alle bisherigen Messungen bestätigt. WORKMAN und REYNOLDS [1/57] haben festgestellt, daß mit zunehmender Intensität der Gewittertätigkeit sich das positive Ladungszentrum nach oben bewegt, während das negative annähernd in gleicher Höhe im Bereich des größten Niederschlages bleibt. Das negative und positive Ladungszentrum haben im Mittel eine Höhe von etwa 2,5 bzw. 4 km.

Aus ihren Untersuchungen in Südafrika schließen MALAN und SCHON-LAND [*1/65,66*], daß die Blitzentladung größtenteils aus einer negativ geladenen senkrechten Wolkensäule bis zu 6 km Höhe erfolgt. Die aufeinanderfolgenden Teilblitze zapfen fortschreitend höhere Wolkenschichten an, wobei sich je Blitz eine Zunahme von etwa 700 m ergibt. Dabei zeigte sich aus jeweils der ersten Entladung, daß in 65% der Fälle im unteren Teil der Wolke eine positive Ladung vorhanden ist. Der erste Blitz erfolgt etwa aus der $-5°$-Zone; die gesamte Gewitterwolke reicht etwa bis zur $-40°$-Isotherme. In England hingegen hat WORMELL [*1/70*] durch Feldmessungen festgestellt, daß zu 75% die Teilblitze in annähernd gleicher Höhe entstehen, während der Rest ähnlich wie in Südafrika verläuft.

Ein vereinfachtes Bild der Ladungsverteilung in der Gewitterwolke haben SIMPSON und ROBINSON [*1/39*] aufgestellt. Nach ihrem Schema befindet sich im oberen Teil der Wolke eine positive Ladung von 24 C bei einer Temperatur von $-30°$ in einer Kugel von 4 km Durchmesser, deren Mittelpunkt 6 km über dem Erdboden liegt. Darunter folgt eine negative Ladung von 20 C bei einer Temperatur von $-8°$ und einem Kugeldurchmesser von 2 km mit einer Höhe des Mittelpunktes von 3 km. Wiederum darunter liegt eine geringe positive Ladung von 4 C bei $+1,5°$ in einer Kugel von 1 km Durchmesser bei einer Mittelpunktshöhe von 1,5 km. Die obere positive Ladung und der wesentliche Teil der negativen Ladung befinden sich also in Temperaturzonen unter $0°$.

KUETTNER [*1/59*] hat bei seinen Beobachtungen auf der Zugspitze ebenfalls gefunden, daß die untere positive Ladung im allgemeinen nur eine geringe Ausdehnung von weniger als 1 km im Temperaturbereich von etwa $0°$ hat. Die negative Ladung ist zwar ausgedehnter, aber auch zusammengeballt, dagegen die obere positive Ladung zerstreuter. Die Trennschicht zwischen der unteren positiven und der negativen Ladung ist anscheinend der Ausgangspunkt der Blitzbildung.

2. Der meteorologische Aufbau der Gewitterwolke.

Eingehende Untersuchungen über die Bildung und den Aufbau der Gewitterwolken sind in der letzten Zeit auf der Zugspitze von KUETTNER [*1/59*] sowie von BYERS und BRAHAM [*1/61*] in Amerika durchgeführt worden.

Im Anfangszustand wächst die Gewitterwolke mit Aufwinden von im Mittel 7 m/s Geschwindigkeit schnell in die Höhe. Es können teilweise auch größere Windgeschwindigkeiten von 15 m/s und mehr auftreten. Die Ausdehnung, soweit sie zuerst durch Radarecho ermittelt werden kann, mag horizontal nur etwa 0,5 km und vertikal etwa 1 km über der $0°$-Isotherme sein. Die Wolke wird schnell durch die Aufwinde in die Höhe bis gegen die $-30°$-Isotherme und darüber getrieben. Es können sich mehrere Zellen solcher starken Aufwinde nebeneinander oder auch nacheinander ausbilden, deren horizontale Ausdehnung im einzelnen in der Größe von 100 bis 1000 m liegt. An der Oberseite der Wolke sind sie durch einzelne Kuppen erkennbar. An der Unterseite kann die gesamte Wolke eine Ausdehnung von 5 bis 14 km haben, mit zunehmender Höhe wird sie schmaler.

Die im Anfangszustand noch kleinen Wassertröpfchen wachsen schnell und gefrieren in den oberen Wolkenschichten, in die sie durch die Aufwinde getragen werden. KUETTNER hat auf der Zugspitze festgestellt, daß zu 93% gefrorene Wasserteilchen vorherrschen, während er nur in 21% der Wolken Wassertropfen gefunden hat. Am häufigsten trat Graupel auf, Hagel seltener bei besonders starken Aufwinden. Der einsetzende Niederschlag führt schließlich im unteren Teil der Wolke zu Fallwinden, die allmählich von höheren Regionen ausgehen. In diesem Zerfallzustand sind überwiegend Schneekristalle vorhanden. Für die Entwicklung eines Gewitters ist es notwendig, daß die Temperaturen im Unterteil der Wolke über 0° liegen. Die Blitzbildung setzt erst ein, wenn die Wolkenspitze bis in die $-30°$-Isotherme gelangt ist.

Der zeitliche Ablauf einer Gewitterwolke läßt sich in drei Zustände unterteilen, die von der Richtung und Größe der vertikalen Luftströme abhängig sind.

Während des Wachstums treten starke Aufwinde ein. Diese entstehen nach Radarmessungen etwa 10 bis 15 min von dem Augenblick des ersten Radarechos aus der 0°-Isotherme, d.h. vom Beginn der Bildung von Wassertröpfchen.

Im Reifezustand entstehen neben den Aufwinden bereits Fallwinde besonders im unteren Teil. Blitzentladungen und Niederschläge unter der Wolke treten auf. Dieser Zustand dauert etwa 15 bis 30 min.

Während des Zerfalls, der etwa 30 min dauert, sind schwache Fallwinde durch die ganze Wolke vorherrschend. Die Blitzentladungen und der Niederschlag lassen nach.

Die gesamte Lebensdauer eines Gewitters beträgt somit etwa 1 Stunde. Größere Gewitter können sich infolge Bildung neuer Zellen über längere Zeit erstrecken.

Starker Niederschlag innerhalb der Wolke ist für das Einsetzen der elektrischen Tätigkeit notwendig. Die Blitzbildung setzt mit dem Auftreten festen Niederschlages ein, und zwar an den Stellen der höchsten Niederschlagsintensität. Die größte Ladungstrennung tritt wahrscheinlich in den Temperaturzonen zwischen -5 und $-10°$ auf. Nach Radarmessungen entsteht die erste Entladung innerhalb der Wolke etwa 12 min, nachdem von der $-30°$-Isotherme das erste Radarecho erschienen ist. Gleichzeitig tritt an der Unterseite der Wolke Niederschlag auf. Einige Minuten später erfolgen dann auch Blitze von der Wolke zur Erde. Je höher die vertikale Ausdehnung der Wolke ist, um so intensiver ist die Blitztätigkeit. Die durch einen Blitzschlag neutralisierte Ladung liegt im allgemeinen in der Größe von 10 bis 30 C, aber auch höhere Werte kommen vor. Bei einer Blitzfolge von 20 s im Mittel ergäbe sich ein Dauerstrom von etwa 1 A.

Aus Messungen der Schwankungsdauer der Feldstärke auf dem Erdboden bei Gewitter hat WICHMANN [1/55] festgestellt, daß die Zeitdauer der Wolkenblitze erheblich länger (bis 2 s und mehr) ist als der Erdblitze, die nur Bruchteile von Sekunden beträgt. Es zeigte sich, daß in einzelnen Gewittern fast ausnahmslos Erdblitze auftraten, und andere überwiegend Wolkenblitze aufwiesen. Gewitter, die langsam ziehen, schwach sind oder deren untere Wolkengrenze verhältnismäßig hoch liegt, haben meist Wolkenblitze, Gewitter großer Intensität mit tiefliegender Wolkendecke vorwiegend Erdblitze. Auch beim Zerfall einer Gewitterwolke wird daher das Verhältnis der Wolkenblitze zu Erdblitzen zunehmen.

3. Theorien über das Entstehen der elektrischen Ladung in der Gewitterwolke.

Influenz-Theorie nach ELSTER und GEITEL [1/1,7]. In der Wolke sind Wassertröpfchen verschiedener Größe; die größten werden fallen und die kleineren durch den Aufwind nach oben mitgerissen. Die Tröpfchen polarisieren sich unter dem Einfluß des bestehenden luftelektrischen Feldes. Im allgemeinen ist dieses Feld gegen die Erde gerichtet, so daß sich im oberen Teil der Tropfen negative und im unteren Teil positive Ladung bildet. Berührt nun ein großes Tröpfchen beim Fallen ein kleineres von oben, so tauscht sich beim Abprallen die negative Ladung des kleinen Tröpfchens mit der positiven des großen aus. Das kleine Tröpfchen mit überwiegend positiver Ladung wird weiter durch den Aufwind nach oben bewegt, während das große Tröpfchen mit überwiegend negativer Ladung nach unten fällt. In der Wolke sammelt sich somit positive Ladung im oberen Teil und negative Ladung im unteren Teil an. Das sich allmählich in der Wolke verstärkende elektrische Feld begünstigt zunehmend die Ladungstrennung durch Influenz. Es wird angenommen, daß dieser Vorgang der Ladungstrennung durch Berührung fester Teilchen mit flüssigen Tropfen stärker sein kann als bei flüssigen Tröpfchen allein.

Diese Theorie kann heute nicht mehr aufrechterhalten werden. Nach neueren Untersuchungen [1/64] spielt die unmittelbare Vereinigung von Tröpfchen nur eine große Rolle bei der Bildung des Niederschlages.

Ionisations-Theorie nach WILSON [1/8,12]. WILSON geht wie ELSTER und GEITEL von der Influenzwirkung des normalen elektrischen Feldes auf die Wassertropfen aus, nur daß bei seiner Theorie die Wirkung der kleineren Tröpfchen durch die der Ionen in der Wolke ersetzt wird. Hierdurch entfällt die Schwierigkeit der Vorstellung über das Zusammentreffen und die Ladungsübertragung zwischen den Tröpfchen.

Die Luft enthält ständig positiv und negativ geladene Ionen dadurch, daß von den Molekülen ein negatives Elektron abgelöst wird. Sie lagern sich auch an Teilchen an und bilden kleinere oder größere Ionen und versuchen wiederum sich zu vereinigen. Ihre Beweglichkeit hängt von ihrer Größe ab. Das luftelektrische Feld versucht die positiven Ionen in die Feldrichtung und die negativen entgegengesetzt dazu zu ziehen. Die kleinen Ionen haben in einem Feld von 1 V/cm eine stetige Geschwindigkeit in der Größe von 1 cm/s, während die Beweglichkeit der großen Ionen nur 1/2000–1/3000 davon ist. Die Anzahl der Ionen ist sehr verschieden, mengenmäßig überwiegen unter normalen Bedingungen im Mittel die großen Ionen.

Im fallenden Wassertropfen findet durch das elektrische Feld eine Ladungstrennung statt, so daß der obere Teil negativ und der untere Teil positiv geladen ist. Die Ionen werden durch den Aufwind in die Wolke getragen und treffen dabei auf die Tropfen, wobei die negativen Ionen durch die positive Ladung auf der Unterseite des Tropfens angezogen werden, so daß dieser negativ aufgeladen wird. Die positiven Ionen werden hingegen abgestoßen und mit dem Luftstrom weiter nach oben geführt und entgehen damit der anziehenden Wirkung des oberen Tropfenteiles. Die negative Ladung wird durch die fallenden Tropfen in den unteren Teil der Wolke gebracht, während der obere Teil durch den Aufwind, dem die negativen Ionen durch die Wassertropfen entzogen worden sind, positiv aufgeladen wird.

Wilson hat die Wirkung eines elektrischen Feldes auf Seifenblasen und Macky [*1/13*] auf fallende Wassertropfen untersucht. Unter dem Einfluß zunehmender Feldstärke und Polarisation zieht sich der Tropfen in die Länge, wobei das positive Ende spitzer wird als das negative. Bei einer gewissen Feldstärke F werden von den Enden kleine Teilchen abgeworfen; außerdem treten Entladungen gleich denen an einem Leiter auf. Es hat sich gezeigt, daß die Entladungen am negativen Ende stärker sind als am positiven. Die Tropfen werden unstabil und zerplatzen schließlich unter Glimmerscheinungen. Diese Unstabilität tritt ein, wenn $F\sqrt{r}$ etwa 3800 ist (r = Radius des Tropfens in cm). Daraus ergibt sich, daß das Feld beim Zerfallen des Tropfens erheblich groß sein muß, und zwar etwa 13 kV/cm bei $r = 1$ mm und 8,6 kV/cm bei $r = 2$ mm. Diese Erscheinung setzt der Größe der Tropfen eine Grenze. Macky nimmt an, daß innerhalb der Wolke die Feldstärke vor der Entladung bis zu etwa 10 kV/cm ansteigt. Hingegen liegt die normale Feldstärke in 10 km Höhe bei 0,02 V/cm, so daß eine erhebliche Steigerung in der Gewitterwolke durch den Vorgang der Ladungstrennung eintreten müßte. Gott

[*1/16*] hat durch Laboratoriumsversuche den Vorgang einer Ladungstrennung nach der Theorie von WILSON bestätigt.

WHIPPLE und CHALMERS [*1/45*] haben die mögliche Ladung der Tröpfchen und die Zeit der Ladungsbildung berechnet. Die Halbwertzeit für die Erzeugung einer Ladung von rd. 1 C/km³ bei einer Feldstärke von 1 kV/cm liegt in der Größe von 170 min. Für die Entstehung des Gewitters dürfte diese Ladung zu gering sein, wie auch andererseits die Zeit zu lang. Die Ladungserzeugung nach der Theorie von WILSON kann somit nur von untergeordneter Bedeutung sein und gegebenenfalls nur für den unteren Teil der Wolke zutreffen.

In ähnlicher Weise wie WILSON haben auch FRENKEL [*1/49*] und WALL [*1/54*] versucht, die Ladungserzeugung zu erklären. WALL nimmt an, daß die Ladungstrennung durch Dipolwirkung der Eiskristalle entsteht, also bei Temperaturen unter 0°C. Nach FRENKEL nehmen große Tropfen eher eine positive Ladung an als eine negative. Hierdurch könnte erklärt werden, daß der aus Gewitterwolken fallende Regen vielfach positiv geladen ist.

Tropfenzerfall-Theorie nach SIMPSON [*1/11*]. Untersuchungen im Laboratorium haben gezeigt, daß Ionen entstehen, wenn Wassertropfen durch einen starken Luftstrom zerstäubt werden. Das Wasser wird positiv geladen und die Luft enthält negative Ionen mit sehr geringer Masse und damit großer Beweglichkeit in ziemlich großer Anzahl. Erreicht nun der Aufwind in einer Gewitterwolke eine genügende Geschwindigkeit, so können die fallenden Regentropfen zerstäubt werden. Nach Untersuchungen von LENARD [*1/4*] werden runde Wassertropfen von etwa 5 mm Durchmesser bei einer Windgeschwindigkeit von ungefähr 8 m/s deformiert und auseinandergesprengt. Die Abflachung oder Unstabilität der Form beginnt bereits bei Tropfen über 2,5 mm Durchmesser. In Gewitterwolken überschreiten die Aufwinde vor allem in der Wolkenfront häufig diese Geschwindigkeit, so daß die Regentropfen in kleinere Tröpfchen zerstäubt werden. Die dabei in der Luft entstehenden negativen Ionen werden mit der Luftströmung in die oberen Wolkenteile getragen und lagern sich an die kleinen Wasserteilchen an. Aber auch die verkleinerten positiv geladenen Wassertröpfchen werden vom Aufwind mit nach oben gerissen, vereinigen sich bei mit zunehmendem Aufstieg nachlassender Windgeschwindigkeit wieder zu größeren Tropfen, bis sie schließlich infolge ihrer Größe wieder fallen. Kommen sie wieder in das Gebiet höherer Aufwindgeschwindigkeit, so werden sie wiederum zersprengt, wobei sich die positive Ladung verstärkt und die entstehende negative Ladung der Luft schneller mit nach oben getragen wird. Es findet also innerhalb der Wolken eine Trennung von Ladungen, die ständig zunehmen, statt. Der obere Teil der Wolke wird negativ, der untere Teil positiv geladen, wobei sich dieser über dem Gebiet der Aufwinde mit hoher Geschwindigkeit zusammenballt. In dem Gebiet, in dem diese Geschwindigkeit höher als 8 m/s ist, kann demnach kein Regen fallen.

Untersuchungen über den Zerfall von Wassertropfen bei hoher Strömungsgeschwindigkeit der Luft sind später noch von ZELENY [1/14] und CHAPMANN [1/69] durchgeführt worden. Beide sind zu ähnlichen Ergebnissen wie LENARD und SIMPSON gekommen, wobei die größeren Bruchstücke der Tropfen eine positive Ladung angenommen haben und die negative Ladung mit dem Luftstrom davongetragen wurde. Diese Art der Ladungstrennung kann zwar die Ursache für die untere positive Ladung in der Gewitterwolke sein, aber nicht für die negative und positive Hauptladung im oberen Teil der Wolke.

Beobachtungen von SIMPSON, SCRASE und ROBINSON [1/20,39] mit Ballonsonden sowie auch mit Flugzeugen ergaben, daß im allgemeinen der größte mittlere Teil der Gewitterwolke negativ und der obere Teil positiv geladen ist. Hier ist bei Temperaturen unter dem Gefrierpunkt das Wasser als Eis oder Schneeteilchen vorhanden.

Diese positive Ladung wird auf den gefrorenen Zustand der Wasserteilchen zurückgeführt.

Beobachtungen in verschiedenen Gebieten, auch von SIMPSON selbst, haben gezeigt, daß bei Schneestürmen der Schnee eine negative Ladung aufnimmt, während die Luft positive Ionen in großer Menge enthält. Es wird angenommen, daß der gleiche Vorgang in diesem Teil der Wolke vonstatten geht, in dem die Eisteilchen in heftiger Bewegung sind. Sie nehmen die negative Ladung mit in den unteren Teil der Wolke, während die positive Ladung oben bleibt. Die Trennung der Ladung im oberen Wolkenteil tritt somit bei Temperaturen unter 0°C auf.

Das Entstehen der Ladungen in der Gewitterwolke nach SIMPSON ist schematisch in Bild 5 dargestellt. Durch +- und --Zeichen sind die Ladungen der Wolke und des Regens gekennzeichnet. Die Linien mit

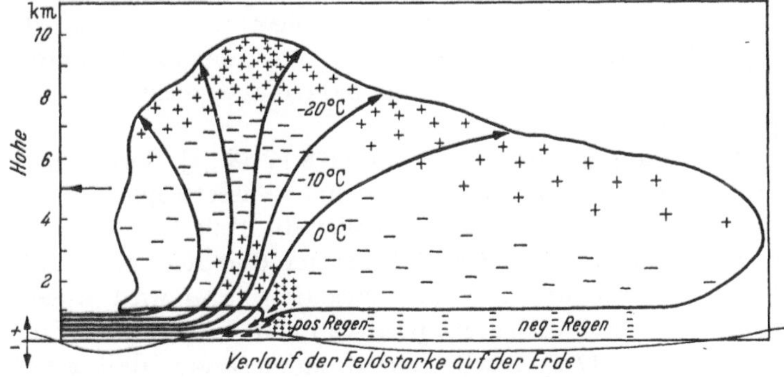

Bild 5. Allgemeine Darstellung der Luftströmung und der Ladungstrennung in einer Gewitterwolke nach SIMPSON [1/11].

Pfeilen an den Enden zeigen die Luftströmungen an, wobei ihr gegenseitiger Abstand umgekehrt verhältnisgleich der Windgeschwindigkeit ist. Am unteren Kopfteil der Wolke bildet sich durch den starken Aufwind nach der Tropfenzerfall-Theorie das Gebiet positiver Ladung, aus dem nach rückwärts starker positiv geladener Regen fällt. Die negative Ladung erstreckt sich über den Mittelteil der Wolke und führt im hinteren Teil zu negativ geladenem Regen. Im oberen Teil der Wolke bei Temperaturen unter 0° tritt die Trennung der Ladung infolge Eis- und Schneebildung ein, so daß der oberste Wolkenteil positiv geladen wird.

Kondensations-Theorie nach GUNN [1/17]. GUNN hat auf Grund theoretischer Überlegungen eine Erklärung für die Aufladung der Gewitterwolken und der Regentropfen als Folge deren Kondensation oder Verdunstung gegeben. Danach entsteht auf einem flüssigen oder festen Wassertropfen, der zunächst im Ladungsgleichgewicht ist, ein Übergewicht an positiver Ladung, wenn er sich im Zustand der Verdunstung befindet, und an negativer Ladung, wenn er durch Kondensation größer wird. Die entsprechenden Gegenladungen werden durch Ionen an die Atmosphäre abgegeben.

Die sich zunächst durch Kondensation bildenden Tropfen sind somit negativ geladen. Beim Fallen verdunsten sie und werden positiv umgeladen. Der Regen müßte also, wenn er die Erde erreicht, im allgemeinen positiv geladen sein, was auch Messungen ergeben haben. Durch den Aufwind in der Gitterwolke werden die bei der Kondensation an die Umgebung abgegebenen positiven Ionen nach oben mitgerissen. GUNN berechnet die Geschwindigkeit der Ladungsbildung und deren Größe sowie die erzeugten Feldstärken. Die Werte stimmen in ihrer Größenordnung gut mit Beobachtungen überein. Allerdings sollte durch Laboratoriumsuntersuchungen noch die Richtigkeit seiner Annahmen nachgewiesen werden.

Später haben DINGER und GUNN [1/48] gezeigt, daß schmelzendes Eis mit Lufteinschlüssen eine positive Ladung annimmt, wenn die Lufteinschlüsse aufbrechen, wobei dann die negative Ladung an die umgebende Luft übertragen wird. Dieser Vorgang kann für die untere positive Ladung in der Wolke Bedeutung haben, aber nicht für die Hauptladung.

Vergraupelungs-Theorie nach FINDEISEN [1/33,44]. SOHNKE [1/2] war der Ansicht, daß durch Reibung zwischen Wassertropfen und Eiskristallen oder mit Nebelteilchen beim Fallen die Teile Ladung annehmen. Bereits FARADAY hat gefunden, daß bei der Reibung zwischen Wasser und Eis dieses positiv und das Wasser negativ geladen wird. Hagelkörner haben eine außerordentlich große positive Ladung, wenn sie auf die Erde auftreffen. BALDIT [1/5] macht darauf aufmerksam, daß Eiskristalle durch Zusammenstoß in einem Luftstrom negativ und die Luft positiv geladen werden. In einer Gewitterwolke muß demnach im oberen Teil eine positive und im unteren eine negative Ladung entstehen.

LANGE [1/34] hat Potentialunterschiede bei der Berührung von Wasserteilchen verschiedenen Aggregatzustandes gemessen — Eis mit Wasser, Eis mit der Abscheidung von Reif, Eiskristalle verschiedener Art — und hat Unterschiede in der Größe von 0,1 V gefunden. Es kann auch sein, daß bei der Anlagerung und dem Gefrieren der Tropfen sich eine noch flüssige Schicht ablöst und damit zu einer Ladungstrennung führt.

FINDEISEN erklärt nun die Bildung der Gewitterladungen durch den Zusammenstoß von Wasserteilchen in verschiedenem Aggregatzustand und die dabei entstehende Potentialdifferenz zwischen den Teilchen und deren Ladungen. Er hat verschiedene Zustände untersucht, bei denen elektrische Ladungen entstehen; Anlagerung von Eiskristallen durch Unterkühlung in übersättigter Luft (Anreifung); Verdunsten von Reif, der sich auf der Oberfläche der Eiskristalle gebildet hat (Abreifung); Bildung von Graupel aus Eiskristallen durch Gefrieren von Wassertröpfchen beim Anlagern (Vergraupelung). Im ersten Fall sind die entstehenden Ladungen schwach, im zweiten größer und im dritten erheblich. Sie stehen im Verhältnis von etwa 1 : 4 : 1000. Der letzte Vorgang könnte somit eine bemerkenswerte Rolle in den Gewitterwolken spielen. Allerdings haben seine Versuche ergeben, daß die Ladung bei der Vergraupelung wie auch bei der Anreifung positiv, bei der Abreifung dagegen negativ ist. Wird die Oberfläche glasig oder naß, hört dagegen die Ladungsbildung auf. Andererseits fand er, daß kleine Splitter, die von Eiskristallen abgerissen werden, die entgegengesetzte Ladung aufweisen. Allerdings konnte bei der Vergraupelung die Ablösung von Eissplittern nicht festgestellt werden.

FINDEISEN nimmt an, daß Graupelkörner beim Fallen durch unterkühlte Wolkenteile rasch an Größe zunehmen und so gegen die Aufwinde fallen können. Dadurch entsteht im unteren Teil der Wolke positive Ladung, während die negative Ladung mit dem Aufwind nach oben getragen wird. Die sehr starke Ladungserzeugung durch Vergraupelung wird beendet, wenn die Wassertröpfchen in der Wolke vereist sind. Im Wolkenkopf dagegen trete Anreifung ein, während durch Eisverdampfung, also Abreifung, im mittleren Teil der Wolke negative Ladung entstehe. In dieser Hinsicht befriedigt die Theorie von FINDEISEN nicht, da die auf diese Weise erzeugten Ladungsmengen zu gering wären.

Gefrier-Theorie nach WORKMAN und REYNOLDS [1/57, 58]. Durch Versuche haben WORKMAN und REYNOLDS gefunden, daß beim Gefrieren von Wasser mit geringem Salzgehalt ein Potentialunterschied an der Gefrierzone zwischen Eis und Wasser entsteht. Die Höhe der Spannung ist von der Art und dem Salzgehalt des Wassers abhängig. Bei Kochsalz-

und Calciumcarbonatlösungen nimmt das Eis eine negative Spannung
zum Wasser an, dagegen ist bei Ammoniumhydroxyd das Eis positiv.
Möglichst reines, d. h. doppeldestilliertes Wasser zeigte keinen Span-
nungsunterschied. Wahrscheinlich werden Ionen eines Vorzeichens in das
Eis wandern, während die anderen Ionen im Wasser verbleiben. Hagelkörner, die nahe der 0°-Isotherme einer Gewitterwolke gesammelt wurden, enthielten Spuren von Kochsalz und Calciumcarbonat.

Nach der auf diesen Versuchen aufgebauten Theorie wird ein Eiskügelchen, wenn es bestimmte Zonen durchfällt, unterkühlte Wassertröpfchen anlagern. Dieser Vorgang wird zunehmen, so daß nicht alles
Wasser gefrieren kann und das Eiskügelchen von einer Wasserhülle umgeben ist. Dieser Zustand des Naßwerdens wird in der Temperaturzone
zwischen $-10°$ und $-15°$ C eintreten. Ein Teil des Wassers wird anfrieren
und ein Teil durch den Aufwind abgespritzt und davongetragen. Das
Hagelkorn bleibt negativ und die nach oben getragenen kleinen Wassertröpfchen sind positiv. In der wärmeren Wolkenzone kann dann negativ
geladenes Schmelzwasser durch den Aufwind fortgerissen werden. Diese
Tröpfchen mögen sich wieder in höheren Schichten mit den Eiskügelchen
vereinen und auf diese Weise den Vorgang verstärken.

Gegen diese Theorie ist einzuwenden, daß bei geringen Spuren von
Ammoniak der Vorgang der Ladungstrennung nicht mehr in der erforder-
lichen Weise verläuft. Außerdem müßten die Gewitter vorzugsweise mit
Hagelbildung verbunden sein.

Reifbildungs-Theorie nach LUEDER [*1/62*]. Unter natürlichen Bedingungen in unterkühlten Wolken auf dem Gipfel des Hohenpeissenberg
fand LUEDER, daß der Reifniederschlag eine große negative Ladung annimmt. Die gleiche positive Ladung wird an die umgebende Luft übertragen. Er machte seine Messungen mit einem sich langsam drehenden
Metallstab, der teilweise von einem FARADAYschen Gitter umgeben war.
Die erzeugte Ladung nahm mit tieferen Temperaturen zu, d. h. je schneller
der Gefrierprozeß vonstatten ging.

Bei Flügen durch unterkühlte Cumulus congestus hat MEINHOLD
[*1/63*] die Feldstärke an der Oberfläche des Flugzeugrumpfes gemessen.
Durch den Reifniederschlag erhöhte sich die Feldstärke bei einer Geschwindigkeit von 80 m/s von 200 auf 5500 V/m, wobei die Oberfläche
sehr stark negativ aufgeladen wurde. Weitere Untersuchungen hierzu
sind von WEICKMANN und KAMPE [*1/60*] durchgeführt worden. Sie stell-
ten einen Metallstab von 5 mm Durchmesser in einen Raum von $-5°$ C
bis $-12°$ C und sprühten Wassertröpfchen von 5 bis 100 μ Durchmesser
bei Geschwindigkeiten von 5 bis 15 m/s dagegen. In der Nähe des Stabes
betrug die Feuchtigkeitsmenge etwa 4 g/m³, die Tröpfchen waren gering
unterkühlt. Die Bedingungen entsprachen etwa denen, wenn Graupel-
oder kleine Hagelkörner durch eine unterkühlte Wolke fallen. Die nega-

tive Ladung des Eisniederschlages an dem Stab blieb unabhängig von der Art des Wassers, reinem oder salzhaltigem Wasser. Sie wurde größer, wenn die Geschwindigkeit des Luftstromes zunahm. Bei 15 m/s erreichte die erzeugte Ladungsmenge einen Betrag von $5 \cdot 10^{-12}$ C/cm²s. Hatte das angesprühte Wasser eine Temperatur wenig über 0°C, nahm der Stab eine geringe positive Ladung an.

Auf Grund dieser Messungen sowie von Untersuchungen über das Wachsen von Eiskörnern durch das Zusammentreffen mit unterkühlten Wassertröpfchen hat MASON [1/71] die Menge und Zeitdauer der Ladungserzeugung durch Reifbildung an den Graupelkörpern im Temperaturbereich von $-4°$C bis $-12°$C berechnet. Dabei ergibt sich in einer Gewitterzelle von etwa 2 km Radius eine Ladung von etwa 500 C, wobei rd. 75% in der Temperaturzone von $-10°$ bis $-12°$C entstehen. Diese Ladung kann innerhalb von 11,5 min nach dem Entstehen der Eiskörner bei der $-10°$-Temperaturzone und innerhalb von $6^1/_2$ min, nachdem die Wolkenspitze die $-30°$-Temperaturzone erreicht hat, gebildet werden. Damit ist die Rechnung in Übereinstimmung mit den Beobachtungen, daß Blitze nur auftreten, wenn die Spitze des Radarechos die $-30°$-Temperaturzone erreicht oder überschritten hat. Die Ladung genügt bereits, um etwa 20 Blitze mittleren Betrages zu erzeugen.

MASON [1/72] hat auch alle anderen Theorien über die Ladungserzeugung, soweit sie der Rechnung zugänglich sind, untersucht. Er kommt zu dem Ergebnis, daß lediglich der Vorgang der Reifanlagerung an Graupelkerne zu den notwendigen Ladungsmengen führt, die sich aus den Gewittermessungen ergeben.

4. Der Vorgang der Blitzentladung.

WALTER [1/3] hat bereits 1902 mit einer langsam bewegten Kamera festgestellt, daß ein Blitz im allgemeinen aus mehreren einzelnen Ent-

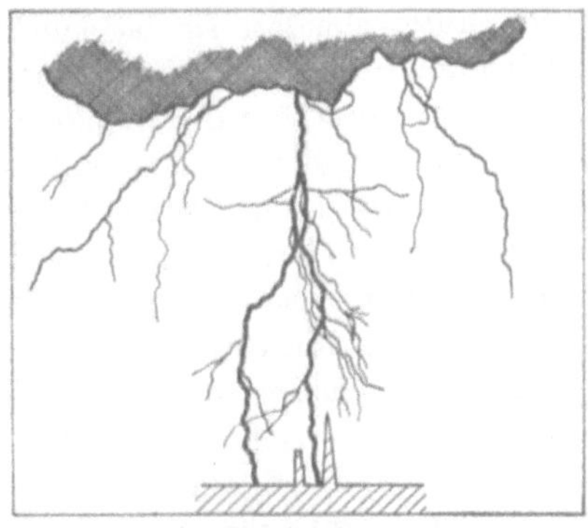
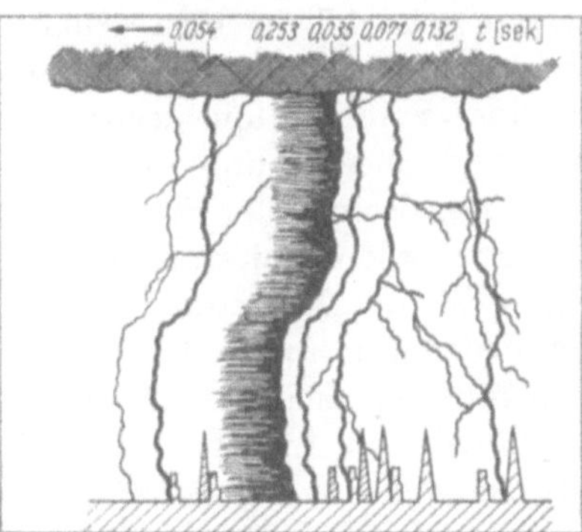

Bild 6a u. b. Blitzaufnahme nach Prof. WALTER [1/3].

ladungen besteht, die in Abständen von Bruchteilen von Sekunden meistens im gleichen Kanal aufeinanderfolgen. Bild 6 zeigt eine solche Aufnahme mit feststehender und bewegter Kamera.

Eine weitergehende photographische Auflösung des Blitzvorganges und dessen zeitlicher Ausmessung wurde aber erst durch die Anwendung der Boys-Kamera [1/10, 22] möglich. Diese besteht aus einer rotierenden Filmtrommel (Bild 7) oder Platte, vor der diametral gegenüber zwei Linsen stehen. Es kann aber auch eine Scheibe mit den darauf befestigten Linsen gedreht werden und der Film bleibt stehen. Die beiden Linsen ergeben von demselben zeitlich fortschreitenden Vorgang

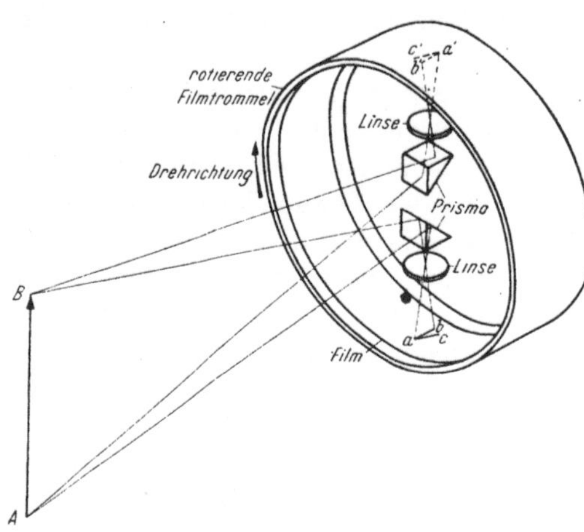

Bild 7. Schema der Boys-Kamera mit bewegtem Film und stehender Optik [1/10].

Bilder, die infolge der Bewegung des Filmes spiegelbildlich zueinander sind. Durch Überlagerung kann man die Richtung und Geschwindigkeit des Vorwachsens des Vorganges vom Beginn an ermitteln. Mittels einer solchen Kamera haben Schonland, Collens, Malan und Hodges [1/15, 18, 21, 24, 25, 26] von 1933 ab während mehrerer Jahre in Südafrika zahlreiche Aufnahmen von Blitzen gemacht. Schonlands Kamera gestattete eine zeitliche Auflösung bis herab zu 0,3 μs.

Jeder Blitz, der zur Erde geht, besteht aus einer Anzahl einzelner Entladungen. Schonland fand, daß die erste Entladung sich von den folgenden im allgemeinen grundsätzlich unterscheidet, sie ist leuchtstärker und verzweigter. Sie besteht, wie auch die übrigen Entladungen aus einer Vorentladung (leader stroke) in Richtung von der Wolke zur Erde und einer Hauptentladung (main return stroke) in umgekehrter Richtung, also von der Erde zur Wolke. Die erste Vorentladung, die den Blitz zur Erde einleitet, ist nicht gleichförmig, sondern wächst aus der Wolke, wie die Darstellung in Bild 8 zeigt, stufenweise (stepped leader) vor. Jede Stufe (pilot streamer) hat eine Länge von etwa 50 m. Jede neue Stufe erscheint leuchtstärker und dicker als der übrige Teil des Kanals, dessen Lichtwirkung sehr gering ist. Zwischen den Stufen tritt eine Pause in der Größe von 100 μs ein, d.h. die Vorentladung verweilt eine Zeitlang. Mit der Bildung einer neuen Stufe können auch Verzweigungen aus dem Hauptkanal auftreten, die in gleicher Weise vorwärtsschreiten. Auch die Richtung ändert sich vielfach, wodurch sich der häufig gewundene Lauf mit manchmal sogar erheblichem Richtungswechsel ergibt. Die Ausbreitungsgeschwindigkeit der einzelnen Stufen beträgt etwa $^1/_6$ der Lichtgeschwindigkeit, das sind 50 m/μs. Eine Stufe wächst also in rd. 1 μs vor. Die gesamte Zeit für die Ausbildung der Vorentladung bis zur Erde mag somit bis zu etwa 20000 μs betragen. Die Durchschnittsgeschwindigkeit liegt bei etwa 0,15 m/μs.

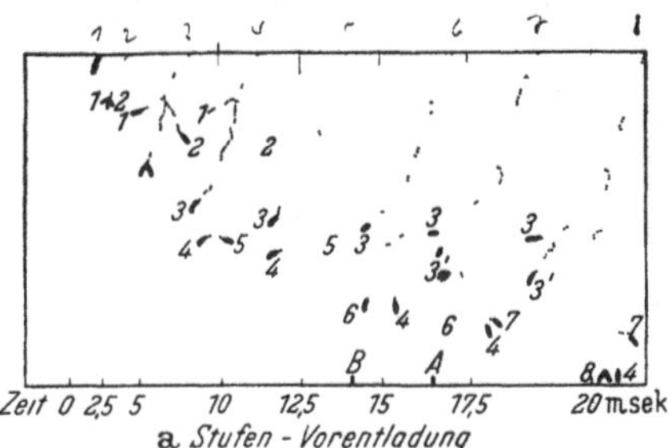

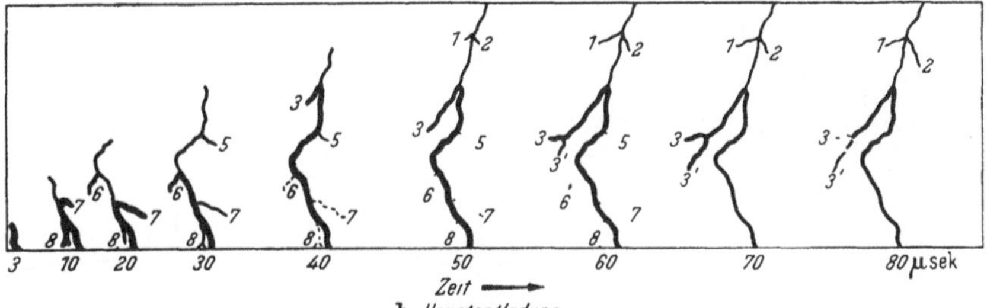

Bild 8a u. b. Verlauf der ersten Vorentladung und der Hauptentladung eines Blitzes nach SCHONLAND [1/24].

Sobald die Vorentladung die Erde erreicht hat, setzt in dem vorgegebenen Kanal eine starke Entladung mit großer Leuchtstärke von der Erde in den Kanal hinein ein mit einer Geschwindigkeit zwischen etwa 10 bis 100 m/μs, durch die die Ladung im Vorentladungskanal ausgeglichen wird. Diese Hauptentladung kann nur von der Erde ausgehen, da die Leitfähigkeit in den Wolken nicht groß genug ist wie in der Erde, um diesen großen Ladungsbetrag so schnell ohne Verlust an Potential zu liefern. Die Ladung der Erde findet einen gut leitfähigen Kanal und kann sich auf diesem schnell ausbreiten. Dadurch wird das Potential des Ladungszentrums in der Wolke schnell erniedrigt, so daß aus einem weiteren Bereich in der Wolke Ladung nachfließen kann, die dann im gleichen Kanal nach der Erde vorstößt und von hier aus wieder eine Hauptentladung von der Erde zur Wolke nach sich zieht (Bild 9). Dieses Spiel kann sich innerhalb eines Blitzschlages mehrmals wiederholen. Die zweite und die folgenden Vorentladungen wachsen nicht mehr in Stufen, sondern gleichförmig und fast durchweg ohne Verästelungen vor mit Geschwindigkeiten in der Größe von 1 bis 10 m/µs. Im Gegensatz zu den Wolke–Erde-Blitzen fehlt bei den Wolke–Wolke-Blitzen die Hauptentladung.

Die Weiterentwicklung von Verzweigungen des späteren Hauptkanals während der stufenartigen Vorentladung hört im allgemeinen auf, sobald

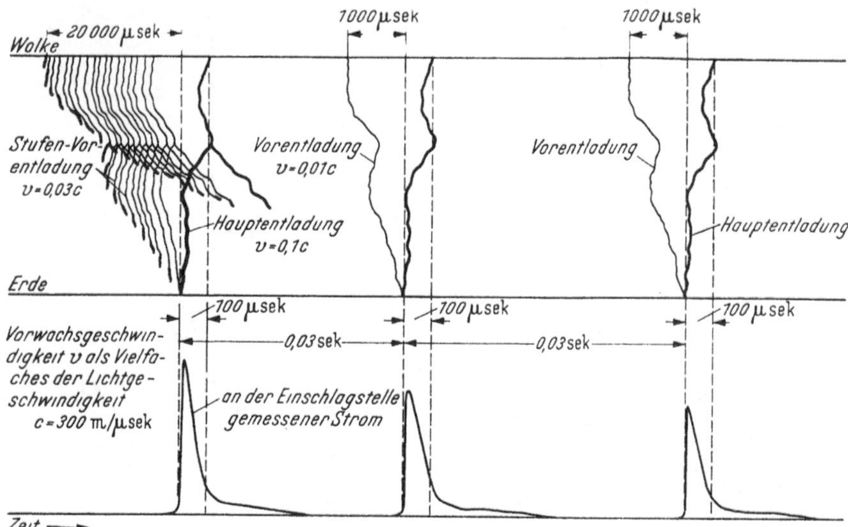

Bild 9. Vorgang des Blitzes.

diese die Erde erreicht und von hier aus Ladung in den Kanal und die Verzweigungen fließt. Es kann aber auch ein Seitenast solange weiter vordringen, bis die Ladung von der Erde aus in seine Spitze gelangt ist. SCHONLAND hat beobachtet, daß manchmal der Vorentladung, kurz bevor sie die Erde erreicht, von dieser aus Entladungen entgegenwachsen. Diese „Fangentladungen" sind dann aber verhältnismäßig kurz.

Mit dem Auftreffen der Vorentladung auf die Erde und dem Einsetzen der Hauptentladung setzt der gewöhnlich gemessene Blitzstrom ein, wie es in Bild 9 dargestellt ist. Dem sehr schnellen Stromanstieg bis auf Werte von sogar über 100 kA — was beweist, daß die Vorentladung längs des Kanals erhebliche Ladungen aufgespeichert hat — folgt ein langsamer Abfall des Stromes und dann noch ein längeres Nachfließen eines geringen Stromes, der durch die Ausbreitung in der Wolke bedingt ist und der sich in den Photographien als Nachleuchten zeigt. Ströme von 100 A und weniger sind noch gemessen worden. Den mittels Oszillographen aufgezeichneten Verlauf eines Stromes zeigt Bild 10 [*1/31*]. Der Anstieg auf 20 kA Scheitelwert erfolgt sehr schnell, der Abfall dann zunächst in etwa

200 μs auf 1 kA und anschließend viel langsamer bis zu einer Zeitdauer von rd. 20000 μs.

Ist die Zeit zwischen zwei aufeinanderfolgenden Entladungen eines Blitzes verhältnismäßig lang, so kann es sein, daß die zweite Vorentladung in ihrem unteren Teil wieder stufenweise vorwächst (dart stepped leader). Vereinzelt ist bei der Stufenbildung der ersten Vorentladung beobachtet worden, daß die Stufen zunächst gleich lang und ausgeprägt sind und weiter nach der Erde zu kleiner und undeutlicher werden.

Im Gegensatz zu SCHONLAND hat McEACHRON [1/29, 40] bei seinen Untersuchungen der Blitzeinschläge in das Empire State Building in New York City (Höhe der Gebäudespitze 380 m) mittels Boys-Kamera und Oszillograph einen

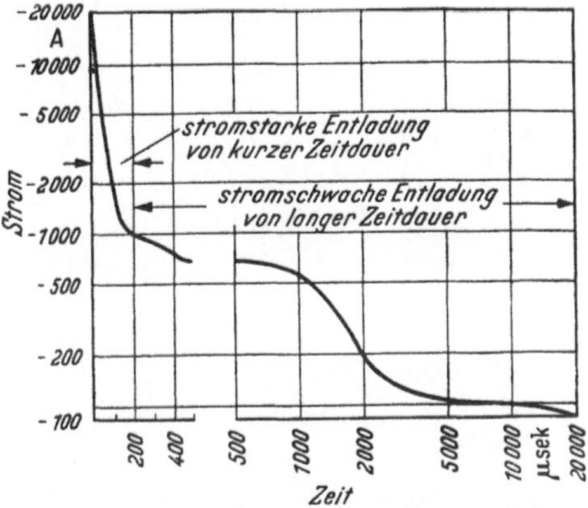

Bild 10. Stromverlauf eines Blitzeinschlages in den Turm der Kathedrale der Universität von Pittsburgh [1/31].

vollständig anderen Vorgang des Blitzeinschlages in die Spitze gefunden. In fast allen Fällen entwickelte sich von der Spitze aus, die wie eine weit vorgeschobene spitze Elektrode auf einer Platte wirkt und somit zu einer starken Feldkonzentration führt, eine stufenweise zur Wolke vordringende Vorentladung. Dieser folgt keine Hauptentladung, wahrscheinlich wegen des Fehlens gut leitfähiger Kanäle und der dadurch bedingten Unbeweglichkeit der Ladungen in der Wolke. Lediglich ein kleiner Strom bis zu einigen wenigen 100 A floß mehr oder weniger lang nach. Alsdann trat erst eine gleichförmige Vorentladung von der Wolke zum Gebäude auf, der dann die Hauptentladung in umgekehrter Richtung folgte. Der Vorgang ist in Bild 11 dargestellt.

Weitere Entladungen verliefen dann in gleicher Art. Es konnte nicht beobachtet werden, daß der Vorentladung aus dem Gebäudeturm Entladungen aus der Wolke entgegenkamen. Die Länge der einzelnen Stufen betrug etwa 10 m, die Pausen dazwischen dauerten meistens 30 μs. Blitze, deren Vorentladungen von der Wolke ausgingen, wiesen den gleichen Verlauf wie bei SCHONLAND auf. Negative Wolkenpolarität war in beiden Fällen überwiegend. Kein Blitz zeigte allein nur positive Polarität.

McEACHRON [1/27] hat weiter gefunden, daß durch die erste Entladung langer fließende Ströme in der Größe von einigen 10 bis 100 A hervorgerufen werden und sogar in den Pausen zwischen den weiteren Entladungen bestehen bleiben können. Bild 12 zeigt die Aufnahme eines solchen Blitzschlages mit dem Oszillographen für schnelle und langsame Schreibgeschwindigkeit.

Die Untersuchungen von McEachron gegenüber denen von Schonland zeigen, daß somit in der Einleitung des Blitzes in ebenem

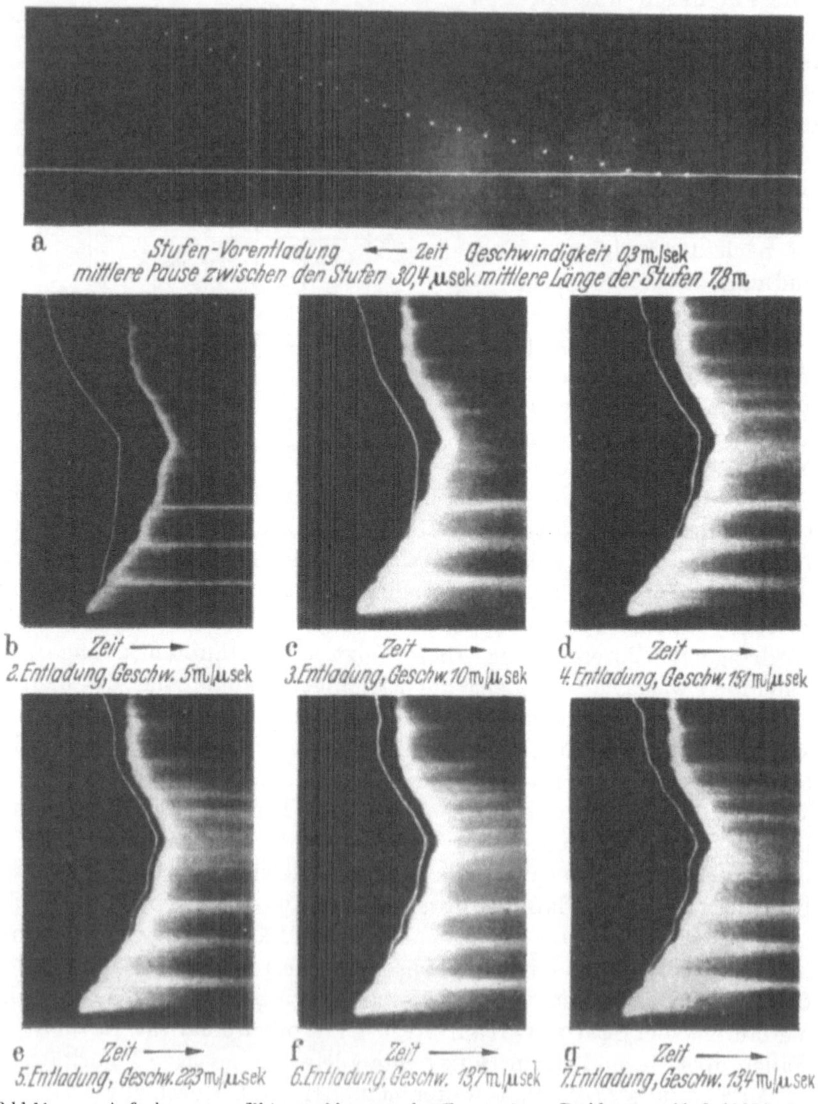

Bild 11 a – g. Aufnahme eines Blitzeinschlages in das Empire State Building am 11. 8. 1937 [1, 29]. Stufenvorentladung vom Gebäude zur Wolke anschließend 6 Entladungen mit je einer gleichmäßigen Vorentladung von der Wolke zum Gebäude und Hauptentladung vom Gebäude zur Wolke Vorwachsgeschwindigkeit der Stufenvorentladung etwa 0,3 m/µs und der folgenden Vorentladungen zwischen 5 bis 22 m/µs. Die Vorentladungen sind verstärkt nachgezeichnet.

Gelände und bei hohen Bauten wesentliche Unterschiede bestehen können.

Weitere direkte Blitzuntersuchungen sind von HAGENGUTH [1/50] in dem Laboratorium der General Electric Co. in Pittsfield und von BERGER [1/47, 75] in der Schweiz auf dem Monte San Salvatore durchgeführt worden.

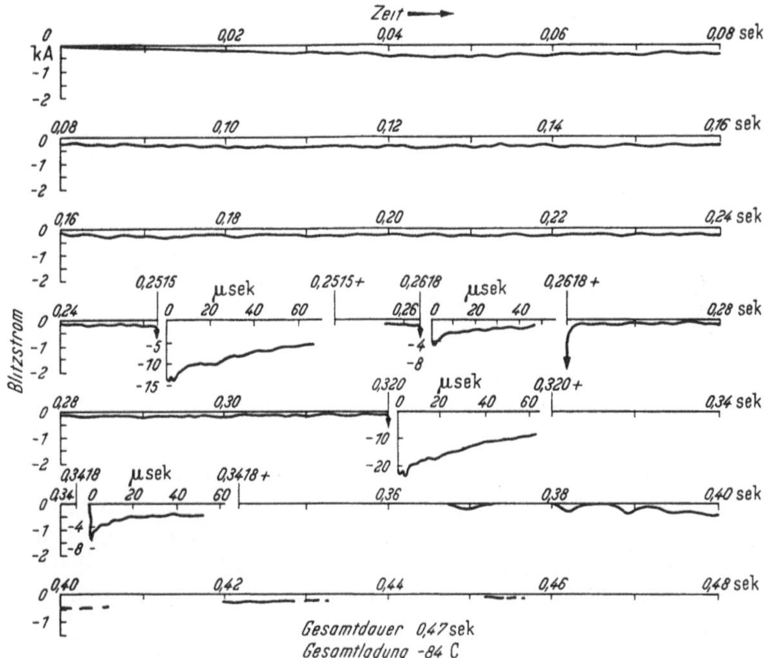

Bild 12. Stromverlauf bei einem Blitzeinschlag in das Empire State Building am 26. 6. 1940 [1 40] Messung mit Oszillographen für langsame und schnelle Schreibgeschwindigkeit. Einem ständig fließenden Strom geringer Höhe sind 4 stromstarke Entladungen überlagert.

Auf dem Gipfel dieses an dem Ufer des Luganer Sees (Seespiegel 275 m über N.N.) gelegenen Berges wurde 1943 in einer Höhe von 900 m über N.N. ein 60 m hoher Holzturm mit einer darüber hinausragenden Stahlrohrspitze von 10 m Länge errichtet. Im Jahre 1950 wurde in 400 m Entfernung ein zweiter 47 m tiefer gelegener Stahlrohrturm von 52 m Höhe erstellt, auf den eine Stahlrohrspitze von 18 m Länge isoliert aufgesetzt ist.

Die bei den Einschlägen in die Türme aufgenommenen Schleifenoszillogramme zeigen einen vielfältigen Verlauf. Sie sind in das Schema der Tab. 1 eingeordnet worden. Insgesamt wurden 274 Einschläge in beide Maste festgestellt, das sind im Mittel rd. 21 Einschläge je Mast und Jahr. Negative bzw. positive Blitze sind solche, die ausschließlich nega-

2*

Tabelle *1. Blitzeinschlage in die Turme auf dem Monte San Salvatore* [1/75].

| Jahr | Negative Blitze | | | Positive Blitze | | | Bipolare Blitze | | Gesamt |
	Turm 1	Turm 2	beide Turme[1]	Turm 1	Turm 2	beide Turme[1]	Turm 1	Turm 2	
1946	7	—	—	3	—	—	—	—	10
1947	13	—	—	2	—	—	—	—	15
1948	11	—	—	4	—	—	—	—	15
1949	8	—	—	2	—	—	—	—	10
1950	7	0	0	5	2	0	2	0	16
1951	15	7	6	5	4	0	1	1	45
1952	11	4	6	6	3	0	0	0	36
1953	5	3	2	3	4	0	1	0	20
1954	34	17	17	5	5	2	4	4	107
Gesamt	204			57			13		274
Anzahl der Teilblitze	390			59			24		473
mittlere Ladung je Blitz	$\frac{4536}{204} = 22{,}2\,\mathrm{C}$			$\frac{2537}{57} = 44{,}5\,\mathrm{C}$			$\frac{1550}{13} = 120\,\mathrm{C}$		$31{,}5\,\mathrm{C}$

tive bzw. positive Ladung von der Wolke zum Erdboden führen. Bipolare Blitze hingegen wechseln ihre Ladung innerhalb der einzelnen Teilblitze oder auch in einem Teilblitz selbst, wobei sie bei diesen Beobachtungen stets mit negativer Ladung beginnen. Negative und bipolare Blitze wiesen im Durchschnitt etwa 2 Teilentladungen auf, positive dagegen fast stets nur eine. Ein geringer Teil der Blitze hat auch beide Türme gleichzeitig getroffen. BERGER nimmt an, daß Blitze, die mit einer deutlichen Stoßentladung einsetzen, aus größerer Höhe gegen die Erde vorwachsen und die Form der Entladung in Tälern und Ebenen sind. Als derzeitiger oberer Grenzwert für den Stoßstrom sind bis etwa 100 kA gemessen worden. Der Stoßentladung kann ein langdauernder „Gleichstrom" (über 10 ms) folgen. Die Entladung setzt teilweise auch mit einem langsam ansteigenden „Gleichstrom" von einigen 100 A ein, dem dann ein Stoßstrom unmittelbar oder als weitere Teilentladung folgt. Mit dem Kathodenstrahloszillographen konnten wegen der Schwierigkeit des Meßverfahrens nur einzelne Teilentladungen aufgezeichnet werden.

Von dem stufenweisen Vorwachsen der ersten Entladung, wie es SCHONLAND und seine Mitarbeiter gefunden haben, wurden auf dem San Salvatore nur 2 Aufnahmen erhalten. Bisher ist auch noch keine Aufnahme von einem stufenweisen Vorwachsen des Blitzes aus der Turmspitze gegen die Wolken wie beim Empire State Building gelungen. Auch Vorentladungen aus positiv geladenen Wolken konnten noch nicht photographiert werden. Dies wäre besonders interessant, da in diesem

---

[1] Einschläge in beide Türme; bis 1949 nur 1 Turm vorhanden.

Fall fast stets nur eine einzige Entladung auftritt. Auffallend ist ferner, daß bei zahlreichen Aufnahmen der erste Teilblitz keine Spur einer Vorentladung zeigt.

Bei Gewittern während der Dunkelheit wurden vom Berggipfel aus alle Einschläge in die Umgebung photographiert. Alle so festgestellten Einschlagspunkte sind in eine Panoramakarte eingetragen worden. In den einzelnen Jahren ergaben sich ganz verschiedene Einschlagstellen. Dabei wurde festgestellt, daß die visuelle Beobachtung oft durchaus nicht mit dem objektiven Bild übereinstimmt. Auch ergab die Ermittlung der Entfernung der Einschlagstelle aus der Zeit bis zum Hören des Donners vielfach zu geringe Abstände. Dies kommt daher, daß Teile des Blitzkanals zum Beobachter näher sein können als die Einschlagstelle. Mit einem Blitzeinschlagzähler sind im Jahre 1954 etwa 300 Einschläge in einem Umkreis von annähernd 5 km ermittelt worden, was rd. 4 Blitzeinschläge je km^2 ergibt. Während der Beobachtungszeit sind weder das Berghotel noch die Bergstation der Seilbahn vom Blitz getroffen worden. Beide liegen innerhalb eines Schutzwinkels von 45° der Türme. Einmal wurde die Kirche auf dem Gipfel getroffen, die nicht mehr ganz innerhalb dieses Winkels liegt. Außerdem wurde ein Blitzeinschlag etwa 15 m unterhalb der Spitze des zweiten Turmes durch Photographie festgestellt.

5. Theorien über das Entstehen der elektrischen Entladung in der Wolke.

Eine Erklärung für das Entstehen des Blitzes in der Wolke als elektrodenlose Entladung hat wohl zuerst TÖPLER [1/9] gegeben. Er ist dabei von seinen Beobachtungen über elektrodenlose Funken an Isolatoren unter dem Einfluß eines starken elektrischen Feldes ausgegangen. Danach würden Feldstärken von 5000 bis 10 000 V/cm genügen, um eine Anfangsentladung zu erzeugen. Zuerst kann an Niederschlagsteilchen das positive Büschel entstehen, da hierfür eine geringere Feldstärke notwendig ist. In die Raumladung kann dann dieser Entladungskanal hineinwachsen. Da er das Feld vor sich verdichtet, wären zur weiteren Ausbreitung nur geringere Feldstärken notwendig, sofern der Kanal durch Nachschub von Ladung aufrechterhalten werden kann.

SCHONLAND [1/24] hat für den Beginn und die Bildung der stufenweisen Vorentladung eine Theorie aufgestellt, die dann von LOEB und MECK [1/35] auf Grund von Laboratoriumsuntersuchungen weiter ausgebaut wurde. Sie sind der Ansicht, daß die TOWNSENDsche Theorie für die Bedingungen in der Wolke nicht mehr gilt. Auch RAETHER [1/28, 38] kommt durch Versuche über den Durchschlag in Abhängigkeit von Druck und Schlagweite zu ähnlichen Ergebnissen. LOEB und MECK nehmen an, daß die photoelektrische Ionisation von besonderem Einfluß ist, da die ultravioletten Strahlen sich mit Lichtgeschwindigkeit ausbreiten. Es werden dadurch Elektronen und positive Ionen in größerer Anzahl und kürzerer Zeit gebildet als durch Stoßionisation.

Es entwickelt sich in der Wolke ein Leitstrahl von geringer Dichte aus einer durch Stoßionisation erzeugten Elektronenlawine, was allerdings örtliche Feldstärken von 25 bis 30 kV/cm voraussetzt. Während die positiven Ionen durch die Richtung des Feldes langsam nach oben gehen, entwickelt sich die Elektronenlawine schneller mit etwa 0,2 m/μs zur Erde hin. Dabei vermindern sich die Ionen durch Wiedervereinigung, so daß nach etwa 50 μs die Ionendichte um ein bis zwei Größenordnungen kleiner ist als vorher. Der innere Widerstand des Kanals wächst und damit auch die resultierende Feldstärke längs des Kanals, was wiederum zu einer Feldverstärkung an seinen Enden führt. Neue Elektronenlawinen werden angezogen, die sich jetzt schneller mit etwa 20 m/μs in dem Kanal weiter bewegen und im Kopf (pilot streamer) eine starke Leuchterscheinung ergeben. Die Stromstärke, die anfangs in der Größe von etwa 0,1 A war, ist jetzt auf 10 bis 100 A gestiegen. Die Wiedervereinigung von Ionen führt zur Erhöhung des inneren Widerstandes im Kanal und damit zur Bildung eines neuen Leitstrahles. Die Leitstrahlen setzen sich stufenweise fort, bis die Erde erreicht ist. Durch gegenseitige Abstoßung der Elektronen im Kopf und Ungleichmäßigkeiten des Feldes können Richtungswechsel und Verästelungen eintreten.

Die Theorie von LOEB und MECK über das Einsetzen der Entladung durch Stoßionisation läßt sich auf die von MCEACHRON festgestellte Art der Vorentladung aus hohen Gegenständen nicht anwenden, da die Elektronenlawinen abwärts gerichtet sind. Die positiven Ionen können nur „Fangentladungen" nach oben erzeugen. Das Entstehen der stufenweisen Vorentladung von der Erde zur Wolke ließe sich nur durch photoelektrische Ionisationen erklären.

SZPOR [*1/43*] ist der Ansicht, daß die Theorie von SCHONLAND in manchen Punkten nicht mit dem Ergebnis von Laboratoriumsuntersuchungen übereinstimmt. Er sieht mit als wesentlichen Vorgang die Gasionisation an. Am Anfang der Entwicklung bildet sich die Elektronenlawine, durch die bei ausreichender Feldstärke Gasmoleküle ionisiert werden, so daß sich die Elektronen schnell vervielfachen. Die Lawine breitet sich in Richtung des Feldes mit einer Geschwindigkeit in der Größe von 0,1 m/μs aus. Die positiven Ionen mit ihrer viel kleineren Beweglichkeit bleiben zurück und bilden eine positive Ladung hinter der Front mit starker negativer Ladung und Leuchterscheinung. Die Feldstärke vor der Front erhöht sich, während sie sich dahinter längs des Kanals vermindert. Der Elektronenstrom im Kanal erhöht dessen Temperatur, so daß thermische Ionisation eintritt, die trotz der Wiedervereinigung der Elektronen und Ionen deren Mischung erhält. Durch die Erhöhung der Feldstärke vor der Front erhalten die Elektronen eine höhere Geschwindigkeit und durch photoelektrische Ionisation können neue Lawinen entstehen, die in den Kanal an seiner Front einverleibt werden. Die positiven Ionen im Rücken der neuen Lawine treffen auf die Elektronen der alten Front, wodurch zusätzliche Kräfte der Kontraktion des Kanaldurchmessers entstehen. Die Geschwindigkeit der Elektronen vor der Front kann 1 bis 100 m/μs erreichen und hängt von der Intensität der ionisierenden Ausstrahlung ab.

Eine theoretische Untersuchung über den Einfluß des Kanaldurchmessers führt dazu, daß dessen Durchmesserveränderungen eine große Rolle spielen. Der Spannungsabfall längs des Kanals bei Vergrößerung des Durchmessers hat eine Verminderung der Feldstärke an der Front zur Folge, so daß die Geschwindigkeit der Front sich schnell vermindert und diese scheinbar anhält. Die Elektronen bilden sich durch Anlagerung in Ionen um, die sich nun viel langsamer vorwärts bewegen. Es häufen sich wieder Ladungen in dem Kanal, insbesondere an der Front an, wodurch die Feldstärke wieder wächst, bis neue Elektronenlawinen gebildet werden und eine neue Stufe sich somit bildet. Im Falle der Vorentladung von der Erde zur Wolke spielen die positiven Ionen eine ähnliche Rolle bei der Bildung der Lawinen.

Die Ausbildung der ersten Elektronenlawine in der Wolke schreibt SZPOR besonders der Verlängerung der Regentropfen durch die elektrostatischen Kräfte zu, vor allem, wenn deren Oberflächenstabilität gestört ist und Entladungen an den Enden auftreten.

6. Der Verlauf des Stromes im Erdblitz.

Über das Entstehen und den Verlauf des Blitzstromes, wie er auf der Erde auftritt und gemessen wird, geben McEACHRON und McMORRIS [1/19] ein anschauliches Bild. Der Strom entsteht durch die Verschiebung von Ladungen. Bereits beim Vorwachsen der Vorentladung vermehrt sich die Gegenladung auf der Erde. Bei der Bildung der einzelnen Stufen würden sich kleine Stromstöße ergeben mit Pausen entsprechend dem Verweilen der Vorentladung zwischen den einzelnen Stufen in der Größenordnung von 50 μs (Bild 13). Nähert sich die Vorentladung der Erde, so vermehrt sich die Gegenladung stärker, so daß der Strom im Augenblick der Erdberührung der Vorentladung sich seinem Höchstwert nähert und die Gegenladung aus der Erde in den Kanal fließen kann. Der Stirnanstieg des Stromes ist wahrscheinlich durch die Ausbreitung der Vorentladung während der letzten 100 m vor dem Einschlagpunkt und den Beginn des Abfließens der Ladung bestimmt. Nimmt man die Geschwindigkeit einer Stufenbildung in Nähe der Erde in gleicher Größenordnung wie weiter oben im Kanal an, so ergäbe sich ein Stirnanstieg innerhalb von etwa 1 bis 10 μs, eine Größenordnung, wie sie auch gemessen worden ist. Würde aber der letzte Teil wie eine Funkenstrecke durchschlagen werden, so müßte der Stirnanstieg des Stromes anfangs steiler sein.

Mit der Entwicklung der Hauptentladung von der Erde zur Wolke wird der Vorentladungskanal bis in die Spitzen seiner Verästelungen hinein entladen. Der weitere Verlauf des Stromes wird somit durch die

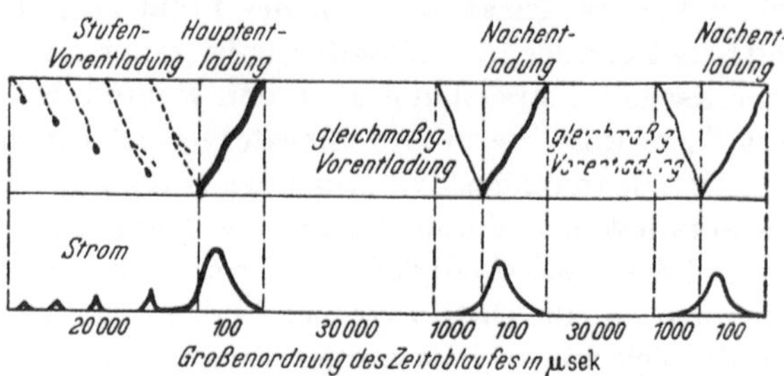

Bild 13. Vorgang der Blitzentladung und des Blitzstromes [1/19].

Kanalentladung und deren Geschwindigkeit bestimmt. Für im Mittel $^1/_{10}$ der Lichtgeschwindigkeit und 2000 m Wolkenhöhe ergäbe sich somit eine Stromdauer von etwa 70 μs. Innerhalb dieser Zeit beginnt der Strom bereits wieder abzunehmen. Die Aufnahmen von SCHONLAND zeigen auch eine Verminderung des Leuchtens der Hauptentladung zur Wolke hin, was bei den Aufnahmen von McEACHRON [1/29,40] und HAGENGUTH [1/50] allerdings nicht zu erkennen ist. HAGENGUTH vermutet, daß die Leitfähigkeit und damit die Ergiebigkeit des Erdbodens von Einfluß ist.

Hat die Hauptentladung die Wolke erreicht, fällt der Strom ab. Aus Kanälen innerhalb der Wolke mag noch ein mehr oder weniger großer Strom von einigen bis einigen 100 A über längere Zeit (10000 μs und mehr) abfließen, der sogar bis zur nächsten Teilentladung bestehen bleiben kann.

Die unmittelbare Messung von Blitzströmen beim Einschlag in den flachen Erdboden oder niedrige Erhebungen würde wegen der geringen Wahrscheinlichkeit häufiger Einschläge am gleichen Ort kaum zu befriedigenden Ergebnissen führen. Lediglich an hohen Gegenständen, bei denen die Einschlaghäufigkeit größer ist, sind Messungen mit Oszillographen durchgeführt worden, und zwar von STEKOLNIKOV und VALEEV [1/23] in Rußland mittels Ballons an Drahtseilen in einer Höhe von 500 bis 800 m und von McEACHRON [1/29,40] am Empire State Building in New York City mit einer Höhe von 380 m. WAGNER, McCANN und BECK [1/41] haben mittels Fulchronographen (s. S. 34) an verschiedenen Gebäuden mit Höhen zwischen 100 und 200 m und McCANN [1/46] an Gegenständen von 23 bis 180 m gemessen. BERGER [1/47,75] mißt Blitzeinschläge in besonders aufgestellte Masten mittels Oszillographen auf dem San Salvatore bei Lugano. Es bleibt aber unsicher, wieweit diese

Ergebnisse auf Einschläge in das flache Land oder geringe Erhebungen übertragen werden können.

STEKOLNIKOV und VALEEV [1/23] erhielten während eines Gewitters im Jahre 1936 Oszillogramme von 5 Einschlägen mit Strömen von 17 bis 31 kA Scheitelwert bei Frontanstiegen von 1,5 bis 10 μs und meßbarer Gesamtdauer von 23 bis 45 μs. Nach gleichzeitigen Antennenmessungen war aber anzunehmen, daß geringere Ströme noch länger bis etwa 10000 μs geflossen sein müssen.

Von 68 Einschlägen [1/29] in das Empire State Building in den Jahren 1935 bis 1937 konnte McEACHRON 55 untersuchen. Davon hatten 6 Einschläge Blitzstromstärken über − 100 kA bis − 156 kA. Kein Blitzschlag ging von positiver Wolkenladung aus. Der Polaritätswechsel erfolgte erst danach bei Mehrfachblitzen. Bei späteren Messungen [1/40] fand er bei 13 Einschlägen als Höchstwert des Blitzstromes nur in einem Fall eine Entladung aus positiven Wolkenteilen von + 58 kA. Bild 14

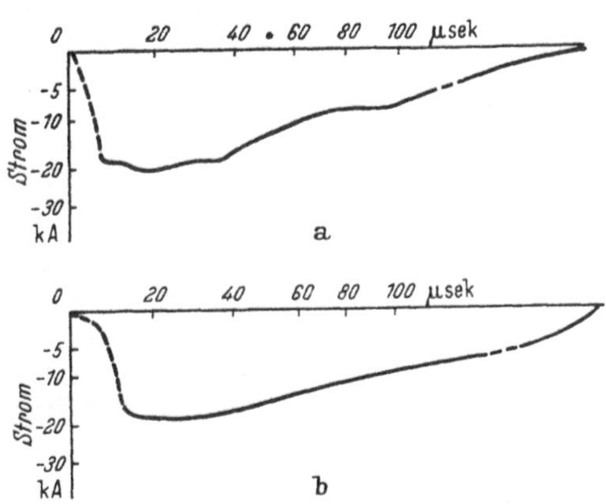

Bild 14 a u. b. Kathodenstrahl-Oszillogramm der Ströme von 2 Entladungen eines Mehrfachblitzes in das Empire State Building [1/40].

zeigt den Stromverlauf von zwei Entladungen eines Mehrfachblitzes.

HAGENGUTH [1/50] hat während mehrerer Jahre 61 Blitzeinschläge in 7 Sendetürme mittels Stahlstäbchen untersucht und dabei 4 negative Blitzströme über − 100 kA bis − 146 kA und 1 positiven Blitzstrom über + 100 kA von + 133 kA gemessen.

WAGNER, McCANN und BECK [1/41] haben Blitzströme bis nur wenig über 100 kA gemessen. Interessant ist der Blitzschlag, dessen Meßergebnis in Bild 15 dargestellt ist. Er enthält wohl mit die größte Zahl von Teilentladungen, obwohl deren Stromstärke nicht über 12,5 kA ansteigt. McCANN [1/46] hat später als gemessenen Höchstwert von 46 Einschlägen während 5 Jahren in 25 hohe Gebäudeteile 160 kA gefunden (Bild 16).

Bei den Messungen von BERGER auf dem San Salvatore [1/75] wies eine beträchtliche Anzahl der Blitze (etwa 50%) Scheitelwerte von 2 kA und darunter auf, wobei die untere Ansprechgrenze der Schleifenoszillographen zwischen 30 und 100 A lag. In 5 Fällen (etwa 1%) wurden Ströme über 65 kA, dem Meßbereich des Kathodenstrahloszillographen, erhalten, wovon eine Entladung aus positiv geladenen Wolkenteilen war.

In Deutschland sind während der Jahre 1937 bis 1940 an Schornsteinen 14 Blitzeinschläge mit Strömen bis 45 kA mittels Stahlstäbchen gemessen worden.

Die größte Anzahl der Meßergebnisse über Stromstärken im Blitzkanal ist an Hochspannungs-Freileitungen erzielt worden. Hierbei wird der Blitzstrom aus den Anzeigen mehrerer Meßstellen errechnet.

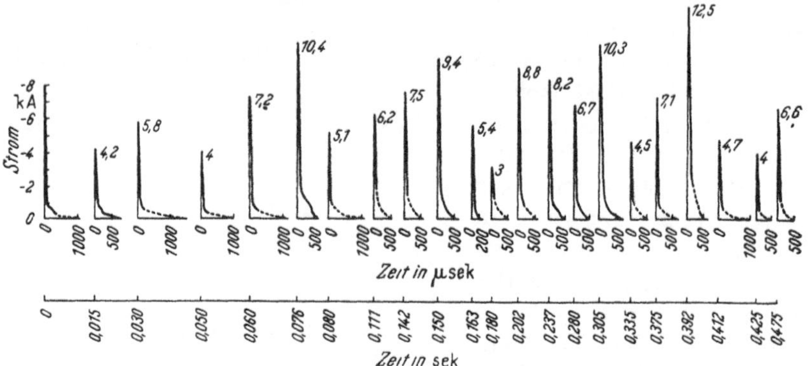

Bild 15. Fulchronogramm des Stromes eines Blitzeinschlages in den 180 m hohen Schornstein der Anaconda Copper Mining Co. [1/41].

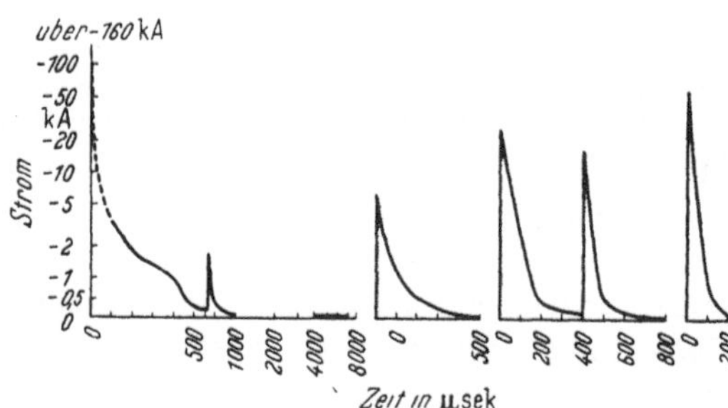

Bild 16. Fulchronogramm des Stromes eines Blitzeinschlages in den 180 m hohen Schornstein der Anaconda Copper Mining Co. (Scheitelwert der Hauptentladung über 160 kA) [1/46].

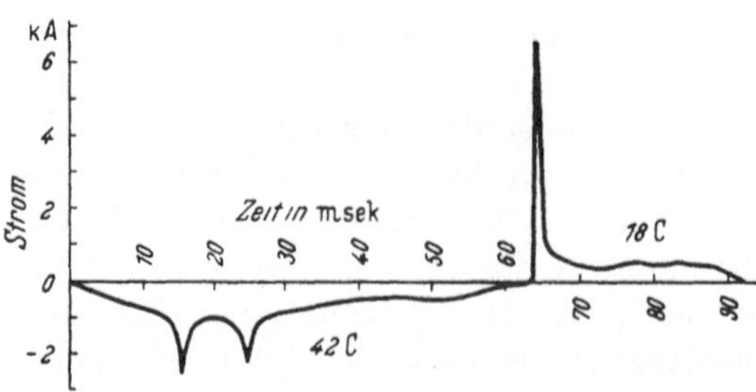

Bild 17. Fulchronogramm des Stromes eines Blitzeinschlages in den Turm der Kathedrale der Universität Pittsburgh [1/41].

Die gemessene Polarität der Blitzströme ergibt in überwiegendem Maße Entladungen aus negativ geladenen Wolkenteilen. Alle unmittelbaren Blitzeinschlagmessungen mit Oszillographen haben niemals gezeigt, daß bei Mehrfachentladungen die erste Entladung sich aus positiv geladenen Wolkenteilen zur Erde ausbildet, dagegen ist dies bei einer späteren Teilentladung möglich, wie z. B. Bild 17 zeigt. Sofern die erste Entladung aus positiv geladenen Wolken stattfindet, folgen anscheinend keine weiteren Teilentladungen.

Angaben über die durch den Blitzschlag ausgeglichenen Ladungsmengen macht McEachron [1/40] nach seinen Messungen der Blitzschläge in das Empire State Building (Bild 18), wonach sich Werte bis
rd. 160 C ergeben haben. Wagner, McCann und Beck [1/41] haben Ladungen von 4 bis 60 C gemessen. Wilson [1/8] schätzt die Ladung bei

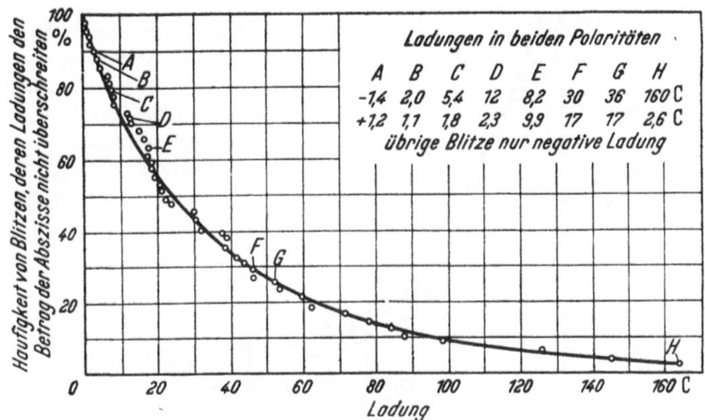

Bild 18. Häufigkeit der Ladungen von Blitzen nach Messungen von McEachron am Empire State
Building. (491 Blitzeinschläge in den Jahren 1937 bis 1940.) [1/40].

Blitzschlag in ebenes Gelände auf 10 bis 50 C. Die von Berger [1/75]
gemessene mittlere Ladung der Blitze ist in Tab. 1 (s. S. 20) angegeben,
sie ist am größten bei den bipolaren Blitzen, wobei allein ein Blitz bei
einem Stoß von etwa 3 ms Dauer eine Ladung von mehr als 365 C aufwies. Eine Beziehung zwischen dem Scheitelwert der Stoßentladung und
deren Halbwertdauer sowie der Steilheit des Stromanstieges konnte
nicht gefunden werden. Der überwiegende Teil weist eine Halbwertdauer
unter 60 μs auf, Werte von über 200 μs wurden auch gemessen.

7. Blitzströme aus Messungen an Freileitungen.

Die größte Anzahl der Angaben über Blitzströme ist aus Messungen an
Freileitungen gewonnen worden, und zwar dadurch, daß die in den Masten
und Erdseilen abgeflossenen Ströme mittels Stahlstäbchen (s. S. 33) gemessen wurden. Da die Ableitung des Blitzstromes kein quasistationärer
Vorgang ist, können sich bei der Summenbildung Fehler ergeben. Man hat
sich aber bemüht, bei der Auswertung der Meßergebnisse den Fehler
möglichst zu eliminieren oder klein zu halten. Für eine umfassende statistische Unterlage sind an und für sich nur solche Untersuchungen von
Bedeutung, die zu einer großen Anzahl von Ergebnissen geführt haben.
Dies sind insbesondere die Arbeiten von Grünewald [2/14], Waldorf
[2/15], Lewis und Foust [2/20] und Baatz [2/30].

In Bild 19 sind die Ergebnisse der Messungen zusammengestellt. Es ist der Anteil der Blitzströme, die einen gewissen Wert (1 bis 3 kA) überschritten haben, angegeben. Unterschiede zwischen den einzelnen Kurven sind besonders durch die Erfassung der unteren Grenze, also der

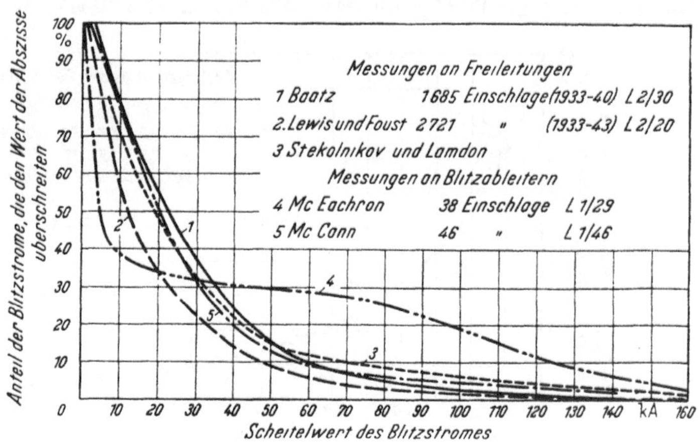

Bild 19. Häufigkeit von Strömen im Blitzkanal.

Ströme unter 10 kA bedingt. Scheidet man die Werte bis 10 kA Blitzstrom aus, so ergibt die Darstellung in Bild 20 eine bessere Übereinstimmung. Lewis und Foust [2/20] haben Ströme über 200 kA bei 5 von 2721 Einschlägen mit einem Höchstwert von 218 kA gefunden, Grünewald [2/14] und Baatz [2/30] bei 4 von 1685 Einschlägen. Hiervon liegen 2 Werte nur wenig über 200 kA, während in den beiden anderen Fällen Blitzströme weit über 200 kA, und zwar einmal aus positiv und im an-

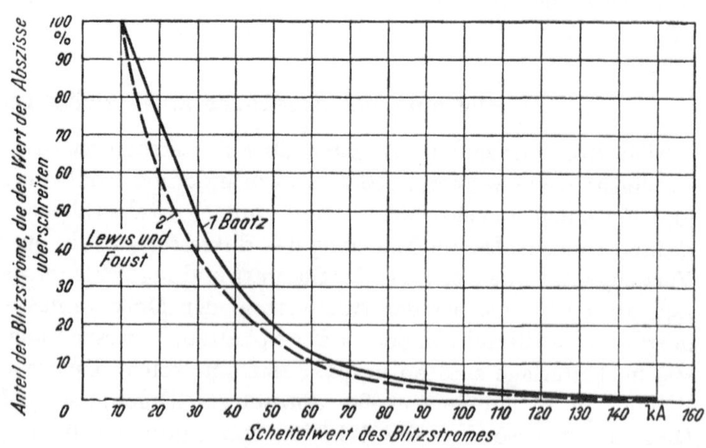

Bild 20. Häufigkeit von Strömen über 10 kA im Blitzkanal (nach Messungen an Freileitungen).

deren Fall aus negativ geladenen Wolkenteilen angenommen werden mußten. Auch die dabei aufgetretenen Wirkungen (Zerstörung von 35-qmm-Erdseil, Bild 34, s. S. 41) ließen auf erhebliche Stromstärken schließen. Im allgemeinen überschreiten die Blitzströme kaum 200 kA. Der Anteil über 100 kA beträgt etwa 2 bis 4%. Die Messungen von McEachron [1/29] am Empire State Building unterscheiden sich in der Verteilung wesentlich von denen an Freileitungen insofern, als der Anteil der Ströme mit größeren Werten erheblicher ist. Es scheint, daß hierbei der Einfluß der Gebäudehöhe eine Rolle spielt, denn McCann [1/46] hat an niedrigeren Gegenständen eine Verteilung ähnlich wie an Leitungen gefunden.

Von den Blitzschlägen ist jeweils nur die Teilentladung mit dem höchsten Strom gewertet, der mittels Stahlstäbchen sowieso nur gemessen wird. Angaben über den Anteil der Polaritäten lassen nur erkennen, wie häufig die stromstärkste Teilentladung aus negativ oder positiv geladenen Wolkenteilen aufgetreten ist. Grünewald und Baatz haben gefunden, daß im Mittel nur 13% der stromstärksten Teilentladungen aus positiv geladenen Wolkenteilen stammen. Der Anteil bei kleineren Strömen scheint größer (bis 10 kA 27%) zu sein und mit steigenden Stromstärken zu sinken. Lewis und Foust fanden im Mittel 7% und Waldorf 18% positive Entladungen.

8. Allgemeine Angaben über den Erdblitz.

Die Länge des Blitzkanals wird bis 5000 m geschätzt, größtenteils wird sie 600 bis 2000 m betragen.

Die elektrische Feldstärke in der Atmosphäre liegt in der Größenordnung

bei schönem Wetter:		bei Gewitter im Höchstwert:	
am Boden	1 V/cm	am Boden	300 V/cm
in 9000 m Höhe	0,02 V/cm		(ausgenommen beim
in Wolken ohne			Blitzschlag selbst)
Niederschlag	10 V/cm	in den Wolken	100 V/cm
		in den Wolken am Ort der Blitzbildung	10000 V/cm.

Nach den Messungen in Südafrika [1/15,18,21,24,25,26] ergeben sich für die Ausbildung des Blitzes folgende Werte:

Fortpflanzungsgeschwindigkeit				Mittelwert
der ersten Vorentladung	0,1 bis 2	m/μs		0,4 m/μs
weiterer Vorentladungen	1 bis 25	m/μs		6 m/μs
der Hauptentladungen	20 bis 150	m/μs		50 m/μs
Länge der Leitstrahlen	10 bis 200	m		50 m
Pausen zwischen den Leitstrahlen	30 bis 90	μs		50 μs
Anzahl der Entladung	1 bis 27			
Dauer eines Blitzschlages	bis 1,5	s		0,3 s
Ladung eines Blitzschlages	bis 164	C		25 C

BRUCE und GOLDE [*1/37*] haben statistische Angaben über den Blitz auf Grund verschiedener Messungen zusammengestellt. Dabei haben sie auch die Auswertungen der British Electrical and Allied Industries Research Association (ERA) von Untersuchungen des Radio Research Board verwendet. Bild 21 zeigt die Häufigkeit von Teilentladungen in

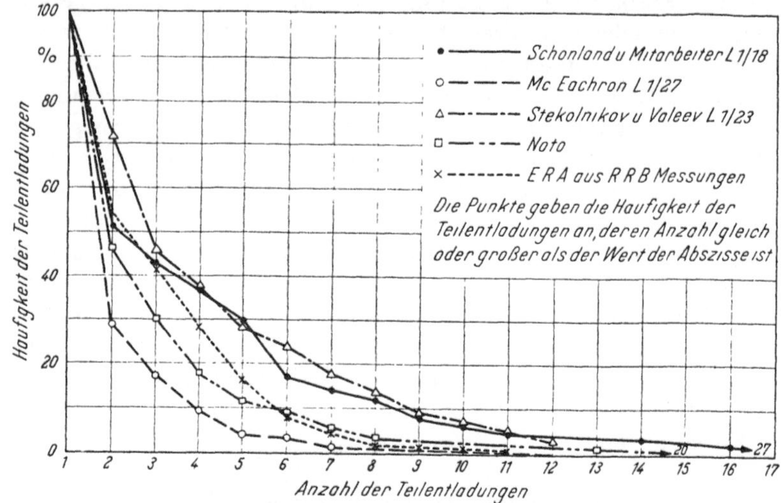

Bild 21. Anzahl und Häufigkeit von Teilentladungen in Blitzen [*1/37*].

einem Blitzschlag. Die Werte von SCHONLAND stammen aus seinen Aufnahmen mit der BOYS-Kamera in Südafrika, von MCEACHRON aus oszillographischen Messungen an Rohrableitern einer 138-kV-Leitung in Amerika, von STEKOLNIKOV und VALEEV aus Klydonographenmessungen an Antennen in Rußland, von NOTO aus Oszillographenmessungen an Antennen. Am niedrigsten liegen die Werte von MCEACHRON; es kann sein,

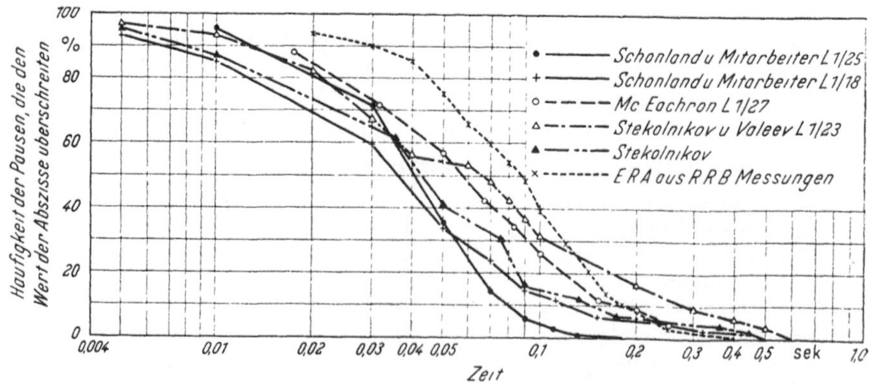

Bild 22. Zeitdauer und Häufigkeit der Pausen zwischen den Teilentladungen von Blitzen [*1/37*].

daß die Entladungen gegen Ende eines Blitzes wegen des Nichtansprechens der Rohrableiter infolge zu geringen Stromes und damit zu niedriger Spannung nicht immer erfaßt worden sind. In Bild 22 ist die Häufigkeit der Länge der Pausen zwischen den einzelnen Entladungen eines Blitzes zusammengestellt. Bild 23 enthält die Angaben über die

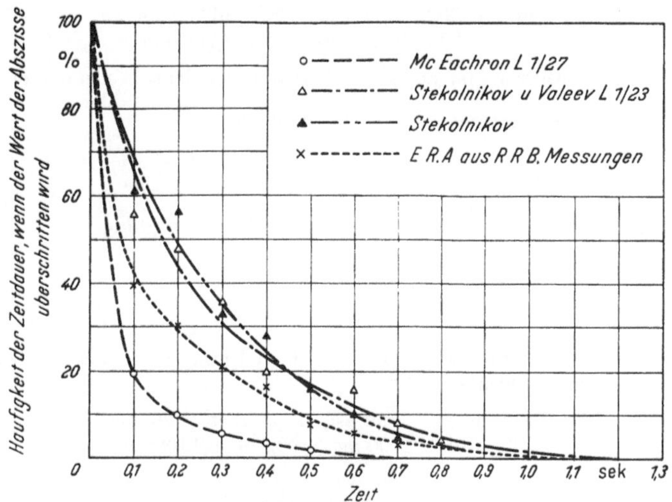

Bild 23. Gesamte Zeitdauer und deren Häufigkeit von Blitzen [1/37].

gesamte Dauer von Blitzschlägen. Die niedriger liegenden Werte von McEachron dürften auf die vorher gegebene Erklärung zurückzuführen sein. Die Dauer eines Blitzes beträgt demnach im Mittel etwa 0,25 s und überschreitet nur selten 1 s. McEachron hat bei seinen Messungen am Empire State Building im Durchschnitt etwas längere Werte gefunden, läßt man aber die Zeitdauer von etwa 0.2 bis 0,3 s zwischen der ersten Vorentladung von der Erde zur Wolke und der ersten Hauptentladung

unberücksichtigt, so erhält man annähernd die gleichen Zeiten.

Die verschiedenen Messungen über die Form des Blitzstromes hat Müller-Hillebrand [10/5] zusammengestellt. Danach ergibt sich eine Häufigkeit für die Stirn- und Rückenhalbwertzeit nach Bild 24. Der Bereich der

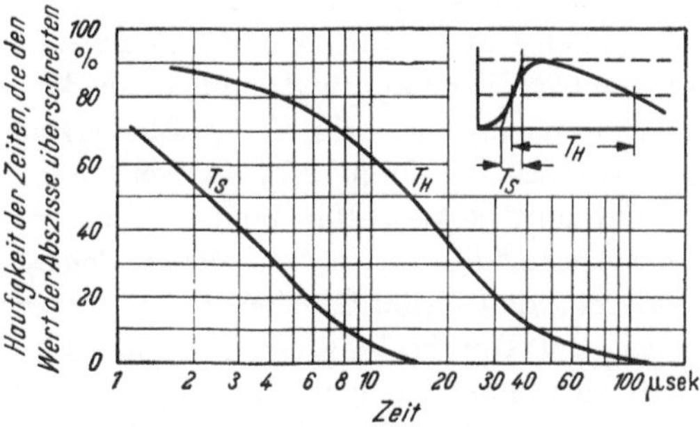

Bild 24. Stirnzeit T_S und Rückenhalbwertzeit T_H von Blitzströmen. Häufigkeit des Auftretens [10 5].

Werte entspricht dem ersten stromstarken Teil der Hauptentladung. HARDER und CLAYTON [*1/67*] geben auf Grund neuerer Messungen, besonders auch über den langandauernden nachfließenden Strom im Blitzkanal, folgende Übersicht über die Wellenform des Blitzstromes.

Stirnzeiten, gemessen von weniger als 0,5 μs bis über 10 μs,

davon 90% über 1 μs,　62% über 2 μs
23% über 4 μs,　　8% über 6 μs.

Die Hälfte der Blitzströme mit über 30 kA weisen Stirnzeiten von über 4 μs auf.

Stirnsteilheiten, gemessene größte Steilheit 45 kA/μs

50% über　8 kA/μs,　20% über 17 kA/μs
10% über 25 kA/μs,　　5% über 42 kA/μs.

Halbwertdauer des stromstarken Teiles der Hauptentladung,

96% über 20 μs,　57% über 40 μs
14% über 60 μs,　　5% über 80 μs
Mittelwert 43 μs.

Zeitdauer des Stromflusses in den einzelnen Entladungen bis herab zu 50 A, gemessener größter Wert über 0,3 s

100% über　　50 μs,　78% über　　200 μs
23% über　1000 μs,　10% über 10 000 μs.

9. Meßverfahren der Blitzforschung.

Bevor man zu der heutigen Kenntnis über die Art der Einwirkung der Gewitter auf die Netze kam, waren viele Untersuchungen mit den verschiedensten Verfahren der Meßtechnik notwendig. Zur Gewinnung von ausreichenden statistischen Unterlagen mußten die Messungen über räumlich große Gebiete ausgedehnt werden. Neben der unmittelbaren Untersuchung der Blitzentladung selbst im wesentlichen durch BOYS, SCHONLAND und später durch MCEACHRON, HAGENGUTH und BERGER durch photographische und oszillographische Messungen wurden weitere zahlreiche Messungen in den Netzen selbst durchgeführt. Die Gewitterwirkungen wurden untersucht, um daraus teilweise auf den Vorgang des Blitzes als Überspannungserzeuger in den Netzen schließen zu können. Gemessen wurden die durch den Blitz erzeugten Spannungen und Ströme. Die wesentlichen Meßverfahren werden kurz beschrieben.

Funkenstrecken. Man benutzte schon frühzeitig parallel geschaltete Funkenstrecken mit verschiedenen Schlagweiten, die über hochohmige Widerstände geerdet wurden. Durch ein zwischengelegtes dünnes Papier wurde der Durchschlag der einzelnen Funkenstrecken angezeigt. PEEK [*3/6*] verwendete gleichzeitig Kugel- und Stabfunkenstrecken, um eine Angabe über die Wellenform zu erhalten. Die Staffelfunkenstrecke von HEYNE [*3/11*] benutzt ebenfalls die Anordnung mehrerer parallel geschalteter Funkenstrecken verschiedener Schlagweite, nur daß jeder einzelnen Funkenstrecke ein Kondensator mit kleiner Kapazität vorgeschaltet ist. Das Ansprechen kann durch Zählwerke festgehalten werden.

Klydonograph. PETERS [3/5] entwickelte 1924 den Klydonographen, um damit Gewitterüberspannungen messen zu können. Die auf einer Isolierschicht entstehenden LICHTENBERGschen Figuren sind spannungsabhängig. Sie werden durch Schwärzung einer zwischengelegten photographischen Schicht festgehalten. Der Spannungsbereich, in dem gemessen werden kann, beträgt etwa 2 bis 18 kV. Zur Messung höherer Spannungen werden demnach im allgemeinen kapazitive Spannungsteiler vielfach aus Kappenisolatoren verwendet. FOUST [3/10] entwickelte ein Gerät (surge-voltage recorder) mit 2 gegeneinander geschalteten Elementen, so daß stets eine positive Figur aufgezeichnet wird, die genauer auszuwerten ist als die negative. Schaltet man den Klydonographen parallel zu einem Widerstand, so lassen sich auch Strommessungen durchführen.

Der Klydonograph ist ein einfaches Gerät [3/7, 9, 12, 14], um statistische Unterlagen in größerem Umfange zu erzielen. Allerdings sind seine Fehlergrenzen sehr groß, etwa 25 bis auch 50%. Verfahren [3/8, 9], um aus der Form der aufgezeichneten Figur auf den Verlauf der Spannung zu schließen, sind als sehr zweifelhaft zu bewerten.

Stahlstäbchen. TOEPLER [1/9] hatte bereits 1925 auf Grund der Beobachtungen von POCKELS [3/2], wonach Basaltstücke in der Umgebung von Blitzeinschlagstellen magnetische Eigenschaften aufweisen, vorgeschlagen, Stahlstäbchen an Blitzableitern zur Messung von Blitzströmen einzubauen. Dieses Verfahren wurde 1926 in Deutschland [2/9] eingeführt und ab 1933 in zunehmend größerem Umfange auf Freileitungen angewendet. FOUST und KUEHNI [3/13] führten es 1932 in Amerika ein.

Die Stahlstäbchen [3/17] bestehen aus fein unterteiltem Stahl (gebündelte dünne Bleche oder Drähte, Magnetpulver, Sinterferrit) mit möglichst hoher Remanenz (Bild 25). Im magnetischen Feld eines Stromes werden sie magnetisiert und behalten

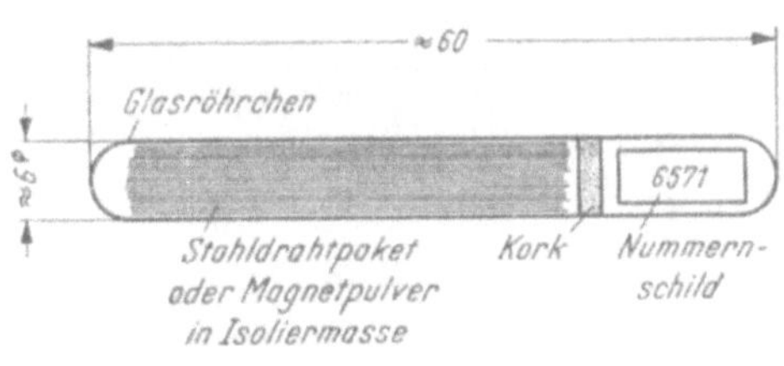

Bild 25. Stahlstäbchen.

eine Remanenz je nach der Höhe des örtlich aufgetretenen magnetischen Feldes und dessen Richtung. Durch Ausmessen der Remanenz kann man auf die Feldstärke und den Scheitelwert des jeweils geflossenen größten Stromes schließen.

Ändert sich die Stromrichtung, was innerhalb eines Mehrfachblitzschlages möglich ist, so tritt eine mehr oder weniger starke Entmagnetisierung des Stäbchens ein. In gewissen Grenzen lassen sich trotzdem die einzelnen Ströme bestimmen. Um den Meßbereich, der infolge der magnetischen Sättigung bei etwa 1 : 10 bis 1 : 25 liegt, zu erweitern, werden im allgemeinen 2 Stäbchen in verschiedenem Abstand vom stromdurchflossenen Leiter eingebaut, bei Masten an einem Eckeisen oder Mastfuß.

Die Stahlstäbchen werden entweder durch Eintauchen in eine Meßspule mit einem ballistischen Galvanometer [3/17] oder mittels eines Stoßstrommessers [3/15] ausgemessen. Der Fehler der Messung liegt in der Größe von ± 10 bis 15%. Magnetisch gewordene Stahlstäbchen werden an den Leitungen durch Anhalten eines nicht zu unempfindlichen Kompasses ermittelt.

Fulchronograph. Der Fulchronograph [3/19] verwendet ebenfalls das Verfahren der Magnetisierung und Ausmessung von Stahlstäbchen. Eine Aluminiumscheibe enthält am Umfang 408 Nuten, in die nach jeder Seite überstehend 0,23 mm starke Stahllamellen eingesetzt sind. Durch die Drehung der Scheibe werden die Lamellen durch das Feld einer ganz flachen Spule, die von dem zu messenden Strom durchflossen wird, hindurch bewegt, so daß im wesentlichen jeweils nur eine Lamelle in radialer Richtung magnetisiert wird. Der Lamellenkranz auf der einen Seite ist für die Messung von Strömen zwischen 1 bis 50 kA, auf der anderen Seite für Ströme zwischen 0,1 bis 6 kA ausgelegt.

Bei der Ausführung mit 3450 Umdr./min entspricht eine Umdrehung 17 000 μs, so daß die einzelnen Intervalle 43 μs betragen. Die andere Ausführung mit 60 Umdr./min macht eine Umdrehung in 1 s mit Intervallen von 2450 μs. Da Mehrfachentladungen meistens nicht länger als 1 s dauern, lassen sich die einzelnen Teilentladungen ausmessen. Man erhält somit den zeitlichen Verlauf des gesamten Blitzvorganges.

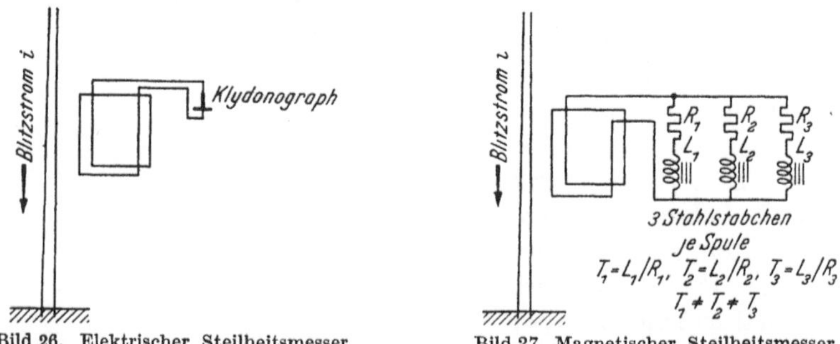

Bild 26. Elektrischer Steilheitsmesser.　　　　Bild 27. Magnetischer Steilheitsmesser.

Steilheitsmesser. Durch Anbringen einer Drahtschleife, auch aus mehreren Windungen, im magnetischen Feld des auszumessenden Stromes nach Bild 26 läßt sich die größte Steilheit des Stromanstieges bestimmen [3/7, 2/13]. Die Feldänderung erzeugt an den offenen Enden der Schleife eine ihr proportionale Spannung, die mit einem Klydonographen gemessen werden kann.

Im allgemeinen besteht aber mehr Interesse an der Messung der mittleren Steilheit des Stromanstieges. WAGNER und McCANN [3/19] haben die Schaltung in Bild 27 (magnetic surge-front recorder) angegeben. Die Enden der Schleife werden über eine Drosselspule mit einem Widerstand in Reihe verbunden. Drei solcher Kreise mit verschiedenen Zeitkonstanten sind parallel geschaltet. Mittels Stahlstäbchen innerhalb der Drosselspule wird der jeweils höchste Wert des Spulenstromes gemessen, der unter bestimmten Voraussetzungen dem mittleren Anstieg des Stromes im Leiter proportional ist. Der Einfluß von Oberschwingungen im Strom wird durch dieses Verfahren unterdrückt.

Um die maximale Stirnsteilheit einer Spannungswelle auf Leitungen zu bestimmen, mißt man mit Stahlstäbchen den Strom durch einen an die Leitung angeschlossenen Kondensator. Damit keine Rückwirkung auf die Spannungswelle eintritt, darf die Koppelkapazität nicht zu groß sein, andererseits aber nicht zu klein, um einen Strom für die ausreichende Magnetisierung der Stäbchen zu erhalten. In die Leitung legt man Spulen mit einigen wenigen Windungen, in deren Mitte die Stäbchen angeordnet sind. Auf diese Weise läßt sich der Meßbereich erheblich erweitern. Der Strom ist dann proportional der Steilheit des Spannungsanstieges. Für die Messung kann man die Koppelkondensatoren der leitungsgerichteten Hochfrequenztelephonie verwenden [2/16,20].

Ladungsmesser. Dieses Gerät dient dazu, durch Integration des Stromes über der Zeit den Betrag der Ladung zu messen. Es besteht aus einem induktivitätsfreien Widerstand, der von dem auszumessenden Strom durchflossen wird, und einer dazu parallel geschalteten Induktionsspule (magnetic surge integrator) [3/19]. Mittels Stahlstäbchen wird der Höchstwert des Spulenstromes gemessen, der proportional der Ladung ist. Der Spulenwiderstand begrenzt die Integrationszeit. Zwei Geräte mit verschiedenen Zeitkonstanten sind zur Anwendung gekommen, bei denen bis $10000\,\mu$s bzw. $300\,\mu$s die Ladung proportional dem Spulenstrom ist.

Der Ladungsmesser wird vielfach zur Ausmessung der Ladungen durch Ableiter verwendet, da hier die Dauer der Entladung nicht so lang ist wie bei den Mehrfachblitzen selbst.

Photographischer Blitzstrommesser. Der photographische Blitzstrommesser [1/46] besteht aus einer kleinen Funkenstrecke und einer besonderen Anordnung von Blenden. Das Licht des Überschlagfunkens wird senkrecht zur Bewegungsrichtung des Filmes keilförmig auseinandergezogen mit nach außen abnehmender Intensität. Aus der Dichte der Schwärzung des Filmes und der Breite des Keiles lassen sich Stromstärke und Zeitdauer angenähert bestimmen. Die Genauigkeit für den Strom liegt in der Größenordnung von 2 : 1, aber der erfaßbare Bereich ist sehr groß, von etwa 0,1 bis 150000 A. Die Filmtrommel macht 1 Umdr./s, so daß das zeitliche Auflösungsvermögen etwa $600\,\mu$s ist. Die Teilent-

3*

ladungen eines Blitzschlages lassen sich ausmessen; gegenüber dem Ful-chronographen hat das Gerät den Vorteil, auch langandauernde Ströme sehr geringer Stromstärke zu erfassen.

Oszillographen. Die in den vorhergehenden Abschnitten beschriebenen Meßeinrichtungen gestatten nur die Registrierung einzelner Kenngrößen des Vorganges. Ihr Vorteil aber ist, daß sie zur Gewinnung umfang-reicher statistischer Unterlagen in großer Zahl eingesetzt werden können. Sie bedürfen keiner besonderen Wartung und Bedienung, erfordern auch nicht so hohe Kosten. Der genaue zeitliche Verlauf der Vorgänge läßt sich aber nur mit Oszillographen, insbesondere Kathodenstrahl-oszillographen erfassen. Wegen des Umfanges dieser Meßeinrichtungen bleibt der Einsatz von Oszillographen auf wenige bevorzugte Meßstellen beschränkt. Man hat sie in den Netzen zur Messung von Gewitterüberspan-nungen auf den Freileitungen eingesetzt und dann vor allem in Gewitter-stationen zur indirekten oder direkten Messung der Blitzentladungen.

Der Schleifenoszillograph, dessen Auflösungsvermögen nicht über Schwingungsvorgänge von mehr als etwa 10 000 Hz hinausgeht, wird viel-fach für die Registrierung des gesamten Ablaufes verwendet. Er kann nicht die Hauptentladungen mit großer Steilheit und kurzer Dauer auf-zeichnen, dagegen die langandauernden Entladungen, die Zeiten zwischen den einzelnen Entladungen und deren Polarität und Anzahl. Schwierig-keiten bei der Messung mit Schleifenoszillographen treten dadurch auf, daß das Zünden der Lichtquelle erhebliche Zeit dauert, andererseits würde bei ständig brennender Lichtquelle auch der Anlauf des Filmes oder das Öffnen eines Verschlusses eine gewisse Zeit erfordern. MORRIS, RUSHER und HAGENGUTH [3/16] verwenden daher als Lichtquelle eine Neon-Krater-Lampe, die durch den aufzunehmenden Vorgang gezündet wird und in 20 μs auf volle Leuchtstärke kommt. BERGER [3/23] benutzt eine ebenfalls durch den Vorgang gezündete Stoßentladung hoher Strom-stärke, die dann in eine Bogenentladung übergeht.

Das größte Auflösungsvermögen besitzt der Kathodenstrahloszillo-graph, der es gestattet, Vorgänge in Bruchteilen von μs aufzuzeichnen. Er ist aus der BRAUNschen Röhre [3/1] entstanden, die zuerst ZENNECK [3/3] zu Momentaufnahmen elektrischer Vorgänge verwendete. DUFOUR [3/4] führte die Innenaufnahme (Einführung der photographischen Platte in das Vakuum und direkte Schwärzung durch den Kathodenstrahl) ein, so daß damit das Aufzeichnungsvermögen erheblich gesteigert wurde. Die Entwicklung [3/18] zu einem vielseitig verwendbaren Gerät setzte erst nach etwa 1920 in verschiedenen Ländern ein, als man seine Bedeu-tung zur Registrierung sehr schneller elektrischer Vorgänge erkannt hatte, und zwar in Frankreich weiterhin durch DUFOUR, in Deutschland durch GABOR und ROGOWSKI, in Schweden durch NORINDER und in der Schweiz durch BERGER.

Inzwischen ist die Entwicklung vom Oszillographen mit kalter Kathode und Innenaufnahme zum abgeschmolzenen Glasrohr mit Photographie des Leuchtbildes fortgeschritten. Obwohl diese Oszillographen in der Bedienung und der Aufnahmetechnik einfacher sind, behält der Kalt-Kathodenstrahloszillograph doch weiterhin seine Bedeutung. Eine wesentliche Eigenschaft des Kathodenstrahloszillographen ist, daß der Kathodenstrahl außerhalb der Aufzeichnungszeit gesperrt wird und nur während des Vorgangs durch diesen selbst über ein Relais mit einer Eigenzeit von Bruchteilen einer μs freigegeben werden kann.

Bei der Messung von Spannungen wird der zu messende Vorgang direkt oder über Spannungsteiler aus Kondensatoren oder Widerständen den Ablenkplatten zugeführt. Die Messung von Strömen wird im allgemeinen so durchgeführt, daß man den Spannungsabfall an einem induktivitätsfreien Widerstand, der auch eine nichtlineare Kennlinie haben kann, mißt.

Spitzenspannungsmesser. Ein Gerät zur Messung des Scheitelwertes von Überspannungen ist von RABUS [*3/21,22*] entwickelt worden. Über eine Diode mit extrem hohem Sperrwiderstand wird ein Kondensator aufgeladen. Die Zeitkonstante der Ladung ist so bemessen, daß noch durch abgeschnittene Stoßspannungen bis 0,5 μs Dauer der Kondensator zu etwa 97% seines Endwertes aufgeladen wird. Durch Parallelschalten eines statischen Spannungsmessers wird die Höhe der Ladespannung und damit der Überspannung gemessen. Nach Ablesen des Wertes muß der Kondensator entladen werden, um die Meßeinrichtung wieder aufnahmebereit zu machen. Es kann also nur der Höchstwert einer Überspannung innerhalb eines gewissen Zeitintervalls ermittelt werden. Durch Parallelschalten von zwei Geräten läßt sich auch während der jeweiligen Entladezeit des Kondensators eine auftretende Überspannung messen. Die Spannung des Meßkondensators kann auch auf einen Verstärker gegeben und durch ein schreibendes Meßgerät aufgezeichnet werden. Der Anschluß an Hochspannung erfolgt über kapazitive Spannungsteiler. Überspannungen positiver und negativer Polaritat werden getrennt registriert.

B. Die Einwirkung des Blitzes auf Freileitungen.

1. Spannungs- und Strommessungen auf Leitungen bei direkten Einschlägen.

Ab 1924 hat man begonnen, die auf Leitungen durch Gewitter erzeugten Überspannungen mit dem Kathodenstrahloszillographen zu messen, zunächst in Schweden, dann in Amerika und in der Schweiz. Da die Höhe der Überspannungen durch das Isoliervermögen der Leitungsisola-

3 E

tion begrenzt ist, liegt ihr Wert nicht so sehr darin, eine absolute Spannungshöhe der Wellen zu bestimmen, sondern den Verlauf der Wellen zu erhalten, um daraus Rückschlüsse auf den Blitzvorgang selbst und Folgerungen für die Beanspruchung der Isolation ziehen zu können. Der gemessene Verlauf der Wellen ist neben den Entstehungsbedingungen am Ursprungsort auch abhängig von den Faktoren, die die Ausbreitung beeinflussen, wie Dämpfung, Koronaverluste, Reflexion.

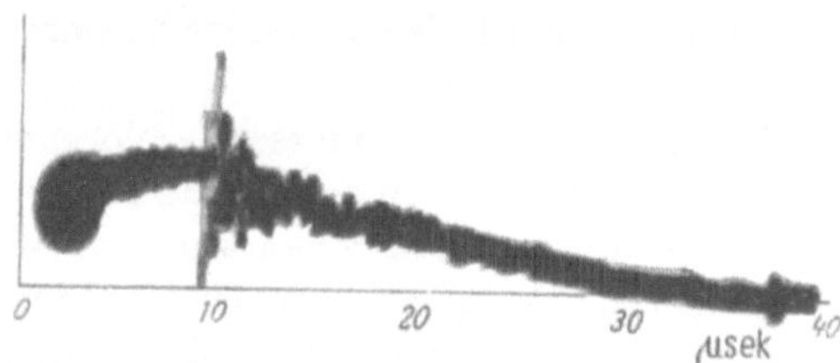

Bild 28. Kathodenstrahloszillogramm einer Überspannung auf einer 220-kV-Leitung in 26 km Entfernung von der Einschlagstelle (aufgenommen am 27. 7. 1928) [2/2].

Das erste aufgenommene Oszillogramm einer Welle [2/2] auf einer 220-kV-Leitung in etwa 26 km Entfernung von der Einschlagstelle zeigt Bild 28. Der Scheitelwert beträgt rd. 600 kV und die Gesamtdauer der Welle etwa 35 μs. Die Ursache der hochfrequenten Schwingungen im Rücken ist unbekannt. Messungen an Holzmastleitungen ohne Erdseil haben natürlich die höchsten Spannungen ergeben. In Bild 29 ist die Spannungswelle mit dem wohl größten Scheitelwert von rd. 5000 kV wiedergegeben [2/6]. Sie wurde an einer 110-kV-Holzmastleitung ohne Erdseil bei einem Einschlag in 6,4 km Entfernung erhalten. Der Scheitelwert wird in weniger als 2 μs erreicht, so daß sich die größte Stirnsteilheit zu etwa 4000 kV/μs ergibt. Eine Welle in nur etwa 125 m Entfernung von der Einschlagstelle in eine 220-kV-Leitung zeigt Bild 30 [2/7]. Der Blitz traf das Leiterseil, an dem der Kathodenstrahloszillograph angeschlossen war; der Überschlag zur Erde ist bei etwa 2800 kV erfolgt. Für die Stirn ergibt sich eine größte Steilheit von etwa 1600 kV/μs.

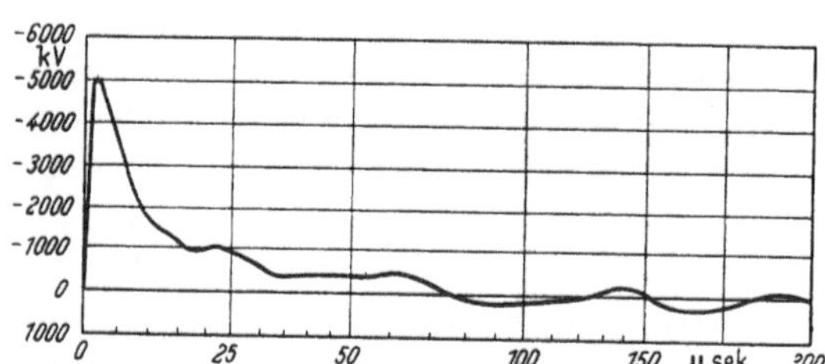

Bild 29. Wiedergabe des Kathodenstrahloszillogrammes einer Überspannung auf einer 110 kV-Holzmastleitung ohne Erdseil in 6,4 km Entfernung von der Einschlagstelle [2/6].

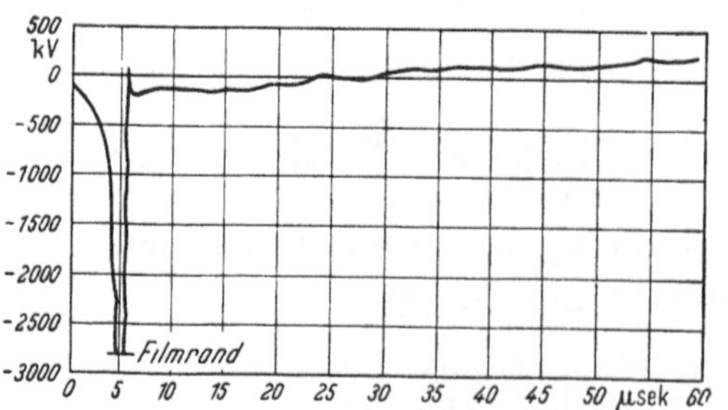

Bild 30 Wiedergabe des Kathodenstrahloszillogrammes einer Überspannung auf einer 220 kV-Holzmastleitung ohne Erdseil in 125 m Entfernung von der Einschlagstelle [2/7]

Ein sehr gutes Oszillogramm hat Berger [2/13] beim Blitzeinschlag in den Mast einer 150-kV-Einfachfreileitung mit Anordnung der 3 Leiter in horizontaler Ebene und mit 2 Erdseilen erhalten. Die Meßstelle ist rd. 8 km und die Einschlagstelle rd. 13 km vom Leitungsende entfernt; somit erfolgte die Messung in rd. 5 km Abstand vom Einschlag. Bild 31 zeigt die aufgenommenen Oszillogramme der drei Leitererdspannungen. Am getroffenen Mast, der mit Stahlstäbchen ausgerüstet war, und am Leitungsende waren Schmelzspuren auf den Lichtbogenarmaturen des Leiters III gefunden worden. Demnach schlug der Blitz in den Mast und es erfolgte ein rückwärtiger Überschlag zum Leiter III. Die auf diesem entlanglaufende Welle wurde am Leitungsende unter Spannungsverdoppelung reflektiert, so daß auch hier ein Überschlag eintreten konnte. Die 50%-Überschlag-Stoßspannung der Leitungsisolation beträgt etwa 1100 kV. Im Oszillogramm ist zunächst während der ersten 30 μs der Augenblickswert der Leitererdspannung auf-

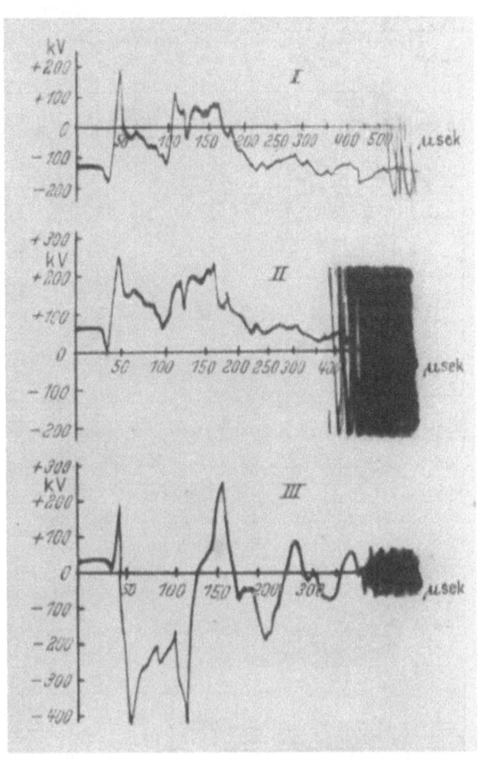

Bild 31. Oszillogramme der Gewitterüberspannungen eines Blitzeinschlages in eine 150-kV-Leitung in 5 km Entfernung von der Meßstelle [2/13].

gezeichnet. Anscheinend ist der Oszillograph durch einen Spannungsstoß ausgelöst worden, der auf der Leitung entstanden ist, kurz bevor der Blitz den Mast getroffen hat. Dann folgt eine kurze negative Spannungsspitze, vielleicht infolge Koronaentladungen des Leiters, die in eine hohe positive Spannungsspitze von mehreren 100 kV umschlägt. Diese Spannung kann durch den Anstieg des Stromes im Blitzkanal induziert sein. Bei 40 μs erfolgt der rückwärtige Überschlag zum Leiter III infolge des Spannungsanstieges am Mastkopf. Damit erhält der Leiter III das Potential des Mastkopfes während des Durchfließens des Blitzstromes. An der Meßstelle ergibt sich eine Stoßwelle von 450 kV Scheitelwert und etwa 50 μs Halbwertdauer. Am Leitungsende wird die Welle reflektiert, was hier zum Durchschlag der Grobfunkenstrecke führt. Die rücklaufende Welle erscheint im Oszillogramm bei etwa 110 µs. Anschließend ergeben sich Eigenschwingungen der Leitung. Die mittlere Geschwindigkeit der Welle gegen Erde ergibt sich zu 255 m/µs, das sind 85% der Lichtgeschwindigkeit. Während des Laufweges der Welle ist deren Dämpfung bereits erheblich, denn die noch gemessene Spannung beträgt etwas weniger als die Hälfte der Spannung, die zum Stoßüberschlag notwendig ist.

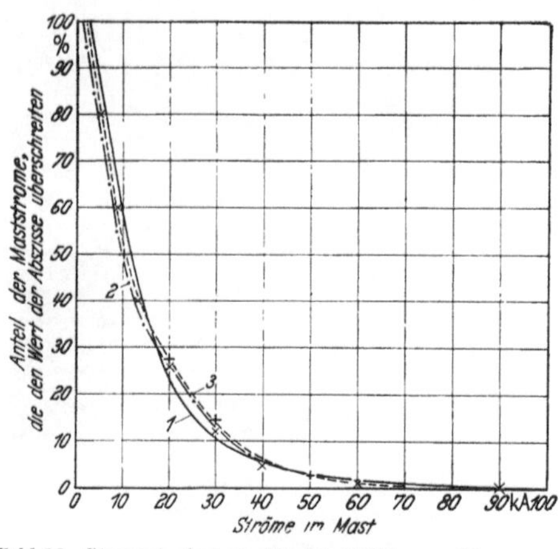

Bild 32. Stromstärken im Mast bei Blitzeinschlagen in Freileitungen.

1 BAATZ (1937 bis 1949) 1288 Einschlage [2/30]
2 LEWIS und FOUST (1933 bis 1943) 2721 Einschlage [2/20].
3. HANSON und WALDORF (1934 bis 1942) 1987 Einschlage [2/19].

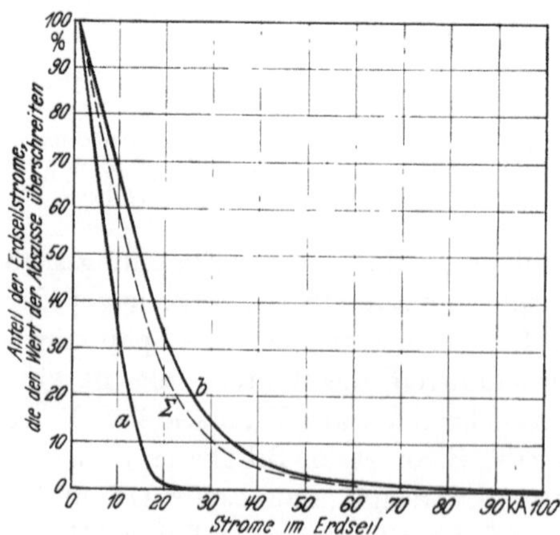

Bild 33. Stromstärken im Erdseil bei Blitzeinschlagen in Freileitungen[2/30].

a: Einschlage in den Mast, 261 Stromwerte.
b. Einschlage in das Erdseil, 836 Stromwerte.
Σ. Summe aller Stromwerte.

Während die Messungen der durch Blitzeinschläge entstehenden Überspannungen auf Leitungen einen Einblick in die Art der Isolationsbeanspruchung geben, ist für die Beurteilung eines wirksamen Erdseilschutzes die Kenntnis der in den Masten abfließenden Blitzstromanteile notwendig. Angaben hierüber nach Messungen mit Stahlstäbchen enthält Bild 32. Dabei sind nur die Ströme in den unmittelbar betroffenen bzw. den der Einschlagstelle benachbarten beiden Masten gewertet.

Die Messungen von BAATZ [2/30], LEWIS und FOUST [2/20] sowie HANSON und WALDORF [2/19] stimmen gut überein. Nur rd. 1% aller Mastströme' überschreiten 60 kA und etwa 5% 40 kA. Darunter vergrößert sich der Anteil schneller, über 30 kA sind es bereits 10% und über 20 kA annähernd 25%. Die größten gemessenen Mastströme liegen nur wenig über 100 kA.

In Bild 33 sind nach den Messungen von BAATZ noch Angaben über die Größe und den Anteil der in Erdseilen aufgetretenen Ströme enthalten. Bei Blitzeinschlägen in den Mast liegen die Ströme zu 99% unter 20 kA und insgesamt unter 30 kA. Bei Blitzeinschlägen in das Erdseil treten in diesem natürlich erheblich größere Ströme auf. In zwei Fällen ist sogar durch den Blitzstrom ein 35-mm²-Stahlerdseil in Stücke zersprengt worden, wie Bild 34 zeigt. Wegen Sättigung der Stahlstäbchen konnte die Blitzstromstärke nicht genau

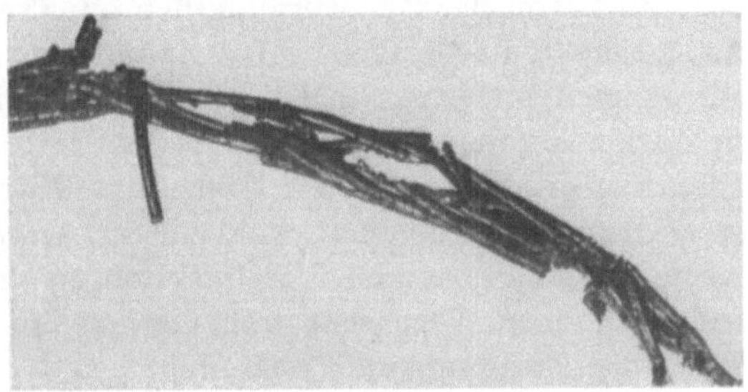

Bild 34. Durch Blitzeinschlag zerstörtes Erdseil aus verzinktem Stahl von 35 mm² Querschnitt.

bestimmt werden, sie muß aber weit über 200 kA gewesen sein. Es besteht aber auch die Möglichkeit, daß die Zerstörung des Erdseiles nicht so sehr durch die Höhe des Stromes, sondern durch einen langdauernden, verhältnismäßig hohen Nachstrom eingetreten ist.

Durch Meßergebnisse mit Stahlstäbchen an den Enden der Ausleger [2/30] wurde festgestellt, daß anscheinend auch an den der Einschlagstelle benachbarten Masten von deren Enden aus Gegenentladungen ausgehen können, ohne daß diese mit dem Blitzkanal zusammentreffen. Es wurden Ströme von 0,5 bis 4 kA gemessen, die die gleiche Richtung wie die Ströme im Blitzkanal hatten.

2. Induzierte Überspannungen.

Eine Gewitterwolke, deren Unterseite im allgemeinen negativ geladen ist, erzeugt zur Erde hin ein elektrisches Feld, dessen Feldstärke durch die Ladungsdichte in der Wolke bestimmt wird. Würde dieses Feld plötzlich verschwinden, so müßte ein isolierter Leiter in der Höhe h über Erdboden eine Spannung gleich dem Produkt aus Feldstärke mal seiner Höhe annehmen. Dabei ist vorausgesetzt, daß während des Feldaufbaues freie Gegenladungen über Ableitungswiderstände vom isolierten Leiter zur Erde abfließen können, so daß nur die durch Influenz gebundene Gegenladung auf dem Leiter verbleibt. K. W. WAGNER [4/1] hat zuerst auf diese Weise das Entstehen von Überspannungswellen auf Leitungen beim Blitzschlag, der nicht die Leitung selbst trifft, begründet. Stirn und Rükken der Welle ergeben sich nach seiner Theorie durch die räumliche Verteilung der Feldstärke längs der Leitung, was zu ziemlich niedrigen Werten führt.

BEWLEY [4/2,3] kam dann zu der Ansicht, daß das Anfangsfeld nicht plötzlich, sondern mit einer begrenzten Geschwindigkeit verschwindet. Unter dieser Annahme berechnete er nach der Theorie von K.W.WAGNER die entstehenden Spannungswellen, wobei er die Feldstärke nicht nur vom Ort, sondern auch von der Zeit veränderlich annahm. Hierbei ergaben sich verhältnismäßig flache Wellen. Die Spannung auf dem Leiter würde höchstens gleich dem Betrag an Feldstärke und Leiterhöhe sein; Erdseile wirken stark spannungssenkend.

Auf die Bedeutung des magnetischen Feldes des Blitzes beim Entstehen indirekter Überspannungen hat wohl zuerst AIGNER [4/4] hingewiesen, aber seine zu weit gehenden Vereinfachungen und der Ersatz des Stoßstromes durch einen Wechselstrom ließen nur eine angenäherte Bestimmung der Größenordnung zu.

WAGNER und McCANN [4/7] haben dann ihren Untersuchungen über induzierte Überspannungen den Vorgang des Blitzschlages, wie er durch SCHONLAND erklärt wurde, zugrunde gelegt. Sie haben gefunden, daß die Geschwindigkeit der Vorentladung zu gering ist, um bedeutsame Überspannungen zu erzeugen. Wesentlich hierfür ist das Einsetzen der Hauptentladung. Sie betrachten diese als einen gleichmäßig vorwachsenden Leiter, durch den die im Kanal als gleichmäßig verteilt angenommene Ladung ausgeglichen wird.

Bild 35 enthält das Ergebnis ihrer Rechnung für eine Leitung ohne Erdseil bei verschiedenem Abstand zwischen Blitzeinschlagstelle und Leitung. Die Länge des Blitzkanals ist zu 2000 m und die Vorwachsgeschwindigkeit der Hauptentladung für Blitzströme bis 50 kA zu rd. 36 m/μs, über 50 bis 100 kA zu rd. 80 m/μs und über 100 kA zu rd. 120 m/μs angenommen. Für Leitungen mit Erdseil werden die induzierten Spannungen erheblich niedriger.

SZPOR [4/8] hat nach seiner Theorie über das Vorwachsen des Blitzes eine Berechnung über den Verlauf der induzierten Spannungen aufgestellt. Er betrachtet das elektromagnetische Feld im unteren Teil des Blitzes über der Erde in nächster Umgebung als quasistationär. Zunächst tritt durch das Vorwachsen der Vorentladung in beschränkter Umgebung eine erhebliche Vergrößerung des elektrischen Feldes ein, die aber verhältnismäßig langsam vonstatten geht. Durch das Einsetzen der Hauptentladung wird dieses Feld sehr schnell geschwächt. Gleichzeitig beginnt der Strom der Hauptentladung zu fließen. Er betrachtet nun die beiden Komponenten, den Zusammenbruch des elektrischen Feldes und den Aufbau des magnetischen Feldes, getrennt und überlagert die jeweils dadurch induzierten Spannungen.

Für die durch das elektrische Feld auf der Leitung entstehenden

Spannungswellen greift er auf die Formel von BEWLEY zurück; für die durch das magnetische Feld erzeugten Spannungswellen stellt er eine ähnliche Gleichung auf. Da die Lösungen der Gleichungen für die vor-

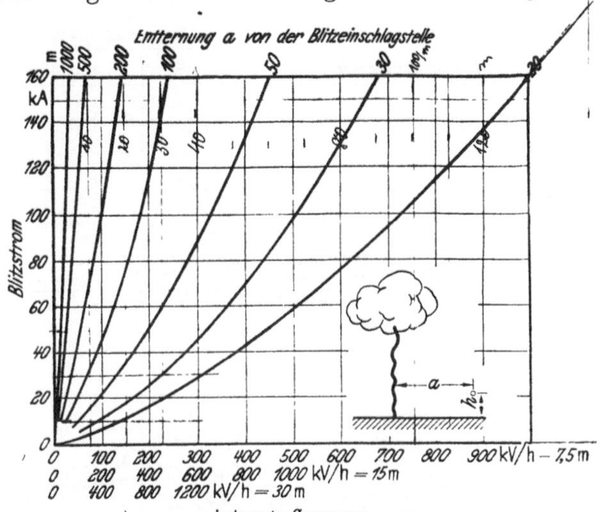

Bild 35. Berechnete Werte der induzierten Spannung auf einer Leitung nach WAGNER und McCANN in Abhängigkeit vom Blitzstrom, dem Abstand vom Blitzkanal und der Höhe des Leiters [4/7].

und rückläufigen Wellen sehr umfangreich sind, führt SZPOR das in Bild 36 wiedergegebene Beispiel für einen Blitzschlag aus negativ geladenen Wolken an. Um das Ergebnis besser untersuchen zu können, sind die einzelnen Wellen getrennt angegeben. Dabei ist angenommen:

$$h = 10 \text{ m} \qquad \text{Höhe der Leitung über Erdboden,}$$
$$b = 2500 \text{ m} \qquad \text{Länge des Blitzkanals,}$$
$$\ln \frac{b}{r} = 10 \qquad \text{mit } r \text{ Radius des Vorentladungskanals,}$$
$$k = 50 \text{ m} \qquad \text{Länge der letzten Stufe der Vorentladung,}$$
$$= 0{,}02\, b \qquad \text{in der sich diese nicht mehr vollkommen entwickelt,}$$
$$v = 100 \text{ m}/\mu\text{s} \qquad \text{Vorwachsgeschwindigkeit der Hauptentladung,}$$
$$c = 300 \text{ m}/\mu\text{s} \qquad \text{Lichtgeschwindigkeit,}$$
$$(E_0 + E_s - E_R) = 300 \text{ V/cm} \qquad \text{resultierende Feldstärken im Kanal der Vorentladung,}$$
$$J_F = 40 \text{ kA} \qquad \text{Scheitelwert des Blitzstromes,}$$
$$\tau = 2\ \mu\text{s} \qquad \text{Stirnzeit des Stromes (von } i_F = 0 \text{ bis } J_F).$$

Es sind 4 verschiedene Fälle dargestellt, und zwar für eine Entfernung des Blitzeinschlages von der Leitung in $p = 1$ und 100 m und für einen Abstand x auf der Leitung von der geringsten Entfernung zum Blitzeinschlag in 0 und 100 m.

Die größten induzierten Spannungen ergeben sich in unmittelbarer Nähe der Einschlagstelle, sie können mehrere 100 kV erreichen. Ihre

Halbwertdauer beträgt nicht mehr als $2\,\mu$s. Die durch das elektrische Feld erzeugte Komponente erreicht ihren Scheitelwert eher als die magnetische Komponente, die allerdings bei nahem Einschlag mit zunehmender

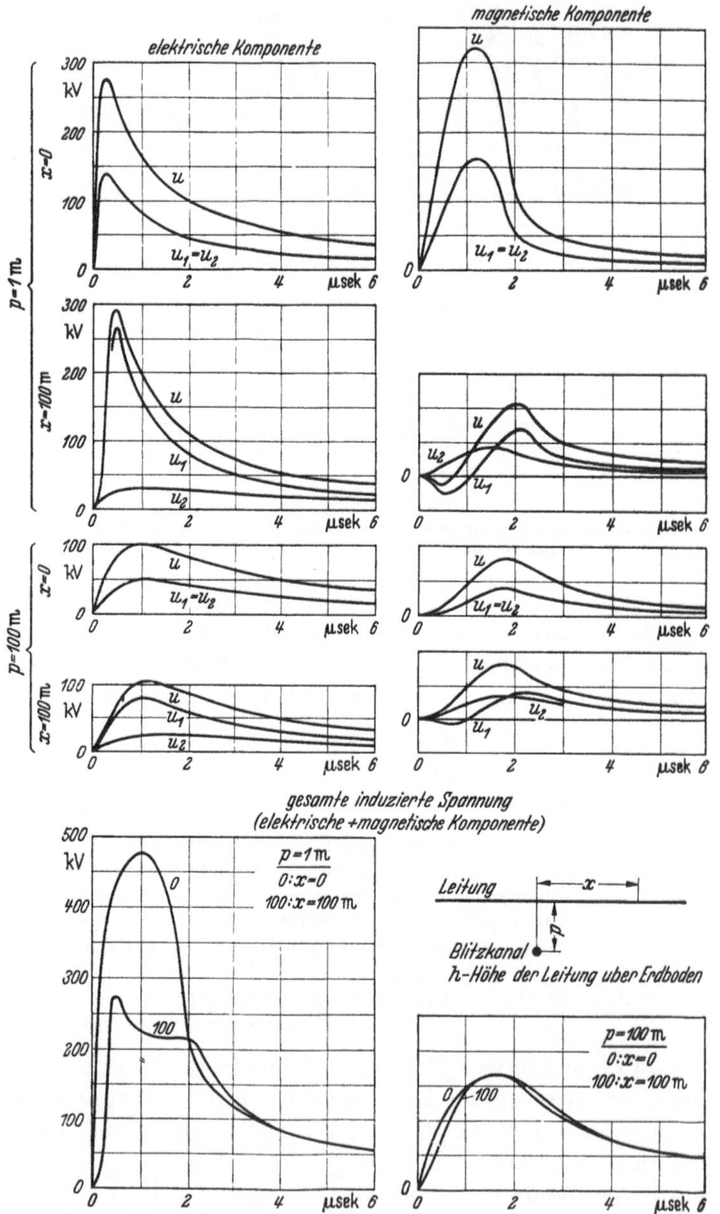

Bild 36. Komponenten der induzierten Überspannung und deren Überlagerung nach Szpor [4, 5].

Entfernung auf der Leitung schneller abnimmt. Bei einem Einschlag in größerer Entfernung von der Leitung sind die Scheitelwerte der induzierten Spannungen kleiner, in 100 m Entfernung beträgt die induzierte Spannung nur noch wenig über 100 kV. Infolge der Dämpfung auf der Leitung, die bei der Rechnung unberücksichtigt geblieben ist, werden die Spannungen mit zunehmender Entfernung auf der Leitung kleiner. Der anfangs teilweise negative Wert der magnetischen Komponente kann durch die positiven Werte der elektrischen Komponente bei der Überlagerung ausgeglichen werden. Erdseile werden die induzierten Spannungen merklich vermindern. Man erkennt aber im wesentlichen, daß in unmittelbarer Nähe des Blitzeinschlages, z. B. Einschlag in einen Mast, Spannungen von mehreren 100 kV auf den Leitungen auftreten können, die große Stirnsteilheiten haben, aber nur von einigen wenigen μs Dauer sind.

Meßergebnisse über induzierte Überspannungen auf Leitungen liegen nur in geringem Umfange vor. Es ist auch schwierig, einwandfreie Angaben zu erhalten, da nur in wenigen Fällen die Lage der Blitzeinschlagstelle zur Leitung und zum Meßort genau bestimmt werden kann. Die gemessenen Wellen sind häufig bereits mehr oder weniger stark gedämpft und verformt. Außerdem interessiert am meisten der in nächster Nähe der Einschlagstelle auftretende Wert der induzierten Spannung, der dafür maßgebend ist, ob das Isoliervermögen der Leitungsisolation überschritten werden kann oder nicht. Selbstverständlich können induzierte Wellen, die sonst gefahrlos sind, an offenen Leitungsenden durch Reflexion zu Überschlägen führen.

NEUHAUS [2/4] hat mittels Klydonographen auf Leitungen induzierte Spannungen bis 185 kV gemessen. McEACHRON [15/3] schließt aus der Beobachtung, daß indirekte Blitzeinwirkungen in Anlagen mit Betriebsspannungen von 60 kV und darüber keine Störungen verursachen, induzierte Spannungen den Wert von 200 kV nicht überschreiten dürften. NORINDER [4/5,6] hat am offenen Ende einer Versuchsleitung von 12,5 km Länge Werte bis 400 kV gemessen. Hierbei ist zu berücksichtigen, daß die Meßstelle ein Reflexionspunkt ist. Die Ermittlung der ursprünglich induzierten Spannung ist wegen der Reflexionen an den Enden der verhältnismäßig kurzen Leitung schwierig, es wäre besser gewesen, NORINDER hätte die Leitung beiderseits durch den Wellenwiderstand abgeschlossen.

Die besten Aufnahmen von anscheinend nicht durch unmittelbaren Blitzeinschlag in die Leiterseile entstandenen Spannungen auf Leitungen hat wohl BERGER [2/5,8,10,13] erhalten; seine gemessenen Werte betragen bis etwa 200 kV. Bild 37 zeigt als Beispiel drei verschiedene Oszillogramme von Spannungswellen auf den drei Leitern einer 80-kV-Leitung. Die Wellen sind untereinander gleich, und da kein Überschlag auf der Leitung auftrat, kann angenommen werden, daß nur eine in-

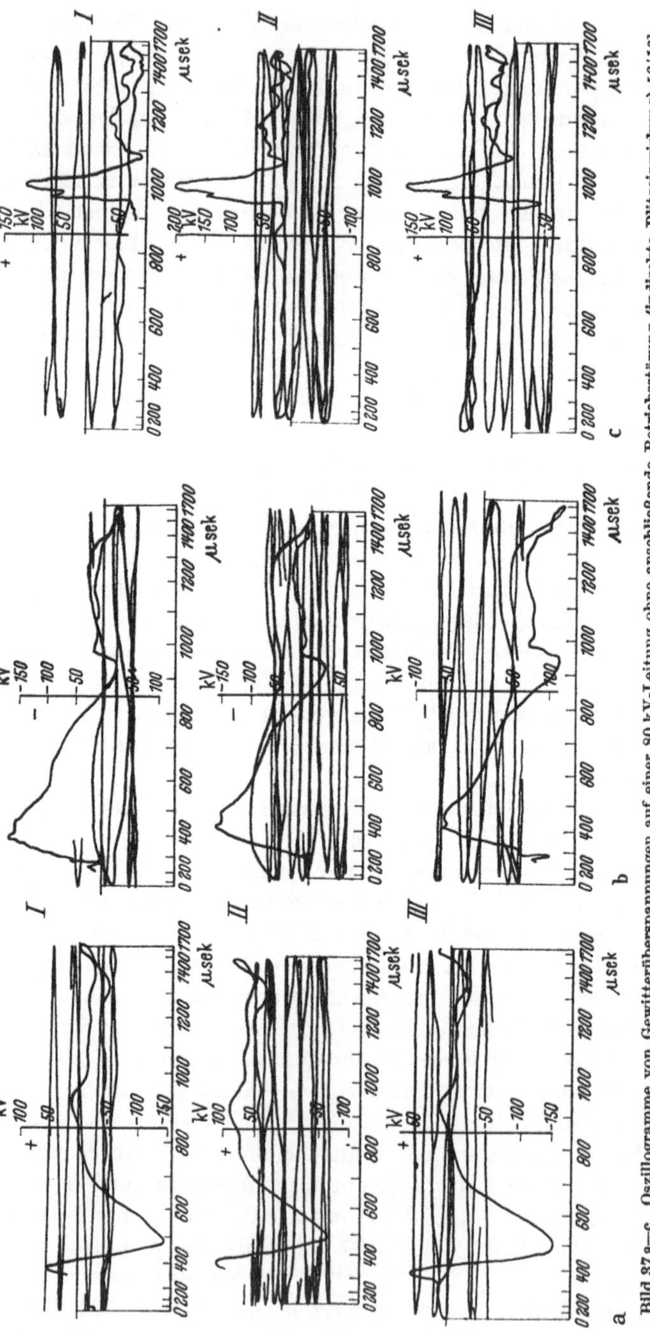

Bild 37 a—c. Oszillogramme von Gewitterüberspannungen auf einer 80 kV-Leitung ohne anschließende Betriebsstörung (indirekte Blitzeinwirkung) [2/13].

direkte Blitzeinwirkung durch den Zusammenbruch des elektrischen Feldes eingetreten ist.

Aus den vorliegenden Meßergebnissen läßt sich folgern, daß durch Blitzeinschlag auf Leitungen induzierte Überspannungen für Netze mit Betriebsspannungen von etwa 60 kV ab ohne Bedeutung sind. In Mittel- und Niederspannungsnetzen hingegen können sie mit die Ursache für Überschläge auf den Leitungen sein, und zwar um so mehr, je niedriger die Betriebsspannung des Netzes ist.

3. Form von Stoßwellen.

Unter einer Stoßwelle versteht man eine Welle, die von Null auf ihren Scheitelwert ansteigt (Stirn) und dann wieder auf Null abfällt (Rücken). Sie läßt sich nach Bild 38 durch die Differenz von zwei

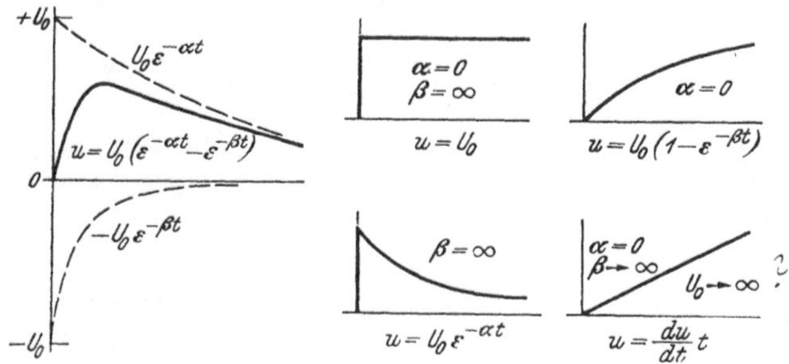

Bild 38. Darstellung einer Welle durch Exponentialfunktionen.

Exponentialfunktionen ausdrücken in der Form $u = U_0(\varepsilon^{-\alpha t} - \varepsilon^{-\beta t})$. Sofern bei einem Vorgang nur der Einfluß der Stirn oder des Rückens betrachtet werden soll, läßt sich die rechnerische Darstellung vereinfachen. Eine Stoßwelle kann durch Reflexion zu einem Schwingungsvorgang umgebildet werden, der durch die Wirkung der Wirkwiderstände mehr oder weniger stark gedämpft ist. Durch Überlagerung einzelner Wellen auch mit zeitlicher Verschiebung lassen sich vielfach zusammengesetzte Wellen erhalten. Für eine dem Verlauf nach gegebene Exponentialwelle lassen sich nach Bild 39 die Konstanten aus dem Scheitelwert U_m, der Zeit T_1 von Null bis zum Erreichen des Scheitelwertes und der Zeit T_2 von Null bis zum halben Scheitelwert im Rücken berechnen. Man bildet T_2/T_1 und ermittelt aus den Kurven β/α und dann für diesen Wert αT_1 und U_m/U_0. Für eine Welle mit $T_1 = 1{,}25\,\mu\mathrm{s}$ und $T_2 = 50\,\mu\mathrm{s}$ ist: $T_2/T_1 = 40$, $\beta/\alpha = 320$, $\alpha T_1 = 0{,}02$, $U_m/U_0 = 0{,}98$ und somit

$$u = 1{,}02\,U_m\,(\varepsilon^{-0{,}25 t} - \varepsilon^{-8 t}),\ \text{wobei } t \text{ in } \mu\mathrm{s}.$$

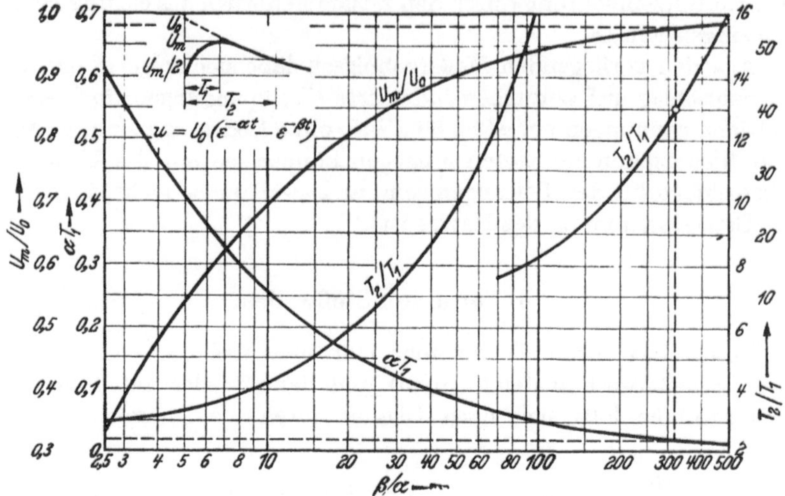

Bild 39. Darstellung von Wellen durch Exponentialfunktionen. Graphische Berechnung der Gleichung fur u aus U_m, T_1 und T_2.

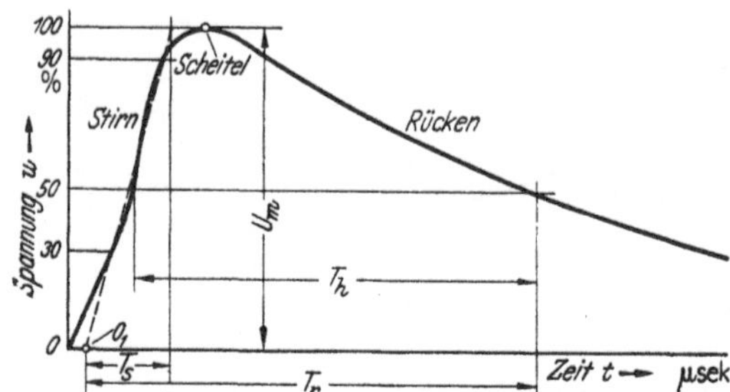

Bild 40. Kenngrößen einer Stoßwelle.

Eine Stoßwelle wird nach VDE 0450 durch ihren Scheitelwert U_m sowie die Stirnzeit T_s und die Rückenhalbwertzeit T_r nach Bild 40 gekennzeichnet, und zwar in der kurzen Form T_s/T_r. Für Prüfzwecke ist die Welle 1/50, d. h. mit $T_s = 1\ \mu s$ und $T_r = 50\ \mu s$, genormt.

C. Wanderwellen auf Leitungen.

1. Wanderwellenausbreitung auf Leitungen.

Die durch Gewittereinwirkung auf den Leitungen entstehenden Wellen breiten sich auf diesen mit der Erde als Gegenleiter aus. Unter Vernachlässigung der Dämpfung und Ableitung sowie der Annahme vollkommener Leitfähigkeit der Erdoberfläche ist

$$u = iZ \quad \text{mit} \quad Z = \sqrt{\frac{L}{C}},$$

wo u die Spannung und i der Strom der Welle sowie Z der Wellenwiderstand der Leitung ist.

Für einen einzelnen Leiter vom Radius r und der Höhe h über dem Erdboden (Bild 41) ist

die Induktivität $\quad L = 2 \cdot 10^{-9} \ln \dfrac{2\,h}{r}\,[\text{H/cm}] = 4{,}6 \cdot 10^{-4} \lg \dfrac{2\,h}{r}\,[\text{H/km}],$

die Kapazität $\quad C = \dfrac{10^{-11}}{18\ln \dfrac{2\,h}{r}}\,[\text{F/cm}] = \dfrac{2{,}41 \cdot 10^{-2}}{\lg \dfrac{2\,h}{r}}\,[\mu\text{F/km}].$

Für ein Einleiterkabel mit dem Leiterradius r_1, dem Innenradius r_2 des Mantels und der Dielektrizitätskonstanten ε der Isolation ist die Induktivität

$$L = 2 \cdot 10^{-9} \ln \frac{r_2}{r_1}\,[\text{H/cm}]$$

$$= 4{,}6 \cdot 10^{-4} \lg \frac{r_2}{r_1}\,[\text{H/km}],$$

die Kapazität

$$C = \frac{10^{-11}\,\varepsilon}{18\ln \dfrac{r_2}{r_1}}\,[\text{F/cm}]$$

$$= \frac{2{,}41 \cdot 10^{-2}\,\varepsilon}{\lg \dfrac{r_2}{r_1}}\,[\mu\text{F/km}].$$

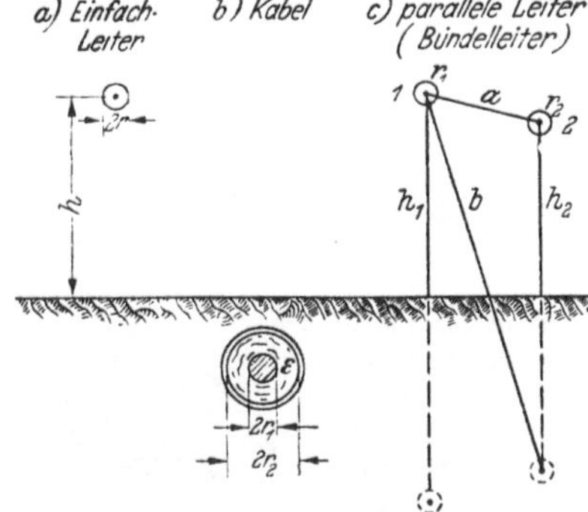

Bild 41. Ermittlung der Abmessungen zur Berechnung des Wellenwiderstandes.

Damit ergibt sich der Wellenwiderstand $Z = \sqrt{L/C}$ für

eine Freileitung $\quad Z_F = 138 \lg \dfrac{2\,h}{r}\,[\Omega],$

ein Kabel $\quad Z_K = \dfrac{138}{\sqrt{\varepsilon}} \lg \dfrac{r_2}{r_1}\,[\Omega].$

Für einen Bündelleiter aus n Teilleitern ist zu setzen

für r der Ersatzradius $\quad r' = \sqrt[n^2]{r^n\,a^{n\,(n-1)}},$

für h die Ersatzhöhe $\quad h' = \sqrt[n^2]{\dfrac{h^n\,b^{n\,(n-1)}}{2^{n\,(n-1)}}} \approx h,$

wobei in ausreichender Annäherung für h der arithmetische Mittelwert der Höhen der Leiter über Erdboden, für a der gegenseitigen Abstände der einzelnen Leiter untereinander und für b der Abstände der Spiegelbilder in bezug auf die Erdoberfläche zu verschiedenen Leitern eingesetzt sind. Im allgemeinen genügt es auch, h' nur gleich dem arithmetischen Mittelwert der Höhen der einzelnen Leiter über dem Erdboden zu setzen. Auch in dem Fall, daß Wellen gleicher Form und Höhe auf allen Leitern einer Leitung entlanglaufen, ist diese als Bündelleiter zu betrachten.

Als mittlere Werte ergeben sich für den Wellenwiderstand

<table>
<tr><td>eines einfachen Seiles</td><td>$Z = 470\ \Omega$,</td></tr>
<tr><td>eines Hohlseiles</td><td>$Z = 440\ \Omega$,</td></tr>
<tr><td>eines Bündelleiters</td><td>$Z = 330\ \Omega$,</td></tr>
<tr><td>eines Kabels</td><td>$Z = 30 \cdots 60\ \Omega$.</td></tr>
</table>

Die Ausbreitungsgeschwindigkeit der Wellen ist $v = \dfrac{1}{\sqrt{LC}}$, somit

für die Freileitung $v_F = 3 \cdot 10^{10}$ cm/s $= 300$ m/μs,
für das Kabel $v_K = (0{,}33 \cdots 0{,}5) \cdot v_F = 100 \cdots 150$ m/μs.

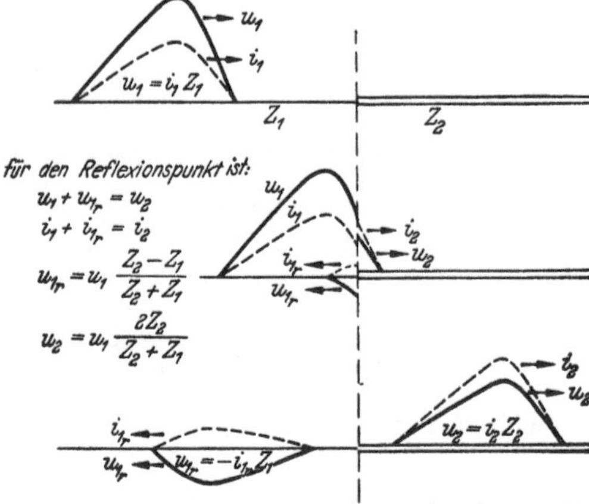

Bild 42. Umbildung einer Wanderwelle an einem Reflexionspunkt.

Trifft eine auf einer Leitung mit dem Wellenwiderstand Z_1 laufende Welle auf eine Leitung mit dem Wellenwiderstand Z_2, so entsteht nach Bild 42 am Übergangspunkt eine rückläufige und vorlaufende neue Welle. In der folgenden Aufstellung (Tab. 2) sind die Wellen für verschiedene Reflexionsstellen zusammengestellt.

Tabelle 2.

Reflektierte und gebrochene Wellen an Reflexionsstellen.

Schaltung	Rückläufige reflektierte Welle	Weiterlaufende gebrochene Welle
Änderung des Wellenwiderstandes Z_1 — Z_2	$u_{1r} = \dfrac{Z_2 - Z_1}{Z_2 + Z_1} u_1$ $i_{1r} = -\dfrac{Z_2 - Z_1}{Z_2 + Z_1} i_1$	$u_2 = \dfrac{2 Z_2}{Z_1 + Z_2} u_1$ $i_2 = \dfrac{2}{Z_1 + Z_2} u_1$
Offene Leitung Z_1 — $Z_2 = \infty$	$u_{1r} = u_1$ $i_{1r} = -i_1$	$u_2 = 2 u_1$ $i_2 = 0$

Tabelle 2. (Fortsetzung.)

Schaltung	Rückläufige reflektierte Welle	Weiterlaufende gebrochene Welle
Kurzgeschlossene Leitung $\overline{Z_1} \quad \perp Z_2=0$	$u_{1r} = -u_1$ $i_{1r} = i_1$	$u_2 = 0$ $i_2 = \dfrac{2\,u_1}{Z_1}$
Übergang auf n-parallele Leitungen $Z_2=Z_1/n$ Z_1	$u_{1r} = \dfrac{1-n}{1+n}\,u_1$ $i_{1r} = -\dfrac{1-n}{1+n}\,i_1$	$u_2 = \dfrac{2}{1+n}\,u_1$ $\dfrac{i_2}{n} = \dfrac{2\,u_1}{(1+n)\,Z_1}$
Abschluß durch einen linearen Widerstand $Z \quad R$	$u_{1r} = \dfrac{R-Z}{R+Z}\,u_1$ $i_{1r} = -\dfrac{R-Z}{R+Z}\,i_1$	$u_2 = \dfrac{2R}{Z+R}\,u_1$ $i_2 = \dfrac{2}{Z+R}\,u_1$
Abschluß durch einen nichtlinearen Widerstand $Z \quad R=f(i)$	$u_{1r} = 1/2\,(u_2 - Z\,i_2)$ $i_{1r} = i_1 - i_2$	$u_2 = 2\,u_1 - Z\,i_2$ $i_2 = f(u_2)$

In Bild **43** ist die zeichnerische Ermittlung des Spannungsverlaufes am Widerstand aus dessen Kennlinie angegeben.

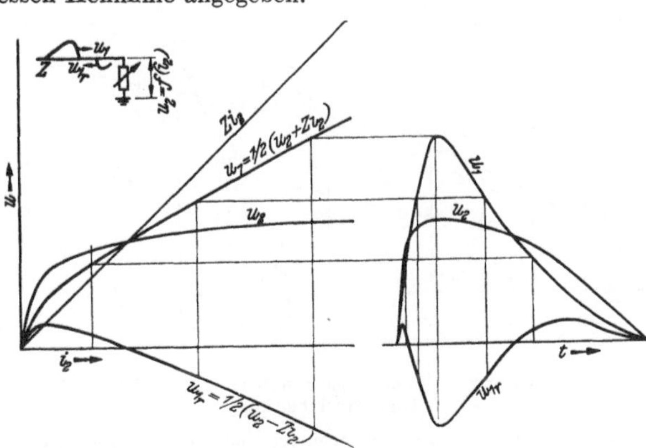

Bild 43. Zeichnerische Ermittlung des Spannungsverlaufs an einem nichtlinearen Widerstand für eine Welle beliebiger Form.

Zeichne die Kennlinie des nichtlinearen Widerstandes $u_2 = f(i_2)$, ziehe die Gerade $Z\,i_2$ und ermittle $u_1 = \frac{1}{2}(u_2 + Z\,i_2)$ und $u_{1r} = \frac{1}{2}(u_2 - Z\,i_2)$. Von der gegebenen auflaufenden Welle $u_1 = f(t)$ gehe in der Abszissenrichtung in die Kurve $u_1 = \frac{1}{2}(u_2 + Z\,i_2)$ und ermittle die zugehörigen Ordinaten von u_2 und u_{1r}, die in der Zeitachse zu u_1 aufgetragen werden. Es ist dann u_2 der Spannungsverlauf am Widerstand und u_{1r} die rücklaufige Welle.

Tabelle 2. (Fortsetzung.)

Schaltung	Rückläufige reflektierte Welle	Weiterlaufende gebrochene Welle
Abschluß durch eine Induktivität	$u_{1r} = u_2 - u_1$ $i_{1r} = \dfrac{u_1}{Z} - i_2$	$u_2 = L\,\dfrac{d\,i_2}{d\,t}$ $i_2 + \dfrac{L}{Z}\,\dfrac{d\,i_2}{d\,t} = \dfrac{2\,u_1}{Z}$

Für eine Rechteckwelle ist:

$$u_2 = 2\,u_1\,\varepsilon^{-\frac{Z}{L}\,t}$$

$$i_2 = \frac{2\,u_1}{Z}\left(1 - \varepsilon^{-\frac{Z}{L}\,t}\right)$$

Für eine beliebige Wellenform ist die zeichnerische Lösung in Bild 44 dargestellt.

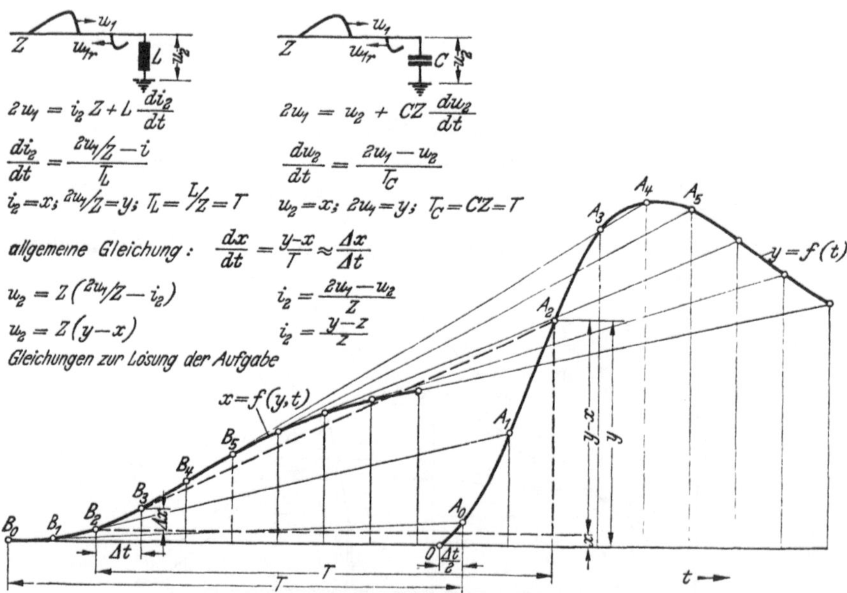

Bild 44. Zeichnerische Ermittlung des Spannungsverlaufs an einer Induktivität bzw. Kapazität am Ende einer Leitung.

Aus der Welle u_1 ist die Funktion $y = f(t)$ zu zeichnen und vom Anfangspunkt O aus in gleiche Zeitintervalle Δt mit dem ersten Zeitintervall $\Delta t/2$ einzuteilen. Die Zeitintervalle Δt sind genugend klein zu machen. Vom ersten Zeitintervall A_0 ab sind auf der Abszisse im Abstand der Zeitkonstanten T ebenfalls gleiche Zeitintervalle Δt aufzutragen. Verbinde B_0 mit A_0, der Schnittpunkt mit dem ersten Zeitintervall B_1 ist mit A_1 zu verbinden, dann wieder der Schnittpunkt mit dem zweiten Zeitintervall B_2 mit A_2 usw. Die Kurve $B_0—B_1—B_2—B_3 \ldots$ ist die Funktion $x = f(y,t)$, d.h. die Welle i_2 bzw. u_2. Bilde die Differenzkurve $y - x$, die dann im Maßstab Z bzw. $1/Z$ die Welle u_2 bzw. i_2 darstellt.

Tabelle 2. (Fortsetzung.)

Schaltung	Rückläufige reflektierte Welle	Weiterlaufende gebrochene Welle
Abschluß durch eine Kapazität	$u_{1r} = u_2 - u_1$	$u_2 = \dfrac{1}{C} \displaystyle\int i_2\, dt$
	$i_{1r} = \dfrac{u_1}{Z} - i_2$	$i_2 + \dfrac{1}{ZC} \displaystyle\int i_2\, dt = \dfrac{2\,u_1}{Z}$

Für eine Rechteckwelle ist:

$$u_2 = 2\,u_1\left(1 - \varepsilon^{-\frac{t}{ZC}}\right)$$

$$i_2 = \frac{2\,u_1}{Z}\,\varepsilon^{-\frac{t}{ZC}}$$

Für eine beliebige Wellenform gilt ebenfalls die zeichnerische Lösung in Bild 44.

Für die Reflexion einer Wanderwelle von der Form $u_1 = U \cdot \varepsilon^{-\alpha t}$ an verschiedenen Impedanzen im Zuge einer Leitung oder von der Leitung gegen Erde hat BEWLEY [5/3] allgemeine Lösungen angegeben, auf die sich fast alle praktisch vorkommenden Fälle zurückführen lassen. Die allgemeine Form der Wanderwelle von dem Ausdruck $U(\varepsilon^{-\alpha t} - \varepsilon^{-\beta t})$ läßt sich durch Überlagerung der beiden Teilwellen $U\varepsilon^{-\alpha t}$ und $-U\varepsilon^{-\beta t}$ berechnen.

Auf der Leitung mit dem Wellenwiderstand Z_1 (Bild 42) laufe die Welle $u_1 = U\varepsilon^{-\alpha t}$ gegen die Impedanz Z_2 an. Es entsteht die rückläufige Welle u_{1r}, während in die Impedanz Z_2 die Welle u_2 hineinläuft. Es ergibt sich für aperiodischen Verlauf die Lösung I:

$$\text{I} \qquad u_{1r} = UA\left[\frac{\alpha + a}{\alpha - b}\,\varepsilon^{-\alpha t} - \frac{a + b}{\alpha - b}\,\varepsilon^{-bt}\right],$$

und für schwingenden Verlauf die Lösung II

$$\text{II} \quad u_{1r} = UA\left[\frac{\omega^2 - 2a\alpha + \alpha^2}{\omega^2 - 2b\alpha + \alpha^2}\,\varepsilon^{-\alpha t} - \frac{2(a-b)\,[(\omega^2 - b\alpha)\sin \nu t + \alpha \nu \cos \nu t]}{\nu(\omega^2 - 2b\alpha + \alpha^2)}\,\varepsilon^{-bt}\right].$$

Hierbei ist

$$\omega^2 = \frac{1}{LC}, \quad \nu^2 = \omega^2 - b^2.$$

In den folgenden Aufstellungen (Tab. 3 u. 4) sind die Lösungen nach BEWLEY [5/3] für verschiedene Fälle angegeben.

Wanderwellen auf Leitungen.

Tabelle 3.

Reflektierte Welle u_{1r} beim Auftreffen der Welle $u_1 = U\varepsilon^{-\alpha t}$ auf Impedanzen gegen Erde.

Schaltung	Lösung	a	b	A
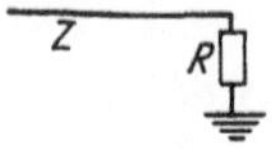 (Z, R)	$u_{1r} = \dfrac{R-Z}{R+Z}\,u_1$			
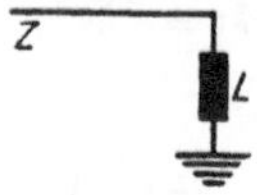 (Z, L)	$u_{1r} = \mathrm{I}$	$\dfrac{Z}{L}$	$\dfrac{Z}{L}$	1
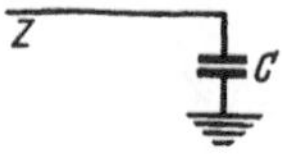 (Z, C)	$u_{1r} = \mathrm{I}$	$\dfrac{1}{CZ}$	$\dfrac{1}{CZ}$	-1
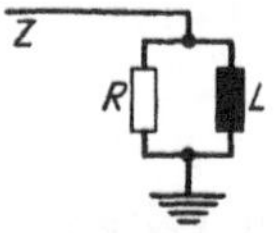 (Z, R, L)	$u_{1r} = \mathrm{I}$	$\dfrac{ZR}{L(R-Z)}$	$\dfrac{ZR}{L(R+Z)}$	$\dfrac{R-Z}{R+Z}$
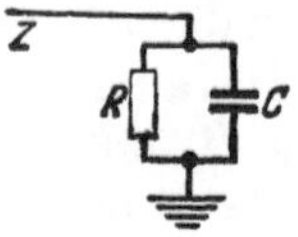 (Z, R, C)	$u_{1r} = \mathrm{I}$	$\dfrac{R-Z}{ZRC}$	$\dfrac{R+Z}{ZRC}$	-1
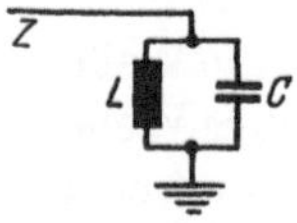 (Z, L, C)	$u_{1r} = \mathrm{II}$	$-\dfrac{1}{2CZ}$	$\dfrac{1}{2CZ}$	-1
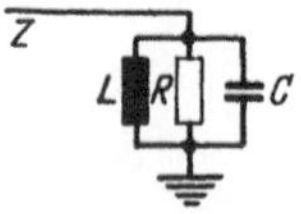 (Z, L, R, C)	$u_{1r} = \mathrm{II}$	$\dfrac{Z-R}{2RCZ}$	$\dfrac{Z+R}{2RCZ}$	-1
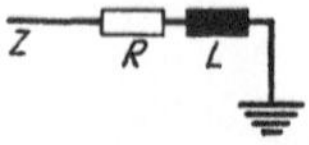 (Z, R, L)	$u_{1r} = \mathrm{I}$	$\dfrac{Z-R}{L}$	$\dfrac{Z+R}{L}$	1
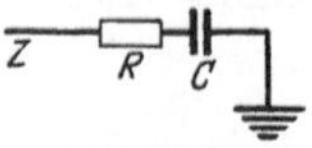 (Z, R, C)	$u_{1r} = \mathrm{I}$	$\dfrac{1}{C(Z-R)}$	$\dfrac{1}{C(Z+R)}$	$\dfrac{R-Z}{R+Z}$
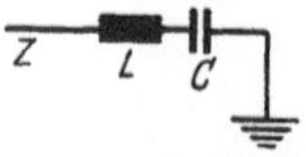 (Z, L, C)	$u_{1r} = \mathrm{II}$	$-\dfrac{Z}{2L}$	$\dfrac{Z}{2L}$	1
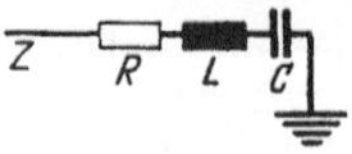 (Z, R, L, C)	$u_{1r} = \mathrm{II}$	$\dfrac{R-Z}{2L}$	$\dfrac{R+Z}{2L}$	1

Tabelle 4.

flektierte Welle u_{1r} und gebrochene Welle u_2 beim Auftreffen der Welle $u_1\, U\,\varepsilon^{-\alpha t}$ auf Impedanzen am Punkt der Änderung des Wellenwiderstandes der Leitung.

Schaltung	Lösung	a	b	A
	$u_{1r} = \dfrac{Z_2 - Z_1 + R}{Z_2 + Z_1 + R}\,u_1$ $u_2 = \dfrac{2Z_2}{Z_2 + Z_1 + R}\,u_1$			
	$u_{1r} = I$ $u_2 = \dfrac{a-b}{\alpha - b}\left(\varepsilon^{-\alpha t} - \varepsilon^{-bt}\right)$	$\dfrac{Z_1 - Z_2}{L}$	$\dfrac{Z_1 + Z_2}{L}$	1 $-$
	$u_{1r} = I$ $u_2 = I$	$\dfrac{1}{C(Z_1 - Z_2)}$ 0	$\dfrac{1}{C(Z_1 + Z_2)}$	$\dfrac{Z_2 - Z_1}{Z_2 + Z_1}$ $\dfrac{2Z_2}{Z_2 + Z_1}$
	$u_{1r} = I$ $u_2 = \dfrac{-2Z_2}{(\alpha - b)L}\cdot\left(\varepsilon^{-\alpha t} - \varepsilon^{-bt}\right)$	$\dfrac{Z_1 - Z_2 - R}{L}$ $-$	$\dfrac{Z_1 + Z_2 + R}{L}$	1 $-$
	$u_{1r} = I$ $u_2 = I$	$-\dfrac{R}{L}$ $-\dfrac{R}{L}\,\dfrac{Z_2}{(R+Z_2)}$	$\dfrac{R(Z_1 + Z_2)}{L(R + Z_1 + Z_2)}$	$\dfrac{2Z_2}{R + Z_1 + Z_2}$ $\dfrac{2(Z_2 + R)}{R + Z_1 + Z_2}$
	$u_{1r} = I$ $u_2 = I$	$\dfrac{R - Z_1 + Z_2}{RC(Z_1 - Z_2)}$ $-\dfrac{1}{RC}$	$\dfrac{R + Z_1 + Z_2}{RC(Z_1 + Z_2)}$	$\dfrac{Z_2 - Z_1}{Z_2 + Z_1}$ $\dfrac{2Z_2}{Z_2 + Z_1}$
	$u_{1r} = II$ $u_2 = II$	$\dfrac{1}{2C(Z_2 - Z_1)}$ 0	$\dfrac{1}{2C(Z_2 + Z_1)}$	$\dfrac{Z_2 - Z_1}{Z_2 + Z_1}$ $\dfrac{2Z_2}{Z_2 + Z_1}$
	$u_{1r} = II$ $u_2 = II$	$\dfrac{Z_2 - Z_1 + R}{2RC(Z_2 - Z_1)}$ $\dfrac{1}{2RC}$	$\dfrac{Z_2 + Z_1 + R}{2RC(Z_2 + Z_1)}$	$\dfrac{Z_2 - Z_1}{Z_2 + Z_1}$ $\dfrac{2Z_2}{Z_2 + Z_1}$
	$u_{1r} = \dfrac{Z_2 R - Z_1 R - Z_1 Z_2}{Z_2 R + Z_1 R + Z_1 Z_2}\cdot u_1$ $u_2 = \dfrac{2Z_2 R}{Z_2 R + Z_1 R + Z_1 Z_2}\cdot u_1$			
	$u_{1r} = I$ $u_2 = \dfrac{U}{a}\,\dfrac{a+b}{\alpha - b}\cdot\left(\sigma\varepsilon^{-\alpha t} - b\,\varepsilon^{-bt}\right)$	$\dfrac{Z_1 Z_2}{L(Z_2 - Z_1)}$	$\dfrac{Z_1 Z_2}{L(Z_2 + Z_1)}$	$\dfrac{Z_2 - Z_1}{Z_2 + Z_1}$ $-$

Tabelle 4. (Fortsetzung.)

Schaltung	Lösung	a	b
(Schaltbild)	$u_{1r} = \mathrm{I}$ $u_2 = -\,U\,\dfrac{a+b}{\alpha-b}\cdot\left(\varepsilon^{-\alpha t}-\varepsilon^{-\beta t}\right)$	$\dfrac{Z_2-Z_1}{Z_1 Z_2 C}$	$\dfrac{Z_2+Z_1}{Z_1 Z_2 C}$
(Schaltbild)	$u_{1r} = \mathrm{I}$ $u_2 = U\,\dfrac{a+b}{a\,(\alpha-b)}\cdot\left(\alpha\,\varepsilon^{-\alpha t}-b\,\varepsilon^{-bt}\right)$	$\dfrac{R Z_1 Z_2}{L\,(R Z_2 - R Z_1 - Z_1 Z_2)}$	$\dfrac{R Z_1 Z_2}{L\,(R Z_2 + R Z_1 + Z_1 Z_2)}$
(Schaltbild)	$u_{1r} = \mathrm{I}$ $u_2 = -\,U\,\dfrac{a-b}{\alpha-b}\cdot\left(\varepsilon^{-\alpha t}-\varepsilon^{-bt}\right)$	$\dfrac{R Z_2 - R Z_1 - Z_1 Z_2}{Z_1 Z_2 R C}$	$\dfrac{R Z_2 + R Z_1 + Z_1 Z_2}{Z_1 Z_2 R C}$
(Schaltbild)	$u_{1r} = \mathrm{II}$ $u_2 = U\varepsilon^{-\alpha t} + \mathrm{II}$	$\dfrac{Z_1 - Z_2}{2 Z_1 Z_2 C}$	$\dfrac{Z_1 + Z_2}{2 Z_1 Z_2 C}$
(Schaltbild)	$u_{1r} = \mathrm{II}$ $u_2 = U\varepsilon^{-\alpha t} + \mathrm{II}$	$\dfrac{Z_1 R - Z_2 R + Z_1 Z_2}{2 Z_1 Z_2 R C}$	$\dfrac{Z_1 R + Z_2 R + Z_1 Z_2}{2 Z_1 Z_2 R C}$

2. Wanderwellen auf parallelen und gekoppelten Leitern.

Auf zwei parallelen Leitern *1* und *2* (Bild 41 c) laufen die Wellen u_1 und u_2. Der Wellenwiderstand der einzelnen Leiter gegen Erde ist

$$Z_{11} = 138\,\lg\frac{2\,h_1}{r_1}, \quad \text{bzw.} \quad Z_{22} = 138\,\lg\frac{2\,h_2}{r_2},$$

und der Wellenwiderstand der Leiter gegeneinander

$$Z_{12} = Z_{21} = 138\,\lg\frac{b}{a}\,.$$

Es ist dann

$$u_1 = Z_{11}\,i_1 + Z_{12}\,i_2, \quad u_2 = Z_{22}\,i_2 + Z_{21}\,i_1.$$

Sind die Wellen auf beiden Leitern gleich, z.B. bei einem Bündelleiter, so ist $u_1 = u_2 = u/2$ und damit $i_1 = i_2 = i/2$.

Es ergibt sich dann

$$u = \frac{u_1 + u_2}{2} = \frac{1}{4}\,(Z_{11} + 2 Z_{12} + Z_{22})\,i\,.$$

Die beiden parallelen Leiter haben zusammen einen Wellenwiderstand

$$Z_{\text{ges}} = \frac{1}{4}\left(Z_{11} + 2Z_{12} + Z_{22}\right) = 138\,\lg \frac{\sqrt[4]{2\,h_1\,2\,h_2\,b^2}}{\sqrt[4]{r_1\,r_2\,a^2}}\,.$$

Man kann sie also darstellen durch einen Ersatzleiter mit dem Radius

$$r' = \sqrt[4]{r_1\,r_2\,a^2} \quad \text{und der Höhe} \quad h' = \sqrt[4]{\frac{1}{4}\,h_1\,h_2\,b^2}\,.$$

Im allgemeinen ist $r_1 = r_2$ und h_1, h_2, b können mit genügender Genauigkeit durch den arithmetischen Mittelwert ersetzt werden. Es ist dann

$$Z_{\text{ges}} = 138\,\lg \frac{2\,h'}{\sqrt{a\,r}}\,.$$

Ist von den zwei parallelen Leitern ein Leiter (2) geerdet, also ein Erdseil, so ist

$$u_2 = 0 \quad \text{und} \quad i_2 = -\frac{Z_{12}}{Z_{22}}\,i_1\,, \quad u_1 = \frac{Z_{11}Z_{22} - Z_{12}^2}{Z_{22}}\,i_1\,.$$

Der wirksame Wellenwiderstand des Leiters ergibt sich somit zu

$$Z_w = Z_{11} - \frac{Z_{12}^2}{Z_{22}}\,.$$

Bei Leitungen mit Erdseil ist somit der Wellenwiderstand der Leiter etwas geringer als bei Leitungen ohne Erdseil.

Entsteht auf nur einem Leiter (1) eine Welle u_1, z. B. durch Blitzeinschlag in ein Erdseil oder ein Leiterseil, so entsteht auf dem zweiten Leiter eine gekoppelte Welle u_2 gleicher Polarität.

Es ist

$$u_1 = Z_{11}\,i_1 \quad \text{und} \quad u_2 = Z_{12}\,i_1 = \frac{Z_{12}}{Z_{11}}\,u_1\,.$$

Der Kopplungsfaktor ergibt sich zu

$$k = \frac{Z_{12}}{Z_{11}} = \frac{\lg \dfrac{b}{a}}{\lg \dfrac{2\,h_1}{r_1}}\,.$$

Er liegt für Leiterseil zu Erdseil bei Freileitungen mit einem Erdseil in der Größe von etwa 20%, bei Leitungen mit zwei Erdseilen von etwa 25%.

3. Berechnung reflektierter Wellen mittels des Wellengitters nach BEWLEY.

Sind längs einer Leitung verschiedene Reflexionspunkte vorhanden, so läßt sich der Spannungsverlauf auf einfache Weise nach BEWLEY

[5/3] zeichnerisch bestimmen. Dieses Verfahren kann z. B. beim Blitzeinschlag in ein Erdseil für den Spannungs- und Stromverlauf auf dem Erdseil oder für die Zwischenschaltung von Kabeln in Freileitungen angewendet werden, vor allem, wenn nur reine Widerstände (Wirkwiderstände,
Wellenwiderstände) vorhanden sind. In Bild 45 laufe auf der Leitung

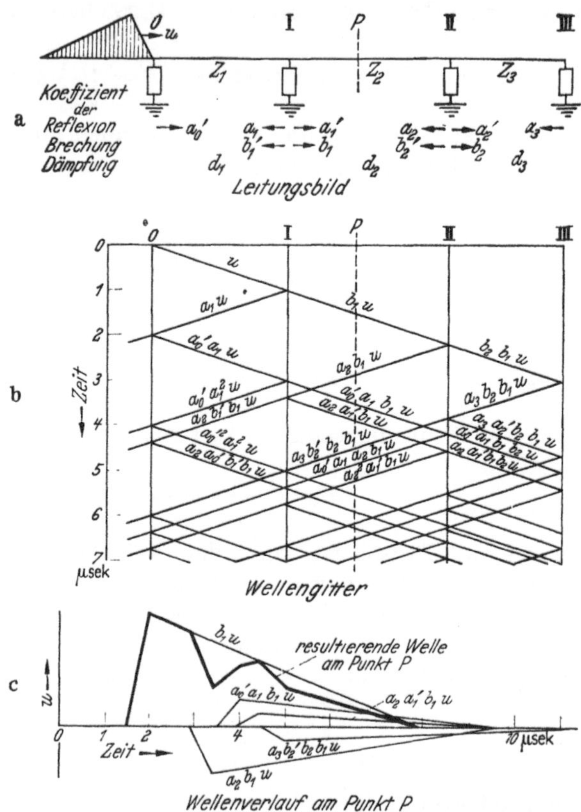

Bild 45 a—b. Zusammensetzung reflektierter und gebrochener Wellen auf Leitungen mittels
Wellengitters.

a Leitungsbild; b Wellengitter; c Wellenverlauf am Punkt P.

mit dem Wellenwiderstand Z_1 von links aus eine Welle u gegen den
Reflexionspunkt I an. Die reflektierte Welle ist dann $u_r = a_1 u$, die
weiterlaufende gebrochene Welle $u_2 = b_1 u$. Diese trifft auf den Reflexionspunkt II, wird reflektiert, wobei die rückläufige Welle den Betrag $a_2 b_1 u$ und die weiterlaufende Welle $b_2 b_1 u$ hat. Alle reflektierten
Wellen laufen in entgegengesetzter Richtung, also von rechts nach links.
Die reflektierte Welle $a_2 b_1 u$ vom Punkt II trifft auf Punkt I, die rückläufige Welle ist $a_1' a_2 b_1 u$ und die weiterlaufende Welle $a_2 b_1' b_1 u$.

Man bestimmt also zunächst für jeden Reflexionspunkt für vorlaufende Wellen (von links nach rechts) und für rückläufige Wellen (von rechts nach links) den Reflexionskoeffizienten (u bzw. a') und den Brechungskoeffizienten (b bzw. b'). Dann zeichnet man ein Wellengitter, wobei in die Abszissenachse die Reflexionspunkte im Abstand der Laufzeit der Wellen eingetragen sind und die Ordinatenachse den Zeitmaßstab erhält. An die einzelnen Gitter werden nun die Koeffizienten eingetragen, so daß man für einen senkrechten Schnitt an jeder beliebigen Stelle die Wellen zeichnen kann, wie in Bild 45 dargestellt ist. Die Dämpfung der Wellen kann durch die Dämpfungsziffern d_1, d_2, ... auf den einzelnen Leitungsabschnitten berücksichtigt werden.

Den Stromverlauf erhält man durch Division der Spannungswellen für hineinlaufende Wellen (von links nach rechts) durch $+Z$, für zurücklaufende Wellen (von rechts nach links) durch $-Z$. Aus dem Kirchhoffschen Gesetz ergibt sich für jeden Reflexionspunkt der Strom über den Widerstand nach Erde.

4. Berechnung reflektierter Wellen nach Bergeron.

Eine verhältnismäßig einfache graphische Lösung von Wanderwellenvorgängen ergibt sich mit dem Verfahren von Bergeron [5/15,18,20], das zunächst für die Untersuchung von Druckstößen in Rohrleitungen, dann aber auch auf Wanderwellenvorgänge von ihm angewendet wurde. Diese graphische Darstellung erfordert keine umfangreiche Rechenarbeit. Sie benützt ein Koordinatensystem mit der Spannung als Ordinate und dem Strom als Abszisse, wobei der Widerstand als Tangens eines Winkels dargestellt wird, also $Z = u/i = \operatorname{tg}\alpha$.

Bergeron geht von den allgemeinen Gleichungen der verlustfreien Ausbreitung von Wanderwellen aus

$$u + Zi = F(x - vt) \text{ für positive Laufrichtung,}$$

$$u - Zi = G(x + vt) \text{ für negative Laufrichtung,}$$

wo $Z = \sqrt{l/c}$ der Wellenwiderstand der Leitung und $v = 1/\sqrt{lc}$ die Wellengeschwindigkeit ist. Läuft man nun im positiven Sinne mit der Wellengeschwindigkeit $(x - vt)$ mit, so bleibt $u + Zi$ konstant, im negativen Sinne $(x + vt)$ bleibt $u - Zi$ konstant. Der Beobachter läuft also im Koordinatensystem auf einem Strahl $-Z$ bzw. $+Z$, die dargestellt sind durch $\operatorname{arc} \operatorname{tg}(-Z)$ bzw. $\operatorname{arc} \operatorname{tg}(+Z)$. Trifft die Welle auf einen Reflexionspunkt, an dem sich der Wellenwiderstand ändert, so muß der Beobachter den Strahl wechseln.

In Bild 46 ist die Anwendung des Verfahrens grundsätzlich dargestellt. Auf der Leitung mit dem Wellenwiderstand Z_0 treffe die Welle u_0

auf den beliebigen Widerstand $f(Z)$. An diesem Reflexionspunkt entsteht die Spannung u_1 und die auf der Leitung rückläufige Welle $u_{or} = -(u_0 - u_1)$. Aus den KIRCHHOFFschen Gesetzen ergibt sich für den Reflexionspunkt

$$-\frac{u_1}{Z_0} = -\frac{2\,u_0}{Z_0} + \frac{u_1}{f(Z)}\,, \quad \text{wobei} \quad f(Z) = \frac{u_1}{i_1}$$

oder

$$i_0 + i_{or} = 2\,i_0 - i_1\,.$$

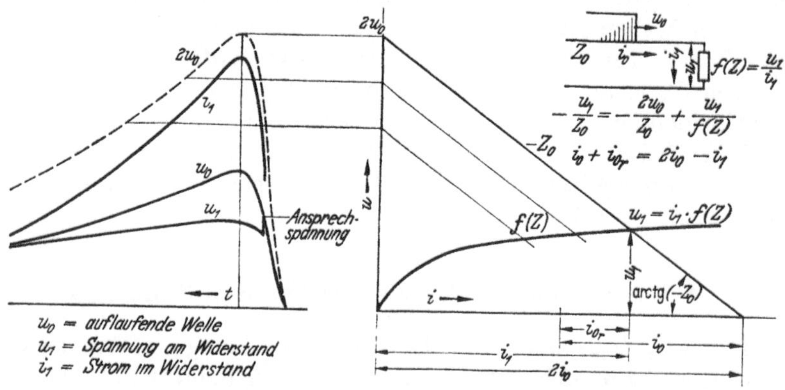

Bild 46. Reflexion einer Wanderwelle u_0 an einem Widerstand.

Zieht man nun im Koordinatensystem den Strahl $-Z_0$ durch den Punkt $u = 2u_0$, $i = 0$ und $f(Z)$ durch den Punkt $u = 0$, $i = 0$, so ergibt der Schnittpunkt beider Strahlen die Spannung u_1 am Reflexionspunkt. Auf der Abszisse erhält man dann die zugehörigen Ströme i_1 und i_{or}.

Für einen beliebigen Spannungsverlauf u_0 und einen Ableiter mit spannungsabhängigem Widerstand ist die Ermittlung der Spannung u_1 am Ableiter dargestellt. Man muß zunächst die Kurve $2u_0$ zeichnen. Von dieser geht man mit beliebigen Spannungswerten auf die u-Achse und zeichnet von hier aus jeweils den $(-Z_0)$-Strahl. Der Schnittpunkt mit der Kurve $f(Z) = u/i$ ergibt die zugehörigen Werte u_1 und i_1. Ist z. B. $f(Z) = Z_1$ eine Leitung mit konstantem Wellenwiderstand, so ist Z_1 eine Gerade und u_1 die Spannung der auf dieser Leitung weiterlaufenden Welle.

Für einen Widerstand in der Leitung (Bild 47) ist $f(Z) = R + Z_1$. Da durch R und Z_1 der gleiche Strom fließt, zieht man den Strahl Z_1 und den Strahl $R + Z_1$, dessen Schnittpunkt mit $-Z_0$ die Spannung u_1 vor dem Widerstand ergibt. Der Schnittpunkt der Ordinate u_1 mit dem Strahl Z_1 ergibt die Spannung u_2 hinter dem Widerstand, d. h. der Welle, die auf der Leitung mit dem Wellenwiderstand Z_1 weiterläuft.

Für eine Leitungsverzweigung oder einen Reflexionspunkt mit parallelen Widerständen (Bild 48) ist

$$f(Z) = \frac{1}{\dfrac{1}{Z_1} + \dfrac{1}{Z_2}} = \frac{Z_1 Z_2}{Z_1 + Z_2}.$$

In diesem Fall ist die Spannung u_1 an den Widerständen Z_1 und Z_2 konstant. Man zieht die Strahlen Z_1 und Z_2 sowie den Strahl $f(Z)$. Diesen

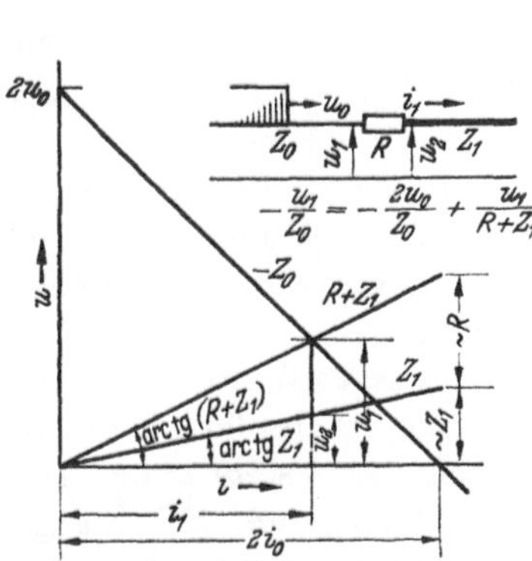

Bild 47. Leitung mit Reihenwiderstand.

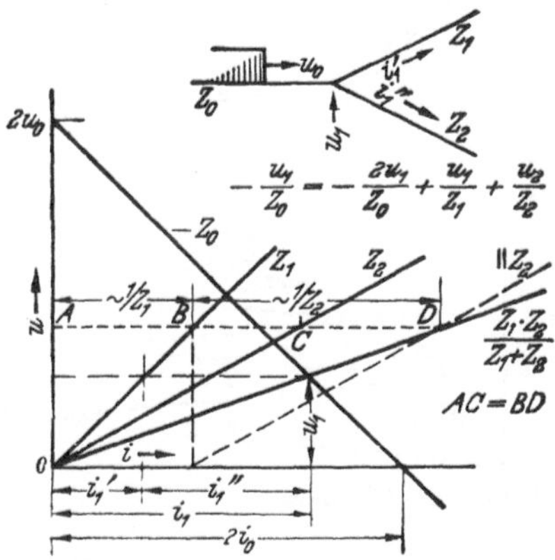

Bild 48. Leitung mit Parallelwiderstand
(Verzweigung).

erhält man folgendermaßen auf einfache Weise. Durch irgendeinen Punkt der u-Achse zieht man eine Parallele zur i-Achse, die die Strahlen Z_1 und Z_2 in B bzw. C schneidet und trägt BD gleich AC an B an. Der Strahl OD ist dann $f(Z)$, sein Schnittpunkt mit dem Strahl $-Z_0$ ergibt u_1, die Spannung am Knotenpunkt. Die Darstellung zeigt auch, auf welche Weise man die Teilströme i_1' und i_1'' in den Leitungen erhält.

Mit dem Verfahren von BERGERON läßt sich nun die Umbildung von Wellen bei mehrfacher Reflexion ermitteln; wenn man stets von der neu entstehenden Welle ausgeht. Jeder Reflexionspunkt ist ein Schnittpunkt von BERGERON-Strahlen. Für ein offenes Leitungsende ist $Z_1 = \infty$ ($\alpha = 90°$) und für ein kurzgeschlossenes $Z_1 = 0$ ($\alpha = 0$). In Bild 49 ist als Beispiel die Anwendung des Verfahrens auf die Aufladung eines Kabels mit der Wellenlaufzeit t in einem Leitungszug wiedergegeben. Die Schnittpunkte der Strahlen Z_1 mit dem Strahl $-Z_0$ ergeben die Spannung in A am Anfang des Kabels, die Schnittpunkte der Strahlen $-Z_1$ mit dem Strahl $Z_2 = Z_0$ die Spannung in B am Ende des Kabels. Man erhält somit auf einfache Weise die bekannte exponentielle Treppenkurve.

Konzentrierte Kapazitäten und Induktivitäten werden bei dem Verfahren am einfachsten durch kurze Leitungen ersetzt. Es ergibt sich zwar dadurch ein stufenförmiger Verlauf, die Stufen werden aber um so kleiner, je kürzer man die Ersatzleitung macht. Eine Induktivität wird durch eine Leitung mit hohem Wellenwiderstand, eine Parallelkapazität C durch eine Leitung mit niedrigem Wellenwiderstand dargestellt. Sind l und c die Induktivität der Ersatzleitung je Längeneinheit, so ist $L = l\,v\,t$ und $C = c\,v\,t$. Mit der Wellengeschwindigkeit $v = 1/\sqrt{l\,c}$ und dem Wellenwiderstand $Z = \sqrt{l/c}$ wird $L = Z\,t$ bzw. $C = t/Z$. Hierbei ist t die Länge der Ersatzleitung in Laufzeit; je kleiner t ist, um so besser wird die Annäherung.

Das Verfahren von BERGERON ist insofern sehr einfach, als stets nur zwei Strahlen zum Schnitt gebracht zu werden brauchen und die Berücksichtigung von Teilwellen durch Reflexion entfällt. Es ist somit auf vielfältigere Anordnungen und auch auf nichtlineare Impedanzen anwendbar.

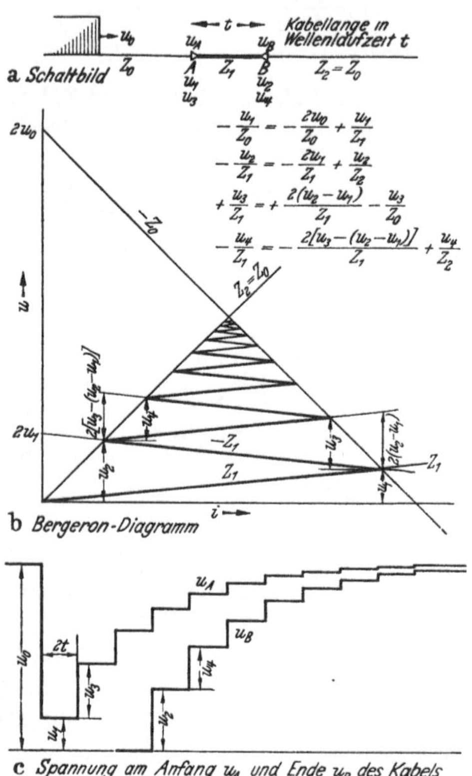

Bild 49a—c. Aufladung eines Kabels im Zuge einer Leitung.

Man erhält den zeitlichen Spannungsverlauf an besonders interessierenden Punkten, nicht dagegen die Spannungsverteilung längs der Leitung. Grundsätzlich ließe sich auch der Einfluß der Ableitung und des Reihenwiderstandes als Folge einzelner Reflexionen auf die Ausbreitung der Wellen ermitteln. Nur wäre dieses Verfahren sehr aufwendig.

SATCHE und GROSSE [5,15] haben die BERGERON-Methode auch auf Ermittlung der Einschwingspannung auf langen Leitungen nach dem Abschalten von Kurzschlüssen angewendet. Hier bietet sie den Vorteil, ein besseres und schnelleres Ergebnis zu liefern, da eine Leitung sich in einer Rechnung nur angenähert durch einen Schwingungskreis ersetzen läßt.

5. Umbildung und Dämpfung von Wellen.

Versuche mit Stoßwellen haben ergeben, daß mit zunehmender Ausbreitung einer Welle diese nicht nur gedämpft, sondern auch erheblich verformt wird. Auf parallelen, isolierten Leitern entstehen mitlaufende Wellen, deren Polarität am Anfang sogar entgegengesetzt zur Hauptwelle wird. Die Bilder 50 und 51 zeigen die Hauptwellen und Koppelwellen auf Freileitungen für eine längere und kürzere Stoß-

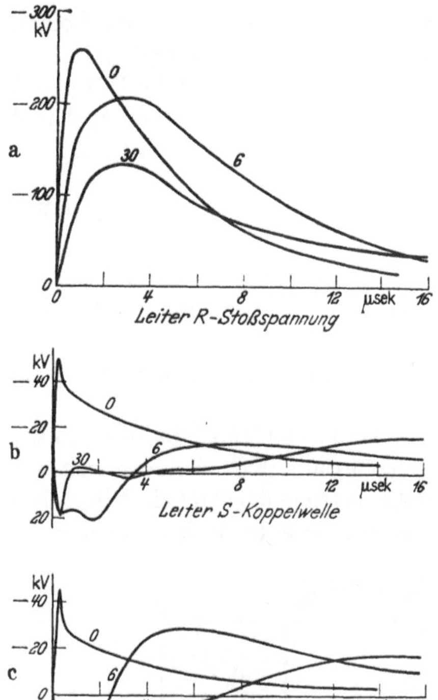

Bild 50 a—c. Wanderwellen auf einer 50-kV-Freileitung mit Erdseil am Anfang (0) und in 6 und 30 km Entfernung.

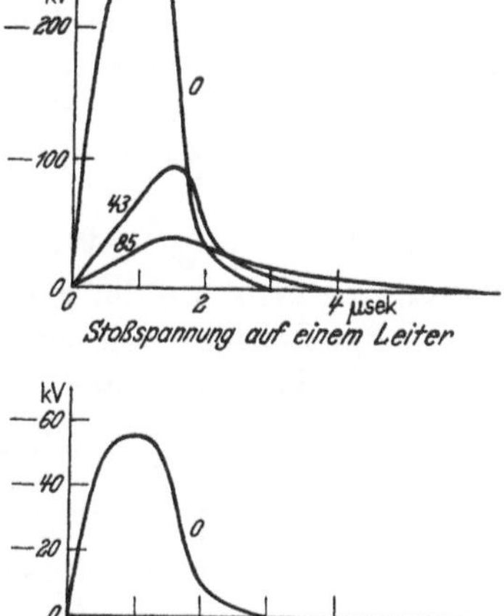

Bild 51. Wanderwellen auf einer 110-kV-Freileitung mit Erdseil am Anfang (0) und in 43 und 85 km Entfernung

welle. Die Verformung ist besonders bei den Koppelwellen erheblich, auffallend ist auch die Verlängerung der Wellendauer mit zunehmender Lauflänge.

Umfangreiche amerikanische Untersuchungen [5/2, 4] mit Stoßwellen auf Freileitungen haben zu folgendem Ergebnis über die Umbildung der Wellen mit zunehmender Laufzeit bei miteinander gekoppelten Leitern geführt.

Hauptwelle auf einem Leiter: In der Stirn der Hauptwelle bildet sich eine Stufe aus, wobei sogar ein Sattel entstehen kann, oder die Welle wird stark abgeflacht.

Die Hauptwelle wird gestreckt.

Die Dämpfung der Hauptwelle ist erheblich größer, als sie sich durch die reinen Wirkverluste ergibt.

Kurze Wellen werden stärker gedämpft als lange Wellen.

Die auf den parallelen Leitern induzierten Spannungswellen beginnen im Anfang sich gegenüber der Hauptwelle umzupolen.

Die Geschwindigkeit des induzierten Wellenteiles gleicher Polarität zur Hauptwelle erscheint geringer als die Lichtgeschwindigkeit.

Die induzierten Wellen werden weniger gedämpft als die Hauptwelle, so daß sogar die Amplituden gleiche Höhe erreichen können, d.h. der Kopplungsfaktor wird mit zunehmender Lauflänge größer und kann scheinbar sogar 1 werden.

Die Spannungs- und Stromwellen weichen zunehmend in ihrer Form voneinander ab.

Hauptwellen auf allen Leitern: Die Dämpfung der Wellen ist geringer als bei einer Welle auf nur einem Leiter. Hingegen verringert sich die größte Stirnsteilheit schneller.

Die Wellen zeigen keine Stufenbildung in der Stirn, sondern werden nur verflacht.

Die Verformung der Wellen erklärt BEWLEY [5/5, 6] dadurch, daß die Gegenwelle nicht auf der Erdoberfläche entlang läuft, sondern wegen der begrenzten Leitfähigkeit der Erde mehr oder weniger tief eindringt. Nach dem in Bild 52 dargestellten Schema für eine Rechteckwelle liegt die

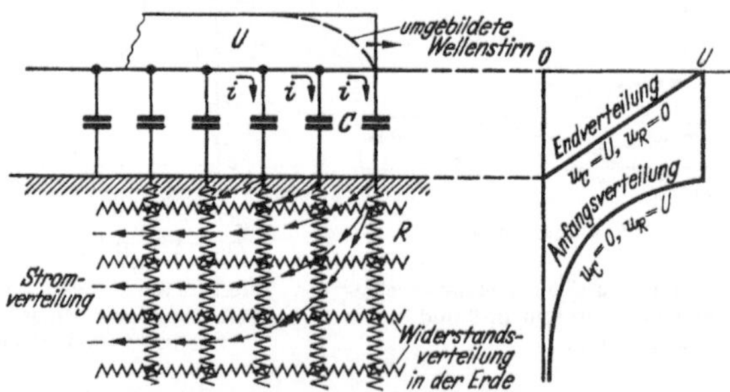

Bild 52. Stromverteilung in der Erde und Spannungsverteilung am Wellenanfang gegen Erde [5/6].

Gesamtspannung anfangs an dem Erdwiderstand und erst nach Aufladung der Kapazität an dieser. Der Strom fließt mehr oder weniger tief unter der Erdoberfläche, wobei diese Nullpotential annimmt, da keine vertikalen Komponenten der Strombahnen mehr vorhanden sind. Je niedriger die Leitfähigkeit der Erde ist, um so tiefer werden die Strombahnen eindringen. Aus diesem Bild ergibt sich, daß zur Berechnung der Kapazität des Leiters die Erdoberfläche maßgebend wäre, dagegen zur Ermittlung der wirksamen Induktivität eine gewisse Tiefe unter der Erdoberfläche, die von der Leitfähigkeit der Erde abhängt. Somit ist die resultierende Geschwindigkeit der Wellenausbreitung geringer als die Lichtgeschwindigkeit, die nur für den Fall unendlich großer Leitfähigkeit der Erdoberfläche gilt. Als weiterer Einfluß kommt die Wirkung der Korona hinzu. Durch sie wird der Durchmesser des Leiters vergrößert, was eine höhere wirksame Kapazität ergibt. Hingegen ist für das magnetische Feld der Durchmesser des Metalleiters selbst maßgebend. Der vergrößerte Leiterdurchmesser r' unter dem Einfluß von Korona ergibt sich bei der Höhe h und der kritischen Feldstärke von 30 kV/cm für die Spannung u aus der Gleichung:

$$u = 30\, r' \lg \frac{2h}{r'}\,.$$

Die Bestimmung der Induktivität und Kapazität der Leiter erfolgt dann nach der Darstellung des Bildes 53. Es ist

$$L = 2 \cdot 10^{-9} \ln \frac{2h'}{r}\,[\text{H/cm}], \quad C = \frac{10^{-11}}{18 \ln \dfrac{2h}{r'}}\,[\text{F/cm}].$$

Setzt man $r'/r = a$ und $h'/h = b$, so ist

$$Z \approx 138\, \sqrt{\left(\lg \frac{2h}{r}\right)^2 + \lg \frac{2h}{r}\,(\lg b - \lg a)}\,.$$

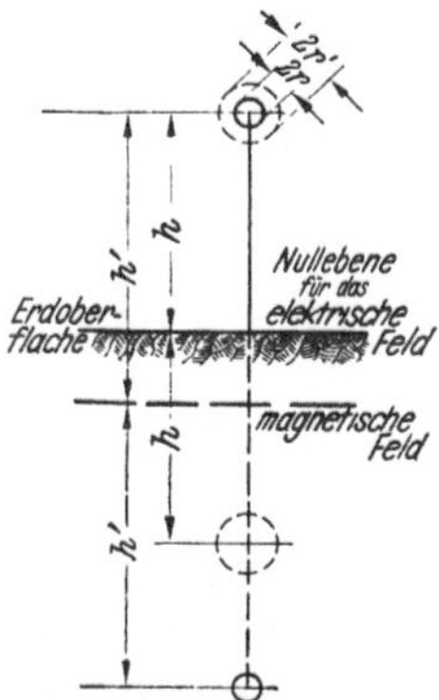

Bild 53. Ermittlung der Abmessungen zur Bestimmung der wirksamen Induktivität und Kapazität.

Demnach wird durch den Einfluß der Korona der Wellenwiderstand verringert, während er durch schlechte Bodenleitfähigkeit erhöht wird.

Für die Fortpflanzungsgeschwindigkeit der Wellen ergibt sich

$$v = c\, \sqrt{\frac{\lg \dfrac{2h}{r} - \lg a}{\lg \dfrac{2h}{r} + \lg b}}\,, \quad c = \text{Lichtgeschwindigkeit}.$$

Sowohl Korona wie auch schlechte Bodenleitfähigkeit verringern die Ausbreitungsgeschwindigkeit. BERGER [2/8] hat bei seinen Messungen eine um etwa 15% niedrigere Geschwindigkeit erhalten.

Betrachtet man Koppelwellen auf isolierten parallelen Leitern unter Berücksichtigung der für das elektrische und magnetische Feld verschieden liegenden Spiegelungsebenen, so lassen sich die Wellen, wie Bild 54 zeigt, in zwei Paar Teilwellen zerlegen. Das eine Paar hat auf beiden Leitern gleiche Polarität und hat seine Gegenwelle im Erdboden, so daß die Ausbreitungsgeschwindigkeit geringer als die Lichtgeschwindigkeit ist. Das andere Paar läuft zwischen den Leitern mit entgegengesetzter Polarität und hat höhere Geschwindigkeit, die unterhalb der Koronagrenze gleich der Lichtgeschwindigkeit ist. Infolge der verschiedenen Geschwindigkeit ergibt sich ohne Berücksichtigung der natürlichen Dämpfung eine scheinbare Dämpfung für die Hauptwelle und eine Vergröße-

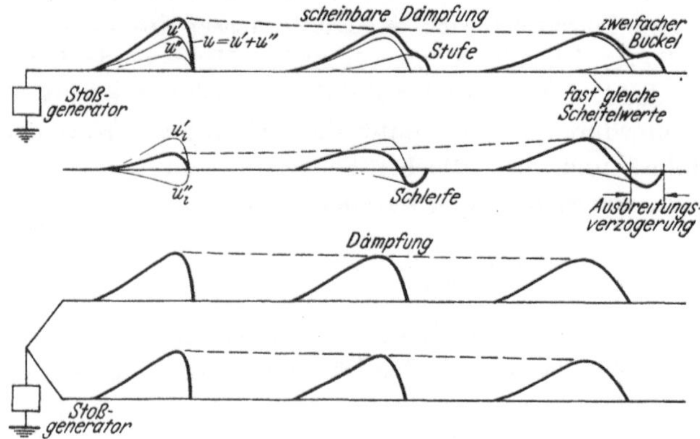

Bild 54. Mehrfachwellen auf zwei Leitern.

rung der Koppelwelle mit einem Polaritätswechsel am Anfang. Bei gleichen Wellen auf parallelen Leitern tritt hingegen nur das Wellenpaar mit der Gegenwelle im Erdboden auf. Die Wellen weisen ebenfalls eine Streckung und scheinbare Dämpfung aber in geringerem Maße auf, denn die Korona und die Gegenwelle im Erdboden sind von der Spannung und dem Strom abhängig.

Bei seinen Gewittermessungen an Freileitungen hat BERGER [2/5,8] durch die Polaritätsumkehr von Koppelwellen gewisse Rückschlüsse auf die Entstehung der Wellen ziehen können. Es läßt sich bei Verschiedenheit der Wellen feststellen, ob die Spannung unmittelbar auf den Leiter übertragen wurde oder ob sie nur induziert ist. Sind dagegen die Wellen auf allen drei Leitern einer Leitung gleich, so können sie durch direkten Einschlag oder rückwärtigen Überschlag zu allen Leitern, aber auch insgesamt induziert sein.

SCHWENKHAGEN [5/8] führt die Umkehr der Polarität von Koppelwellen, die er anormale Koppelwellen nennt, auf die Vergrößerung der Leitungskapazität in unmittelbarer Umgebung des Mastes, besonders durch die Kapazität der Isolatoren zurück. Seine Rechnung ergibt unter der Annahme einer zusätzlichen kapazitiven Belastung der Leitung an jedem Mast eine mit zunehmendem Laufweg größer werdende Umkehr der Koppelwelle.

Die Umbildung von Wellen auf Leitungen hat PÉLISSIER [5/14] mittels der Methode von CARSON und der LAPLACE-Transformation berechnet. Dabei ergeben sich die einfacheren Gleichungen in Abhängigkeit von Ort und Zeit für die Ladung und den Strom, aus denen sich dann die

Spannung ermitteln läßt. Schon die Berechnung der Ladung führt zu einem anschaulichen Bild für die Umbildung der Ladungen, das mit den von BEWLEY zunächst auf einfachere Weise aufgestellten allgemeinen Erkenntnissen übereinstimmt. PÉLISSIER betrachtet zunächst die einzelnen Einflüsse, Reihenwiderstand der Leiter und Ableitungswiderstand, Stromverdrängung in den Leitern, dielektrische Polarisation, Korona und Reflexionen auf die Ausbreitung der Wellen zwischen zwei Leitern bzw. einem Leiter und Erdboden getrennt. Die durch die Stromverdrängung sich ergebende Längsinduktivität setzt sich aus zwei Teilen zusammen, von denen der erste Teil nur mit der Kapazität nach der bekannten Gleichung für die Wellengeschwindigkeit $1/v = \sqrt{LC}$ verbunden ist, wählrend der zweite sich mit der Wurzel aus der Frequenz verändert. Diese nicht mehr für die Wellen zwischen den Leitern untereinander und zwischen dem Erdboden lineare Abhängigkeit macht die Berechnung der Dämpfung schwieriger. Die Stromverdrängung führt nicht nur zu einer Erhöhung der Dämpfung, sondern auch zu einer Verminderung der Fortpflanzungsgeschwindigkeit der Welle. In den Bildern 55 und 56 ist die Ab-

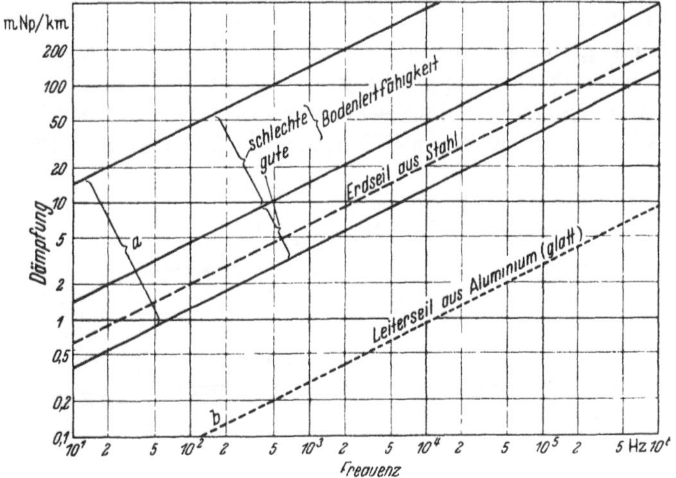

Bild 55. Dämpfung von Sinusschwingungen langs einer 220-kV-Leitung.
a Welle zwischen Leiter und Erde; b Welle zwischen zwei Leitern [5/14].

hängigkeit dieser beiden Größen von der Frequenz für sinusförmige Wellen zwischen zwei Leitern und zwischen einem Leiter und dem Boden dargestellt. Den Kurven sind die Daten einer 220-kV-Leitung zugrunde gelegt. Der Einfluß des Erdbodens ist je nach der Leitfähigkeit erheblich.

Für Koppelwellen auf parallelen Leitern läßt die Rechnung eine Zerlegung in zwei Teilwellen nach Bild 54 zu. Eine Welle verläuft zwischen den Leitern und die zweite zwischen Leiter und Erde. Diese läuft

5*

langsamer und wird stärker gedämpft. Beide Wellen können überlagert werden.

Die durch eine Stoßwelle auf einem Leiter induzierte Welle auf einem parallelen Leiter hat zur induzierenden Welle entgegengesetzte Polarität.

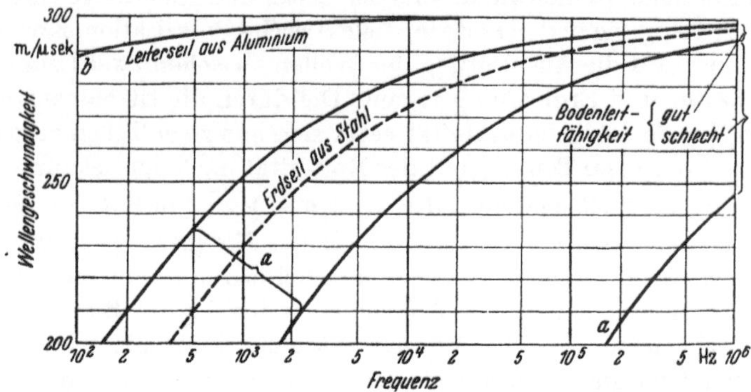

Bild 56. Ausbreitungsgeschwindigkeit von Sinusschwingungen langs einer 220-kV-Leitung. a Welle zwischen Leiter und Erde; b Welle zwischen zwei Leitern [5/14].

Da sie als Welle zwischen den Leitern eine höhere Geschwindigkeit hat als die Welle gleicher Polarität gegen Erde, tritt der negative Anteil, wie Bild 57 zeigt, mit längerem Laufweg zunehmend im Wellenanfang hervor.

Das Eindringen der Ströme rechteckiger Stoßwellen in den Leiter während der Wellenstirn hat MILLER [5/13] berechnet. Der Strom fließt zunächst

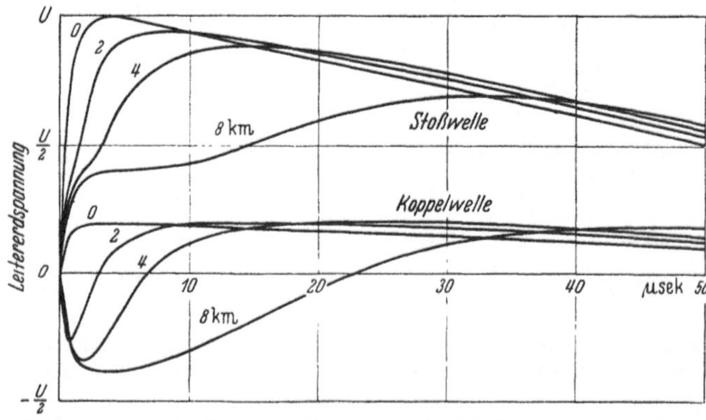

Bild 57. Umbildung der Stoßwelle gegen Erde auf einem Leiter und der Koppelwelle auf einem isolierten parallelen Leiter [5/14].

auf der Oberfläche des Leiters und dringt erst allmählich in das Innere ein. Die Eindringgeschwindigkeit gibt er für Kupfer zu 11,6 cm/s, für Aluminium zu 14,5 cm/s und bei Stahl mit $\mu = 1000$ zu 1,9 cm/s an.

Da die allgemeine rechnerische Ermittlung der Dämpfung von Wanderwellen auch nur zu angenäherten Lösungen führt, haben FOUST und

MENGER [*2/1*] empirisch die folgende Formel für den Scheitelwert einer Welle nach einer Lauflänge x [km] entwickelt.

$$u = \frac{u_0}{k\,x\,u_0 + 1}\,\text{kV},$$

u_0 = Anfangsspannung der Welle in kV,
k = Empirische Konstante (durch Messungen ermittelt) [*5/10*]

$$k = 0{,}16 \cdots 1{,}2 \cdot 10^{-3}.$$

Der große Bereich für k ist durch die verschiedenartigen Bedingungen, wie Leitungsanordnung und Form der Wellen, gegeben. So ist für Wellen von kurzer Dauer k größer als für lange Wellen und ebenfalls größer für Wellen auf einem Leiter als für Wellen auf mehreren parallelen Leitern. Erdseile scheinen nach den Messungen weniger Einfluß auf die Dämpfung zu haben, es sei denn, die Spannung überschreitet die Koronagrenze.

Mit der Einführung der Dämpfung

$$d = \frac{u_0 - u}{u_0}$$

ergibt die Formel von FOUST und MENGER

$$d = 1 - \frac{1}{k\,x\,u_0 - 1}.$$

In Bild 58 ist die danach errechnete Dämpfung d für Wellen mit einer Anfangsspannung von 300 und 2000 kV und für die Grenzwerte von k eingetragen. Die Kurven A sind aus Messungen der Studiengesell-

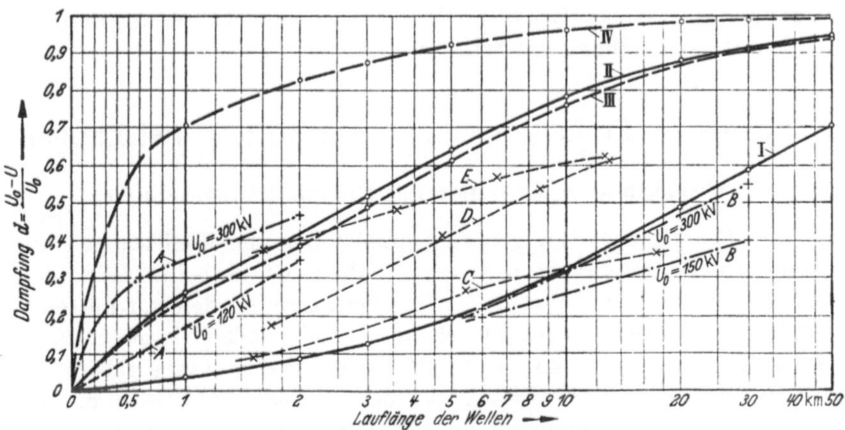

Bild 58. Dämpfung von Wanderwellen in Abhängigkeit von der Lauflänge.
Kurven I…IV berechnet nach FOUST und MENGER
    I für $k = 0{,}16 \cdot 10^{-3}$,   II für $k = 1{,}2 \cdot 10^{-3}$; $U_0 =$ 300 kV
    III für $k = 0{,}16 \cdot 10^{-3}$,   IV für $k = 1{,}2 \cdot 10^{-3}$; $U_0 =$ 2000 kV
Kurven A und B nach Messungen der Studiengesellschaft für Höchst-spannung-anlagen
Kurven C, D und E nach Messsungen von HAWLEY und LACEY
    C pos. und neg. Wellen unter der Koronagrenze
    D neg. Wellen, E pos. Wellen über der Koronagrenze

schaft für Höchstspannungsanlagen an einer 110-kV-Leitung ohne Erdseil und 50 mm² Leiterseilquerschnitt, die Kurven B an einer 50-kV-Lei-
tung mit Erdseil und 70 mm² Leiterseilquerschnitt erhalten. Die Rückenhalbwertzeit der Welle am Leitungsanfang betrug 4 bis 5 μs. An den
Kurven ist die Anfangsspannung eingetragen. Kann sich wie bei der Versuchsreihe B eine Gegenwelle auf dem Erdseil ausbilden, so ist anscheinend die Dämpfung erheblich geringer. Hinzu kommt, daß der Leiterseil-
durchmesser etwas größer war als bei der Versuchsreihe A, bei der außerdem die Leitfähigkeit des Erdbodens (trockener Sand) sehr schlecht war.
Man sieht also, welche verschiedenartigen Einflüsse die Dämpfung bestimmen. Demnach ist auch der große Bereich für die Konstante k in
der Formel von FOUST und MENGER erklärbar. Ferner sind zum Vergleich
Meßergebnisse von HAWLEY und LACEY [5/9] angegeben für Wellen oberhalb und unterhalb der Koronagrenze an einer 33-kV-Leitung mit 12,3 mm
Seildurchmesser.

Die Formel von FOUST und MENGER, wie auch eine ähnliche Formel
von SKILLING [5/11], beziehen sich nur auf die Dämpfung des Scheitelwertes der Welle. Sie sagen nichts über die Verformung der Welle aus.
Hierfür haben SKILLING und DYKES [5/11] ein Rechenverfahren vorgeschlagen, das auf der Erfassung der Koronaverluste beruht. Sie nehmen
an, daß oberhalb der Koronagrenze aus der Wellenstirn heraus Energie
zum Aufbau der Korona gebraucht wird, daß aber diese Energie nach
Überschreiten des Scheitelwertes der Wellenspannung nicht wieder in
den Rücken der Welle zurückgeliefert wird. Dadurch tritt eine erhebliche
Abflachung der Wellenstirn oberhalb der Koronagrenzspannung und eine
Rückwärtsverschiebung des Scheitelwertes auf.

D. Schutz der Freileitungen gegen Gewittereinwirkungen.

1. Zweck und Maßnahmen des Überspannungsschutzes.

Den Gewittereinwirkungen sind unmittelbar die Freileitungen und
Freiluftanlagen ausgesetzt, in seltenen Fällen auch Kabel im Erdboden.
Innenraumanlagen im Anschluß an Freileitungen werden nur mittelbar
durch auf den Freileitungen einziehende Wanderwellen betroffen, da die
Gebäude einen Schutz gegen unmittelbare Blitzeinschläge geben. Der
Vorgang der Gewittereinwirkung ist von der Höhe der Isolation und damit von der Betriebsspannung der Netze unabhängig. Die Höhe der auf
den isolierten Leitern auftretenden Überspannungen wird durch das Isoliervermögen der Isolation begrenzt. Hierbei ist zu berücksichtigen, daß
auch Holz ohne metallische Überbrückung gegenüber Stoßspannungen
isolierend wirkt, worauf besonders bei Leitungen mit Holzmasten zu
achten ist.

Überspannungen infolge Gewittereinwirkung können entstehen:

durch unmittelbaren Einschlag des Blitzes in die isolierten Leiter,

durch rückwärtigen Überschlag zu den isolierten Leitern bei Einschlag des Blitzes in geerdete Teile der Leitung oder der Anlage,

durch Einwirkung des elektrostatischen und elektromagnetischen Feldes des Blitzes beim Einschlag in der Nähe der isolierten Leiter, auch beim Einschlag in geerdete Teile der Leitung oder der Anlage, ohne daß ein rückwärtiger Überschlag eintritt. Diese Einwirkungen sind im allgemeinen ungefährlich, vor allem in Netzen mit Betriebsspannungen von 60 kV und darüber,

durch statische Aufladungen durch das luftelektrische Feld, die aber wegen der stets vorhandenen Ableitung der Netze ohne Bedeutung sind.

Um die Netze und Anlagen vor Beeinflussungen durch Gewitter zu schützen, bzw. die Auswirkungen zu vermindern, lassen sich verschiedene Wege beschreiten, die je nach dem Ausmaß der aufgewendeten Mittel mit verschiedener Wirksamkeit verbunden werden können. Vorbeugende Maßnahmen haben als unmittelbaren Schutz die Aufgabe, Blitzeinschläge in die isolierten Leiter zu verhindern, sowie elektrostatisch und elektromagnetisch induzierte Spannungen unterhalb des Isoliervermögens zu halten. Dieses Ziel läßt sich nur durch Abschirmung, gegebenenfalls auch zusammen mit einer Erhöhung der Isolation erreichen.

Demgegenüber hat der mittelbare Schutz die Aufgabe, die Überspannungen auf den isolierten Leitern, sofern sie sich nicht vermeiden lassen, auf Werte unterhalb des Isoliervermögens zu begrenzen oder störende Auswirkungen durch Überschläge derart unwirksam zu machen, daß keine nachhaltige Unterbrechung des Betriebes eintritt.

Es lassen sich drei Schutzarten unterscheiden, die ihrem Wesen nach verschieden sind:

1. Vorbeugende Maßnahmen gegen Überspannungen.

a) Leitungsführung und Standortwahl der Stationen. Umgehen von Gegenden besonders hoher Gewitterhäufigkeit und Einschlaggefährdung. Ausnutzung des natürlichen Schutzes des Geländes, z. B. Leitungsführung an Berghängen und in Tälern.

b) Ausreichender Erdseilschutz über den Leitungen und Anlagen zur Vermeidung von Blitzeinschlägen in Teile der Betriebsstromkreise und Verminderung induzierter Überspannungen zusammen mit

c) ausreichender Erdung der einzelnen Maste und Gerüste zur Vermeidung rückwärtiger Überschläge.

d) Erhöhung des Isoliervermögens, z. B. durch die Ausnutzung von Holzstrecken.

2. Maßnahmen zur Begrenzung von Überspannungen.

a) Koordination der Isolation bezüglich der inneren Isolation der Geräte mit dem Zweck, deren Durchschlag auf jeden Fall zu vermeiden.

b) Begrenzung von Überspannungen durch Überspannungsschutzgeräte zur Vermeidung von Überschlägen besonders in Stationen.

3. Maßnahmen gegen die Auswirkungen von Überschlägen.

a) Gegen Materialschäden:

α) Fernhalten des Lichtbogens von den Isolatoren durch geeignete Armaturen,

β) kurze Auslösezeiten der Leitungsschalter zur Verkürzung der Einwirkungsdauer von Lichtbögen,

γ) Kompensation des Erdschlußstromes zur Löschung von Erdschlußlichtbögen (nur bei einpoligen Überschlägen wirksam).

b) Gegen Betriebsunterbrechungen:

α) Kompensation des Erdschlußstromes (wie unter *a, γ*),

β) Kurzunterbrechung,

γ) Vermaschung des Netzes.

Mit vorbeugenden Maßnahmen allein ließe sich ein ausreichender Gewitterschutz durchführen, nur stehen die aufzuwendenden Mittel nicht immer in einem wirtschaftlich tragbaren Verhältnis zu ihrem Nutzen. Man ist dann gezwungen, eine gewisse Anzahl von Störungen zuzulassen und Maßnahmen zur Begrenzung von Überspannungen oder gegen die Auswirkungen von Überschlägen durchzuführen. Schon mit Rücksicht auf Überspannungen anderer Art (innere Überspannung) und Überschläge durch andere Ursachen (Isolationsminderung durch Feuchtigkeit und Verschmutzung) wird sich zwangsläufig eine geeignete Mischung der zweckmäßigen Maßnahmen ergeben.

2. Blitzeinschläge in Leitungen.

Die Berechnung der an der Leitungsisolation auftretenden Spannung bei einem Blitzeinschlag in die Leitung aus dem Strom im Blitzkanal selbst kann nur zu angenäherten Lösungen [*7/1, 6/11*] führen, zumal Anstieg, Verlauf und Höhe des Stromes, der wirksame Wellenwiderstand des Blitzkanals und der wirksame Widerstand der Masterdungen nur ungenau erfaßbare Größen sind. Da hierbei im allgemeinen auf Blitzstromstärkemessungen an Freileitungen zurückgegriffen wird, kann man einfacher die Ergebnisse der Messungen von in Masten abgeführten Blitzströmen (s. S. 40) als Grundlage nehmen. GRÜNEWALD [*15/2*] hat nach Messungen mit Stahlstäbchen an Freileitungen gezeigt, daß sich bei nicht zu sehr untereinander abweichenden Werten der Ausbreitungswiderstände der Masten eine angenäherte Stromverteilung nach Bild 59 für Leitungen mit Erdseil ergibt. Auch bei Leitungen ohne Erdseil wird bei Einschlag in ein Leiterseil die Stromverteilung nicht wesentlich davon abweichen, da Überschläge an den der Einschlagstelle benachbarten Masten von dem getroffenen Leiter zu diesen hin unvermeidlich sind. Trifft der Blitz den Mast selbst, so können je nach Höhe des Blitzstromes und des Erdungswiderstandes des Mastes Überschläge vom Mast zu den Leiterseilen (rückwärtige Überschläge) auftreten, die wiederum zu Überschlägen an den benachbarten Masten führen können.

Hat eine Vorentladung eine Leitung getroffen, folgt die Hauptentladung in dem vorionisierten Kanal von der Leitung zur Wolke. Gegenüber der Geschwindigkeit des Stromanstieges auf den Scheitelwert ist im allgemeinen die Mastlänge als kurz hinsichtlich der Wellenlaufzeit

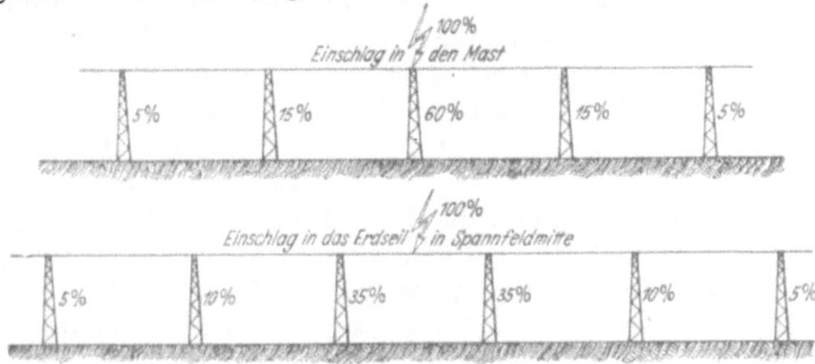

Bild 59. Mittlere Verteilung der Blitzstrome in den Masten bei Blitzeinschlag in eine Leitung mit Erdseil [15/2].

anzusehen. Über 60% aller Blitzströme weisen Stirnanstiege von mehr als $2\,\mu$s auf, so daß während des Stromabflusses die Länge normaler Maste von untergeordneter Bedeutung ist. Messungen des Spannungsabfalles an den Masten einer 220-kV-Leitung [2/11] über eine Länge von 13 m haben in 80% der Fälle nur Spannungen unter 30 kV ergeben. Der höchste gemessene Wert betrug 55 kV. Der Spannungsabfall längs des Mastes ist also gegenüber der Überschlagspannung der Leitungsisolation unerheblich. Bei sehr großer Stirnsteilheit unter $1\,\mu$s kann durch die Mastlänge eine sehr kurze Spannungsspitze am Mastkopf auftreten, die aber wegen der Überschlagverzögerung nur selten zur Auswirkung kommen dürfte. Die Spannungsbeanspruchung der Isolatoren beim Blitzschlag ist also vor allem ein Problem des Ausbreitungswiderstandes der Masterdung.

Die Spannung u an der Leitungsisolation, die beim Blitzschlag in geerdete Teile der Leitung — Mast oder Erdseil — auftritt, setzt sich aus mehreren Komponenten zusammen:

1. dem Spannungsabfall des Maststromes i am Ausbreitungswiderstand R_A der Masterdung,

2. dem Spannungsabfall des Maststromes i an der Impedanz (überwiegend Selbstinduktivität L) des Mastes,

3. der vom Erdseil auf das Leiterseil durch Kopplung übertragenen Spannung u_k,

4. der durch den Blitzstrom im Leiter induzierten Spannung u_i,

5. dem Augenblickswert der Betriebsspannung des Leiters u_b.

Es ist somit
$$u = i\,R_A + L\,\frac{d\,i}{d\,t} - u_k + u_i \pm u_b.$$

Der Spannungsabfall längs des Mastes, wie auch die durch Kopplung auf das Leiterseil übertragene Spannung sind verhältnismäßig niedrig und

heben sich auch in ihrer Wirkung gegenseitig auf, wobei eher die Koppelspannung u_k überwiegen wird. Die Betriebsspannung kann sich zur Koppelspannung hinzufügen oder von ihr absetzen. Insgesamt werden diese drei
Komponenten vernachlässigbar sein oder sich gegenüber dem Spannungsabfall an der Masterdung günstig auswirken. Hingegen überlagert sich
die Wirkung der durch den Blitzstrom auf dem Leiter induzierten Spannung dem Spannungsabfall an der Masterdung in gleichem Sinne. Sie ist
um so größer, je steiler der Stirnanstieg ist, sie erreicht ihren Höchstwert
aber bereits vor dem Höchstwert des Spannungsabfalls an der Masterdung und ist von so kurzer Dauer, daß sie noch unterhalb der Über-
schlag-Stoßkennlinie der Isolatoren liegen kann. Bei Mittel- und Nieder-
spannungsleitungen kann die durch den Blitzstrom induzierte Spannung
von solchem Einfluß sein, daß ein wirksamer Schutz dieser Leitungen
durch Erdseile und niedrige Ausbreitungswiderstände der Masterdung
schwierig oder sogar unmöglich wird, d. h. sofern die Ausbreitungswiderstände überhaupt ausreichend klein gemacht werden können.

Bei Hochspannungsleitungen genügt es im allgemeinen, beim Blitzeinschlag in den Mast oder das Erdseil zur Vermeidung rückwärtiger
Überschläge, d. h. von Überschlägen vom Mastkopf zu den Leiterseilen,
den Ausbreitungswiderstand der Erdung des einzelnen Mastes nach dem
ersten Glied der Gleichung zu bemessen, also

$$R_A = \frac{U_{st}}{J},$$

dabei ist U_{st} — die Stehstoßspannung der Leitungsisolation für die
    Welle 1/50,

   J — der Scheitelwert des im Mast abfließenden Blitzstromes
    (s. S. 40, Bild 32).

Selbstverständlich ist diese einfache Bemessungsregel nicht in allen
Fällen ausreichend, insbesondere dann, wenn der Blitzstrom sehr schnell
und steil ansteigt. Mit ihr läßt sich aber der größte Teil aller Blitzeinschläge erfassen. Es bleibt die Frage, ob ein darüber hinausgehender Aufwand noch wirtschaftlich ist, was wahrscheinlich im Hinblick auf andere
Fehlermöglichkeiten verneint werden muß.

3. Erdseilschutz.

Hochspannungsnetze (von etwa 60 kV und darüber) lassen sich weitgehend gegen die Auswirkungen des direkten Blitzeinschlages schützen.
In Mittelspannungsnetzen unter 60 kV können auch induzierte Überspannungen das Isoliervermögen der Leitungsisolation überschreiten. Da
aber auch hier der Schutz gegen direkte Einschläge die Maßnahmen bestimmt, werden die Auswirkungen induzierter Spannungen mit erfaßt.

Nach amerikanischer Ansicht tritt auch in ländlichen Niederspannungs-Verteilungsnetzen der direkte Einschlag weit häufiger auf, als man ursprünglich angenommen hat. In Europa bestehen hierüber keine Untersuchungen. Ein vorbeugender Schutz gegen direkte Einwirkungen wird aber in Verteilungsnetzen aus wirtschaftlichen Gründen nicht durchführbar sein.

Ein Schutz der spannungsführenden Teile des Betriebsstromkreises läßt sich nur durch geerdete Abschirmung, d. h. durch übergespannte Erdseile erreichen. Dabei ist zu beachten, daß

1. die Erdseile gegen direkte Einschläge in die Leiterseile abschirmen,

2. die Erdseile besonders in Spannfeldmitte einen ausreichenden Abstand von den Leiterseilen haben, damit hier keine Überschläge eintreten,

3. der Abstand der Leiterseile vom Mast dem vollen Isoliervermögen der Isolation entspricht,

4. der Ausbreitungswiderstand der einzelnen Erdungen der Erdseile und der Masten so niedrig wie möglich ist.

Bei Leitungen ohne Erdseilschutz, bei denen ein solcher später notwendig wurde, hat man sich durch nachträgliche Verlegung von Erdseilen auf besonderen Masten neben der Leitung geholfen [6/6]. In solchen Fällen kann sogar die Gefahr rückwärtiger Überschläge vermieden werden.

Wie wesentlich die Schutzwirkung der Erdseile ist, geht aus den folgenden Aufstellungen Tab. 5 und 6 hervor, die auf Grund von Stahlstäbchenmessungen an rd. 2000 km Freileitungen während 4 Jahre gewonnen worden sind [2/30]. Bei Leitungen ohne Erdseil trifft die Hälfte aller Einschläge die Leiterseile, während bereits nur bei einem Erdseil das Einschlagverhältnis sehr gering ist, im Mittel 5%.

Tabelle 5.

Verteilung der Blitzeinschläge auf isolierte und geerdete Teile der Leitungen.

	Anzahl der Erdseile		0	1	2	3
Einschläge in	Leiterseile	%	47	5	—	—
	Maste und Erdseile	%	53	95	100	100

Tabelle 6.

Verteilung der Blitzeinschläge auf Maste und Spannfelder.

	Anzahl der Erdseile		0	1	2	3
Einschläge in	Maste	%	53	34	21	9
	Spannfelder	%	47	66	79	91

Durch zweckmäßigere Anordnung des Erdseiles bei manchen Leitungen könnte der Anteil noch geringer gehalten werden. Es ist auffällig, daß bei

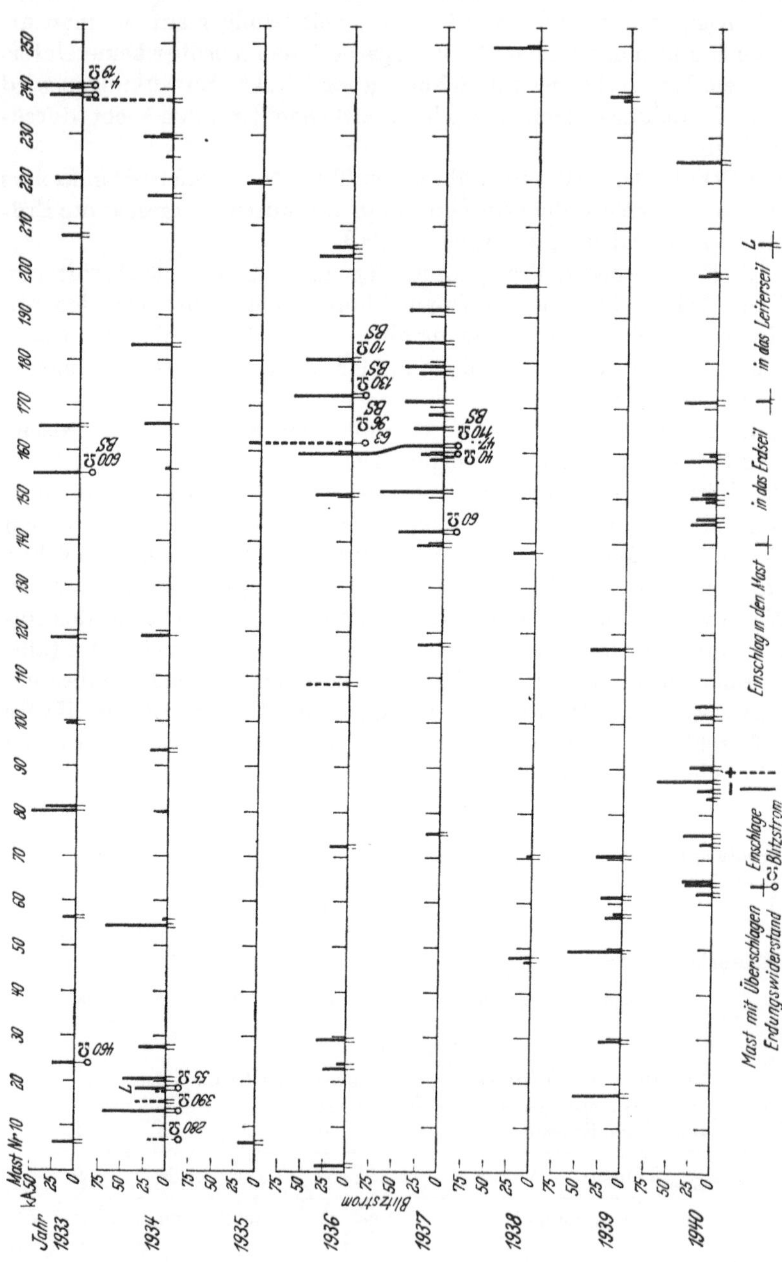

Bild 60. Verteilung der Blitzeinschlagstellen auf einer 60 km langen 110-kV-Doppelleitung mit einem Erdseil während 8 Jahre (50 % Überschlag-Stoßspannung rd. 700 kV).

Leitungen ohne Erdseil rd. die Hälfte aller Blitze den gegenüber der großen Länge der ungeschützten Spannfelder nur kleinen Ausschnitt der Maste trifft. Die durch den geerdeten Mast verursachte Feldausbildung über dem Erdboden hat also einen gewissen Einfluß auf das Vorwachsen des Blitzes in der Nähe der Erde, was auch durch Gegenentladungen an den Auslegern und auch an den Masten in der Nähe der Einschlagstelle bestätigt wird [2/30]. Mit zunehmender Anzahl der Erdseile tritt der Einfluß des Mastes zurück und die Einschläge verteilen sich gleichmäßiger über die Leitung. In Deutschland kann man im Durchschnitt mit rd. 11 Einschlägen je 100 km Leitung und Jahr rechnen.

Durch gewisse Häufungen von Schäden bei Gewitter kann der Eindruck entstehen, daß Teile von Leitungen bevorzugt getroffen werden. Dies kann für einzelne besonders hervorragende Maste der Fall sein, zumal erwiesen ist, daß die Einschlaghäufigkeit mit der Höhe des Gegenstandes zunimmt.

Im allgemeinen aber liegen andere Gründe, wie zu hohe Erdungswiderstände oder ungenügende Schutzwirkung von Erdseilen, vor. Bild 60 zeigt als Beispiel die Verteilung von Blitzeinschlägen in eine 110-kV-Leitung während 8 Jahre, wie sie durch Stahlstäbchenmessungen festgestellt wurde. Die Höhe der einzelnen Striche gibt die jeweilig ermittelte Stromstärke im Blitzkanal an. Die Häufigkeit der Einschläge schwankt zwischen 2 und 21 im Jahr, d.h. im Verhältnis von rd. 1 : 10, die Einschläge sind wahllos über die Leitung verstreut. Im Jahre 1937 ist eine besondere Häufung im Bereich der Maste Nr. 140 bis 190 eingetreten, die sich aber in anderen Jahren nicht wiederholt. Überschläge sind auf sehr ungünstige Erdungsverhältnisse zurückzuführen. Eine auf Grund der Untersuchungen durchgeführte Verbesserung der Erdungen im Laufe der Jahre hatte erheblichen Erfolg.

Nach Messungen mit Stahlstäbchen an Freileitungen von rd. 2000 km Länge [2/30] hat sich für den Schutzbereich der Erdseile ergeben, daß Leiterseile nicht mehr unmittelbar getroffen werden, wenn der lotrechte Abstand l zwischen Erdseil und den zu schützenden Leiterseilen etwa den 1,5fachen Betrag des waagerechten Abstandes w zwischen Erdseil und Leiterseilen nicht unterschreitet. Es sollte also l/w mindestens 1,5 sein, was einem Winkel von 34° entspricht. Mit der graphischen Lösung [6/14] des kleinsten Abstandes vom Blitzkopf kommt man nach Bild 61 zu dem gleichen Ergebnis, wenn man den vorwachsenden Blitzkopf für die Zeichnung des Schutzkreises in annähernd der doppelten Höhe des Erdseiles über dem Boden annimmt.

Sehr aufschlußreich war eine Messung an einer 220-kV-Doppelleitung, bei der ein Stromkreis zunächst nur für 110 kV ausgelegt war. Von 54 Einschlägen in diese Leitung gingen 3 in das obere 110-kV-Leiterseil, für das $l/w = 1,2$ war, während kein Einschlag das obere 220-kV-Leiterseil mit

$l/w = 1,4$ traf. An einer anderen Leitung wurde allerdings noch ein Leiterseileinschlag bei $l/w = 1,6$ festgestellt.

Man hat vielfach versucht [6/5,7], an Leitungsnachbildungen in verkleinertem Maßstab den notwendigen Schutzbereich der Erdseile mit Stoß-

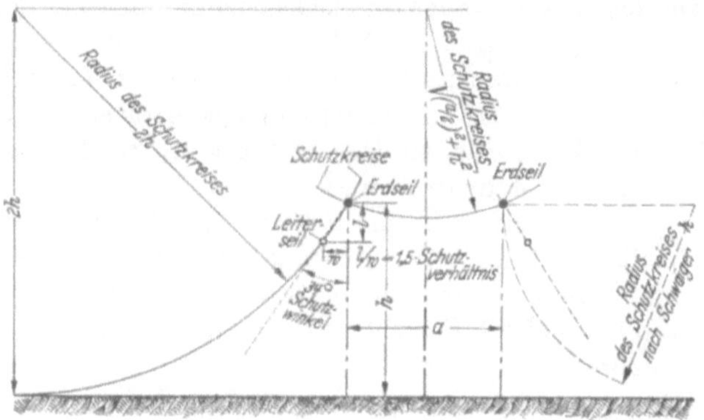

Bild 61. Schutzbereich von Erdseilen für Freileitungen und Anlagen.

spannungen zu bestimmen. Diesen Untersuchungen müssen aber stets Annahmen zugrunde gelegt werden, für die der Beweis, daß sie den natürlichen Verhältnissen entsprechen, nicht ohne weiteres gegeben werden kann. Lediglich der Vergleich des Ergebnisses dieser Modellversuche mit dem an den Leitungen gefundenen ließe darauf schließen, daß die Annahmen dem Vorwachsen des Blitzkopfes entsprechen könnten. Das durch die Stahlstäbchenmessungen der Studiengesellschaft gefundene Verhältnis l/w von mindestens 1,5 für den einschlagfreien Raum führt für Modellversuche mit Stoßspannungen (Welle 1/50) dazu, den Blitzkopf d.h. die Spitze der Entladungsfunkenstrecke gegen Erde, in etwa 2- bis 3fachem Abstand des Erdseiles vom Erdboden anzunehmen. Unter dieser Voraussetzung haben Modellversuche die Wahrscheinlichkeit von Leiterseileinschlägen bei kleinerem Abstandsverhältnis l/w nach Bild 62 ergeben. Zum Vergleich ist das Ergebnis von Stahlstäbchenmessungen an Freileitungen eingetragen. Auffallend ist der niedrige Wert bei $l/w = 0,7$, wobei es sich im wesentlichen um 50- bis 60-kV-Leitungen und 110-kV-Zweiphasenlei-

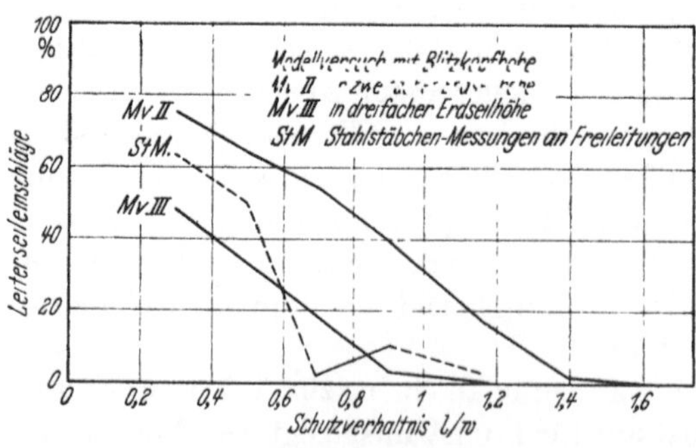

Bild 62. Mögliche Leiterseileinschläge in Prozenten aller Einschläge, die uberhaupt die Leitung treffen konnen, bei negativer Blitzkopfladung.

tungen mit Anordnung der Leiter in einer Ebene handelt. Diese Leitungen mit verhältnismäßig geringer Bauhöhe dürften durch das Gelände einen natürlichen Schutz haben, zumal die mittlere Einschlaghäufigkeit sich nur zu rd. 7,5 Einschläge je 100 km und Jahr gegenüber dem allgemeinen Mittelwert von 11 ergeben hat.

SCHWAIGER und ZIEGLER [6/4,8] halten einen vollkommenen Schutz nur für möglich, wenn für die Bestimmung der Schutzkreise nach Bild 61 die Blitzkopfspitze in Höhe des Erdseiles angenommen wird. Der Blitzkopf dürfte aber in diese, für die Leitung gefährlichste Lage wahrscheinlich kaum vorwachsen, ohne vorher durch das Erdseil beeinflußt worden zu sein. Aufnahmen von Einschlägen in Gebäude [6/3] zeigen zwar, daß der Blitzkopf vor dem Einschlag in gleiche Höhe mit dem getroffenen Gebäudeteil geraten kann. Die Erfahrungen haben aber gezeigt, daß die Forderungen von SCHWAIGER und ZIEGLER hinsichtlich der Freileitungen zu weitgehend sind und einen unnötigen wirtschaftlichen Aufwand erfordern.

Laboratoriumsversuche von WAGNER, McCANN und McLane [6/11] mit Stoßspannungen (Welle 1,5/40, positive Polarität) an Modelleitungen, wobei aber die Blitzkopfhöhe gleich dem 10fachen Betrag der Erdseilhöhe über dem Erdboden angenommen wurde, führten bei 1% zugelassener Einschläge in die Leiterseile zu einem Schutzwinkel von 50° für $l/h = 0,1$ und von 60° für $l/h = 0,2$ (l = lotrechter Abstand des Erdseils vom Leiterseil, h = Höhe des Erdseils über dem Boden). Um jedoch die Unebenheit des Bodens, den verschiedenen Abtrieb der Seile durch den Wind, die Veränderungen der Wolkenhöhe u. dgl. zu berücksichtigen, wird empfohlen, eine Toleranz von 20° vorzusehen, so daß der Schutzwinkel des Erdseiles praktisch zwischen 30° und 40° genommen werden sollte. Dieser Winkel stimmt auch gut mit den Ergebnissen der Messungen an Leitungen überein. Ein Winkel von 45° sollte auf keinen Fall überschritten werden.

Spätere Modellversuche von WAGNER, McCANN und LEAR [6/12] über die Schutzwirkung von Masten und Erdseilen haben für 0,1% Einschlaghäufigkeit in das zu schützende Leiterseil zu den in Bild 63 dargestellten Ergebnissen geführt.

Wenn auch die Schlußfolgerungen dieser amerikanischen Untersuchungen mit denen der Studiengesellschaft in Deutschland übereinstimmen, so scheinen

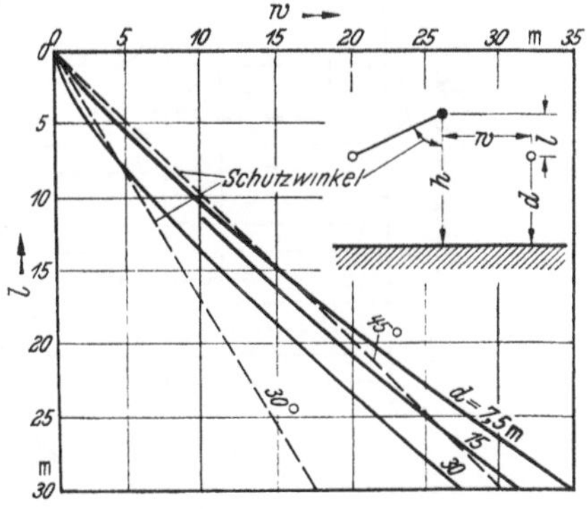

Bild 63   Erdseil- und Leiteranordnung für 0,1% Einschlaghäufigkeit in die Leiter [6/12].

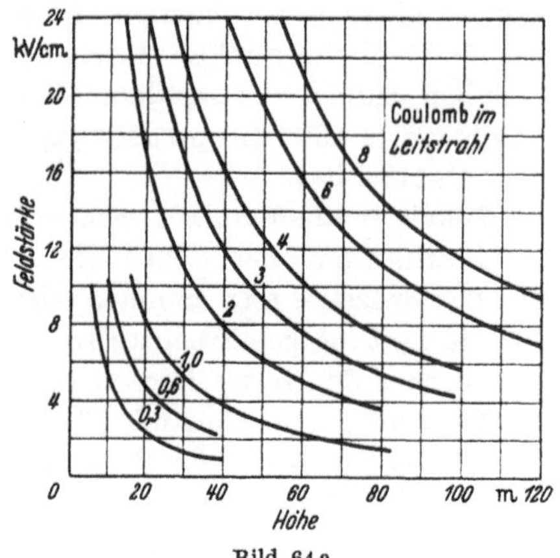

Bild 64 a.

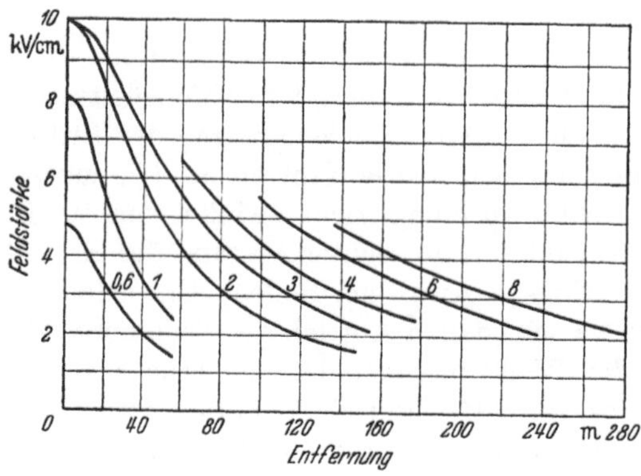

Bild 64 b.

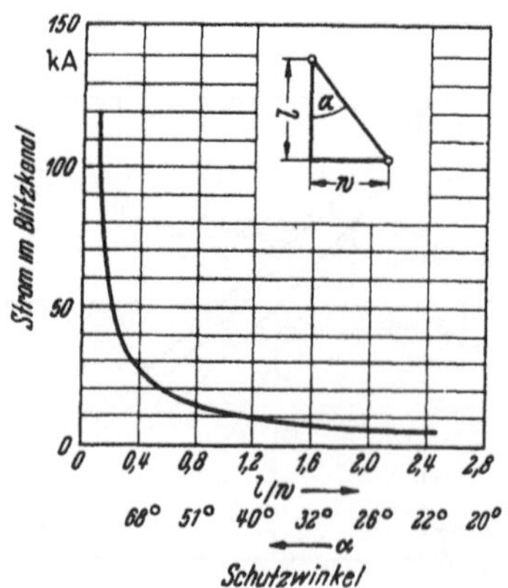

Bild 64 c.

die Annahmen für deren Modellversuche hier doch besser begründet zu sein.

GOLDE [2/21] hat versucht, auf Grund der am Erdboden auftretenden Feldstärke beim Vorwachsen des Blitzes den Schutzbereich zu bestimmen. Er hat die Feldstärke berechnet, die am Erdboden unmittelbar unter dem vorwachsenden Blitzkopf entsteht. Diese Feldstärke ist um so größer, je mehr sich der Blitzkopf der Erde nähert und je größer die längs des Blitzkanals verteilte Ladung ist, wie Bild 64 zeigt. Die Einschlagstelle wird festliegen, sobald die Feldstärke auf der Erde so groß wird, daß Vorentladungen von ihr dem Blitzkopf entgegenwachsen.

In einem gleichförmigen Feld ist die Durchbruchfeldstärke der Luft 30 kV/cm und in einer ungleichförmig langen Funkenstrecke die mittlere Durchbruchfeldstärke etwa 5 kV/cm. Wegen der Unregelmäßigkeit der Erdoberfläche kann man annehmen, daß im Mittel bei einer

Bild 64 a—c. Schutzraum von Blitzableitern nach GOLDE [2/21].

Die Zahlen an den Kurven geben die Ladung in Coulomb im Leitstrahl an. a Veränderung der Feldstärke an der Erdoberfläche mit der Blitzkopfhöhe des Leitstrahles über Boden; b Veränderung der Feldstärke mit dem horizontalen Abstand vom Leitstrahl des Blitzkanals; c Schutzbereich eines Blitzableiters oder Erdseiles von etwa 20 m Höhe.

Feldstärke von 10 kV/cm Entladungen von der Erdoberfläche beginnen. In Bild 64a bestimmt also die Feldstärke mit 10 kV/cm bei den einzelnen Blitzladungen die Höhe über Erde, bis zu der der Leitstrahl fortschreiten muß, damit ihm Vorentladungen von der Erdoberfläche entgegenwachsen. Für eine Ladung von 1 Coulomb, die einem Blitzstrom von etwa 20 kA Scheitelwert entsprechen würde, beträgt diese Höhe etwa 18 m. Je größer die Ladung im Blitzkanal, d.h. je größer die Blitzstromstärke ist, um so größer ist die Höhe über Erde, von der ab sich die Einschlagstelle bestimmt. In Bild 64b ist nun für die verschiedenen Blitzladungen die Feldstärke am Erdboden in Abhängigkeit vom seitlichen Abstand vom Blitzkanal aufgetragen für den Fall, daß direkt unter dem Blitzkopf eine Feldstärke von 10 kV/cm erzeugt wird. Bei der Berechnung des Schutzradius geht GOLDE davon aus, daß von geerdeten Metallteilen noch bei geringeren Feldstärken von vielleicht 3 kV/cm Vorentladungen ausgehen, die den Blitz auf sich ziehen können. Der Wert von 3 kV/cm für die Feldstärke würde also bei den verschiedenen Ladungen im Blitzkanal den Schutzkreis eines senkrecht unter dem Blitzkopf angenommenen Blitzableiters bestimmen. Der Schutzradius nimmt also mit der Größe der Ladung im Blitzkanal, d.h. mit der Blitzstromstärke zu. Für einen 20 m hohen Mast ergibt sich dann der Schutzbereich in Abhängigkeit von der Stromstärke nach Bild 64c. Für diese Masthöhe wären Leiterseile bei einem Erdseilverhältnis $l/w = 1,5$ durch Blitzströme kleiner als 10 kA noch gefährdet. Die Stahlstäbchenmessungen der Studiengesellschaft haben ergeben, daß bei der Hälfte der insgesamt vermuteten 33 Leiterseileinschläge bei Leitungen mit einem Erdseil die gemessene Blitzstromstärke unter 10 kA lag.

4. Isolation des Erdseils gegen die Leiterseile.

Bei Einschlägen in das Erdseil wirkt dieses gegenüber dem Blitzstrom zunächst mit seinem Wellenwiderstand, so daß eine erhebliche Spannung auftreten kann, solange, bis diese durch die vom Mast reflektierten Wellen abgebaut wird. Bei nicht ausreichendem Abstand des Erdseiles zu den Leiterseilen kann ein Überschlag zu diesen auftreten. Der ungünstigste Fall liegt bei Einschlag in Spannfeldmitte vor. Im allgemeinen aber werden die Erdseile schon aus anderen Gründen, besonders um einen großen Schutzraum zu erhalten, genügend weit über den Leiterseilen angeordnet. Bei Anordnung der Leiter in einer Ebene und Erdseilen an den Enden der Ausleger können allerdings bei großen Blitzströmen mit steilem Stirnanstieg Durchschläge im Spannfeld auftreten.

Mit dem Anacom haben HARDER und McCANN [7/6, 7] den Spannungsverlauf auf dem Erdseil bei Einschlag in dieses am Modell untersucht.

Das Anacom (Ähnlichkeitsrechner) ist in gleicher Weise wie ein Wechselstrom-Netzmodell aufgebaut und dient vor allem der Berechnung von Ausgleichs- und Schwingungsvorgängen elektrischer, mechanischer und thermischer Art. An seine einzelnen Elemente werden natürlich hinsichtlich der Genauigkeit und der Frequenzabhängigkeit sehr hohe Anforderungen gestellt. Neben Widerständen, Kapazitäten und verlustarmen Induktivitäten werden auch Gleichrichter und Verstärker als Schaltelemente verwendet. Es kann mit Gleichspannung, Wechselspannung von 440 oder 60 Hz und Stoßspannung betrieben werden. Der zu untersuchende Vorgang wird durch Synchronschalter eingeleitet. Zur Messung dient der Elektronenstrahl-Oszillograph. Die Anwendungsmöglichkeiten des Gerätes sind fast unbegrenzt.

Auf eine Nachbildung der Leitung durch Induktivitäten, Kapazitäten und Widerstände wurde als Blitzstrom ein Stoßstrom der Form 2/40 gegeben, so daß dessen Wellenform unabhängig von den Leitungsbedingungen blieb. Die Spannung in Spannfeldmitte und an der Mastspitze wurde bei Einschlag an diesen Stellen mit Oszillographen gemessen. Bild 65 zeigt solche Aufnahmen. Das Ergebnis dieser Untersuchungen ist in Bild 66 zusammengestellt. Daraus kann errechnet werden,

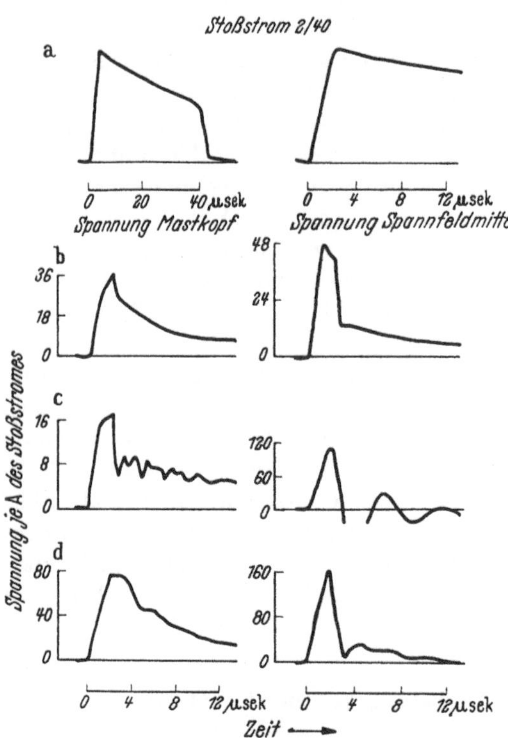

Bild 65 a–d. Stoßstrom und Stoßspannung (V je A-Stoßstrom-Scheitelwert) am Mastkopf und in Spannfeldmitte nach Untersuchungen am Anacom [7/7].
Spannfeldlänge bei b 120 m, c 300 m, d 480 m; Erdungswiderstände der Masten bei b 50 Ω, c 10 Ω, d 100 Ω.

$$\text{Überschlagstoßspannung} = \text{Blitzstrom} \times \text{Spannung je } A \text{ Blitzstrom}$$
$$\times (1-\text{Kopplungsfaktor}).$$

Die Überschlagstoßspannung entspricht dem Wert der Stoßkennlinie der Isolation bei einer Überschlagverzögerung von rd. 2 μs. Nur bei Spannweiten über 350 m und Erdungswiderständen der Masten über 50 Ohm ist der Wert bei größerer Überschlagverzögerung zu nehmen. Die Kurven in Bild 67 für die Spannung am Mastkopf sind umgerechnet und auf die 50%-Überschlagstoßspannung bezogen, während die Kurven in Bild 68 den erforderlichen Abstand in Spannfeldmitte in Abhängigkeit von der Blitzstromstärke an-

geben. Der Einfluß der Betriebsspannung, der Induktivität des Mastes und die Kopplung sind dabei nicht berücksichtigt. Als Sicherheitsfaktor kann die Koppelspannung auf den Leiterseilen gelten, sofern sie nicht durch die anderen Einflüsse teilweise aufgehoben wird.

Lassen sich keine genügend niedrigen Ausbreitungswiderstände der Masten zur Vermeidung rückwärtiger Überschläge erzielen, so kann eine Verminderung der Überschlaggefahr durch zusätzliche Erhöhung der Isolation der Leiterseile gegen die Masten bzw. Erdseile erreicht werden. Eine Verlängerung der Isolatorenketten über das der Betriebsspannung entsprechende Maß hinaus erfordert im Verhältnis zu dem erzielten Gewinn erhebliche

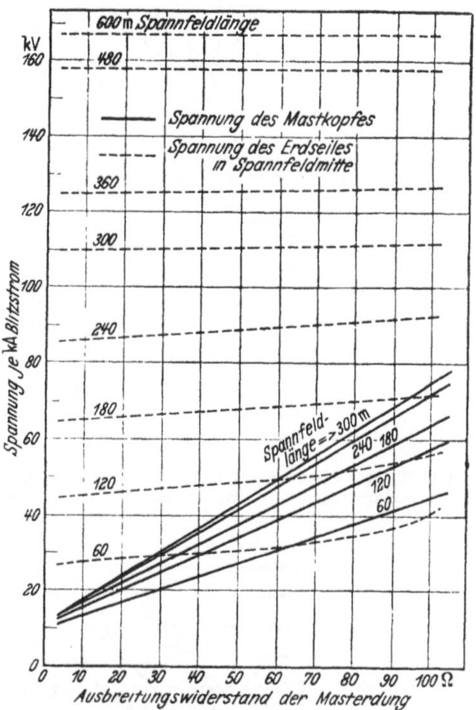

Bild 66. Spannung des Mastkopfes bzw. des Erdseiles in Spannfeldmitte im jeweils ungünstigsten Fall während des Stirnanstieges des Stoßstromes 2/40. Ergebnis der Anacom-Messungen [7/7].

Kosten und kann somit nur in besonderen Ausnahmefällen in Betracht gezogen werden. In Gegenden mit starker Verschmutzung der Atmosphäre käme diese Maßnahme dem Bestreben, Nebelüberschläge zu vermeiden, entgegen, so daß zwei verschiedene Zwecke damit erreicht werden, sofern nicht auf die höhere Überschlagstoßspannung im Hinblick auf den Schutz der Stationen durch geeignete Armaturen verzichtet wird.

Demgegenüber hat das Holz als zusätzliche Isolationsstrecke eine besondere Bedeutung, da es gleichzeitig als Mastbaustoff dient. Umfangreiche Messungen [7/3,4] zur Ermittlung der Stoßspannungsfestigkeit von Holzmasten, hölzernen Auslegern sowie von Isolatoren zusammen

6*

mit Holzauslegern sind besonders in Amerika durchgeführt worden, da hier Holz für Hochspannungsleitungen weit mehr verwendet wird als in Europa. Die 50%-Überschlagstoßspannungen wie auch die Stoßkenn-

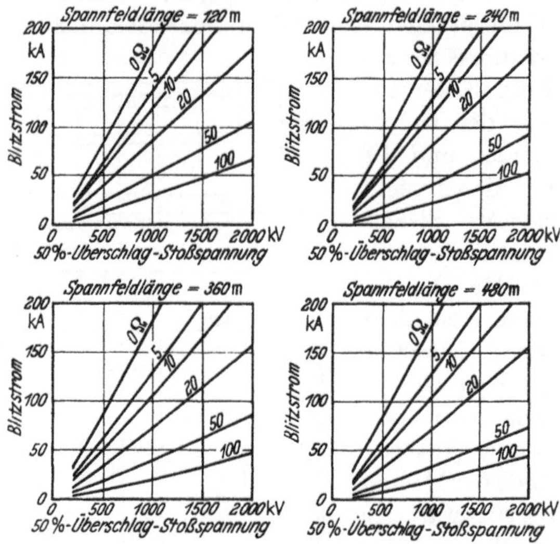

Bild 67. Hochstwert des Blitzstromes beim Einschlag in den Mast einer Leitung mit Erdseil, sofern kein rückwärtiger Überschlag eintreten soll, fur einen Stoßstrom 2/40 und verschiedene Ausbreitungswiderstande der Masterdungen (nach Messungen am Anacom) [7/7].

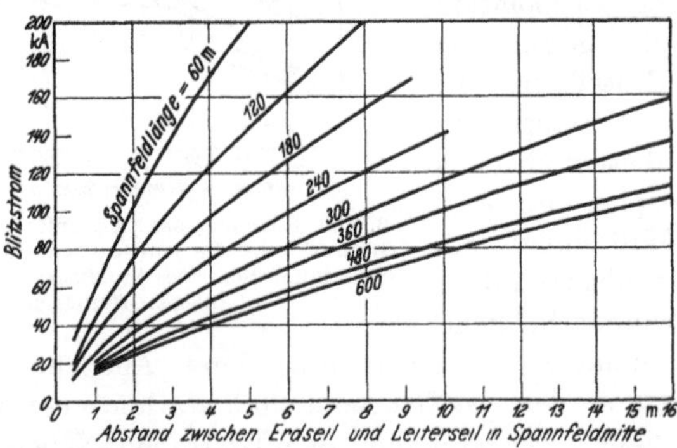

Bild 68. Hochstwert des Blitzstromes beim Einschlag in das Erdseil in Spannfeldmitte, sofern kein Überschlag zum Leiterseil in Spannfeldmitte auftreten soll, fur einen Stoßstrom 2/40 und Ausbreitungswiderstande der Masterdungen bis 100 Ω (nach Messungen am Anacom) [7/7].

linien von Holzstrecken liegen, wie Bild 69 zeigt, teilweise nur wenig unter denen der Stabfunkenstrecken. Sie sind vom Holzquerschnitt abhängig, und zwar liegen sie für große Querschnitte etwas niedriger als für kleine. Die Ursache dürfte darin liegen, daß bei großem Querschnitt mehr Überschlagbahnen mit schwächerer Stoßspannungsfestigkeit vorhanden sind als bei kleinem Querschnitt. Außerdem wird die Abweichung von der Stabfunkenstrecke mit zunehmender Holzlänge größer.

Im Durchschnitt kann man für alte mit Teeröl getränkte Kiefer mit einer 50%-Überschlagstoßspannung von 500 kV/m und für frisch getränkte Kiefer mit 300 kV/m unabhängig von der Polarität der Stoßwelle rechnen. Frisches Holz weist eine erhebliche Streuung in der Überschlagspannung gegenüber ausgetrocknetem Holz auf. Nach amerikanischen Betriebserfahrungen hat sich auch ergeben, daß neue Holzmastleitungen in den ersten Jahren häufiger überschlagen als später.

In Bild 70 sind die 50%-Überschlagstoßspannungen für drei- bis zehngliedrige Hängeketten an Holzauslegern verschiedener Länge angegeben. Die Holzstrecke erhöht die Überschlagstoßspannung für kurze Ketten anteilmäßig etwas mehr als für lange,

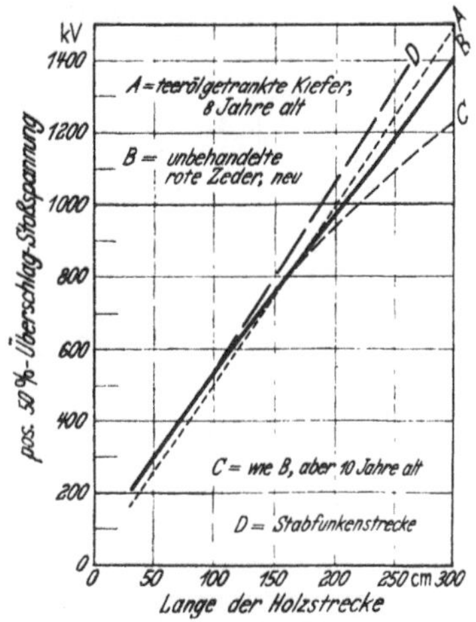

Bild 69. 50%-Überschlag-Stoßspannungen von Holzmaststrecken bei positiver Stoßwelle 1,5/40 [7 3]

was auf die Spannungsverteilung infolge der Teilkapazitäten zurückzuführen ist. So kann bei einer dreigliedrigen Kette die Überschlagstoßspannung durch eine Holzstrecke von 90 cm auf den doppelten Wert erhöht werden. Bei einer zusammen-

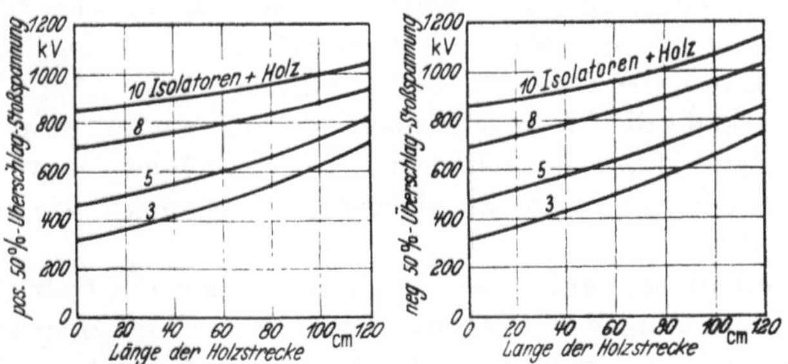

Bild 70. 50%-Überschlag-Stoßspannung von Kappenisolatoren an Holzauslegern bei der Stoßwelle 1,5/40
Isolatoren-Bauhöhe 127 mm, Schirmdurchmesser 254 mm [7 4].

gesetzten Isolation ist die Vorbehandlung der Holzausleger von untergeordneter Bedeutung.

Für die Verwendung von Holz zur zusätzlichen Isolation gegenüber Stoßspannungen sind in Bild 71 Mastbauarten wiedergegeben, die besonders in Ländern mit großem Holzreichtum viel zur Anwendung kommen.

6 E

Mast und Querträger werden aus Holz ausgeführt. Die Erdleitung wird am Mast heruntergeführt. Als zusätzliche Isolation zu den Isolatoren besteht noch die Holzstrecke des Querträgers. Die kürzeste Entfernung ergibt sich unmittelbar durch die Luft von der Tragklemme bzw. dem Leiterseil zur Erdleitung. Bei einer Verankerung der Masten ist darauf zu achten, daß dieser kürzeste Abstand nicht zum Anker hin unterschritten wird. Gegebenenfalls können Isolierstrecken aus Holz im Abspannseil zwischengeschaltet werden [7/2].

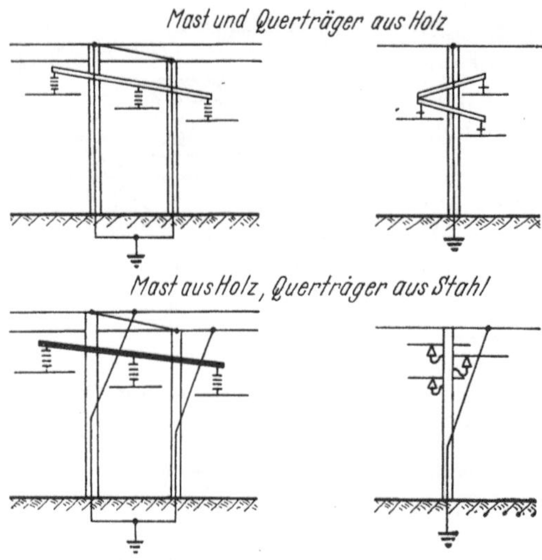

Bild 71. Erdung des Erdseiles bei Holzmasten zur Erhöhung der Gewittersicherheit.

Der Mast besteht aus Holz, der Querträger aus Stahl. Bei dieser Anordnung wird die Erdleitung vom Erdseil am oberen Teil des Mastes abseits vom Mast zwischen den Leiterseilen herabgeführt [7/2], so daß als zusätzliche Isolation noch die Holzstrecke zwischen Erdseil und Querträger zur Verfügung steht. Der Abstand der Erdleitung vom Querträger sollte etwas geringer als die Länge dieser Holzstrecke sein. Er kann mit etwas geringerer Überschlagstoßspannung als Schutz gegen Zersplitterung des Holzes bei eventuellem Überschlag dienen. Auch bei dieser Anordnung kann die kürzeste Schlagweite der Abstand vom Leiter zur Erdleitung quer durch die Luft sein. Hinsichtlich der Verwendung von Ankern gelten sinngemäß die gleichen Ausführungen wie im vorhergehenden Absatz.

Der Mast ist aus Stahl, während die Querträger aus Holz sind. Diese Bauart kommt kaum zur Anwendung, sie kann nur für Mittelspannungsleitungen von Wert sein. Bestehende Leitungen ließen sich auf diese Weise leicht zur Erhöhung der Gewittersicherheit umbauen, sofern nicht andere schaltungstechnische Maßnahmen, z. B. Kurzunterbrechung, vorgezogen werden.

Das Erdseil wird gegen den Stahlmast durch Holzstrecken isoliert, wobei seine Erdung getrennt vom Mast erfolgen muß. Auf den Stahlmast werden Holzstrecken aufgesetzt, an deren Enden die Erdseile aufgelegt sind. Die der Abspannung dienenden Anker werden gleichzeitig als Erdleitung verwendet und an besondere Erder angeschlossen. Zusätzliche

Erder am Mastfuß sind nicht erforderlich. Mit einem solchen Erdseilschutz wurde ein kurzes Stück der amerikanischen 220-kV-Wallenpaupack-Siegfrid-Leitung (Bild 72) versehen, wo auf felsigem Boden keine genügend niedrigen Erdungswiderstände zu erreichen waren.

Bild 72. Isolation des Erdseiles gegen den Mast durch aufgesetzte Holzstangen bei der 220-kV-Wallenpaupack-Siegfrid-Leitung.

Bei Holzmasten und Isolierstrecken aus Holz ist die Gefahr der Zersplitterung durch den Blitzstrom groß. Diesem Übelstand kann durch Parallelschalten von Funkenstrecken, die allerdings einen gewissen Abstand von der Holzstrecke haben müssen, abgeholfen werden. Die Funkenstrecken werden auf eine etwas geringere Überschlagstoßspannung als die der Holzstrecke eingestellt.

5. Ausbreitungswiderstand der Masterdung.

Ein zweckentsprechender Erdseilschutz kommt nur im Zusammenwirken mit genügend niedrigen Ausbreitungswiderständen der Masterdungen zur vollen Auswirkung. Die Ausbreitungswiderstände müssen so niedrig sein, damit der durch den Mast abfließende Blitzstrom infolge des Spannungsabfalls an der Erdung keine so hohe Spannung am Mastkopf erzeugt, daß rückwärtige Überschläge eintreten können. Maßgebend ist dabei der während des Stoßstromes wirksame Stoßausbreitungswiderstand, der bei Erdern geringer räumlicher Ausdehnung (nicht über etwa 15 m Länge) praktisch gleich dem mit der Erdungsmeßbrücke oder dem durch eine Strom- und Spannungsmessung bei 50 Hz ermittelten Wert ist. Da sich zur Ermittlung der Sicherheit gegen rückwärtige Überschläge doch nicht alle Einflüsse genau erfassen lassen, genügt es im allgemeinen, den Ausbreitungswiderstand R_A der Masterdungen, sofern es sich nicht um ungünstige Erdungsverhältnisse handelt, nach der Gleichung $R_A = U_{st}/J$ zu bemessen. Hierbei ist U_{st} die Steh-Stoßspannung der Leitungsisolation bei der Welle 1/50 und J der Maststrom, d.h. der Anteil des im Mast abfließenden Blitzstromes. Für die üblichen nach VDE 0111 isolierten Leitungen ergeben sich die für Mastströme bestimmter Größe zulässigen Erdungswiderstände nach Bild 73. Da höhere Mastströme nur in sehr geringer Anzahl, z.B. Ströme über 80 kA

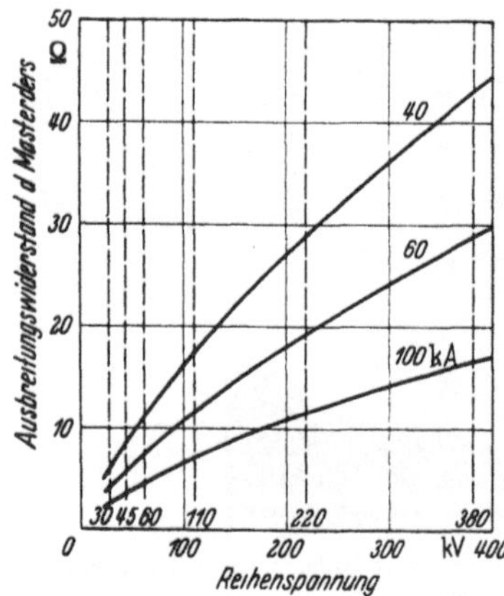

Bild 73. Höchster Ausbreitungswiderstand von Masterdern zur Verhinderung rückwärtiger Überschläge in Abhängigkeit von der Größe des Blitzstromes in Masten [2.30].

in 0,3% der Fälle auftreten, andererseits die entsprechende Herabsetzung der Ausbreitungswiderstände für derartig große Ströme häufig erhebliche Kosten erfordert, wird man sich zweckmäßig mit einer gewissen Sicherheit gegen rückwärtige Überschläge bei den häufiger vorkommenden Strömen begnügen. Die Grenze könnte für Hochspannungsleitungen bei 60 kA, auch bei 40 kA gezogen werden, da bis zu diesen Stromwerten rd. 99% bzw. 95% aller gemessenen Mastströme erfaßt werden. Dies bedeutet, daß bei durchschnittlich 11 Blitzeinschlägen je 100 km und Jahr jährlich mit einem Maststrom über 60 kA auf 900 km und über 40 kA auf 180 km zu rechnen ist.

Bei Leitungen mit höheren Betriebsspannungen werden die Schwierigkeiten zur Erzielung ausreichender Erdungswiderstände geringer sein, da wegen der höheren Isolation auch die Widerstände größer sein können. Andererseits muß berücksichtigt werden, daß bei höheren Masten und sehr steilen Stromanstiegen auch der Mast selbst von Einfluß auf die am Mastkopf entstehende Spannung sein kann. In Mittelspannungsnetzen wird es nicht immer möglich sein, ausreichende Ausbreitungswiderstände zu erhalten. Wie die Stahlstäbchenmessungen an Freileitungen ergeben haben, sind rückwärtige Überschläge nicht nur bei zu hohen Ausbreitungswiderständen, sondern auch bei niedrigen Widerständen eingetreten, obwohl man glaubte, durch Erdungsverbesserungen alle notwendigen Maßnahmen getroffen zu haben [2/30]. Hierbei handelt es sich vielfach um Erder großer räumlicher Ausdehnung in schlecht leitfähigen Böden, bei denen der Stoßausbreitungswiderstand über dem mit der Brücke gemessenen Niederfrequenz- (50 Hz-) Ausbreitungswiderstand liegt. In einigen wenigen Fällen mußte bei teilweise erheblichen Mastströmen aber Erdern geringer Ausdehnung und niedrigen Widerstandes eine sehr große Steilheit des Blitzstromanstieges angenommen werden, um einen höheren wirksamen Widerstand zu erklären. Diese Fälle bilden aber Ausnahmen.

Beim Abfluß eines Stoßstromes durch einen Erder ist nicht mehr sein Niederfrequenz-Ausbreitungswiderstand, sondern sein Stoßausbreitungswiderstand, der von der Form der Stoßwelle abhängig ist, maßgebend. Beide Werte können praktisch gleich sein; sie werden um so mehr voneinander abweichen, je größer die Induktivität des Erders im Verhältnis zu seinem Ableitungswiderstand ist. Den Grenzfall bildet der langgestreckte Erder, also der Banderder bzw. das Bodenseil. Sein wirksamer Anfangsstoßwiderstand ist sein Wellenwiderstand, der höher als der 50-Hz-Ausbreitungswiderstand sein kann.

Ein Erder ist grundsätzlich wie ein Leiter mit Induktivität, Längswiderstand, Kapazität und Ableitung nach Bild 74 anzusehen, nur daß bei ihm die Ableitung möglichst groß sein soll. Längswiderstand und Kapazität spielen im allgemeinen eine untergeordnete Rolle, dagegen kann die Induktivität bei räumlich ausgedehnten Erdern von erheblichem

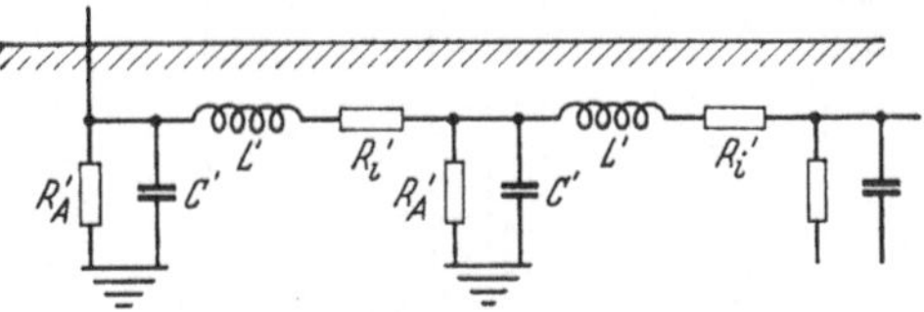

Bild 74. Ersatzschaltbild des Erders.

Einfluß sein. Um diese klein zu halten und um sie in ihrer Wirkung vernachlässigen zu können, wird man daher bemüht sein, den Erder mit möglichst geringen räumlichen Abmessungen auszuführen und so kurz wie möglich an den Mast anzuschließen. In gut leitfähigen Böden genügt u. U. bei Schwellenfundamenten schon der Mastfuß selbst als Erder. Muß aber der Erder räumlich ausgedehnt werden, um einen niedrigen Ausbreitungswiderstand zu erreichen, so kommen hierfür im allgemeinen bis etwa 80 cm tief unter der Erdoberfläche vergrabene Banderder in Betracht und bei sehr schlecht leitfähigen Böden das unter der Leitung im Boden verlegte Bodenseil.

Ein Banderder wirkt gegenüber Stoßwellen anfangs wie eine Leitung mit seinem Wellenwiderstand $Z = \sqrt{L'/C'}$, wo L' die Induktivität und C' die Kapazität je Längeneinheit ist. Im Endzustand nähert sich dann sein Widerstand gegen Erde dem seiner Ableitung, also dem 50-Hz-Ausbreitungswiderstand R_A. Der Wellenwiderstand liegt nach Messungen mit Stoßspannungen in der Größe von 150 bis 200 Ohm, die Ausbreitungsgeschwindigkeit der Wellen beträgt etwa $^1/_3$ bis $^1/_2$ der Lichtgeschwindigkeit. Durch Versuche [7/1, 8/2] wurde ermittelt, daß bei rechteckiger Stromwelle der Stoßausbreitungswiderstand annähernd nach der Gleichung

$$R_\mathrm{st}(t) = R_A + (Z - R_A)\,\varepsilon^{-\frac{v\,t}{2\,l}}$$

in Abhängigkeit von der Zeit t in μs verläuft, wobei l die Länge des Erders in m und v die Ausbreitungsgeschwindigkeit in m/μs ist. Ein Banderder von der Länge l läßt sich angenähert durch die Schaltung nach Bild 75 darstellen.

Nach einer Zeit, die der Laufzeit der 6fachen Länge des Banderders entspricht, ist, wie Bild 76 zeigt, der Stoßausbreitungswiderstand annähernd auf den Ableitungswiderstand abgeklungen. Durch sternförmige Parallelschaltung mehrerer Banderder kann der Stoßausbreitungswiderstand vermindert werden, der außerdem dann schneller auf den Wert des 50-Hz-Ausbreitungswiderstandes abfällt. Bei gegebener Gesamtlänge des Bandes soll daher besser ein Mehrstrahlerder verlegt werden als ein einzelner Strahl. Andererseits bringen mehr als 4 oder bei größeren Längen höchstens 6 Strahlen keine weitere wesentliche Verminderung. Auch soll der 50-Hz-Ausbreitungswiderstand nicht den Wellenwiderstand überschreiten, damit zumindest der Wert der Anfangsspannung am Erder nicht überschritten wird.

In Bild 77 ist nach Untersuchungen [8/4,14] der am Mastkopf gemessene Stoßausbreitungs-

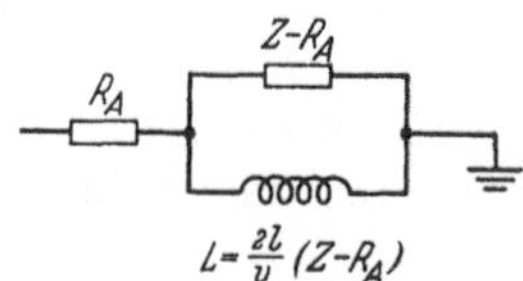

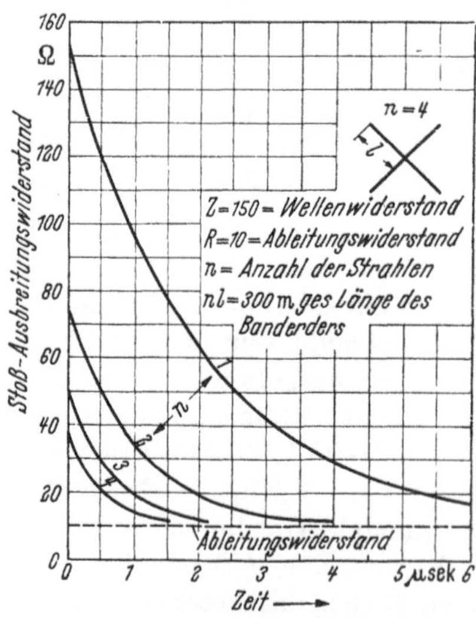

Bild 75. Angenäherte Ersatzschaltung für einen Banderder [8/2].

Bild 76. Stoßausbreitungswiderstand von ein- und mehrstrahligen Banderdern mit insgesamt gleicher Länge [8/2].

widerstand für Mehrstrahlerder von je 50 m Strahllänge dargestellt. Hierbei liegt der 50-Hz-Ausbreitungswiderstand über dem Wellenwiderstand, so daß der Widerstandsverlauf nach der ersten Reflektion am Ende der Strahlen ab 0,5 μs wieder ansteigt. Die Kurven 2 s und 2 g zeigen, daß es besser ist, den Winkel zwischen den einzelnen Strahlen möglichst gleich zu machen. Nach einer Zeit von 3 bis 4 μs entsprechend 6 l wird annähernd der 50-Hz-Ausbreitungswiderstand erreicht. Diese Erder sind bei dem hohen spez. Erdwiderstand von rund 8000 Ω m mit ihren kurzen Längen völlig unzureichend, so daß es besser ist, ein Bodenseil zu verlegen, damit zumindest der 50-Hz-Ausbreitungswiderstand nicht den Wellenwiderstand übersteigt. Der Widerstand innerhalb der ersten 0,1 μs ist durch den Wanderwellenwiderstand des Mastes bedingt, der in der Größe von 250 Ohm liegt.

AIGNER [8/1] hat für unendlich langes Bodenseil (zweiseitig wirkend) dessen Scheinwiderstand bei Wechselströmen verschiedener Frequenz errechnet und dann eine Halbwelle der Schwingung durch die Stirnzeit T_s der Stoßwelle ersetzt.

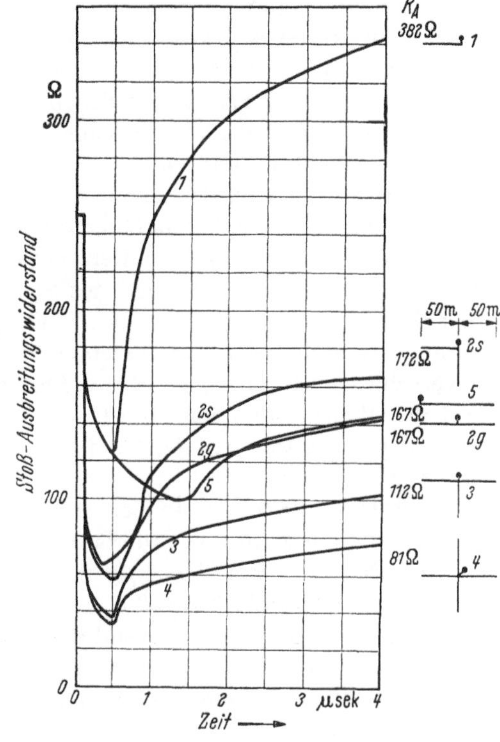

Bild 77. Stoßausbreitungswiderstand von Banderdern für rechteckige Stoßwelle [8/14]

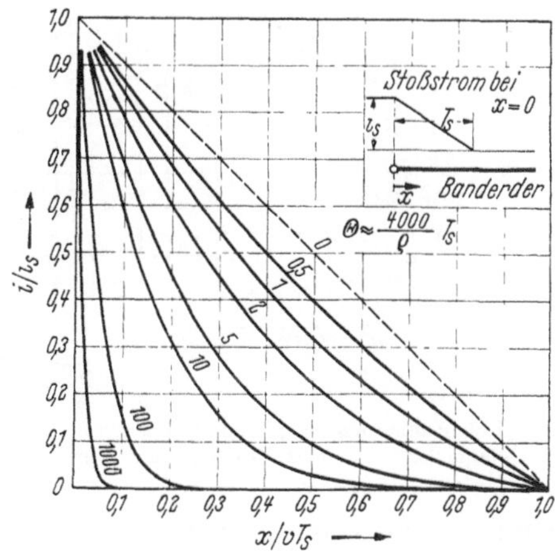

Bild 78. Stromverteilung in einem Banderder zur Zeit $t = T_s$ [8/31].

Der Scheinwiderstand strebt mit zunehmender Steilheit des Stirnanstieges für alle spez. Erdwiderstände dem Grenzwert des Wellenwiderstandes zu. Andererseits geht mit abnehmender Stirnsteilheit, d.h.
größer werdender Stirnzeit, der Scheinwiderstand auf den 50-Hz-Aus-
breitungswiderstand zurück, bei seiner Annahme des unendlich langen
Bodenseiles allerdings auf Null.

BULLA [8/31] hat für den Banderder als homogenen Leiter von großer
Länge mit vernachlässigbarem Längswiderstand mittels der Telegraphen-
gleichungen für keilförmige Stoßwelle mit der Stirnzeit T_s in μs den Stoßausbreitungswiderstand während des Stromanstieges berechnet. Ist die
Stirn der Stoßwelle mit der Geschwindigkeit v in den Erder hinein-
gelaufen, so ergibt sich auf diesem die Stromverteilung nach Bild 78
für verschiedene Kenngrößen Θ des Banderders. Es ist $\Theta = 0,5\, G Z v T_s$.
wo Z der Wellenwiderstand und G die Ableitung je m ist. G kann für
Banderder angenähert zu $1/2,3\, \varrho$ (ϱ = spez. Erdwiderstand) angenommen werden. Setzt man als Mittelwert für $Z = 160$ Ohm und $v = 100\,\mathrm{m}/\mu\mathrm{s}$
ein, so wird $\Theta \approx 4000\, T_s/\varrho$. Je kleiner der spez. Erdwiderstand ist, um so
mehr und auf um so kürzere Erderlänge am Anfang wird der Strom in das
Erdreich abgeführt. Bei $T_s = 1\,\mu$s und $\varrho = 40\,\Omega\,\mathrm{m}$ (feuchter Lehm- und
Ackerboden) ist nach bereits 20 m der Strom im Erder annähernd Null·
Der 50-Hz-Ausbreitungswiderstand des Erders von 20 m Länge ist etwa
5 Ohm. Nach Aufhören des Stromanstieges strebt die Stromverteilung
dem gleichmäßigen Stromübergang nach Erde über die ganze Länge des
Banderders zu.

Der Stoßausbreitungswiderstand R_{st} am Anfang des Erders zu Ende
der Stirnzeit, also im Scheitelwert des Stromes, ergibt sich nach Bild 79

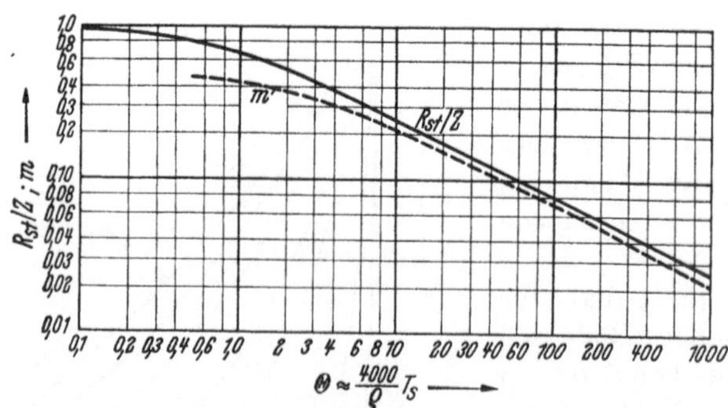

Bild 79. Stoßausbreitungswiderstand R_{st} eines Banderders als Vielfaches des Wellenwiderstandes Z
in Abhängigkeit vom spez. Erdwiderstand ϱ und der Stirnzeit T_s des Stoßstromes [8/31].

in Abhängigkeit von Θ. Für hohen spez. Erdwiderstand und steile Stirn,
also kleines T_s, strebt R_{st} dem Wellenwiderstand zu. Bei Mehrstrahl-
erdern ergibt sich der resultierende Widerstand zu R_{st}/n, wo n die An-

zahl der vom Anfangspunkt·ausgehenden Strahlen ist, wobei n nicht
größer als 4, bei langen Strahlen höchstens 6 sein soll.

Die Kurve m ist ein Maß dafür, wie lang der Banderder mindestens
sein muß, damit eine vom Ende reflektierte Welle nicht größer als 5%
des Stromes am Anfang des Erders ist. Diese Mindestlänge ergibt sich zu

$$l_{\min} = m\,v\,T_s.$$

In Bild 80 ist dieser Wert des Stoßausbreitungswiderstandes für
ein Bodenseil (Zweistrahlerder) und Stirnzeiten von $0,5 - 1 - 2$ und $5\ \mu$s
dargestellt und im Vergleich dazu der 50-Hz-Ausbreitungswiderstand von

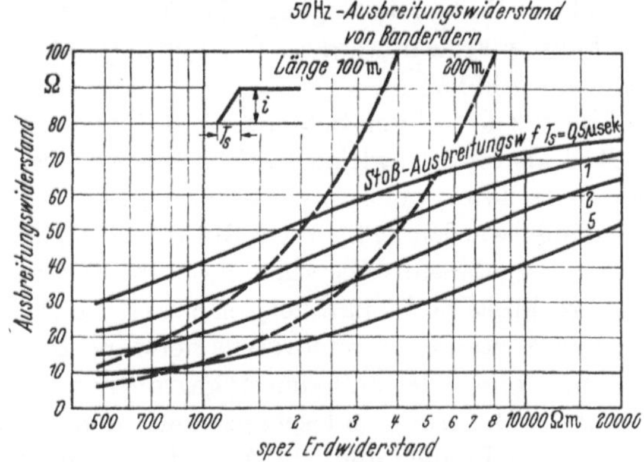

Bild 80. Stoßausbreitungswiderstand von Zweistrahl-Banderdern (Bodenseil) für eine Keilwelle nach
Ablauf der Stirnzeit T_s [8/31].

Banderdern von insgesamt 100 und 200 m Länge. Wenn es nicht möglich
ist, mit einem Mehrstrahlerder mit nicht allzu langen Strahlen (bis etwa
20 m) auch mit zusätzlichen Rohrerdern einen 50-Hz-Ausbreitungswider-
stand zu erhalten, der unter dem Stoßausbreitungswiderstand des Erders
liegt, und die Strahlen quer zur Leitung nicht ausreichend verlängert
werden können, ist es zweckmäßiger, ein Bodenseil zu verlegen. Zusätzlich am Mastfuß senkrecht dazu angeschlossene kurze Strahlen tragen
dazu bei, bei sehr steilem Blitzstromanstieg (unter 1 μs) den Anfangswert des Stoßausbreitungswiderstandes zu vermindern. Hinzu kommt,
daß durch den beim Bodenseil auf etwa 25% vergrößerten Kopplungsfaktor die Stoßspannung an den Isolatoren etwas herabgesetzt wird. Bei
einem spez. Bodenwiderstand von $\varrho = 5000\ \Omega$ m erhält man für einen
Vierstrahlerder von je 25 m Strahllänge einen 50-Hz-Ausbreitungswider-
stand $R_A = 100$ Ohm. Wegen der kurzen Strahllänge steigt der Stoßausbreitungswiderstand innerhalb 1 bis 2 μs auf den Endwert R_A. Bei
einer 220-kV-Leitung mit einer Überschlagstoßspannung von rd. 1400 kV
würde ein Blitzstrom im Mast von bereits 14 kA, d.h in 40% aller Blitzeinschläge, zum rückwärtigen Überschlag führen. Wird ein Bodenseil ver-

legt, so beträgt der Stoßausbreitungswiderstand bei $T = 1\ \mu$s nur rd. 60 Ohm und bei $T_s = 5\ \mu$s nur rd. 30 Ohm. Es kann also ein Maststrom bis 23 bzw. 46 kA auftreten, ohne daß es zum rückwärtigen Überschlag kommt, das sind 17 bzw. 4% aller Blitzschläge. Berücksichtigt man, daß Blitzströme mit Stirnzeiten von 2 μs und darunter auch nur in geringer Anzahl vorkommen, so wird die Wahrscheinlichkeit eines Überschlages noch kleiner.

Auf Grund ähnlicher Berechnungen und Überlegungen, die SUNDE [8/21] bereits früher angestellt hat, und der billigeren maschinellen Verlegungsmöglichkeit ist bei der schwedischen 380-kV-Leitung [8/33] in Gebieten schlechter Bodenleitfähigkeit (Moränenschutt) Bodenseil anstatt Mehrstrahlerder verlegt worden. Die Leitung hat eine Überschlagstoßspannung von 1700 kV.

In Böden, die erst in tieferen Schichten gute Leitfähigkeit aufweisen, lassen sich mit Staberdern niedrige Ausbreitungswiderstände erreichen, und zwar besonders dann, wenn wasserführende Schichten erreicht werden. Im allgemeinen werden Stäbe oder Rohre von mehr als 3 m Länge, die sich dann nicht mehr eintreiben lassen, kaum verwendet. Wenn notwendig, werden mehrere Stäbe parallel geschaltet, die aber, um voll wirksam zu sein, einen Abstand von mindestens der doppelten Länge der einzelnen Stäbe haben sollen. Die im Boden eingegrabenen Anschlußleitungen wirken als Mehrstrahlenerder und setzen somit den Stoßausbreitungswiderstand mit herab. Ist die räumliche Ausdehnung nicht zu groß (radial etwa 15 m), so wird der Stoßausbreitungswiderstand annähernd gleich dem 50-Hz-Ausbreitungswiderstand. Ergibt sich bei Staberdern ein niedriger Ausbreitungswiderstand erst in großer Tiefe, so kann bei sehr steilem Stromanstieg die Induktivität des Erders von Einfluß sein [8/9]. Der Erder wirkt dann wie eine Verlängerung der Masthöhe.

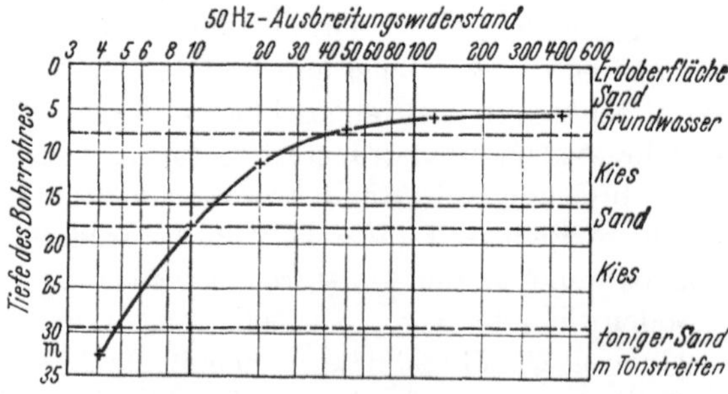

Bild 81. 50-Hz-Ausbreitungswiderstand in Ω eines Bohrrohres mit zunehmender Bohrtiefe [8/14].

Bild 81 zeigt den Verlauf des 50-Hz-Ausbreitungswiderstandes beim Einbringen eines Bohrrohres zum Setzen eines Staberders von über 30 m Tiefe [8/14]. Erst in dieser Tiefe wurde ein Ausbreitungswiderstand von rd. 4 Ohm erreicht, der sich für den Staberder nach Ziehen des Bohrrohres wegen der Verkleinerung des Durchmessers auf rd. 5 Ohm erhöhte. Der durch Messung bei Rechteckwelle ermittelte zeitliche Verlauf des Stoßausbreitungswiderstandes bezogen auf den Mastkopf ist in Bild 82, Kurve S, wiedergegeben. Der Widerstand fällt zunächst von 250 Ohm (Wellenwiderstand des Mastes) auf etwa 120 Ohm (Wellenwiderstand des Erders) ab, dann bei 0,5 μs auf 20 Ohm, um anschließend langsamer mit einem nochmaligen Anstieg auf 30 Ohm bei 1 μs auf seinen 50-Hz-Ausbreitungswiderstand nach etwa 2,5 μs überzugehen. Schaltet man zu dem Staberder einen Banderder (50 m, Kurve $S + B$) parallel, so fällt zwar der Widerstand zwischen 0,1 und 0,5 μs schneller ab, dafür tritt aber bei 1 μs durch die rücklaufende Welle vom Ende des Banderders eine Erhöhung des Widerstandes auf etwa 45 Ohm auf. Der Abfall auf den 50-Hz-Ausbreitungswiderstand erfolgt dann innerhalb der gleichen Zeit wie bei dem Staberder allein. Wie wichtig kurze Zuleitungen zum Erder sind, geht aus

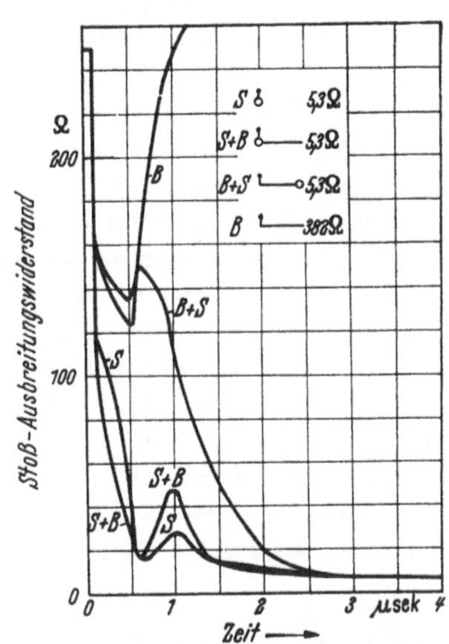

Bild 82. Stoßausbreitungswiderstand von Stab- und Banderdern für rechteckige Stoßwelle [8/14].

dem Verlauf des Stoßausbreitungswiderstandes für den Staberder am Ende des 50 m langen Banderders (Kurve $B + S$) hervor. Der Widerstand bleibt etwa 0,9 μs auf dem Wert von rd 140 Ohm und fällt dann erst auf den 50-Hz-Ausbreitungswiderstand, der bei annähernd 3 μs erreicht wird. Zum Vergleich ist noch der Verlauf des Widerstandes des Banderders allein (Kurve B) eingetragen, der nach 0,5 μs sehr schnell wieder ansteigt.

BELLASCHI und ARMINGTON [8/9] haben den Einfluß der Induktivität des Mastes und des Erders bei Erdung mit Staberdern während der Stirn des Stoßstromes analytisch untersucht. Sie ersetzen die Stirn durch die Halbwelle einer Sinusschwingung, die ihnen als bessere praktische Annäherung erscheint. Zum Vergleich wird auch die Rechnung mit einer nach der Exponentialfunktion verlaufenden Welle durchgeführt. Bei langen Staberdern (30 m) kann dessen gesamte Induktivität nicht mehr als zusammengefaßt, sondern nur mit einem Teilbetrag wirksam angenommen werden. Bei steilem Stirnanstieg (1 μs und weniger) ist der Spannungsabfall an der Induktivität des Mastes und des Erders nicht mehr vernachlässigbar. Die wirksame Induktivität von Masten ist zu 0,7 bis 0,8 μH/m ermittelt worden, ein Wert, den auch BERGER [8/11] erhalten hat. Die Induktivität von Staberdern kann nach der Formel $L = 0,0046\, l \cdot \lg(1,47\, l/d)[\mu\text{H}]$ berechnet werden, wo l die Länge und d der wirksame Durchmesser des Erders in cm ist.

Werden Erder von großen Strömen durchflossen, so kann besonders bei Staberdern eine Verminderung des Ausbreitungswiderstandes während des Stromabflusses nach Erde auftreten. Infolge der hohen Feldstärke an der Oberfläche des Erders bilden sich Entladungskanäle durch das Erdreich, die eine scheinbare Vergrößerung der Ausdehnung und Oberfläche des Erders bewirken.

BERGER [8/11] hat grundsätzliche Untersuchungen hierüber an einem Modell und an ausgeführten Erdern mit Stoßströmen durchgeführt. Verschiedene Bodenarten und Wasser wurden in einem halbkugeligen Tonbecken untersucht, dessen mit Drahtnetz belegte Innenwand die eine geerdete Elektrode und eine Kugel im Mittelpunkt des Beckens die andere Elektrode bildete, wobei diese halb in die Erdmasse eintauchte. Während der Widerstand bei Flußwasser bis zum Überschlag an der Oberfläche gleich dem bei 50 Hz bleibt, wird er bei verschiedenen Erdarten von einer bestimmten Stromdichte an der Oberfläche der inneren Elektrode ab kleiner. Er hängt vom Verlauf des Stoßstromes ab und bildet bei steigendem und fallendem Strom eine Hysteresisschleife ähnlich wie ein spannungsabhängiger Widerstand. Bild 83 zeigt je ein Oszillogramm bei niedrigem und bei hohem Stoßstrom. Maßgebend für den Beginn der Widerstandsabnahme ist die Stromdichte an der Oberfläche der Elektrode, d. h. des Erders. Bei Werten unterhalb 2,5 bis 3,0 kV/cm ist der Ausbreitungswiderstand bei Stoß noch annähernd gleich dem bei 50 Hz.

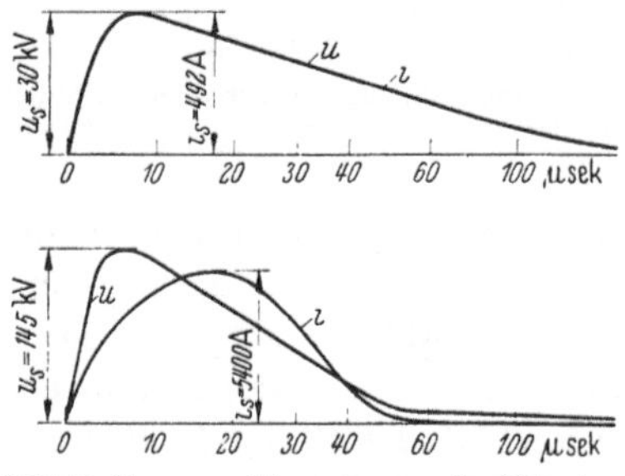

Bild 83. Strom- und Spannungsverlauf für einen Modellerder in feuchtem Humus ($\varrho = 125\ \Omega$m) bei niedrigem und hohem Stoßstrom [8/11].

Das Absinken bei mehr als 3 kV/cm ist offenbar begründet in dem Entstehen von Entladungen in den Poren des Erdreiches oder in der Art der Stromleitung an den kleinen Kontaktflächen der sich berührenden Erdteilchen. Bei etwa 7 bis 10 kV/cm tritt der Durchschlag der Erde ein, bei etwa 12 kV/cm der von Flußwasser. Je nach Erdart und Feldstärke (bis 50 kV/cm) ergab sich bei den Versuchen eine Verminderung des Widerstandes bis auf rd. 10%. Verschiedene Erder (Rohre und Platten) kurzer Länge in Kies und Sand mit etwas Humus an der Erdoberfläche mit 50-Hz-Ausbreitungswiderständen zwischen 150 und 320 Ohm zeigten bei Stoßströmen bis 4 kA ein Absinken des Widerstandes bis auf etwa rd. 40%.

Auch an einem Banderder mit Stahldraht von 6 mm Durchmesser in 20 bis 30 cm Tiefe ergab sich eine Verminderung des Ausbreitungswiderstandes (Bild 84). Allerdings trat anfangs der Einfluß der Induktivität erheblich in Erscheinung, so daß für die Bemessung eines solchen Erders hinsichtlich des rückwärtigen Überschlages diese Wirkung überwiegt. Der Werkstoff, Stahl oder Kupfer, zeigte keinen merkbaren Einfluß.

Ähnliche Laboratoriumsversuche wie BERGER haben auch NORINDER [8/16,26], PETROPOULOS [8/15], DAVIS und JOHNSTON [8/6] sowie EATON [8/10] durchgeführt. Als Elektroden benutzte EATON konzentrische Zylinder. Die Verminderung des Ausbreitungswiderstandes bei Stoß gegenüber dem bei 50 Hz betrug 40 bis 60%.

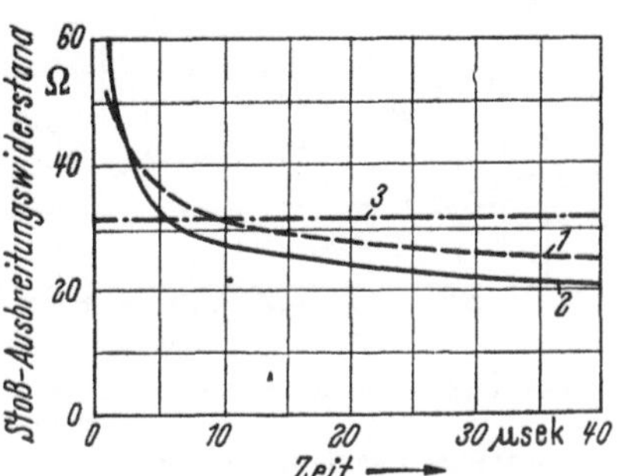

Bild 84. Stoßausbreitungswiderstand eines Banderders aus Stahl von 6 mm Ø, 110 m Länge [8/11]. 1. bei Stoßstrom i_s = 450 A. — 2. bei Stoßstrom i_s = 3600 A. — 3. bei Wechselstrom 50 Hz (R_A = 32 Ω).

BELLASCHI, ARMINGTON und SNOWDEN [8/7] haben umfangreiche Untersuchungen an Staberdern mit großen Stoßströmen durchgeführt. Danach wird der Stoßausbreitungswiderstand mit zunehmender Größe des Stoßstromes kleiner und vermindert sich im Verhältnis um so mehr,

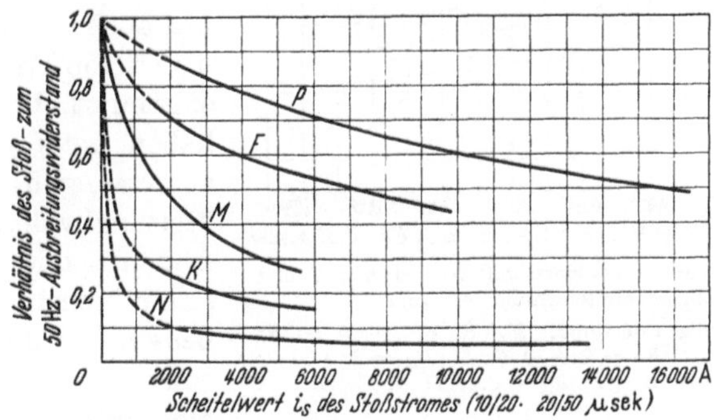

Bild 85. Stoßausbreitungswiderstand von Staberdern bei verschiedenen Bodenverhältnissen [8/7]. P: 9 m tief in Lehm, R_A = 12···15 Ω; F: 3 m tief in Lehm, R_A = 23···27 Ω; M: 2,4 m tief in Sand, R_A = 70···120 Ω; K: 2,4 m tief in Kies und Steinen mit Lehm vermischt, R_A = 133 bis 218 Ω; N: 2,4 m tief in Steinen mit Lehm vermischt, R_A = 50···180 Ω.

je höher der spez. Erdwiderstand des Bodens ist. Bild 85 zeigt das Verhältnis des Stoß- zum 50-Hz-Ausbreitungswiderstand für verschiedene Bodenarten bei Stoßströmen bis über 10 kA. Da der 50-Hz-Ausbreitungswiderstand eines Erders in gewissen Grenzen von den Witterungsbedingungen abhängig ist, ändert sich damit auch der Stoßausbreitungswiderstand. Bild 86 gibt für Staberder Grenzkurven an, die im Sommer und

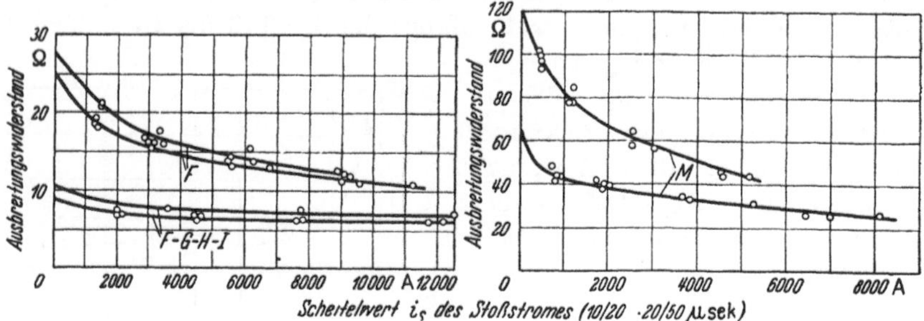

Bild 86. Veränderung des Stoßausbreitungswiderstandes von Staberdern in Lehmboden innerhalb eines Jahres [8/7].
(50-Hz-Ausbreitungswiderstand bei $i_s = 0$ für Erder $F = 23 \cdots 27 \; \Omega$; für Erder $F + G + H + I = 8{,}4 \cdots 11 \; \Omega$, für Erder $M = 70 \cdots 120 \; \Omega$.)

Winter gemessen worden sind. Bei der Parallelschaltung von Erdern vermindert sich nach Bild 87 der Stoßausbreitungswiderstand weniger als bei einem einzelnen Erder. Durch die Vergrößerung des Erders wird die Stromdichte an dessen Oberfläche und somit auch die Feldstärke geringer. Die Verminderung des Widerstandes setzt bei Feldstärken an der Erdoberfläche in der Größe von 1 bis 4 kV ein, was auch mit den Ergebnissen von BERGER übereinstimmt. Die Verfasser haben unter dieser Voraussetzung den Stoßausbreitungswiderstand in Abhängigkeit vom Stoßstrom berechnet und haben eine annähernde Übereinstimmung mit ihren Meßwerten erreicht.

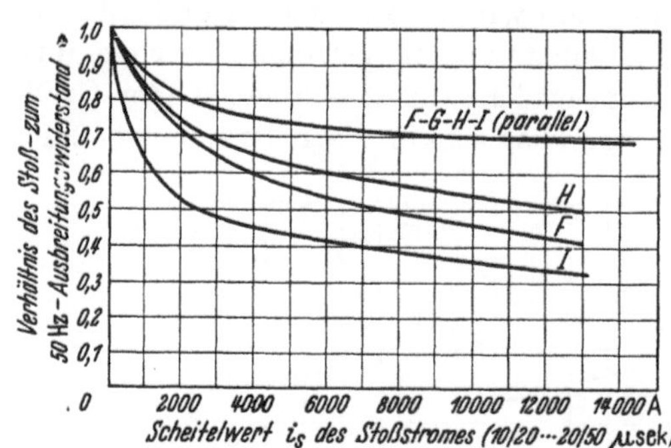

Bild 87. Stoßausbreitungswiderstand von einzelnen und parallel geschalteten Staberdern [8/7].
50 Hz-Ausbreitungswiderstand. F: $R_A = 23 \cdots 27 \; \Omega$; G: $R_A = 22 \cdots 25 \; \Omega$; H: $R_A = 22 \cdots 30 \; \Omega$; I: $R_A = 22 \cdots 30 \; \Omega$; $F + G + H + I$: $R_A = 8{,}4 \cdots 11 \; \Omega$.

Dieser teilweisen erheblichen Verminderung des Ausbreitungswiderstandes dürfte wohl bei der Anlage von Erdern für Freileitungen keine große praktische Bedeutung zukommen. Die Masterdungen werden nach wirtschaftlichen Erwägungen für die Abführung eines bestimmten Blitzstromes (20, 40 oder 60 kA Maststrom) bemessen. Man hat dann die angenehme Begleiterscheinung, daß sich der Widerstand bei großen Stoßströmen noch vermindern kann. Allerdings wird die Wahrscheinlichkeit des Auftretens solcher Ströme mit zunehmender Größe geringer. Andererseits wird mit größerer Steilheit des Stromanstieges die Induktivität des Erders zunehmend wirksam, die eine Erhöhung des Stoßausbreitungswiderstandes zur Folge hat. Hinzu kommt noch die Induktivität des Mastes selbst. In Mittelspannungsanlagen wird man sich mit Erdern geringer Abmessungen vielfach begnügen. Aber hier ist der Isolationspegel so niedrig, daß diese Art der Widerstandsverminderung von keiner großen Bedeutung sein wird.

Der 50-Hz-Ausbreitungswiderstand von Erdern wird mit der Niederfrequenz-Meßbrücke oder durch eine Strom- und Spannungsmessung bei 50 Hz ermittelt [8/19]. Es sind nun von FRITSCH [8/28, 30] Hochfrequenzmeßgeräte entwickelt worden, mit denen die Induktivität bestimmt werden kann. Als Meßfrequenz sind 300 kHz gewählt, eine Frequenz, die dem sehr steilen Anstieg eines Blitzstromes entspricht. Eine Mittelfrequenzmessung erfolgt bei 8 kHz. Aus Eichtabellen erhält man einen „wirksamen Widerstand". Diese Messung ist sicherlich bei Erdern sehr aufschlußreich, deren Verlegung und Ausdehnung unbekannt ist. Da der Stoßausbreitungswiderstand vom Stromverlauf abhängt, liefert sie einen Punkt der Kennlinien. Im allgemeinen sind die Abmessungen eines Erders und damit seine Induktivität von der Verlegung her bekannt. Sein 50-Hz-Ausbreitungswiderstand kann mit der Niederfrequenzmeßbrücke überprüft werden. Somit läßt sich der Stoßausbreitungswiderstand des Erders allgemein beurteilen [8/29]. Die Messung mit Hochfrequenz kann auch keine weitergehende Beurteilung bieten [8/27]. Leider wird über Erfahrungen mit der Hochfrequenzmessung, vergleichende Untersuchungen und die Anwendung bei der Bemessung von Erdern nicht berichtet.

Um den Ausbreitungswiderstand von Mastfüßen und Erdern bei Leitungen mit Erdseil messen zu können, ohne dieses abzuheben, haben GALEAZZI, MARENESI und PAOLUCCI [8/36] eine Meßeinrichtung mit Stoßspannung entwickelt. Ihr Meßverfahren entspricht im Prinzip einem bereits früher angegebenen [8/4]. Sie geben eine Stoßspannung mit einer Stirnzeit von 0,25 μs über einen veränderlichen Meßwiderstand gegen eine Wanderwellenleitung von 60 m Länge auf den Mastfuß und vergleichen den Spannungsabfall an diesem Meßwiderstand mit der Spannung an dem Mastfuß gegen eine zweite Wanderwellenleitung. Der Meßwiderstand wird verändert, bis beide Ausschläge auf dem Leuchtschirm eines Elektronenstrahl-Oszillographen gleich sind. Dann ist der Erdungswiderstand des Mastes gleich dem eingestellten Meßwiderstand. Das Verfahren liefert den Anfangswert des Stoßausbreitungswiderstandes, der natürlich um so besser mit dem Erdungswiderstand bei 50 Hz übereinstimmt, je geringer die räumliche Ausdehnung des Erders ist. Ist der gemessene Widerstandswert niedrig, so braucht der Wellenwiderstand

7*

von etwa $^1/_2 \times 500\ \Omega$ des angeschlossenen Erdseiles nicht berücksichtigt zu werden. Um aber genauere Angaben über einen unbekannten Erder machen zu können, müßte man zumindest noch seinen 50-Hz-Ausbreitungswiderstand kennen.

Für die Bemessung der Erdungen von Masten ergeben sich somit folgende Richtlinien:

1. Der Stoßausbreitungswiderstand eines Erders ist nur dann annähernd gleich seinem 50-Hz-Ausbreitungswiderstand, wenn die räumliche Ausdehnung des Erders gering ist (nicht über etwa 20 m in jeder Richtung vom Anschlußpunkt).

2. Solche Erder können bei der Abführung großer Stoßströme ihren Ausbreitungswiderstand wegen der scheinbaren Vergrößerung ihres Leiterdurchmessers vermindern. Bei der Bemessung von Erdern sollte dieser Einfluß unberücksichtigt bleiben, da andererseits bei steilem Stromanstieg die Induktivität des Erders und des Mastes wirksam in Erscheinung tritt.

3. Sofern ein einzelner kurzer Erder nicht ausreicht, ist es zweckmäßig, die Erder großflächig um den Mast herum anzuordnen, d. h. statt eines einzelnen langen Erders mehrere kurze Erder um den Mast herum zu verteilen und strahlenförmig anzuschließen. Damit wird gleichzeitig erreicht, daß bei Erdkurzschluß und Doppelerdschluß die durch den Kurzschlußstrom auf der Erdoberfläche am Mastfuß entstehende Schrittspannung verringert wird [8/24].

Statt eines Einstrahlerders ist ein Mehrstrahlerder kürzerer Einzelstrahllänge (nicht über 4 bis 6 Strahlen) zweckmäßiger. Auch Rohrerder sind möglichst in kürzere Einzelerder kreisförmig um den Mast herum aufzuteilen und strahlenförmig an den Mast anzuschließen. Beim Rohrerder ist zu beachten, in welcher Tiefe gut leitfähige Bodenschichten erreicht werden.

4. Ist mit Erdern kurzer Länge kein ausreichend niedriger Ausbreitungswiderstand zu erreichen, so werden Bodenseile unter der Leitung verlegt und zusätzlich dazu, um den Anfangs-Stoßausbreitungswiderstand herabzusetzen, an den Mastfuß ein Mehrstrahlerder (2 bis 4 Strahlen) kürzerer Strahlenlänge (10 bis 20 m) angeschlossen.

Auch bei Tiefenrohrerdern (über etwa 15 m), mit denen man niedrige Ausbreitungswiderstände erreicht, verwendet man zweckmäßig zusätzlich einen Mehrstrahlerder.

5. Der Ausbreitungswiderstand eines Mastes mit seinen Erdern ist stets bei vom Mast isolierten Erdseilen (abgehoben) zu messen.

In Bild 88 sind zweckmäßige Erderanordnungen dargestellt, wie sie bei den Masten der Freileitungen verwendet werden. Jeder Erder wird für sich an den Mast angeschlossen, um ihn einzeln überwachen und nachmessen zu können. Diese Art der Verbindung ergibt sich schon aus der Forderung des radialen Anschlusses. Bei verzinkten Mastfüßen und Erdern aus Kupfer kann elektrolytische Korrosion eintreten, wie Erfahrungen an der schwedischen 380-kV-Leitung gezeigt haben. Diese wird vermieden, wenn die Erder nicht unmittelbar mit dem Mast, sondern isoliert über Funkenstrecken geringer Schlagweite angeschlossen werden. Die Durchschlagspannung dieser Funkenstrecken sollte nicht über 2 kV liegen. An Schmelzspuren läßt sich gegebenenfalls ermitteln, welche Maste Ströme abgeführt haben. Ein Nachteil dieses Verfahrens ist allerdings, daß bei einem Erdschluß, der nicht durch einen entsprechend hohen Stoßstrom eingeleitet worden ist, am Mastfuß eine Erderspannung bis zur Durchschlagspannung der Funkenstrecke auftreten kann.

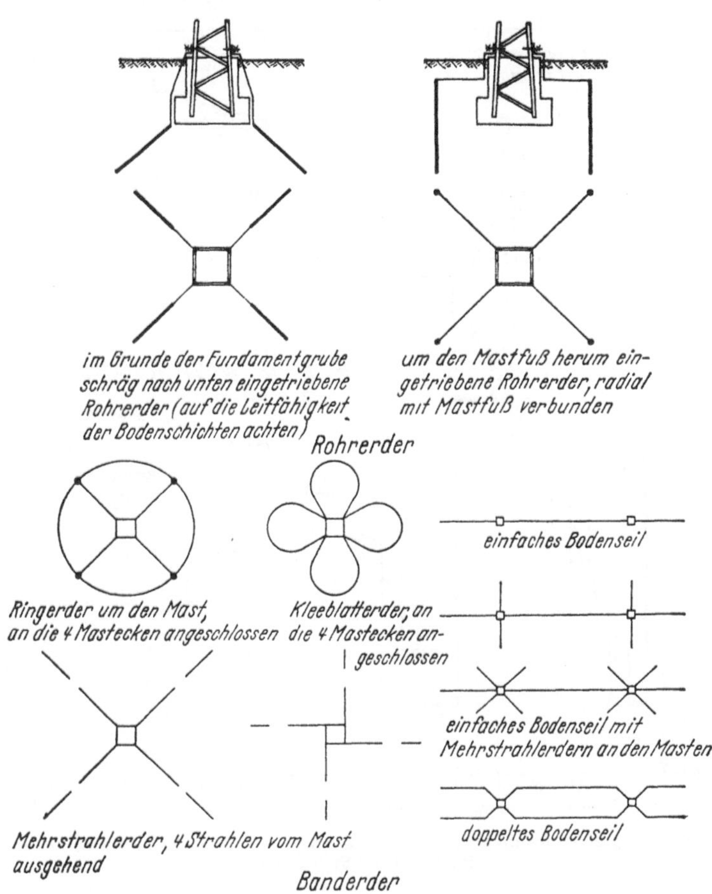

Bild 88. Anordnung von Erdern.

6. Kabel im Zuge und am Ende von Leitungen.

Im Zuge von Freileitungen werden bei Kreuzungen mit anderen Leitungen, Straßenbahnen und dgl. häufig Kabelstrecken zwischengeschaltet oder die Einführung einer Freileitung in die Station wird verkabelt. Gegenüber Wanderwellen wirken diese Kabel mit ihrem Wellenwiderstand, der annähernd $1/_{10}$ desjenigen der Freileitung ist. Somit wird die Spannung einer auf der Freileitung anlaufenden Rechteckwelle zunächst auf 18% vermindert (Bild 89). Durch die Reflexionen an den Kabelenden kann sie sich

stufenförmig je nach der Form der Welle bei einem Kabel im Zuge einer
Leitung bis auf den Scheitelwert der Welle, bei einem Kabel am Ende einer
Leitung bis auf deren zweifachen Wert aufbauen. Der Spannungsverlauf

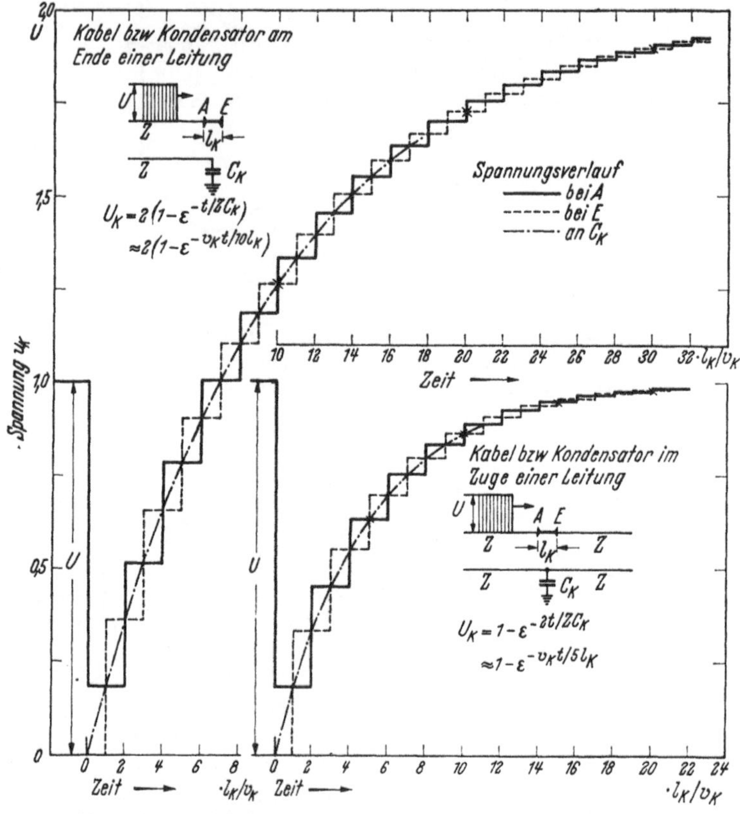

Bild 89. Umbildung einer Rechteckwelle durch ein Kabel bzw. einen Kondensator am Ende und
im Zuge einer Freileitung.

am Anfang und Ende des Kabels unterscheidet sich zum gleichen Zeitpunkt durch die Reflexionsspannung in einer Stufe. Im Mittel, also abgesehen von den Stufen, entspricht der Spannungsverlauf dem an einem
Kondensator gleicher Kapazität. Hierbei ist die Zeitkonstante des Stirnanstieges für ein Kabel im Zuge einer Leitung

$$T_z = \frac{1}{2}\,C_k Z = \frac{l}{2\,n\,v_k}$$

und für ein Kabel am Ende einer Leitung

$$T_e = C_k Z = \frac{l}{n\,v_k}$$

C_k = Kapazität des Kabels gegen Erde,

l = Länge des Kabels,

v_k = Wellengeschwindigkeit im Kabel (etwa 150 m/μs),

Z = Wellenwiderstand der Freileitung,

$$n = \frac{\text{Wellenwiderstand des Kabels}}{\text{Wellenwiderstand der Freileitung}} \quad (\text{etwa } 1/10).$$

Jedes Kabel kann somit in seiner grundsätzlichen Wirkung gegen Wanderwellen als zusammengefaßter Kondensator betrachtet werden. Die Stufenbildung wird um so weniger in Erscheinung treten, je flacher die Stirn der Welle und je kürzer das Kabel ist. Sie kann bei anlaufenden Wellen, deren Scheitelwert nicht über der Stehstoßspannung des Kabels liegt, hinsichtlich dessen elektrischer Beanspruchung und Schutzwirkung als Kondensator unberücksichtigt bleiben; hingegen nicht bei Wellen von höherer Spannung und Steilheit, wie sie z. B. bei Holzmastleitungen mit Ausnutzung der Holzstrecken zur Isolation gegen Stoßspannungen auftreten können, zumal wenn der Blitzeinschlag in der Nähe des Kabelübergangsmastes liegt. In Bild 90 ist für Kabel am Ende einer Freileitung und für Stirnsteilheiten von 300 und 1000 kV/μs und verschiedene Kabellängen, der Spannungsverlauf am Anfang und Ende des Kabels dargestellt. Hat z. B. bei 300 kV/μs Stirnsteilheit der Welle für ein 60 m langes 110-kV-Kabel die Spannung am Kabelanfang die Ansprechspannung des Ventilableiters von 415 kV erreicht, so steigt die Spannung am Kabelende bis auf 530 kV an, bevor durch den Ableiter die Spannung begrenzt wird. Dieser Wert ist um so höher, je größer die Steilheit ist. Trotz des Ableiters am Anfang des Kabels kann noch an dessen Ende ein Überschlag eintreten. Ist andererseits der Ableiter am Ende des Kabels, so steigt die Spannung an dessen Anfang bis auf 420 kV an (bei 1000 kV/μs ergeben sich 450 kV). Ein Kabel kann in solchen Fällen nur durch Ableiter an seinen beiden Enden wirksam geschützt werden, sofern nicht das Kabel so kurz ist, daß seine Länge innerhalb des Schutzbereiches des Ableiters liegt. Hierbei ist natürlich vorausgesetzt, daß die Isolation des Kabels nicht überdimensioniert ist, sondern dem normalen Isolationspegel entspricht. Bei wichtigen Kabeln sollte auch durch übergespannte Erdseile und niedrige Erdungswiderstände verhindert werden, daß unmittelbare Leiterseileinschläge oder rückwärtige Überschläge in der Nähe des Kabels eintreten können. Kabel im Zuge von Leitungen, die hingegen durch Erdseile ausreichend geschützt sind und dem Isolationspegel des Netzes entsprechen, benötigen an und für sich keinen zusätzlichen Schutz durch Ableiter. Bei Kabeln am Ende von Leitungen ist er im Hinblick auf die Spannungserhöhung durch Reflexion am Kabelende zweckmäßig. Durch einen Ableiter auf der Freileitung, der an dem zum Kabelübergang vorhergehenden Mast angeschlossen ist, kann zwar bereits die anlaufende Welle abgesenkt werden, es sind aber Maßnahmen gegen unmittelbare Leiterseileinschläge und rückwärtige Überschläge im Bereich zwischen Kabel und Ableiter zu treffen. „Vorgeschobene" Ableiter erfordern somit einen zusätzlichen teilweisen Erdseilschutz der Leitung.

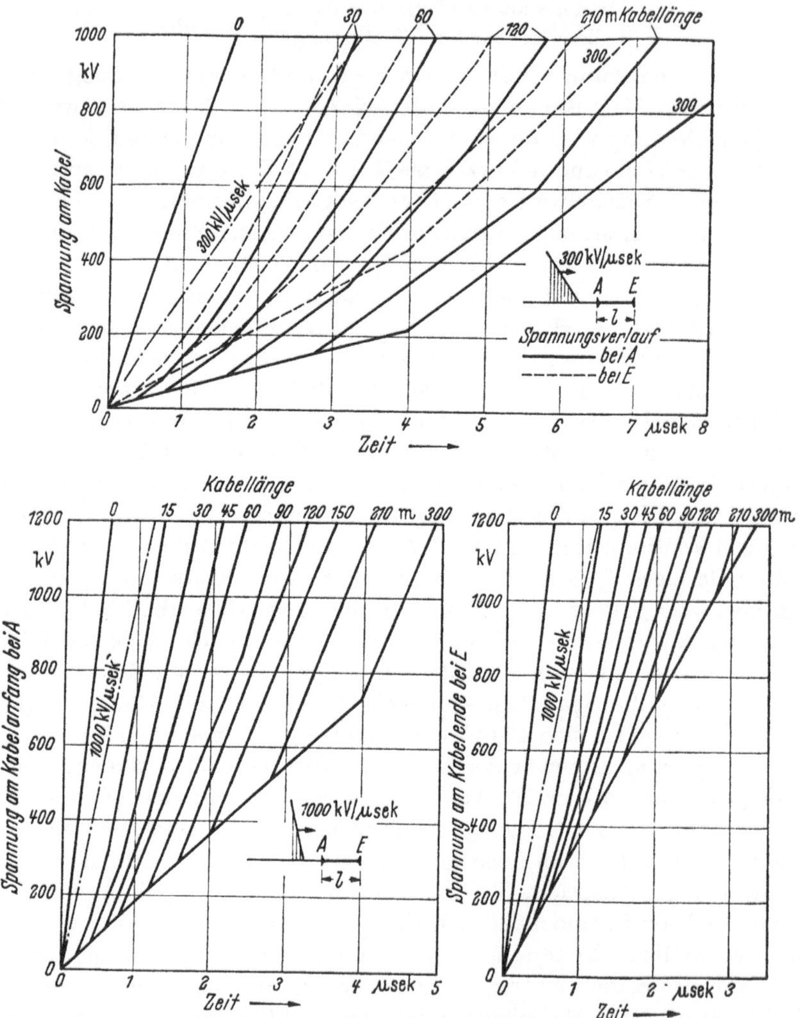

Bild 90. Spannungsverlauf am Kabel am Ende einer Freileitung bei einer Stirnsteilheit der Welle von 300 bzw. 1000 kV/µsek.
(Blitzeinschlag in die Leitung in der Nähe des Kabels.)

In Mittelspannungs-Freileitungsnetzen ist vielfach der Isolationspegel zwischen Freileitung und Kabel nicht so gut abgeglichen wie in Hochspannungsnetzen. Außerdem ist nicht immer ein Erdseilschutz vorhanden. Sofern ein solcher mit ausreichender Wirkung und genügend niedrigen Ausbreitungswiderständen der Masterdungen auf eine Länge von wenigstens 300 m vor dem Kabelübergangsmast nicht geschaffen werden kann, muß zumindest der Kabelmantel mit den Isolatorenbefestigungen am Übergangsmast verbunden und geerdet werden. Wegen des verschiedenartigen Verlaufes der Durchschlagstoßkennlinie des Kabels und der Überschlagstoßkennlinie der Freileitungsisolatoren und der Durchführungen des Kabelendverschlusses sollte die Steh-Stoßspannung des Kabels mindestens das 1,5fache der höchsten 50%-Überschlagstoßspannung der Isolatoren, eventuell mit Schutzfunkenstrecken, bei positiver oder negativer Polarität sein [9/11]. Dieser Wert entspricht einer Überschlagverzögerung von etwa 1 bis 1,5 μs, also einer Zeit, von der ab die Stoßfestigkeit von Kabeln [9/5] gleich bleibt. Hinsichtlich der Bemessung der Kabel nach Tabelle 7 muß zumindest dieser Wert zugrunde gelegt werden.

Um Überschläge am Kabelendverschluß zu vermeiden, wird man dessen Überschlagstoßspannung möglichst etwas höher als die der Freileitungsisolatoren legen. Werden zum Schutz Ableiter an den Kabelendverschlüssen verwendet, so soll deren Ansprechstoßspannung mindestens 15% unter der Stehstoßspannung des Kabels und der Isolatoren liegen. Ableiter sollten so bemessen sein, daß sie auch bei nahen Blitzeinschlägen große Ströme abführen können, ohne daß die Restspannung (s. S. 112) den höchstzulässigen Wert (Höchstwert der Ansprechspannung) überschreitet. Die Erdungsklemmen der Ab-

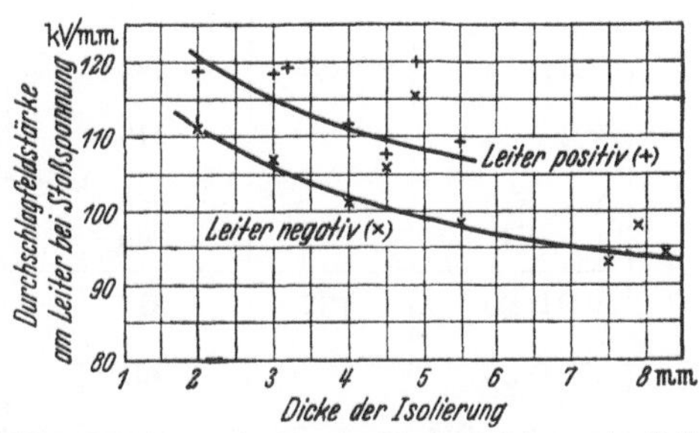

Bild 91. Mittelwerte der Durchschlagfeldstärke an der Leiteroberfläche von Einleiter-Papierkabeln bei Stoßspannung [9/12].

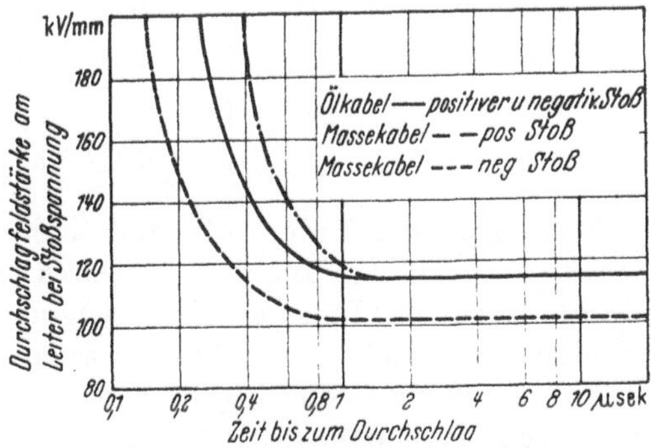

Bild 92. Stoßdurchschlagkennlinien von Kabeln mit 6 mm Isolationsdicke und 17,7 mm Leiterdurchmesser [9/5].

leiter sind mit dem Kabelmantel zu verbinden. Kabel, deren Länge den Schutzbereich der Ableiter überschreitet, sind auf beiden Enden mit Ableitern zu versehen.

Tabelle 7.

Erforderliche Reihenspannung von Kabeln in Mittelspannungsnetzen ohne und bei Verwendung von Ableitern.

Reihen-spg. des Netzes kV	Isolatoren der Freiltg. Type	unterer Isolations-pegel nach VDE 0111 kV	1,5-fache höchste 50%-Über-schlag-Stoßspg. der Freiltg. = Steh-Stoßspg. des Kabels kV	Reihenspg. des Kabels ohne Ableiter kV	Schutzpegel des Ventil-Ableiters nach VDE 0675 kV	Rohr-Ableiters kV	Reihen-spg. des Kabels mit Ableiter kV
6	VHD 10	60	250	20 bis 25 mm² / 15 ab 35 mm²	26	57	6
10	VHD 10	80	250	20 bis 25 mm² / 15 ab 35 mm²	40	76	10
	1 × K 3		225	15			
	1 × VK 60		345	30			
15	VHD 15	100	280	30 bis 25 mm² / 20 ab 35 mm²	60	95	15
	VHD 20		310	30 bis 50 mm² / 20 ab 70 mm²			
	1 × K 3		225	15			
	1 × VK 60		345	30			
20	VHD 20	125	310	30 bis 50 mm² / 20 ab 70 mm²	80	120	20
	VHD 30		490	60 bis 70 mm² / 45 ab 95 mm²			
	2 × K 3		360	45 bis 35 mm² / 30 ab 50 mm²			
	1 × VK 60		345	30			
30	VHD 30	170	490	60 bis 70 mm² / 45 ab 95 mm²	120		30
	2 × K 3		360	45 bis 35 mm² / 30 ab 50 mm²			
	2 × VK 60		540	60			
	1 × VK 75		450	45			

Messungen der Durchschlagstoßspannung an Einleiterpapierkabeln [9/7,8,12] haben ergeben, daß die Durchschlagfeldstärke an der Leiteroberfläche von der Dicke der Isolierung und von der Polarität der Stoßspannung abhängig ist. Bild 91 zeigt Mittelwerte solcher Untersuchungen [9/12]. Der niedrigste Wert der Durchschlagfeldstärke liegt bei 90 kV/cm. Stoßspannungskennlinien von Kabeln haben HELD und LEICHSENRING [9/5] aufgenommen (Bild 92). Bei Durchschlagzeiten unter 1 μs, d.h. bei Stoßspannungen mit sehr großer Stirnsteilheit, steigt die Stoßfestigkeit des Kabels erheblich an. Da aber ein Kabel die Stirn einer anlaufenden Wanderwelle erheblich verflacht, können derart steile Wellen an und für sich nur bei Blitzeinschlägen in unmittelbarer Nähe des Kabel-

endverschlusses auftreten. Auf Grund der ermittelten Durchschlagfeld-
stärken ergeben sich für Einleiterpapierbleikabel die Stehstoßspannungen
des Bildes 93. Die zulässige Feldstärke
am Leiterumfang ist dabei zu 85%
der Mittelwerte der Durchschlagfeldstärke angenommen. Messungen an
älteren bis zu 40 Jahren verlegten Kabeln haben ergeben, daß sich zwar
der Verlustwinkel etwas verschlechtert,
die Stoßspannungsfestigkeit sich aber
kaum vermindert hat.

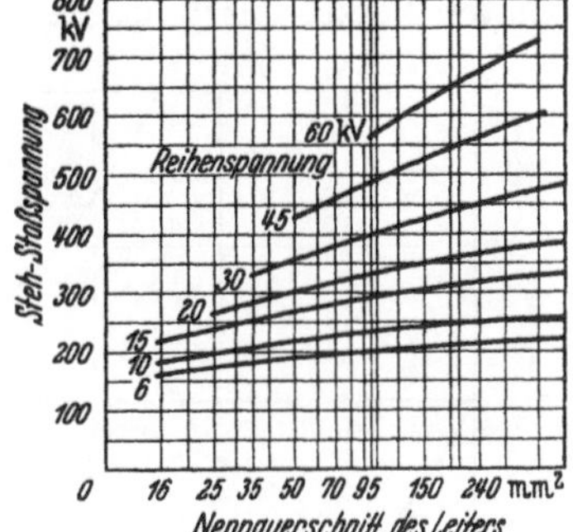

Bild 93. Stehstoßspannung von Einleiter-Papierkabeln
nach VDE 0255/2.51, Tafel 2 [9/12].

E. Überspannungsschutzgeräte.

1. Begrenzung der Spannung von Wanderwellen
durch Ableitwiderstände.

Kann das Entstehen von Überspannungen in den Netzen nicht verhindert werden, so haben Überspannungsschutzgeräte die Aufgabe, die
Überspannungen auf solche Werte zu begrenzen, daß das Isoliervermögen
der Isolation nicht überschritten wird. Sie können aber auch dazu dienen,
die Stirnsteilheit der Überspannungswellen zu vermindern, um die Win-
dungsbeanspruchung von Wicklungen herabzusetzen.

Die Energie einer Wanderwelle ist je zur Hälfte auf das elektrostatische und elektromagnetische Feld verteilt [10/25]. Es ist

$$N_e = \frac{1}{2} C u^2 \quad \text{und} \quad N_m = \frac{1}{2} L i^2.$$

Setzt man $i = u/Z$ und $Z = \sqrt{L/C}$, so ist auch $N_m = 1/2 \cdot C u^2$. Die gesamte Energie ist

$$N = N_e + N_m = u i \sqrt{L C}, \quad \text{mit} \quad \sqrt{L C} = 1/v \text{ für die Längeneinheit}$$

$$= \frac{u i}{v} \text{[Ws/km]}.$$

Diese elektrische Energie kann in ihrem Gesamtbetrag nur vernichtet,
d. h. in Wärme umgesetzt werden, wenn die Welle am Ende einer Leitung
auf einen Wirkwiderstand aufläuft, der gleich dem Wellenwiderstand ist
(Bild 94). Hierbei tritt aber keine Absenkung der Überspannung auf,

sondern diese behält ihre Höhe. In allen Fällen, in denen eine Reflexion stattfindet, bleibt ein mehr oder weniger großer oder auch der ganze Teil der Energie im Netz, wodurch allmählich eine geringe Aufladung des gesamten Netzes entsteht, die dann über die Ableitung nach Erde abfließt.

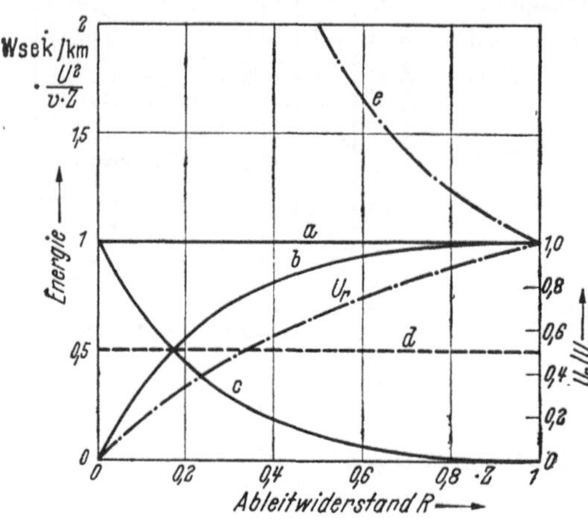

Bild 94. Energieaufnahme eines Ableitwiderstandes am Ende einer Leitung unter verschiedenen Bedingungen für eine Rechteckwelle von 1 km Lauflänge entsprechend 3,33 μs.

U als Spannung einer rechteckigen Wanderwelle

U_r. Spannung am Widerstand R

a. Energie der Wanderwelle $\dfrac{U^2}{vZ}$

b. vom Widerstand R aufzunehmende Energie $\dfrac{U^2}{vZ} \dfrac{4ZR}{(Z+R)^2}$

c. in das Netz reflektierte Energie.

U als Spannung einer elektrostatischen Ladung,

d. vom Widerstand R aufzunehmende Energie der Ladung.

U als EMK wirkend,

e. vom Widerstand R aufzunehmende Energie.

Lediglich durch Dämpfung und Ableitung tritt eine allmähliche Umsetzung der reflektierten Energie in Wärme ein. Eine Verminderung der Spannung von Wanderwellen kann also nur dadurch erreicht werden, daß die Energie des elektrostatischen Feldes durch Reflexion ganz oder teilweise in das elektromagnetische Feld umgesetzt oder in Kondensatoren gespeichert wird, die sie dann wieder mit verringerter Spannung in das Netz abgeben.

Eine Welle treffe am Ende einer Leitung auf den einfachsten Ableiter, d. h. die Funkenstrecke. Sofern deren eine Elektrode unmittelbar geerdet ist, muß die Spannung durch den Überschlag Null werden. Es läuft eine reflektierte Welle in die Leitung mit gleichem Strom zurück, deren Spannung aber die der anlaufenden Welle entgegengesetzte Polarität

hat. Soweit sich beide Wellen mit gleichem Betrag überlagern, ist die elektrostatische Energie $N_e = 0$ und die elektromagnetische $N_m = 1/2 \times L(2i)^2 = 2Li^2$, d. h. die gesamte Energie ist vollständig in das elektromagnetische Feld gewandert und hat sich verdoppelt. Hat die reflektierte Welle die anlaufende Welle durchlaufen, so tritt wieder die elektrostatische Energie mit $N_e = 1/2 \cdot Cu^2$ in Erscheinung, während die elektromagnetische Energie $N_w = 1/2 \cdot Li^2$ ist. Wäre die Leitung dämpfungs- und verlustfrei, so würde die ursprüngliche Spannung der Welle wieder in voller Höhe, aber mit entgegengesetztem Vorzeichen auftreten. Lediglich der Dämpfung ist zu verdanken, daß die Spannung der

Welle erheblich vermindert ist. Sonst könnte sie an einer Stelle geschwächter Isolation doch noch zum Überschlag führen.

Wird die Funkenstrecke über einen Widerstand geerdet, so wird um so weniger Wellenenergie im Widerstand umgesetzt, je kleiner dieser ist (Bild 94, Kurve b). Bei einer Absenkung der Wanderwellenspannung auf die Hälfte sind es 75% der Wellenenergie. Bei einer Spannungsabsenkung auf 30% werden nur 50% der Wellenenergie im Widerstand in Wärme umgesetzt. Je tiefer also ein Ableiter mit Widerstand die Spannung einer Welle absenkt, um so geringer ist seine Energieaufnahme im Verhältnis zur Energie der Welle. Beim Ableiten einer statischen Ladung ist die vom Widerstand aufzunehmende Energie nur halb so groß (Kurve d) wie die einer Wanderwelle gleicher Länge und Höhe, die über einen Ableitwiderstand gleich dem Wellenwiderstand abfließt, da das elektromagnetische

Feld entfällt. Hingegen steigt die Energie erheblich an, wenn die Spannung als EMK wirkt, was etwa dem Blitzschlag in der Nähe des Ableiters entspricht (Kurve e).

Ableiter mit gleichbleibendem Widerstand setzen Wellen verschiedener Höhe nur in dem jeweiligen Verhältnis $2R/(Z+R)$ herab. Soll aber die Spannung eine bestimmte durch die Isolation festgelegte Grenze nicht überschreiten, so müßte mit zunehmender Wellenspannung der Widerstand kleiner werden, wie die Kurve c in Bild 95 zeigt. Mit zunehmender Spannung der Welle vergrößert sich die Energieaufnahme des Widerstandes nur linear (Kurve a), die in das Netz zurückgeworfene Energie

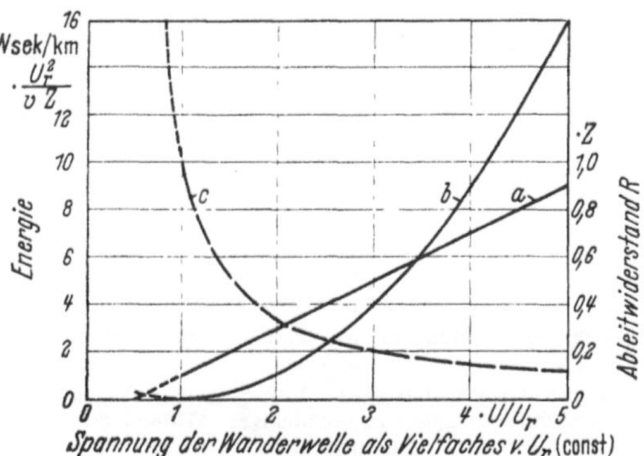

Bild 95. Energieaufnahme und Verlauf des Widerstandes eines Ableitwiderstandes am Ende einer Leitung beim Auftreten einer Rechteckwelle von 1 km Lauflänge entsprechend 3,33 μs bei gleichbleibender Spannung U_r am Widerstand.

U Spannung einer rechteckigen Wanderwelle

U_r gleichbleibende Spannung am Ableitwiderstand

a. vom Widerstand R aufzunehmende Energie
$$\frac{U_r^2}{v\,Z}\left(2\,\frac{U}{U_r}-1\right)$$

b. in das Netz zurückgeworfene Energie
$$\frac{U_r^2}{v\,Z}\left(\frac{U}{U_r}-1\right)^2.$$

c. Ableitwiderstand R als Vielfaches des Wellenwiderstandes Z;
$$R=\frac{Z}{2\,\dfrac{U}{U_r}-1}$$

dagegen quadratisch (Kurve b). Bei etwa 3,4facher Überspannung sind beide Teile gleich, d.h. Ventilableiter nehmen in ihrem normalen Arbeitsbereich mehr als die Hälfte der Energie einer Überspannungswelle auf, deren Betrag gleich der Summe der Kurven $a + b$ ist. Je tiefer ein Ableitwiderstand die Spannung einer Welle bestimmter Höhe absenken soll, um so geringer ist seine Energieaufnahme, obwohl der Strom durch den Widerstand größer wird. So geht z. B. bei einer Begrenzung der Spannung auf $^1/_4$ statt auf $^1/_2$ der anlaufenden Welle die Energieaufnahme des Widerstandes um 41,5% zurück (s. Bild 94).

Die Kennlinie dieses idealen Widerstandes (Kurve c) kann für $u/u_r = 0,5$ nach ∞ verlaufen, da eine Welle von der Höhe $u = 0,5\,u_r$ gerade auf den zulässigen Begrenzungswert reflektiert wird. Durch dieses Ansteigen des Widerstandswertes ergäbe sich zwangsläufig die Bedingung für die Löschung des Stromes in der Funkenstrecke, der unter dem Einfluß der Betriebsspannung des Netzes folgen kann. Die Stromspannungskennlinie wie auch die Restspannungskennlinie (u_r in Abhängigkeit vom Strom durch den Widerstand) müßten im theoretisch idealen Fall eine Gerade für gleichbleibendes u_r sein.

Bei den in Ventilableitern verwendeten spannungsabhängigen Widerständen versucht man, sich diesem Idealzustand zu nähern. Der Widerstandswerkstoff ist im wesentlichen Siliziumkarbid, das mit einem meistens keramischen Bindemittel gebrannt wird und zusammensintert. Beim Stromdurchfluß tritt ein gewisser Wirkungsverzug auf, der Widerstand ist von der unmittelbar vorhergegangenen Beanspruchung (Größe und Dauer des Stromes) abhängig. Legt man an den Widerstand eine Stoßspannung, so verläuft, wie Bild 96 zeigt, der absteigende Ast der Stromspannungskennlinie (Spannung in Abhängigkeit vom Strom während des Stromdurchflusses) tiefer als der ansteigende; es entsteht eine Hysteresisschleife, die je nach Art des Werkstoffes weiter

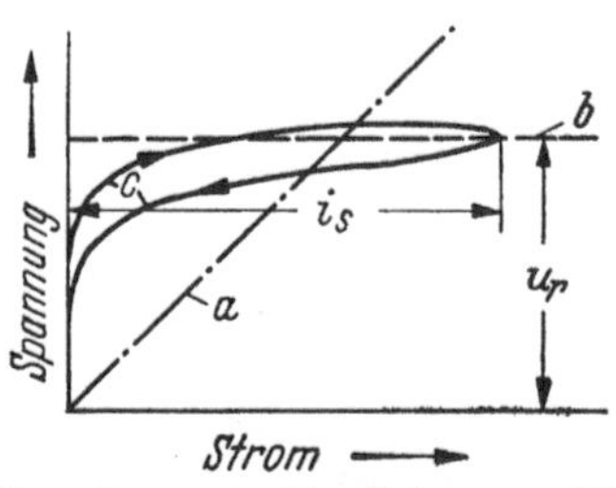

Bild 96. Strom-Spannungs-Kennlinie von Ableitwiderständen.

a. kons anter Widerstand. b. deal spannungsabhäng ger Widerstand. c. spannungsabhängiger Widerst..nd des Ventilableiters.

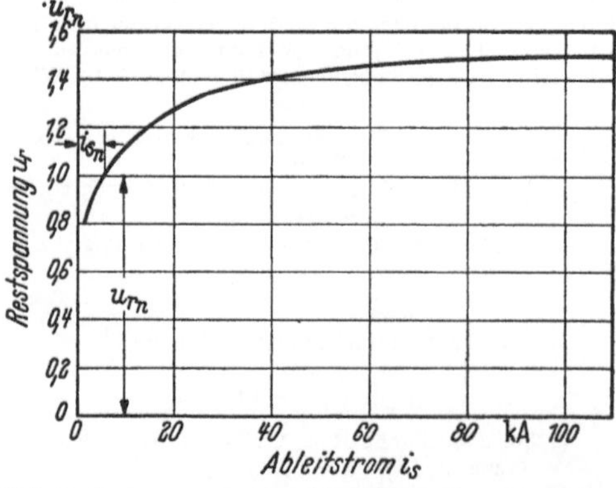

Bild 97. Restspannungs-Kennlinie eines spannungsabhängigen Widerstandes.

oder enger sein kann. Die Endwerte u_r und i_s solcher Schleifen für verschieden hohe Stoßströme ergeben die Restspannuugskennlinie, die kennzeichnend für Ventilableiter ist. Bild 97 zeigt eine solche Restspannungskennlinie. Sie kann angenähert durch die Funktion $i_s = k\,u_r^n$ dargestellt werden, wobei n in der Größe von 5 bis 6 liegt. Die Kennlinie verläuft bei hohen Strömen verhältnismäßig flach, so daß sich bei. entsprechender Bemessung auch für größere Ableitströme bei Blitzeinschlägen in der Nähe des Ableiters ein begrenzter Schutz erreichen läßt.

2. Anforderungen an Überspannungsschutzgeräte und ihre Arbeitswerte.

Die Aufgabe eines Ableiters ist, eine auftreffende Überspannung vorübergehender Art, im wesentlichen eine Überspannung durch Gewittereinwirkung, auf einen ausreichend tief unter dem Isolationspegel des zu schützenden Anlageteils liegenden Spannungswert (Schutzpegel, s. S. 157) zu begrenzen. Dieser Zweck wird dadurch erreicht, daß über eine Funkenstrecke eine Verbindung zur Erde, entweder über einen niedrigohmigen Widerstand oder in sich widerstandslos, hergestellt wird. Da über den Lichtbogen der Funkenstrecke ein Strom unter dem Einfluß der Betriebsspannung des Netzes nachfließt, sind Maßnahmen zu treffen, durch die dieser Folgestrom unterbrochen wird, ohne daß nachhaltige Auswirkungen auf den Netzbetrieb auftreten.

Während Ableiter die Überspannungen begrenzen, werden Kondensatoren vorzugsweise dazu verwendet, die Stirn anlaufender Wellen zu verflachen. Wegen ihrer durch die Größe der Kapazität begrenzten Fähigkeit, elektrische Ladung aufzuspeichern, werden sie kaum zur Begrenzung von Überspannungen verwendet.

Kennzeichnend für Ableiter sind ihre Arbeitswerte (s. auch VDE 0675).

Höchstzulässige Betriebsspannung am Ableiter (U_{bm}) ist die höchste Spannung mit Betriebsfrequenz am Ableiter, die auch bei Erdschluß im Netz mit Rücksicht auf eine zuverlässige Löschung des Folgestromes nicht überschritten werden soll.

Ansprechspannung (u_a) ist der Wert einer Gleich-, Wechsel- oder Stoßspannung, bei der der Ableiter bei Steigerung der Spannung anspricht, d. h. seine Funkenstrecke oder entsprechende Entladungsstrecke durchschlägt. Da das Ansprechen innerhalb eines gewissen Streubereiches eintritt, ist die 100%-Ansprechspannung der niedrigste Wert, der immer zum Ansprechen führt, und die 50%-Ansprechspannung der Wert, bei dem bei wiederholter Beanspruchung in der Hälfte aller Fälle ein Ansprechen eintritt.

Ansprechzeit (T_{az}) bei Stoßspannung ist die Zeit vom Nennbeginn der Stoßspannung (s. Bild 40) am Ableiter bis zu seinem Ansprechen.

Restspannung (u_r) ist der Höchstwert der Spannung am Ableiter während des Stromdurchganges. Bei Kondensatoren ist es der Höchstwert der Spannung bei Aufnahme der Ladung einer Stoßwelle.

Ableitstoßstrom (i_s) ist der Scheitelwert des Stoßstromes durch den Ableiter während des Ableitvorganges.

Folgestrom (i_f) ist der Strom, der unter dem Einfluß der Betriebsspannung während der Arbeitsdauer des Ableiters fließt.

Arbeitsdauer (T_d) ist die Zeit vom Ansprechen bis zur Unterbrechung des Folgestromes.

Löschspannung (U_l) ist die höchste Spannung mit Betriebsfrequenz, bei der der Folgestrom des Ableiters noch unterbrochen wird.

Stoßspannungen und Stoßströme werden als Augenblickswerte oder Scheitelwerte der Stoßwellen, Wechselspannungen $(\text{Scheitelwert}/\sqrt{2})$ und Wechselströme im allgemeinen als Effektivwerte angegeben.

Ansprechstoßkennlinie gibt die Ansprechstoßspannung (u_{as}) abhängig von der Ansprechzeit T_{az} für Stoßspannungen gleichen zeitlichen Verlaufs an.

Strom-Spannungs-Kennlinie gibt die Spannung am Ableitwiderstand während des Ableitvorganges eines Stoßstromes abhängig vom Strom an.

Restspannungskennlinie gibt die Restspannung u_r am Ableiter abhängig von Ableitstoßströmen i_s gleichen zeitlichen Verlaufs an.

Schutzkennlinie gibt die Restspannung u_r am Ableiter abhängig vom Scheitelwert u von aus großer Entfernung auf einer Leitung anlaufenden Stoßwellen verschiedener Spannung, aber sonst gleichen zeitlichen Verlaufes an.

Die letzten drei Kennlinien haben nur Bedeutung für Ableiter mit Widerständen, d. h. Ventilableiter.

Das bestimmende Bauelement des Ableiters ist die Funkenstrecke oder entsprechende Entladungsstrecke, die die Ansprechspannung festlegt. Alle übrigen Teile dienen vor allem dazu, den Folgestrom zu begrenzen bzw. diesen durch eine geeignete Bauart der Funkenstrecke zu unterbrechen.

Ventilableiter begrenzen den Folgestrom durch spannungsabhängige Widerstände, die beim Durchfluß von Ableitströmen ihren Widerstandswert so weit vermindern sollen, daß die Restspannung nicht den Schutzpegel überschreitet. Der Folgestrom wird durch die Funkenstrecke unterbrochen, und zwar bei Wechselspannung in seinem Nulldurchgang und bei Gleichspannung durch zusätzliche Maßnahmen. Durch den Widerstand wird beim Durchschlag der Funkenstrecke die Steilheit des Spannungszusammenbruches, der nicht bis auf Null erfolgt, vermindert und das Zusammenbrechen der Betriebsspannung verhindert. Ventilableiter können an jeder beliebigen Stelle des Netzes unabhängig von dessen Ausdehnung und Kurzschlußleistung eingebaut werden. Das einwandfreie Arbeiten des Ventilableiters setzt aber voraus, daß auch bei Fehlern (insbesondere Erdschluß, s. Bild 152) im Netz die höchstzulässige Betriebsspannung des Ableiters nicht überschritten wird. Sonst ist nicht gewährleistet, daß beim Ansprechen der Folgestrom gelöscht wird.

Rohrableiter enthalten keine Widerstände, so daß der Ableitstrom nicht begrenzt wird und die Restspannung gleich der Lichtbogenspannung an der Funkenstrecke, also praktisch Null ist. Der Folgestrom ist der Erd- oder Kurzschlußstrom des Netzes. Er wird durch die Löschwirkung des im Rohr entstehenden Gasdruckes unterbrochen. Da die Löschung vom Strom und der wiederkehrenden Spannung abhängig ist, sind bei der Verwendung von Rohrableitern die Netzbedingungen zu beachten. Da der Spannungszusammenbruch widerstandslos erfolgt, hat die Stirn der Entladewelle eine große Steilheit.

Schutzfunkenstrecken stellen ebenfalls über den Lichtbogen eine sonst widerstandslose Verbindung zum Erder her. Der Folgestrom ist der Erd- oder Kurzschlußstrom des Netzes. Seine Unterbrechung erfolgt durch den Netzschutz. Sie werden im allgemeinen nur als Grobschutz verwendet.

Ableiter sollen folgenden allgemeinen Bedingungen genügen:

Die Ansprechspannung soll von der Form und Art der Überspannung weitgehend unabhängig sein. Äußere Einflüsse, wie Regen, Nebel oder Verschmutzung, dürfen keine wesentlichen Veränderungen hervorrufen.

Die Ableiter sollen die für ihre Bauart zulässigen Ableitstoßströme durchlassen, ohne daß die Restspannung den zulässigen Wert überschreitet und der Ableiter überlastet wird.

Die Löschspannung darf auch infolge äußerer Einflüsse nicht die höchste auftretende Betriebsspannung unterschreiten, da sonst neben der Zerstörung des Ableiters vor allem der Betrieb gestört werden kann.

Ableiter sollen außer einer Überprüfung in größeren Zeitabständen keiner besonderen Wartung bedürfen.

Ableiter dürfen den Betrieb nicht beeintrachtigen.

3. Ventilableiter.

Das wichtigste Element des Ableiters, die Funkenstrecke, hat mehrere Aufgaben zu erfüllen, und zwar:

während des normalen Betriebes das erforderliche Isoliervermögen gegen Erde (bis zur Ansprechspannung) zu gewährleisten,

bei Überspannungen gleich welcher Art bei einer bestimmten Spannungsgrenze, der Ansprechspannung, verzögerungsfrei anzusprechen, den Folgestrom während seines Nulldurchganges zu unterbrechen,

den Ableitstrom und Folgestrom ohne nachhaltige Auswirkungen auf die Elektrodenoberfläche durchfließen zu lassen.

Die Funkstrecke ist also zugleich Schalt- wie auch Löschelement. Um als Schaltelement möglichst verzögerungsfrei anzusprechen, soll das Feld zwischen den Elektroden homogen sein, als Löschelement ist eine weitgehende Unterteilung in Teilfunkenstrecken mit kleinem Elektrodenabstand in der Größenordnung von 1 mm zweckmäßig. Man verwendet wegen der guten Wärmeleitfähigkeit durchweg Plattenfunkenstrecken aus Kupfer, die durch Zwischenlagen von Isolierscheiben (Glimmer) aufeinandergestapelt sind. Sofern keine weiteren äußeren Einflüsse vorhanden sind, ist die Spannungsverteilung längs einer solchen Funkenstrecke [*10/30*] überwiegend durch die Reihenkapazität und Kapazität gegen Erde der Teilfunkenstrecken bestimmt, so daß sich eine Verteilung nach Bild 98 b, Kurve *a*, ergibt, wobei die auf der Spannungs-

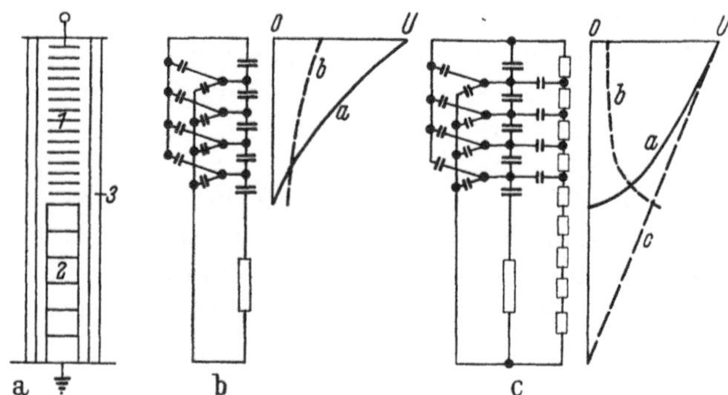

Bild 98 a—c. Spannungsverteilung längs der Funkenstrecke eines Ventilableiters [*10/30*].

  a. Schema des Ableiters
    1 Funkenstrecke,
    2 spannungsabhängiger W·derstand,
    3 Ableitergehäuse aus Porzellan.
  b. Ersatzbild des sauberen und trockenen Ableiters
  c. Ersatzbild des Ableiters mit leitfähiger Fremdschicht auf dem Gehäuse
    a Spannungsverteilung längs der Teilfunkenstrecken,
    b Spannung je Teilfunkenstrecke,
    c Spannungsverteilung längs der leitfähigen Fremdschicht auf der Oberfläche.

seite liegende Teilfunkenstrecke am stärksten beansprucht wird. Ist dagegen die Oberfläche des Isolators mit einer leitfähigen Fremdschicht (Schmutz, Feuchtigkeit) bedeckt, so kann sich wegen der größeren Teilkapazitäten zu dieser Schicht hin die Spannungsverteilung nach Kurve *c/a* verschieben. Die höchste Teilspannung (Kurve *c/b*) liegt dann an der Funkenstrecke auf der Erdseite. Dadurch wird die Ansprechspannung gegenüber dem sauberen Isolator herabgesetzt. Sie kann aber, sofern die Spannungsverteilung geradlinig wird, auch erhöht werden. Diese Verminderung der Ansprechspannung wäre nicht so sehr von Bedeutung, da diese im allgemeinen doch noch genügend hoch bleiben wird, wenn nicht auch die Verteilung der wiederkehrenden Spannung längs der Funkenstrecke nach der Löschung des Folgestromes im gleichen Sinne beeinflußt würde. Ein Absinken der Löschspannung, die nur 5% über der höchstzulässigen Betriebsspannung zu liegen braucht, könnte dazu führen, daß die Funkenstrecke des Ableiters den Folgestrom nicht mehr unterbricht und dieser somit thermisch zerstört wird. Dagegen hätte ein Absinken der Ansprechspannung nicht derartige Folgen, sofern dabei die Löschung sichergestellt bleibt. Der Ableiter würde lediglich etwas häufiger ansprechen, insbesondere bei inneren Überspannungen. Eine Überlastung braucht dadurch nicht einzutreten. Die richtige und von äußeren Einflüssen unabhängige Spannungsverteilung auf die Teilfunkenstrecken ist somit für die Löschspannung, d. h. für die wiederkehrende Spannung nach der Unterbrechung des Folgestromes, von wesentlicher Bedeutung.

Die Löschfähigkeit der Funkenstrecke hängt von der Größe des Folgestromes und der wiederkehrenden Spannung an ihr ab. Da der Folgestrom ein reiner Wirkstrom ist, steigt nach seiner Unterbrechung im Nulldurchgang die Spannung entsprechend ihrem Sinusverlauf ebenfalls vom Nulldurchgang aus an. Dies ist die günstigste Bedingung, die überhaupt möglich ist. Die Löschgrenze wird also durch die Größe des Folgestromes, die Höhe der wiederkehrenden Spannung und die Entionisierungsbedingungen der Funkenstrecke bestimmt. Für schnelle und wirksame Kühlung der Lichtbogenfußpunkte durch großflächige und gut leitfähige Elektroden muß gesorgt werden, wozu sich die vielfach unterteilten Plattenfunkenstrecken am besten eignen.

Der durch den Widerstand des Ableiters begrenzte Folgestrom läßt sich natürlich durch diesen beeinflussen. Andererseits muß der Widerstand beim Durchfluß von Stoßströmen seinen Wert so weit vermindern, daß die Restspannung den gestellten Anforderungen genügt. Hier ist also eine durch die Kennlinie des Widerstandswerkstoffes gegebene Abgleichung erforderlich, die außerdem noch die thermische Belastbarkeit und Spannungsfestigkeit des Widerstandes berücksichtigen muß. Da die Löschspannung von der Ansprechspannung bei Betriebsfrequenz abhängt, wird man die Ansprechwechselspannung soweit wie möglich heraufsetzen, soweit dem nicht andere Forderungen entgegenstehen. Ventilableiter sollen aber nicht nur zum Schutz gegen äußere Überspannungen dienen, sondern vor allem in Höchstspannungsnetzen auch innere Überspannungen begrenzen. Somit soll die Ansprechspannung bei Schwingungsvorgängen mit niederen Frequenzen, also die Ansprechwechselspannung, möglichst nicht den Schutzpegel überschreiten.

8*

An die Funkenstrecke ergeben sich folgende Forderungen:

a) Die Spannungsverteilung bei Betriebsfrequenz soll längs der Löschfunkenstrecke möglichst linear sein, damit auf jede Teilfunkenstrecke der gleiche Spannungsanteil entfällt. Diese Verteilung darf sich durch äußere Einflüsse (Umgebung, Verschmutzung, Feuchtigkeit) nicht ändern, was bedingt, daß die Ansprechwechselspannung gleich und unabhängig von diesen Einflüssen bleibt. Sie soll unterhalb des Schutzpegels liegen, aber im Hinblick auf die Lebensdauer des Ableiters auch nicht so niedrig sein, daß dieser unnötig bei Überspannungen, die für die Anlage keine Gefahr bedeuten, anspricht. Da für die Begrenzung innerer Überspannungen auch die Ansprechwechselspannung maßgebend sein kann, muß sie in angemessenem Verhältnis zum Isoliervermögen bei Betriebsfrequenz liegen. Die Ansprechwechselspannung und damit die Löschspannung dürfen auch nach häufigerem Ansprechen infolge Aufrauhung der Elektroden noch nicht so weit abgesunken sein, daß die Unterbrechung des Folgestromes in Frage gestellt ist. Eine Überprüfung der Funkenstrecke wird aus diesem Grunde von Zeit zu Zeit notwendig sein.

b) Die Ansprechstoßspannung darf unabhängig von der Form der Stoßspannung und von äußeren Einflüssen den Schutzpegel nicht überschreiten.

Um diese Anforderungen zu erfüllen, sind verschiedene Wege in der Bauart der Funkenstrecken beschritten worden, die für hohe Spannungen in Bild 99 in ihrem Prinzip dargestellt sind. Bei der Anordnung a ist der Löschfunkenstrecke eine besondere Ansprechfunkenstrecke [10/11] vorgeschaltet. Diese Vorfunkenstrecke hat geteilte Elektroden, und zwar in der Mitte einen Stift, der unmittelbar mit dem Spannungsanschluß bzw. der Löschfunkenstrecke verbunden ist, und um diesen herum eine Kalotte, die von dem Stift isoliert, aber über einen hochohmigen Widerstand mit ihm in Verbindung steht. Dadurch wirken die Elektroden bei Spannungen mit niederer Frequenz als Kugeln, bei Stoßspannung als Spitzen. Ein kleiner Funke zwischen Stift und Kalotte auf der Anschlußseite, der den Spannungsabfall des Ladestromes am Überbrückungswiderstand ausgleicht, wirkt zusätzlich als Ionisierungsquelle für den Durchschlagraum. Die

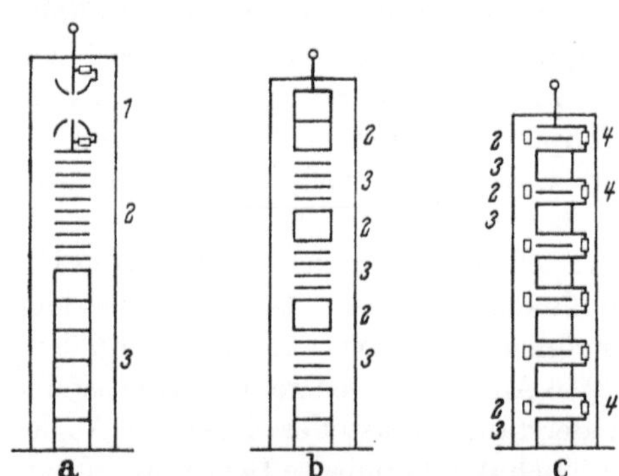

Bild 99a—c. Verschiedene Bauarten von Ventilableitern.
1 Vor- und Ansprechfunkenstrecke mit geteilten Elektroden, durch hochohmigen Widerstand überbruckt; *2* Ansprech- und Löschfunkenstrecke; *3* spannungsabhängiger Widerstand; *4* Steuerwiderstand.

Ansprechspannung bei Stoß liegt unter der bei Betriebsfrequenz, d.h. der Stoßfaktor ist < 1.

Da der auf die Vorfunkenstrecke entfallende Spannungsanteil gegenüber dem der Löschfunkenstrecke erheblich ist, wird durch einen vorgeschobenen Steuerring um die Funkenstrecke herum die Spannungsverteilung vergleichmäßigt, wie Bild 100 zeigt. Um den Stoßfaktor weiterhin herabzusetzen, wird der Steuerring ebenfalls über einen hochohmigen Widerstand mit der Anschlußelektrode verbunden, so daß er nur bei Spannungen mit niederen Frequenzen wirkt. Durch die zusätzliche Kapazität zur Löschfunkenstrecke soll er diese von äußeren Einflüssen unabhängiger machen. Bei Ableitern unter 80 kV bis herab zu 40 kV genügt es, den Steuerring nur als Strahlungsring unmittelbar mit der Anschlußelektrode zu verbinden.

Bei der Anordnung b des Bildes 99 werden die Funkenstrecken und Widerstände untereinander gemischt [10/30], um durch

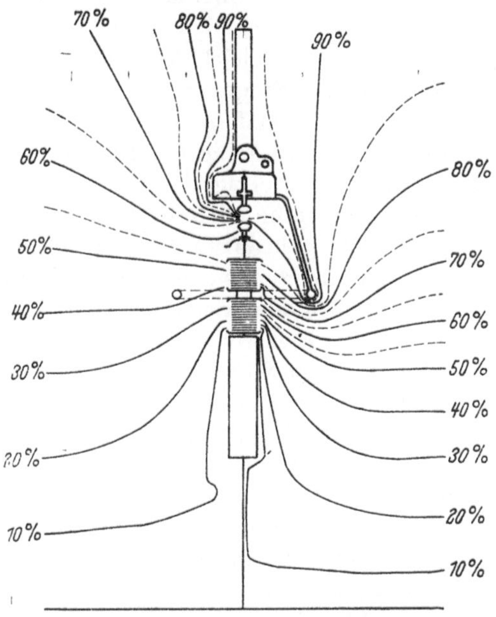

Bild 100. Steuerring für Kathodenfallableiter. Potentialverteilung nach Aufnahmen in der elektrolytischen Wanne bei Stoß (links) und Wechselspannung (rechts) [10/11]

kapazitive Steuerung eine möglichst gleichmäßige Spannungsverteilung längs der Teilfunkenstrecken bei Wechselspannung zu erhalten und den Einfluß leitfähiger Fremdschichten auf der Isolatorenoberfläche einzuschränken. Da auch hier die äußere Umgebung die Ansprechspannung beeinflussen kann, werden zur Feldsteuerung Schirmringe zusätzlich verwendet.

Außer diesen rein kapazitiven Steuerungen der Löschfunkenstrecke wird in zunehmendem Maße die zusatzliche Widerstandssteuerung [10/35] verwendet. Sie gestattet, den Ableiter aus gleichartigen Teilableitern zusammenzusetzen. Parallel zu den Funkenstrecken liegen Widerstände (Anordnung c in Bild 99), die so bemessen sein müssen, daß durch sie der Steuerstrom der Betriebsspannung dauernd fließen kann. Der Strom soll so groß sein, daß bei verunreinigter Oberfläche des Porzellanüberwurfes die Spannungsverteilung weitgehend unbeeinflußt bleibt. Um diese Steuerwirkung bis zur Ansprechspannung bei inneren Überspannungen zu erhöhen, verwendet man teilweise Steuerwiderstände mit spannungsabhängiger Kennlinie.

Der Steuerstrom durch die Widerstände liegt bei Betriebsspannung in der Größe von 1 mA. Wird durch den äußeren Ableitstrom z. B. infolge verschiedenartiger Verschmutzung oder Abtrocknung die Spannungsverteilung längs der Oberfläche des Ableiters ungleichmäßig, so kann ein spannungsabhängiger Widerstand die kapazitiven Teilströme günstiger ausgleichen als ein gleichbleibender.

Bei niedrigen Frequenzen bis zu einigen 1000 Hz überwiegt die Widerstandssteuerung, so daß die Spannungsverteilung auf die einzelnen Funkenstrecken gleichmäßig ist. Dies ist aber gerade im Hinblick auf die Löschspannung wichtig, damit jede Teilfunkenstrecke durch die wiederkehrende Spannung nach der Unterbrechung des Folgestromes mit dem gleichen Betrag beaufschlagt wird. Ein Absinken der Löschspannung kann nicht eintreten, es sei denn, daß sich durch häufige Beanspruchung mit sehr großen oder langdauernden Stoßströmen Schmelzperlen auf der Oberfläche der Elektroden bilden. Hiergegen muß die Löschfunkenstrecke mi. einer gewissen Sicherheit bemessen sein. Bei Stoßspannungen dagegen ist die kapazitive Steuerung maßgebend, die eine ungleichmäßige Spannungsverteilung längs der Funkenstrecke ergibt. Dadurch kann die Ansprechstoßspannung kleiner als der Scheitelwert der Ansprechwechselspannung werden, d. h. der Stoßfaktor wird < 1, wodurch sich ein gewisses Ansteigen der Ansprechstoßspannung infolge der Überschlagverzögerung bei steiler Stirn der Welle ausgleichen läßt. Eine zusätzliche Verminderung des Stoßfaktors kann durch einen äußeren herabgezogenen Steuerring erreicht werden.

Bei äußerer Verschmutzung und Befeuchtung des Ableiters treten zusätzliche Kapazitäten zur Oberfläche auf sowie ein parallel geschalteter Ableitwiderstand. Beim Aufbau des Ableiters aus gleichen Teilelementen ergibt sich eine Querverbindung zwischen der äußeren und inneren Spannungsverteilung, die aber in ihrem Gesamtverlauf ähnlich sind. Die Rückwirkung der äußeren Spannungsverteilung auf den Ableitstrom wirkt sich aber um so weniger aus, je stärker die Widerstandssteuerung im Ableiter ist. Leitfähige Oberflächenschichten üben somit praktisch kaum noch einen Einfluß aus.

Die Steuerung der Spannungsverteilung bei Ableitern kann auch durch eine halbleitende Glasur [*10/23, 26*] des Porzellangehäuses erfolgen. Durch Messung ist festgestellt worden, daß die 11-kV-Teilableiter der G. E. C. bei starker Verschmutzung und Feuchtigkeit Oberflächenwiderstände in der Größe von 0,1 bis 5 MΩ aufweisen können (Durchmesser des Porzellangehäuses etwa 23 cm, Bauhöhe etwa 33 cm, 2 Schirme mit etwa 32 cm Durchmesser). Man hat daher der Glasur einen Ableitungs-

widerstand von 10 MΩ je Teilableiter gegeben, was einem Oberflächen-
strom von rd. 1 mA entspricht. Die Verluste betragen 14 W oder etwa
0,005 W/cm²; die Temperaturerhöhung bleibt unter 5° C. Bei einer Kapazität des Ableiterelementes von 5 pF
beträgt der Blindwiderstand bei 50 Hz
700 MΩ und bei Stoß entsprechend
einer Frequenz von 250 kHz 0,14 MΩ.
Durch die Oberflächenwiderstands-
steuerung läßt sich auch eine Verminderung des Stoßfaktors unter 1
für den gesamten Ableiter erreichen.
Bild 101 zeigt die Spannungsverteilung
längs der 9 Teilableiter eines 132-kV-
Ventilableiters in trockenem und
feuchtem Zustand der Oberfläche.

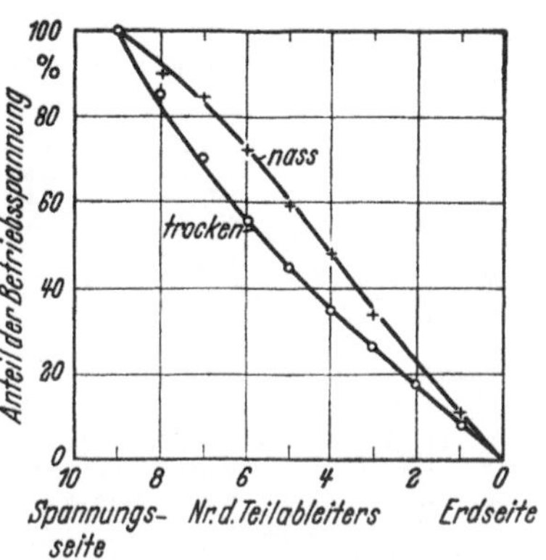

Bild 101. Spannungsverteilung bei Betriebsfrequenz längs der Teilableiter eines 132-kV-
Ventilableiters mit halbleitender Glasur bei
trockener und nasser Oberfläche [10/26].

Die Ansprechstoßspannung der
einzelnen Teilfunkenstrecken soll möglichst gleich dem Scheitelwert der
Ansprechwechselspannung sein und
nur geringe Streuung aufweisen, damit in der Gesamtanordnung der
Stoßfaktor zumindest nicht den Wert 1 überschreitet. Für die einzelne
Funkenstrecke kann der theoretische Wert 1 nicht unterschritten werden,
sondern nur in der Reihenschaltung infolge ungleichmäßiger Spannungsverteilung. MONAHAN [10/31] hat Funkenstrecken verschiedener Art
untersucht, wobei die Bauart a des Bildes 102 einen gleichbleibenden
Stoßfaktor von 1,37 aufwies,
während dieser für die Bauart b zwischen 1,53 und 2,18
streute. Bei beiden Arten
war der Radius der Elek-
troden größer als die Schlagweite Für die einzelne Funkenstrecke lag die Über-
schlagwechselspannung bei

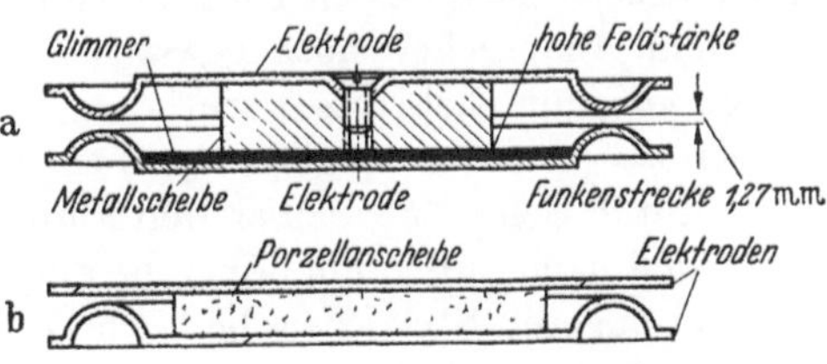

Bild 102 a u. b. Löschfunkenstrecken [10/31].

3,8 kV$_{\text{eff}}$ für eine Schlagweite von 1,27 mm und stimmte mit 1%
Genauigkeit mit der von Kugeln überein. Der Unterschied im
Stoßfaktor ist auf den Einfluß einer Bestrahlung bei der Bauart a
durch Entladungen an der Kante des metallenen Abstandstückes
auf der Glimmerzwischenlage von 0,2 mm Stärke zurückzuführen.
An dieser Kante tritt eine Feldstärke von etwa 24 kV/mm auf,
so daß die Luft durchschlagen wird, während bei der Bauart b die
Feldstärke am Abstandstück aus Porzellan nur 0,5 kV/mm beträgt.
Durch die Ausnützung dieser Erscheinung kann die Streuung der

Ansprechstoßspannung bei steilen Wellen erheblich vermindert werden.

Durch feinere Unterteilung der Funkenstrecke läßt sich die Anstiegsgeschwindigkeit der wiederkehrenden Festigkeit der Durchschlagstrecke nach Unterbrechung des Folgestromes steigern. Bild 103 zeigt Messungen von MONAHAN [*10/31*] an Funkenstrecken mit einer gesamten Schlagweite von 1,27 mm. Kurve 1 gilt für die Funkenstrecke nach Bild 102 a, Kurve 2 für eine einfachere Bauart mit 2facher Unterteilung je 0,635 mm und Kurve 3 für 7fache Unterteilung je 0,1778 mm Schlagweite. Ein Strom von etwa 70 A_s und einer Dauer von rd. 1 ms wurde durch die Funkenstrecke mit veränderlicher Steilheit der wiederkehren-

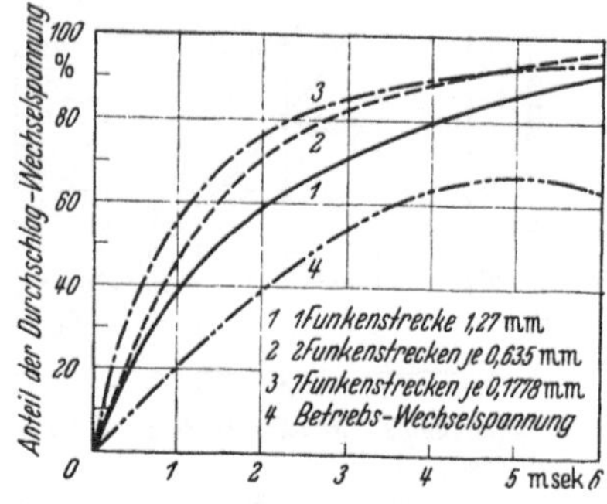

Bild 103. Wiederkehrende Festigkeit von Löschfunkenstrecken [*10/31*].

den Spannung unterbrochen. Nach anderen Untersuchungen [*10/3*] genügt die Zeitdauer des Stromflusses, da auch bei längerer Zeit der Durchschlagraum nicht stärker ionisiert wird. Im Vergleich zu der höchsten an der Funkenstrecke auftretenden Betriebsspannung (Kurve 4) ist eine zu feine Unterteilung der Löschstrecke nicht notwendig. Man legt den Funkenstreckenstapel im allgemeinen so aus, daß auf jede Teilstrecke eine höchstzulässige Betriebsspannung bis etwa 1,5 kV_{eff} entfällt. Die Grenze des Folgestromes, dessen Unterbrechung mit Sicherheit auch bei mehrmaligem Ansprechen noch gewährleistet ist, liegt bei etwa 100 A. Sie hängt von der Elektrodenform, dem Werkstoff und noch anderen Einflüssen ab. Um eine möglichst geringe Herabsetzung der Ansprechspannung durch Schmelzperlen an den Funkenstrecken zu erhalten, läßt man diese sich nach außen hin öffnen (s. auch Bild 102). Der Lichtbogen wird von der engsten Stelle zwischen den Elektroden, an der der Durchschlag erfolgt ist, dynamisch nach außen getrieben, so daß die eigentliche Zündstrecke kaum verunreinigt wird. Amerikanische Ableiter verwenden neuerdings innerhalb der Teilfunkenstrecken Magnetspulen zur Beblasung des Lichtbogens und zur Löschung in weniger als einer Halbwelle der Betriebsfrequenz. Dadurch kann ein größerer Folgestrom zugelassen werden, was zu einer Herabsetzung der Löschspannung und damit der Ansprechspannung und Restspannung führt.

Da die Restspannung des Ableiters bei Stoßstrom von dem zulässigen Folgestrom durch die Kennlinie des Widerstandswerkstoffes abhängig ist, hat man versucht, durch andere Maßnahmen die Löschwirkung zu erhöhen, um größere Folgeströme unterbrechen zu können, z.B. die Unter-

teilung des Lichtbogens in mehrere parallele Zweige [10/2], die magnetische Beblasung [10/8], die Verwendung von Löschrohren [10/16], die Beblasung der Funkenstrecke mit Druckluft [10/16]. Alle diese Vorschläge
weisen doch Mängel und zusätzliche Fehlerquellen auf, gegenüber denen
die unterteilte Funkenstrecke die einfachste Lösung ist. Allerdings muß
darauf geachtet werden, daß an den Elektroden keine Korrosionserschei-
nungen auftreten. Man schließt daher die Ableiter feuchtigkeitsdicht ab,
nachdem man vorher eine Patrone zur Absorption von Feuchtigkeit ein-
gelegt oder sie unter Vakuum mit Stickstoff gefüllt hat.

Die spannungsabhängigen Widerstände aus kristallinischem Siliciumcarbid [10/20] sind je nach ihrem Ableitvermögen zylindrische Körper
mit etwa 4 bis 15 cm Durchmesser. Um eine möglichst gleichmäßige
Stromverteilung über den Querschnitt zu erhalten, wird der Widerstand
aus einzelnen Teilkörpern zusammengesetzt, deren Höhe kleiner als ihr
Durchmesser ist und deren Stirnflächen metallisiert sind. Die Höhe des
Widerstandes wird so bemessen, daß bei Durchgang des Folgestromes
und höchstzulässiger Betriebsspannung eine Feldstärke von etwa
0,7 bis 0,9 kV_{eff}/cm [10/26] auftritt.

Wird die zulässige Beanspruchung des Widerstandes, die durch die
Feldstarke, die Stromdichte und die Zeit bestimmt ist, überschritten, so
tritt entweder ein Überschlag längs der Oberfläche oder cin Durchschlag
der Körper ein. Die Überschlagfestigkeit kann dadurch erhöht werden
[10/31], daß die Körper mit einer Isolierschicht umgeben werden, die aber
sehr dicht mit der Oberfläche verbunden sein muß. Man kann einen Ring
aus keramischem Werkstoff mit dem Widerstand zusammenbrennen.
Aber auch durch entsprechende Ausbildung der metallisierten Stirnflächen, durch die die Stromverteilung im Körper gesteuert werden kann,
läßt sich die Überschlagspannung heraufsetzen.

Eher als der Überschlag tritt aber bei Überbeanspruchung im allgemeinen der Durchschlag oder auch Teildurchschlag ein [10/31]. Er ist
bei Feldstärken von 5 bis 11 kV/cm nicht in der Stirn, sondern im Rücken
der Welle beobachtet worden, so daß anzunehmen ist, daß der Durchschlag thermischer Art ist. Da der Temperaturkoeffizient des Siliciumcarbids negativ ist, vermindert sich der Widerstand einer heißen Zone
stärker als derjenige der Umgebung. Die Stromdichte in diesem Pfad
nimmt zu, erwärmt ihn starker und wachst weiter an. Es ist anzunehmen,
daß dieser Kanal zunächst keinen größeren Durchmesser hat als der eines
Siliciumcarbidkristalles. Die Wärmeentwicklung ist an den Kristall-
kontaktflächen konzentriert. Da die Wärme schnell an die Umgebung
abgeführt wird, sollten mehrere in Abständen aufeinanderfolgende Wellen, deren Energiesumme gleich der einer einzelnen Welle ist, den Widerstand nicht so zerstören. Versuche haben aber gezeigt, sofern eine Welle
einen Teildurchschlag erzeugt, daß es annähernd gleich bleibt, ob der

Widerstand mit mehreren Wellen oder einer einzelnen Welle gleicher
Energie beansprucht wird. Ein Teildurchschlag kann auch im Oszillogramm nicht oder kaum zu erkennen sein, sofern er nicht durch mehr-
malige Beanspruchung genügend vergrößert wird. Hierin liegt die Schwierigkeit in der Beurteilung des Materials.

Da der Widerstand des Siliciumcarbids wie in einem Metall nicht
gleichmäßig über das Volumen verteilt ist, sondern in den Berührungs-
punkten der Kristalle liegt, ist er von deren Erwärmung abhängig. Er
wird um so niedriger, je höher die Temperatur ist. Die Schleife der Stromspannungskennlinie wird somit, wie Bild 104 zeigt, mit zunehmendem

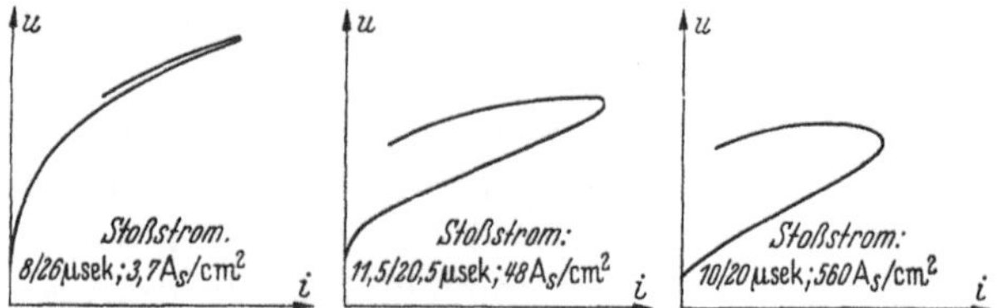

Bild 104. Strom-Spannungs-Kennlinie eines spannungsabhängigen Widerstandes bei Stoßstromen
verschiedener Hohe [*10/31*].

Strom breiter [*10/31*]. Auf die Größe des Folgestromes hat die Vorbean-
spruchung durch den Stoßstrom eine gewisse Auswirkung, obwohl nach
Ableitung eines Stoßstromes die örtliche Erwärmung in 1 ms oder weniger
durch den ganzen Körper ausgeglichen sein müßte.

Die Restspannung am Widerstand folgt angenähert dem Gesetz

$$u = R_1 \sqrt[a]{i},$$

wobei R_1 der Widerstand für $i = 1$ A ist.

Die Kennziffer a des Materials liegt bei den heutigen Ableitern in der
Größe von 5 bis 6, mit größerem Strom erhöht sie sich noch etwas, was
hinsichtlich der Restspannung günstig ist. Da der Widerstand von der
zulässigen Größe des Folgestromes, der noch mit Sicherheit durch die
Funkenstrecke unterbrochen werden kann (bis etwa 100 A), abhängt, ist
der Verminderung des Widerstandes eine Grenze gesetzt, sofern es nicht
gelingt, die Kennziffer a des Materials heraufzusetzen. Berücksichtigt
werden muß, daß das Siliciumcarbid niemals gleichmäßig ist und geringe Veränderungen durch den Strom eintreten können.

Die Energieaufnahme des Widerstandes ist wegen seiner gekrümmten
Kennlinie nur für besondere Wellenformen des Stromes oder der Spannung allgemein zu berechnen unter der Voraussetzung, daß die Spannung
am Widerstand dem Gesetz

$$u = k \sqrt[a]{i}$$

folgt. Diese angenäherte Rechnung gibt aber einen grundsätzlichen Vergleich über die thermische Beanspruchung des Widerstandes bei verschiedenen Beanspruchungsarten und beim Durchfluß des Folgestromes. Zunächst seien die Gleichungen für die Energieaufnahme bei sinusförmigem (für eine Halbwelle) und exponentiellem Verlauf des Stromes bzw. der Spannung angegeben, wobei T die Zeitdauer einer Halbwelle bzw. die Zeitkonstante der Exponentialfunktion ist.

Strom sinusförmig

$$u = k\, i^{\frac{1}{a}} \qquad\qquad i = i_s \sin \frac{\pi}{T} t$$

$$A = \int\limits_{t=0}^{T} u\, i\, dt = \frac{k\,T}{\pi} i_s^{\frac{1+a}{a}} \int\limits_{t=0}^{T} \left(\sin \frac{\pi}{T} t\right)^{\frac{1+a}{a}} \cdot d\left(\frac{T}{\pi} t\right) = 0{,}6\, k\, T\, i_s^{1,2} \quad \text{für } a = 5\,,$$

Spannung sinusförmig

$$u = u_s \sin \frac{\pi}{T} t \qquad\qquad i = \left(\frac{u}{k}\right)^a$$

$$A = \int\limits_{t=0}^{T} u\, i\, dt = \frac{T}{\pi\, k^a} u_s^{1+a} \int\limits_{t=0}^{T} \left(\sin \frac{\pi}{T} t\right)^{1+a} \cdot d\left(\frac{\pi}{T} t\right) = 0{,}312\, \frac{T}{k^5} u_s^6 \quad \text{für } a = 5\,,$$

Strom exponentiell

$$u = k\, i^{\frac{1}{a}} \qquad\qquad i = i_s\, \varepsilon^{-\frac{t}{T}}$$

$$A = \int\limits_{t=0}^{\infty} u\, i\, dt = \frac{a}{1+a}\, k\, T\, i_s^{\frac{1+a}{a}} = 0{,}833\, k\, T\, i_s^{1,2} \qquad \text{für } a = 5\,.$$

Spannung exponentiell

$$u = u_s\, \varepsilon^{-\frac{t}{T}} \qquad\qquad i = \left(\frac{u}{k}\right)^a$$

$$A = \int\limits_{t=0}^{\infty} u\, i\, dt = \frac{T}{(1+a)\, k^a} u_s^{1+a} = 1{,}67\, \frac{T}{k^5} u_s^6 \qquad \text{für } a = 5\,.$$

Ersetzt man T jeweils durch die Rückenhalbwertzeit T_r, so ist mit $T = 1{,}2\, T_r$ für die Sinuswelle und $T = 1{,}44\, T_r$ für die Exponentialwelle die Energieaufnahme für

$$i = i_s \sin \frac{\pi}{T} t \qquad A = 0{,}72\, k\, T_r\, i_s^{1,2}\,,$$

$$u = u_s \sin \frac{\pi}{T} t \qquad A = 0{,}374\, \frac{T_r}{k^5} u_s^6\,,$$

$$i = i_s\, \varepsilon^{-\frac{t}{T}} \qquad A = 1{,}2\, k\, T_r\, i_s^{1,2}\,,$$

$$u = u_s\, \varepsilon^{-\frac{t}{T}} \qquad A = 0{,}24\, \frac{T_r}{k^5} u_s^6\,.$$

Für einen Ableiter, der bei seiner Nennspannung von 110 kV einen Folgestrom mit einem Scheitelwert von 70 A führt, ist

$$k = \frac{156\,000}{\sqrt[5]{70}} = 66\,700\,.$$

Damit ergibt sich die Energieaufnahme während einer Halbwelle ($T = 10^{-2}$) für sinusförmige Spannungen zu $A_f = 34$ kWs. Bei einem Nennableitstoßstrom von $i_{sn} = 10$ kA der Welle 10/20 ($T_r = 20\ \mu$s) ist $A_{i_{s\,n}} = 61$ kWs, wenn der Stromverlauf annähernd als sinusförmig angenommen wird. Für einen Ableitstoßstrom i_g 100 kA bei $T_r = 5\ \mu$s wird $A_{i_g} = 240$ kWs. Bei Wellen langer Dauer und niedriger Stromstärke kann die Energieaufnahme in gleicher Größe liegen. Allerdings ist die Feldstärke längs des Widerstandes erheblich geringer. Für $T_r = 1000\ \mu$s und $i_{sl} = 1000$ A ergibt sich $A_{i_{sl}} = 190$ kWs, für $i_{sl} = 500$ A wird $A_{i_{sl}} = 83$ kWs.

Soll der Ableiter innere Überspannungen bei Schaltvorgängen begrenzen, so hat er im allgemeinen entweder die Energie des magnetischen Feldes eines Transformators oder des elektrischen Feldes einer Leitung in Wärme umzusetzen. Beim Unterbrechen des Leerlaufstromes eines Transformators von der Leistung N im Scheitelwert ist die frei werdende magnetische Energie

$$A_m \approx N_\mu\, 10^{-3}\,[\text{Ws}]\,,$$

worin N_μ die Leerlaufleistung des Transformators ist. Für z. B. $N_\mu/N = 3\%$ und $N = 100$ MVA ergibt sich $A_m = 3$ kWs. Fließt die elektrische Ladung des Leiters einer Leitung mit der Spannung u_e über den Ableiter ab, so ist deren Energie

$$A_e = \frac{1}{2}\,C\,u_e^2$$

($C \approx 0{,}01\ \mu$F/km, Kapazität eines Leiters gegen Erde). Ist u_e der Scheitelwert der Ansprechwechselspannung des Ableiters, die im Mittel etwa das 2,3fache seiner Nennspannung U_n beträgt, so wird $A_e = 5{,}3\,U_n^2$ [Ws/100 km], wobei U_n in kV einzusetzen ist. Für $U_n = 110$ kV ist $A_e = 64$ [kWs/100 km].

Die Beanspruchung des Ableiters beim Abschalten von Transformatoren im Leerlauf ist verhältnismäßig gering [10/48], beim Abschalten von Leitungen im Leerlauf dagegen kommt sie in die Größe derjenigen, wie sie bei Gewittereinwirkung auftreten kann, nur daß der Strom geringer und die Zeitdauer größer ist. Neigt der Schalter zu häufigeren Rückzündungen, so kann der Ableiter während der Abschaltung sogar mehrmals unmittelbar hintereinander beansprucht und eventuell überbeansprucht werden [10/34].

Ableitvermögen und Folgestrom sind abhängig vom Querschnitt des spannungsabhängigen Widerstandes. Bei Ableitern mit niedrigerem Ableitvermögen sind die Widerstandskörper im Durchmesser kleiner und der Folgestrom ist ebenfalls geringer. Da der Folgestrom durch die Löschfähigkeit der Löschfunkenstrecke begrenzt ist und andererseits die Höhe des Ableitstromes bei einer bestimmten Restspannung von ihm abhängt, läßt sich das Ableitvermögen nicht beliebig steigern. Im allgemeinen sind die Anlagen so isoliert, daß, abgesehen von unmittelbaren Blitzeinschlägen mit großem Ladungsausgleich, die Ableiter den Anforderungen genügen. Eine Vergrößerung des Ableitvermögens ist nur dadurch möglich, daß zwei oder mehr Ableiter parallel geschaltet werden, was man z.B. in der 380-kV-Anlage des Kraftwerkes Harspranget in Schweden getan hat.

FRÜHAUF [10/6] hat nach vorsichtiger Schätzung auf Grund von Versuchen angegeben, daß die zulässige Energieaufnahme des Widerstandswerkstoffes etwa 0,035 kWs/cm³ beträgt, was eine Temperaturerhöhung von etwa 25 bis 30°C ergeben dürfte. Diese niedrige Grenze ist durch die Inhomogenitat des Werkstoffes bedingt, da starke örtliche Erwärmungen zu einem Durchschlag führen können.

DEGOUMOIS [10/25] hat nachgewiesen, daß allein die Angabe des Energieaufnahmevermögens die Belastungsfähigkeit eines Ableiters nicht kennzeichnet, sondern daß diese auch von der Belastungsart abhängt. Er hat Ableitwiderstände für $i_{sn} = 5$ kA mit Stoßströmen verschiedener Höhe und Zeitdauer beansprucht, wobei die durchgeflossene Ladung $Q = \int i\,dt$ jeweils annähernd gleich groß, und zwar $Q = 1{,}443\,T_r\,i_s = 0{,}35$ bis 0,45 [As] je Stoßstrom war. Jeder Stoßstrom wurde 50mal in Abständen von 30 s auf den Widerstand gegeben. Das Ergebnis ist in Bild 105 dargestellt. Die Werte, bei denen kein Durchschlag des Widerstandes erfolgte, sind als Punkte, diejenigen, bei denen innerhalb der 50 maligen Beanspruchung der Durchschlag eintrat, als Kreuze angegeben. Hierbei muß beachtet werden, daß die Festigkeit der einzelnen Widerstände eine gewisse Streuung aufweist. Errechnet man für exponentiellen Verlauf des Stromes die Energieauf-

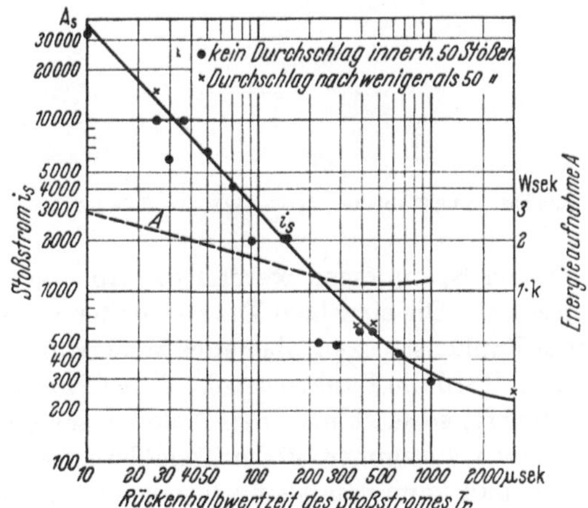

Bild 105. Festigkeitsgrenze von Resorbitwiderstanden fur 50 Stöße [10/25].

nahme A bei $a = 5$, so ergibt sich die gestrichelte Kurve. Der Wert von A verändert sich etwa im Verhältnis $2,5 : 1$, wohingegen die durchgeflossene Ladung annähernd gleich ist. Man kann also nach diesen Untersuchungen eher diese als zulässiges Maß für die Belastbarkeit des Ableiters annehmen. Errechnet man zum Vergleich mit Stoßströmen die Ladung beim Durchfluß des Folgestromes von etwa $i_{fs} = 38$ A bei $a = 5$, so ergibt sich hierfür $Q = 0,34\,T\,i_{fs} = 0,13\,As$ für $T = 10^{-2}s$, d. h. diese Ladung beträgt etwa $^1/_3$ derjenigen der Stoßströme, mit denen die Ableitkörper beansprucht werden.

Ventilableiter werden für Verteilungsnetze bis 30 oder auch bis 60 kV Nennspannung in einer Einheit, d. h. in einem Gehäuse gebaut. Bei

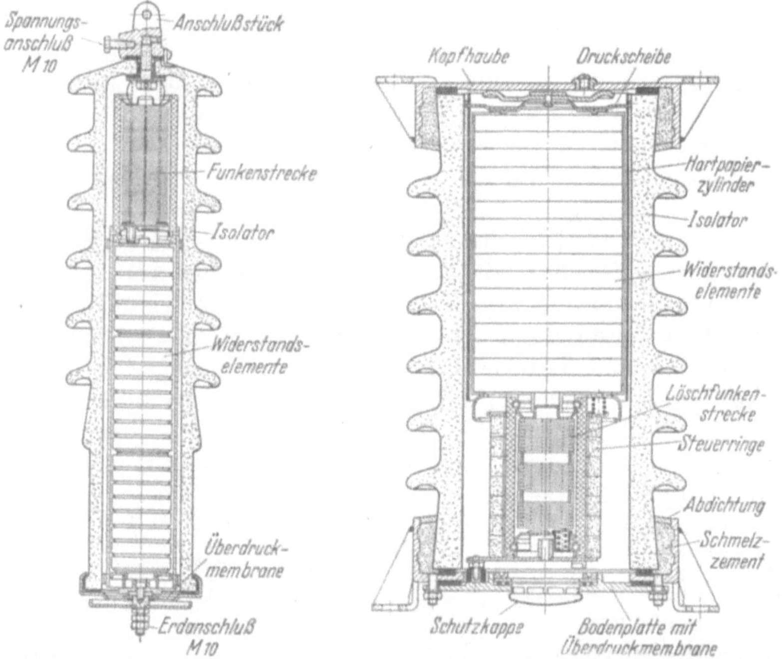

<table>
<tr><td>Bild 106. 30-kV-Ableiter, Typ SAWF.</td><td>Bild 107. Schnitt durch einen Teilableiter 20 kV,
Typ SAWFH.</td></tr>
</table>

höheren Spannungen werden die Ableiter aus mechanischen Gründen unterteilt. Die einzelnen Teile enthalten entweder nur Ableitwiderstände oder Funkenstrecken, aber auch Widerstände und Funkenstrecken gleichzeitig. Wird die Funkenstrecke durch Parallelschalten von Widerständen gesteuert, so setzt man den Ableiter aus gleichen Elementen, den Teilableitern, zusammen. Jeder Teilableiter ist für sich ein selbständiger Ableiter und kann somit einzeln wie auch in beliebiger Zusammensetzung verwendet werden.

Den grundsätzlichen Aufbau eines Ventilableiters, wie er in den Verteilungsnetzen verwendet wird, zeigt Bild 106. Das Gehäuse aus Hartporzellan enthält im oberen Teil die Plattenfunkenstrecken und darunter die Widerstandselemente. Zwischen den einzelnen Plattenfunkenstrecken liegen Abstandsscheiben aus Isolierstoff. Funkenstrecken und Widerstandsscheiben sind zur Zentrierung in Isolierstoffzylindern gestapelt. Die Teilableiter mit widerstandsgesteuerten Funkenstrecken nach Bild 107 sind in gleicher Art aufgebaut, nur daß bei der hier gezeigten Bauart die Ableitwiderstände oben liegen. Zur Steuerung der Spannungsverteilung längs des Funkenstreckenstapels ist dieser von ringförmigen Widerständen mit spannungsabhängiger Kennlinie umgeben. Ableitwiderstände und Steuerwiderstände sind in Reihe geschaltet. Beim Ansprechen des Ableiters, d. h. beim Durchschlag der Funkenstrecken, sind die Steuerwiderstände dadurch kurzgeschlossen. Ableiter für Nennspannungen von 110 kV und darüber erhalten zur Verminderung der Ansprechstoßspannung an der Seite des Spannungsanschlusses einen Steuerring. Der Stoßfaktor kann dadurch kleiner als 1 gemacht werden.

Ventilableiter sollen nach VDE 0675 die in Tabelle 8, S. 129 angegebenen Werte der 100%-Ansprechstoßspannung und der Restspannung einhalten. Außerdem soll die Ansprechstoßspannung für eine Ansprechzeit von 0,5 μs nicht den 1,15fachen Wert der höchstzulässigen 100%-Ansprechstoßspannung überschreiten, sofern die vom Hersteller angegebenen seitlichen Mindestabstände von geerdeten und spannungsführenden Teilen eingehalten sind. Da die Restspannung beim Nenn-Ableitstoßstrom von der Löschspannung abhängt, ist sie stets ein Vielfaches (3,3 bis 3,4) der jeweiligen höchstzulässigen Spannung mit Betriebsfrequenz am Ableiter.

4. Beanspruchung von Ventilableitern im Netz und ihr Schutzbereich.

Trifft eine auf einer Leitung mit dem Wellenwiderstand Z_1 anlaufende Wanderwelle mit der Spannung u auf einen Ableiter, so wird beim Ansprechen des Ableiters die Spannung der Welle abgesenkt. Der durch den Ableiter fließende Strom ist, wenn der Wellenwiderstand der Leitung hinter dem Ableiter Z_2 und die Spannung am Ableiter u_r ist,

$$i_s = 2\,\frac{u}{Z_1} - \frac{u_r}{Z_1} - \frac{u_r}{Z_2}\,.$$

u_r und i_s sind die aus der Restspannungskennlinie zusammengehörigen Werte. Daraus ergibt sich für einen Ableiter am Ende einer Leitung

$$i_s = \frac{2\,u - u_r}{Z}$$

und für einen Ableiter im Zuge einer Leitung

$$i_s = 2\left(\frac{u - u_r}{Z}\right).$$

Der größere Ableitstrom ergibt sich somit für einen Ableiter am Ende einer Leitung. Dieser Fall ist also der Bemessung des Ableiterwiderstandes zumindest zugrunde zu legen. Unter der Annahme, daß die Spannung der Welle gerade unterhalb der Überschlagstoßspannung der Leitungsisolation liegt, ergeben sich mit $Z = 470$ Ohm für Einfachseil, $Z = 440$ Ohm für Hohlseil und $Z = 330$ Ohm für Bündelleiter und mit den Werten der Restspannung für u_r nach Tab. 8 die in Tab. 9 angegebenen Ableitstoßströme. In der letzten Spalte sind die Ableiter mit den zulässigen niedrigsten Nennableitstoßströmen zugeordnet. Für Mittelspannungsnetze bis 30 kV könnte danach ein Ableiter mit einem Nennableitstoßstrom von 1,5 kA genügen. Da aber bei diesen Netzen vielfach Leitungen mit ungeerdeten Holzmasten verwendet werden, kann wegen der zusätzlichen Isolation des Holzes gegenüber Stoßspannungen die Spannung einer auf allen Leitern anlaufenden Welle bei direktem Blitzeinschlag in die Leitung erheblich, u. U. mehrere 1000 kV sein. Dabei braucht der Einschlag nicht in der Nähe des Ableiters zu liegen. Bei z. B. 2000 kV ergibt sich die Summe der Ableitströme über die drei Ableiter zu rd. 7 kA. In solchen Netzen sollten die Ableiter mindestens für 2,5 kA Nennableitstoßstrom bemessen sein. Liegen in der Holzmastleitung einzelne Eisenmaste, so wird an diesen durch den eintretenden Überschlag die Spannung der Welle auf den Spannungsabfall am Ausbreitungswiderstand der Erdung abgesenkt. In Mittelspannungsnetzen mit Holzmasten, in denen die Leitungen nicht durch Erdseile geschützt sind, kann somit eine Bemessung der Ableiter gegen direkte Blitzströme zweckmäßiger

sein als in Netzen mit hohen Spannungen, wo sich, zumindest vor der Station, ein Schutz gegen Leiterseileinschläge durch Erdseile in Verbindung mit niedrigen Ausbreitungswiderständen der einzelnen Masterdungen wohl stets erreichen läßt.

Über die in Ableitern abgeflossenen Stoßströme bei Gewittereinwirkung geben vor allem amerikanische Messungen Aufschluß, die in Bild 108 zusammengestellt sind. In 5 Stationen eines 132-kV-Netzes [2/20] sprachen die Ableiter während 4 Jahren 123mal an (Kurve a). Dabei wurden Ströme bis 3600 A gemessen, wobei allerdings 50% der Ströme gleich oder kleiner als 400 A waren. Da die Leitungen gegen unmittelbare Leiterseileinschläge ge-

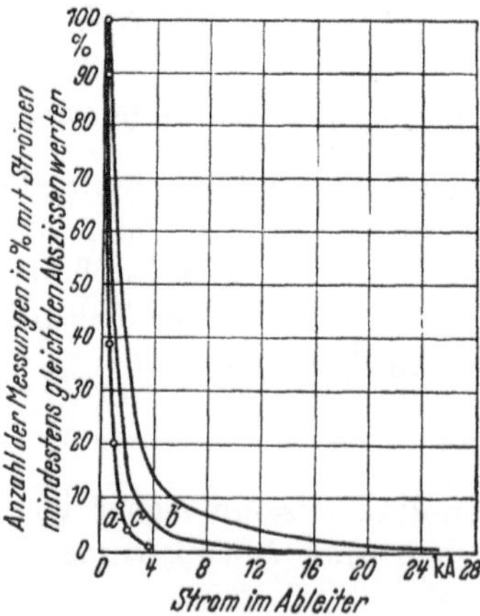

Bild 108. In Ableitern gemessene Stoßströme bei Blitzeinwirkungen. *a* 123 Meßwerte aus Stationen eines 132-kV-Netzes [2/20]; *b* 1608 Meßwerte aus Verteilungsnetzen bis 24 kV [10/9]; *c* 459 Meßwerte aus 11 bis 132-kV-Netzen [10/13]

Tabelle 8. *Bemessung der Ventilableiter nach VDE 0675/56.*

Nennspannung des Ableiters kV	Höchstzulässige Spannung mit Betriebsfrequenz am Ableiter kV	Höchstzulässige 100%-Ansprechstoßspannung 1/50 kV	Höchstzulässige Ansprech-Stoßspannung in der Wellenstirn bei einer Ansprechzeit von 0,5 μs kV	Höchstzulässige Restspannung beim Nennableitstoßstrom 10/20 kV	Nennableitstoßströme 10/20 kA
0,22	0,25	2,0	2,3	2,0	
0,38	0,44	2,5	2,9	2,5	1,5 — 0,3
0,5	0,575	2,8	3,2	2,8	
1	1,15	5	5,8	5	
3	3,5	13	15	13	
6	7	26	30	26	10 — 5
10	11,5	40	46	40	— 2,5 — 1,5
15	17,5	60	69	60	
20	23	80	92	80	
30	35	120	138	120	
45	52	165	190	175	10 — 5
60	70	220	253	235	— 2,5
110 E	100	310	355	330	
110	125	390	450	415	
150 E	135	420	480	450	10 — 5
150	170	530	610	565	
220 E	200	620	710	660	
220	250	775	890	825	
300 E	265	825	950	875	10
380 E	335	1040	1200	1100	

Tabelle 9. *Ableitstoßstrome von Ventilableitern am Ende einer Leitung.*

Reihenspannung kV	Überschlag-* Stoßspannung der Freileitung u kV	Restspannung des Ableiters u_r kV	Wellenwiderstand der Leitung Z Ohm	Ableitstoßstrom i_s kA	Niedrigster Nenn-Ableitstoßstrom i_{sn} kA
6	165	26	470	0,7	1,5
10	230	40	470	0,9	1,5
15	230	60	470	0,9	1,5
20	230	80	470	0,8	1,5
30	465	120	470	1,7	1,5
45	500	175	470	1,8	2,5
60	500	235	470	1,6	2,5
110	885	415	470	2,9	5
150	1080	565	470/440	3,4/3,6	5
220	1460	825	440/330	4,7/6,3	5/10
220 E	1460	660	440/330	5,1/6,8	5/10
300 E	1650	875	440/330	5,5/7,3	10
380 E	2150	1100	330	9,7	10

* Es ist der höchste Wert der üblich verwendeten Isolatorenarten angegeben.

9 Baatz, Überspannungen.

schützt sind, dürfte es sich ausschließlich um Wanderwellenströme infolge rückwärtiger Überschläge handeln. Hingegen ergaben Messungen in Verteilungsnetzen bis 24 kV [10/9] Ableitströme bis 25000 A; die Hälfte aller gemessenen Ströme lag unter 1300 A. Während 4 Jahren wurden 1608 Meßwerte erzielt (Kurve b). In diesen Netzen können unmittelbare Einschläge erfolgen, wobei wegen der geringen Abstände zwischen den Einbauorten der Ableiter diese häufiger in der Nähe der Einschlagstelle sein können.

In 11 bis 132-kV-Netzen [10/13] wurden während 5 Jahren die 459 Meßwerte der Kurve c erzielt. Dabei ergaben sich die größten Ableitströme bis zu 15000 A in den 22- und 33-kV-Netzen, während im 132-kV-Netz nur 4100 A als Höchstwert gemessen wurde, was wieder auf die Schutzwirkung des Erdseils zurückzuführen ist. Der Verlauf der Kurve c stimmt annähernd mit in Deutschland durchgeführten Messungen in 6 bis 110-kV-Netzen überein. Hier wurden 422 Meßwerte erzielt, wobei sich in Mittelspannungsnetzen Ableitströme über 4000 A, in 110-kV-Netzen dagegen nur bis 2000 A ergaben.

In 12-kV-Verteilungsnetzen [2/27] mit Rohrableitern sind Ableitströme bis 30000 A erhalten worden. Von 1685 Meßwerten lagen 50% über Ableitströmen von 200 A und 1% über 19000 A.

Messungen mit dem Fulchronographen [10/21] haben gezeigt, daß während eines Blitzschlages die Ableiter teilweise mehrmals einen Ableitstrom führen. Im Mittel hat ein Ableiter etwa 1,3mal bei einem Blitzschlag angesprochen. Für Stationsableiter geben GROSS und McMORRIS [10/13] an, daß 32% der Ableiter in 4 Jahren nicht angesprochen haben, 25% 2mal im Jahr. Die größte Ansprechhäufigkeit betrug 3,8mal im Jahr.

Maßgebend für die Verwendung der Ableiter im Netz ist ihre Löschspannung. Diese muß nach VDE 0675 unabhängig von allen Einflüssen mindestens 5% über der höchstzulässigen Spannung mit Betriebsfrequenz am Ableiter liegen.

Diese höchstzulässige Spannung mit Betriebsfrequenz am Ableiter soll am Einbauort des Ableiters auch bei Fehlern im Netz nicht überschritten werden. Bei Erdschluß eines Leiters ergibt sich an den beiden fehlerfreien Leitern die höchste Spannung, für die also der Ableiter zu bemessen ist. Diese Spannung ist von der Art der Sternpunkterdung des Netzes abhängig, wie in Abschnitt G 3 dargestellt ist.

In Netzen mit isoliertem Sternpunkt oder mit Erdschlußkompensation wird der Ableiter im erdschlußfreien Betrieb nur mit dem $1/\sqrt{3}$-fachen Betrag seiner Nennspannung beansprucht, so daß in diesem Fall die Löschbedingungen für den Folgestrom günstig sind. Dagegen erhalten bei Erdschluß eines Leiters die Ableiter der beiden anderen Leiter die Dreieckspannung, u. U. auch eine noch höhere Spannung; die Grenze der zulässigen Löschspannung kann also erreicht werden.

In einem räumlich weit ausgedehnten kompensierten Netz kann sogar bei Erdschluß an einem Ende unter dem Einfluß eines einseitigen großen Lastflusses die Spannung der nicht erdgeschlossenen Leiter am anderen Ende über die Leiterspannung (bis zum 1,15fachen Betrag) ansteigen. Am Ableiter würde also, wenn die höchstzulässige Betriebsspannung 15% über der Nennspannung liegt, seine 1,32fache Nennspannung als Löschspannung anstehen können, die u. U. beim Ansprechen zur Zerstörung führt. Diese Spannungserhöhung tritt dadurch auf, daß auf dem erdgeschlossenen Leiter der Laststrom einen Spannungsabfall erzeugt, der das Vektordiagramm gegenüber dem an der Erdschlußstelle dreht.

In Netzen mit starrer Sternpunkterdung, in denen die Leitererdspannung nicht den 0,8fachen Betrag der Leiterspannung überschreitet, kann die verminderte Beanspruchung der Isolation durch die Betriebsspannung bei Erdschluß zur Herabsetzung der Isolation auf 80% des Wertes eines Netzes mit isoliertem Sternpunkt oder Erdschlußlöschung ausgenutzt werden. Dementsprechend muß auch der Schutzpegel der Ableiter auf 80% vermindert werden. Diese sind somit nur für 80% ihrer höchstzulässigen Betriebsspannung auszulegen (s. auch Abschnitt F 1). Die Verminderung der Isolation ergibt nur einen wirtschaftlichen Nutzen bei Spannungen von 110 kV aufwärts. Bei sehr hohen Spannungen und starrer Sternpunkterdung kann man die Isolation der Transformatoren sogar auf 75% [*14/19*] bei Verwendung von Ableitern mit einem Schutzpegel von 75% vermindern.

Die Ansprechwechselspannung des Ableiters soll so hoch liegen, daß sie den allgemeinen Pegel der inneren Überspannungen überschreitet. Andererseits soll aber der Ableiter auch höhere innere Überspannungen begrenzen, d.h. der Scheitelwert der Ansprechwechselspannung darf nicht höher als der Schutzpegel liegen. Die untere Grenze ist nach VDE 0675 mit dem 1,8fachen Wert der höchstzulässigen Betriebsspannung festgelegt. Es kann natürlich erforderlich sein, daß Ableiter, z. B. zum Schutz von Maschinen, mit niedrigeren Ansprechwechselspannungen ausgeführt werden, wobei dann dieser Wert auf dem Leistungsschild anzugeben ist.

Die 100%-Ansprechstoßspannung darf die Werte nach Tabelle 8 nicht überschreiten, d.h. bei Stoßspannungen von dieser Höhe muß der Ableiter stets ansprechen [*10/43*].

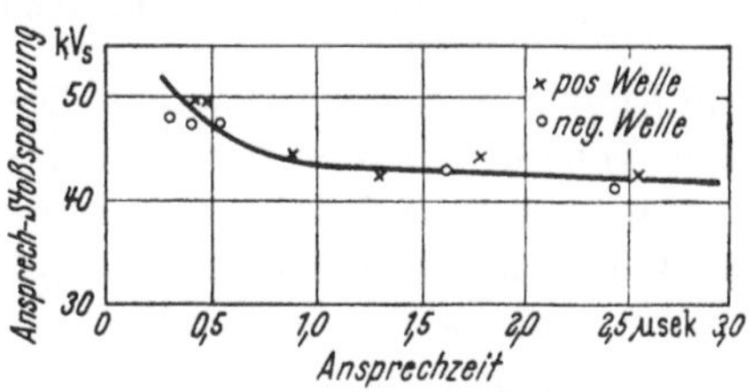

Bild 109. Kennlinie der Ansprechstoßspannung eines 11 kV-Ableiters [*10/26*].

Bei sehr steilem Anstieg der Stoßwelle, also bei sehr kurzen Ansprechzeiten, steigt die Ansprechstoßspannung an, wie Bild 109 für einen englischen 11-kV-Ableiter [*10/26*] zeigt. Die Erhöhung bei einer Ansprechzeit von 0,5 μs beträgt hierbei etwa 20%. In diesem Gebiet erhöhen sich ebenfalls die Überschlag- und Durchschlagstoßspannungen der Anlagenisolation, so daß trotzdem die Schutzwirkung erhalten bleiben wird.

Ableiter sollen so nahe wie möglich an die zu schützenden Anlageteile angeschlossen werden, insbesondere dann, wenn es sich um Stationen

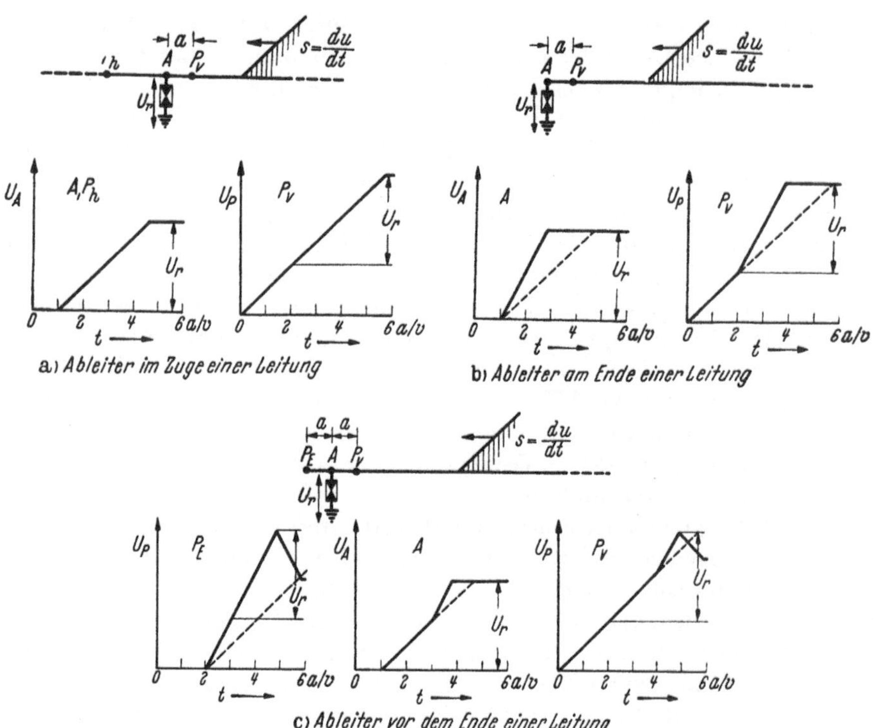

Bild 110a -c. Spannung beim Auftreffen einer Stoßspannung mit der Anstiegssteilheit $S = du/dt$ am Ableiter (A), vor (P_v) und hinter (P_h, P_E) dem Ableiter.

am Ende einer Leitung handelt. Die Welle wird erst beim Auftreffen auf den Ableiter auf die Restspannung abgesenkt, wenn dessen Ansprech- stoßspannung erreicht ist. Erst dann laufen von dem Ableiter Wellen nach beiden Richtungen aus, die die Spannung absenken. Bis zum Eintreffen dieser Abbauwellen an entfernteren Stellen können aber bereits Über- schläge eingetreten sein. Bei über den Anschlußpunkt hinausgehenden offenen Leitungsenden kommt noch hinzu, daß die Spannung am offenen Ende durch Reflexion verdoppelt wird. In Bild 110 ist der Spannungs- verlauf für einen Punkt P im Abstand a vom Einbauort A des Ableiters für eine anlaufende Welle mit der Steilheit $S = du/dt$ dargestellt. Ein

Ableiter im Zuge einer Leitung (a) schützt alle in Anlaufrichtung der Welle hinter ihm liegenden Anlageteile, während im Punkt P_v vor dem Ableiter die Spannung auf den Betrag $U_p = U_r + 2\,S\,a/v$ ansteigt, wo U_r die Restspannung[1] des Ableiters und v die Ausbreitungsgeschwindigkeit der Welle ist. Die gleichen Spannungen ergeben sich auch in den Fällen b und c für einen Ableiter am Ende einer Leitung oder kurz davor. Die Steilheit des Spannungsanstieges am Punkt P_v bzw. P_h kann je nach dessen Lage zwischen S und $2\,S$ liegen. Ist der zulässige Wert von U_p bekannt, so ergibt sich die zulässige Entfernung des Ableiters vom zu schützenden Gerät zu

$$a_{\text{zul.}} = \frac{U_p - U_r}{2\,S}\,v\,.$$

Der Schutzbereich ist also umgekehrt proportional der Steilheit der anlaufenden Welle.

Da die Spannung am Punkt P nur kurzzeitig auftritt, kann die Überschlagverzögerung der Isolation zur Vergrößerung des Schutzbereiches ausgenützt werden. Als höchste zulässige Spannung soll der obere Isolationspegel angenommen werden. Mit den Werten für den Schutzpegel und den oberen Isolationspegel nach VDE 0111 ergeben sich für Steilheiten von 1000 und 300 kV/μs bei den einzelnen Reihenspannungen die in Bild 111 angegebenen Schutzbereiche. In Mittelspannungsnetzen wird wegen der stärkeren Dämpfung die Stirnsteilheit der Wellen

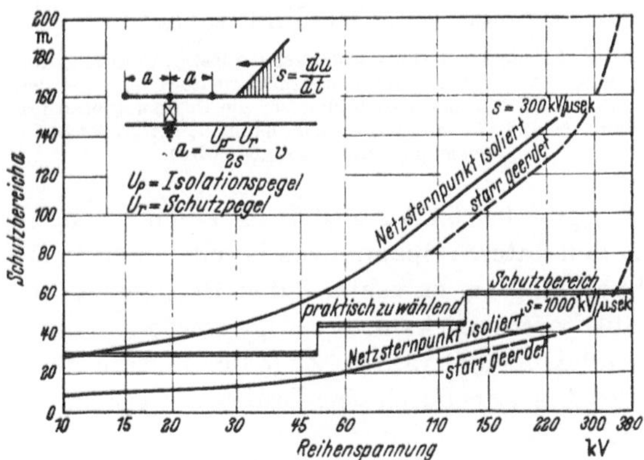

Bild 111. Schutzbereich von Ventilableitern.

größtenteils geringer sein, so daß man hier praktisch den Schutzbereich zu 30 m in Netzen bis zu 30 kV annehmen kann. Bei höheren Spannungen ist auch mit größeren Steilheiten zu rechnen, daher sollte der Schutzabstand nicht größer als 60 m gewählt werden. Bei wertvollen Betriebs-

---

[1] Es ist hier noch mit der Restspannung gerechnet, da diese bisher stets gleich der 100%-Ansprechstoßspannung war. Hierbei ist aber diese maßgebend.

mitteln, wie Transformatoren, wird es aber stets zweckmäßig sein, den Ableiter unmittelbar daneben anzuschließen, um unter jeden Bedingungen den vollen Schutz hierfür zu erhalten.

Der Schutz durch Ableiter ist nur voll wirksam, wenn zu der Restspannung nicht noch der Spannungsabfall des Ableitstoßstromes am Ausbreitungswiderstand der Ableitererdung hinzukommt, um den sich dann die Spannung am zu schützenden Anlageteil gegenüber der Restspannung erhöht, wie in Bild 112a dargestellt ist. Ein Ausbreitungswider-

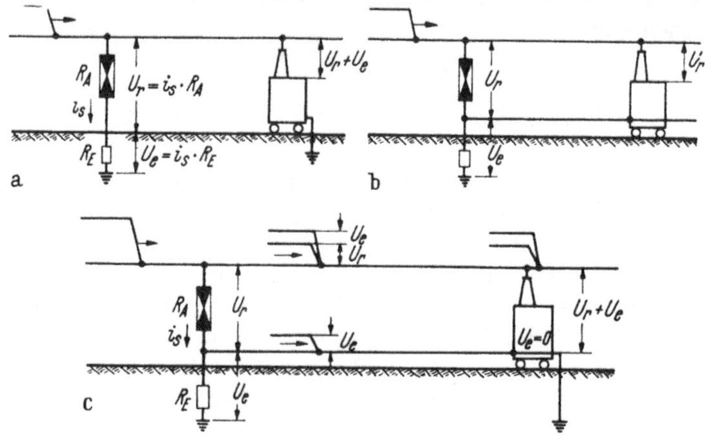

Bild 112 a—c. Erdung von Ableitern.

a) getrennte Erdung des Ableiters und Transformators, ungünstig; b) Erdung des Ableiters mit dem Transformator verbunden, richtig, c) Ableiter und Transformator einzeln geerdet, aber miteinander verbunden. Rückwirkung der Transformatorerdung auf die Spannungsbeanspruchung des Transformators bei großem Abstand (R_E muß niedrig sein, damit U_r bei großer Stirnsteilheit der Stoßspannung vernachlässigbar wird).

stand von 5 Ω ergibt bei 5 kA Ableitstrom einen Spannungsabfall von 25 kV, was bei den unteren Spannungen bereits zu einer erheblichen Erhöhung der Spannung am zu schützenden Betriebsmittel führt. Dieser Einfluß der Ableitererdung kann beseitigt werden, wenn die geerdeten Teile der zu schützenden Geräte im Zuge der Leitungsführung mit dem Erdanschluß des Ableiters durch eine Erdleitung verbunden werden, wie Bild 112b zeigt.

Die Ableiter selbst sollen an ihrem Einbauort so kurz wie möglich an Erder mit möglichst niedrigem Ausbreitungswiderstand (unter 5 Ω) angeschlossen werden. Ist der Ausbreitungswiderstand sehr hoch oder die Zuleitung zum Erder sehr lang, so wird zwar am Einbauort des Ableiters die Spannung zwischen Leiter und der mitgeführten Erdungsleitung auf die Restspannung herabgesetzt, es läuft aber auf beiden Leitern gleichsinnig überlagert die dem Spannungsabfall am Erder entsprechende Stoßwelle (Erderspannung) mit. Ist nun die Erdungsleitung am zu schützenden Gerät nochmals kurz mit einem Erder verbunden, so wird die Erderspannung hier abgebaut, so daß am Gerät die um den Spannungsabfall am Ableitererder erhöhte Restspannung auftritt. Gelingt es nicht, den Ausbreitungswiderstand der Ableitererdungen ausreichend klein zu machen, so ist es besser, das zu schützende Gerät nicht nochmals zu erden. Am Ende einer Leitung wird nicht nur die Restspannung reflektiert, sondern auch die Erderspannung auf dem Leiter. Es ist daher zweckmäßig, besonders bei Transformatoren, die Ableiter möglichst eng an diese heranzurücken. Werden Kabel durch Ableiter geschützt, müssen deren Mäntel in jedem Fall mit der Erdungsklemme des Ableiters kurz verbunden werden.

Besonders in Anlagen mit Nennspannungen unter 100 kV muß auf die richtige Verlegung der Erdleitungen geachtet werden. Kabelmäntel sind als Erdleitung zu verwenden. Bei Freiluftanlagen wird diese Forderung durch die Eisengerüste und das unter der Anlage im allgemeinen verlegte Maschenerdungsnetz erfüllt.

5. Überwachung von Ventilableitern im Betrieb und Schutz gegen Überlastung.

Ventilableiter sollen, wie auch andere Geräte, in Abständen von einigen Jahren überprüft werden [10/40, 42]. In Netzen, in denen die Ableiter seltener ansprechen, wird bei neuzeitlichen Ableitern ein Zeitraum von 6 bis 8 Jahren genügen. Im allgemeinen ist die Nachmessung der Ansprechwechselspannung ausreichend [10/41]. Zur Prüfung der Ansprechwechselspannung von Ableitern für Mittelspannungen bis etwa 30 kV, deren Funkenstrecken keine parallel geschalteten Steuerwiderstände haben, genügt ein entsprechender Spannungswandler mit unverzögerter Überstromauslösung auf der gespeisten Niederspannungsseite.

Ventilableiter für höhere Spannungen werden zur laufenden Überwachung am zweckmäßigsten mit einer Abbildfunkenstrecke (Bild 113) in der Zuleitung von der Erdungsklemme zum Erder versehen. Dabei ist zu beachten, daß

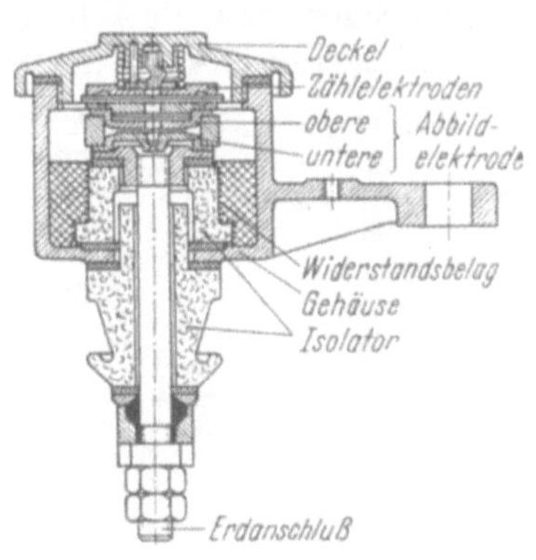

Bild 113. Schnitt durch eine Abbild- und Kontrollfunkenstrecke.

der Ableiter selbst von Erde isoliert aufgestellt wird. Die Abbildfunkenstrecke besteht aus einem Plattenpaar der Löschfunkenstrecke und ist feuchtigkeitsdicht in einem Isolierstoffgehäuse eingeschlossen. Sie muß durch einen hochohmigen Widerstand überbrückt sein, der die äußeren

Ableitströme bei verschmutztem und feuchtem Gehäuse und gegebenenfalls den Steuerstrom durch den Ableiter abfließen läßt, da sonst die Funkenstrecke ständig durchschlagen werden würde. Durch sie fließt derselbe Ableitstrom wie durch den Ableiter, sie zeigt somit den gleichen Zustand wie den der Löschfunkenstrecke an. Aus den Strommarken kann die Häufigkeit des Ansprechens und aus deren Art und Größe angenähert die Beanspruchung ermittelt werden. Eine zusätzliche Kontrollfunkenstrecke mit einer Papierzwischenlage erleichtert die Beurteilung durch die Anzahl und Größe der Löcher im Papier.

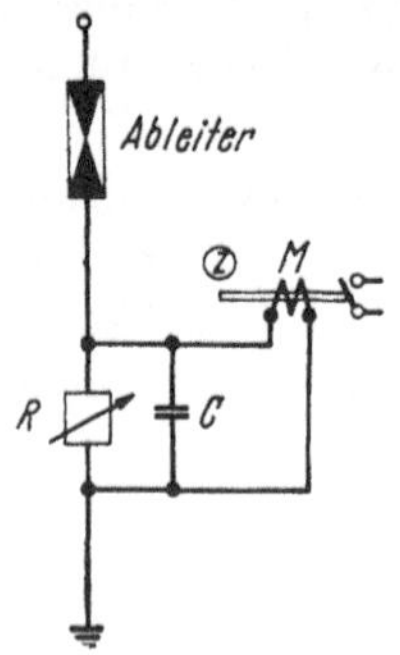

Bild 114.
Ansprechzähler [10/11].

Zur Feststellung des Ansprechens von Ableitern können auch Ansprechzählwerke [10/11] verwendet werden. Sie sind in gleicher Art wie die Kontrollfunkenstrecken in die Erdleitung einzuschalten. Zu einem vom Ableitstrom durchflossenen spannungsabhängigen Widerstand R liegt ein Kondensator C parallel (Bild 114). Dieser wird durch den Spannungsabfall am Widerstand aufgeladen und entlädt sich dann über die Magnetwicklung M einer Zählvorrichtung. Die untere Ansprechgrenze des Zählers ist durch die geringste Kondensatorladung bedingt, die das Zählwerk noch zum Ansprechen bringt. Der Abfluß sehr geringer Ladungen wird somit im Gegensatz zur Kontrollfunkenstrecke nicht mehr angezeigt.

Eine andere Bauart des Ansprechzählers gestattet außer dem Zählen des Ansprechens auch noch in gewissen Grenzen die Ermittlung der abgeflossenen Energie [10/18]. Der Ableitstrom durchfließt den spannungsabhän-

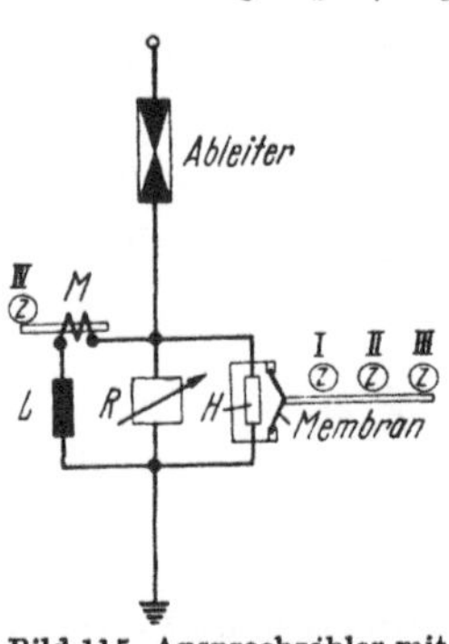

Bild 115. Ansprechzähler mit Messung der abgeflossenen Ladung [10/18].

gigen Widerstand R (Bild 115) und parallel dazu einen Heizwiderstand H, der in einen Topf mit einer nach oben abschließenden Membran eingebaut ist. Durch die erwärmte Luft wird die Membran ausgebeult, sie betätigt nacheinander mehrere Zählwerke. Diese können so eingestellt werden, daß z. B. Zählwerk I Stoßströme > 100 A bei $T_h > 30\ \mu$s, Zählwerk II Stoßströme $> 0{,}3 \times$ Nennableitstoßstrom bei $T_h > 30\ \mu$s und Zählwerk III Stoßströme über dem Nennableitstoßstrom bei $T_h > 50\ \mu$s angibt. Lang andauernde Ströme werden durch ein Magnetzählwerk M angezeigt, dessen Erregerwicklung eine Drosselspule L vorgeschaltet ist und mit dieser zusammen ebenfalls parallel zum spannungsabhängigen Widerstand liegt. Dieses Zählwerk IV registriert Ströme von mindestens 10 A und einer Zeitdauer über 3000 μs, also auch Folgeströme. Diese

Ansprechzähler lassen somit einige Rückschlüsse auf die Überspannungsvorgänge im Netz zu.

Eine Überlastung des Ableiters äußert sich dadurch, daß der Folgestrom nicht mehr während seines ersten Nulldurchganges unterbrochen wird. Die Ursache kann eine Erhöhung des Folgestromes infolge teilweisen Durchschlages oder Überschlages der Widerstandskörper oder eine Verminderung der Löschspannungsgrenze durch bereits früher beschriebene Erscheinungen sein. Durch den Lichtbogen entstehende Gase führen zu sehr großem inneren Überdruck und können das Gehäuse explosionsartig zerstören. Durch Überdruckmembran oder Bruchsicherungen wird Vorsorge getroffen, daß der Druck nicht bis zum Zerknallen eintreten kann. Bei der Überdruckmembran zerreißt eine dünne Metallfolie, bei der Bruchsicherung wird ein Abscherstift am Erdanschlußbolzen abgeschert und dadurch ein Auspuff geöffnet und der Erdanschluß abgeworfen. Die Bruchsicherung [*10/11*] läßt sich nur bei nach unten frei angebrachten Ableitern anwenden, bei stehend aufgebauten Ableitern erfolgt statt dessen der spannungsseitige Anschluß über einen Leitungstrenner. Dieser enthält einen unter Zug stehenden Sicherungsdraht, der bei Überlastung durch einen kleinen Lichtbogen durchgeschmolzen wird. Dadurch wird der untere Teil des Trenners abgeworfen und der Ableiter vom Netz getrennt Vielfach erlischt besonders in Netzen mit Erdschlußkompensation durch das Abwerfen des Erd- oder Spannungsanschlusses der Lichtbogen ohne Betriebsunterbrechung. Andernfalls muß wie bei der Bruchsicherung die Schadensstelle durch den Netzschutz abgeschaltet werden.

6. Rohrableiter.

Rohrableiter sind Schutzfunkenstrecken, bei denen der durch die Betriebsspannung nachfolgende Strom nicht durch Widerstände begrenzt wird, sondern der durch die Funkenstrecke fließende Folgestrom durch ein Löschmittel ähnlich wie bei einem Schalter unterbrochen wird. Gegenüber dem Ventilableiter, bei dem der Folgestrom in Phase mit der Spannung und somit ein Wirkstrom ist, wird der Folgestrom des Rohrableiters überwiegend ein Blindstrom sein. Seine Unterbrechung wahrend des Nulldurchganges des Augenblickswertes kann somit im Scheitelwert der Spannung erfolgen. Bei Ansprechen nur eines Ableiters ist der Folgestrom im Netz mit isoliertem Sternpunkt der kapazitive Erdschlußstrom, im Netz mit Kompensation des Erdschlußstromes der Reststrom und im Netz mit unmittelbar geerdetem Sternpunkt der Erdkurzschlußstrom. Sprechen 2 oder 3 Ableiter gleichzeitig an, so tritt stets der Kurzschlußstrom des Netzes auf. Das wesentliche Problem beim Rohrableiter besteht also darin, den Folgestrom ohne Auswirkungen auf den Netzbetrieb zu unterbrechen. d h. es soll nicht zu Auslösungen von Schaltern oder Sicherungen kommen. Die Löschzeit muß also möglichst kurz sein, was auch hinsichtlich der

Beanspruchung des Ableiters selbst notwendig ist. Es hat auch keinen Sinn, Rohrableiter in Richtung des Energieflusses hinter schnell wirkende Sicherungen anzuschließen, da dann ein Kurzschlußstrom als Folgestrom nicht durch jene, sondern durch die Sicherungen unterbrochen wird.

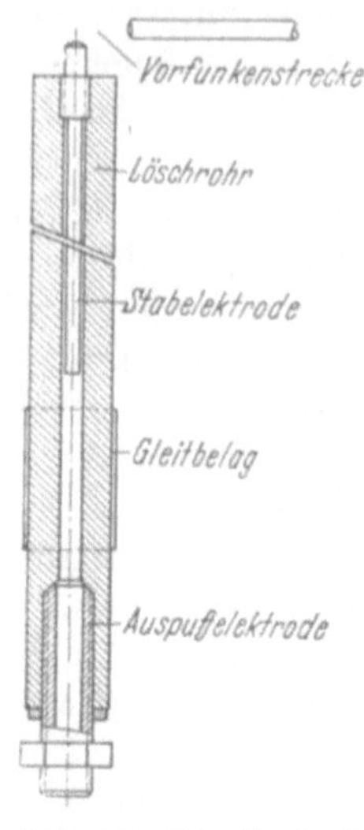

Bild 116. Schnitt durch einen Rohrableiter einfacher Bauart [11/14].

Die einfachste Bauart des Rohrableiters besteht aus einer offenen Vorfunkenstrecke in Reihe mit einer Löschfunkenstrecke in einem Rohr aus organischem Isolierstoff (Hartgummi, Fiber od. dgl.) (Bild 116). Die Vorfunkenstrecke soll die Löschfunkenstrecke von der Beanspruchung durch die Betriebsspannung entlasten, da deren Kriechweg zu gering ist. Das Isolierrohr der Löschfunkenstrecke hat die Aufgabe, unter dem Einwirken des Lichtbogens auf seine Oberfläche Gas abzugeben. Durch den entstehenden Gasdruck und das explosionsartige Ausstoßen der Lichtbogengase wird der Lichtbogen beim Nulldurchgang des Stromes ausgeblasen. Um die Abnutzung der Rohrwandung klein zu halten, soll daher der Folgestrom möglichst schon nach der ersten Halbwelle der Betriebsfrequenz unterbrochen werden. Bild 117 zeigt Oszillogramme vom Löschvorgang eines Rohrableiters, wobei der Lichtbogen künstlich durch einen angesäuerten Wollfaden gezündet wurde. Da der Ableiter keinen Widerstand besitzt, ist seine Restspannung praktisch Null.

Die Fähigkeit der Löschfunkenstrecke, Folgeströme zu unterbrechen, ist begrenzt. Sie ist abhängig von der Länge des Lichtbogens im Rohr, der Größe des Stromes und dem Querschnitt der Rohrbohrung, sowie der Steilheit der wiederkehrenden Spannung. Strom und Größe der Bohrung, aber auch die Art des Isoliermaterials bestimmen den im Rohr entstehenden Gasdruck. Ist dieser zu klein, so kann der Lichtbogen nicht gelöscht werden, ist er zu groß, so besteht die Gefahr, daß das Rohr zerplatzt. Eine hohe dynamische Beanspruchung des Rohres kann auch bei großen Stoßströmen auftreten. Die Rohrableiter haben somit einen gewissen Arbeitsbereich für den Folgestrom, der von etwa 100 bis zu einigen 1000 A geht. Die Erfahrung hat gezeigt, daß auch kleine kapazitive Erdschlußströme, aber vor allem die Erdschlußrestströme in Netzen mit Erdschlußlöschung unterbrochen werden.

Ist die Steilheit der Einschwingspannung am Ableiter nach der Aufhebung des Kurzschlusses zu groß, so kann ein Wiederzünden eintreten und der Lichtbogen im Rohr bestehenbleiben. Nach Untersuchungen von FOITZIK [11/14] soll die Einschwingfrequenz nicht viel höher als

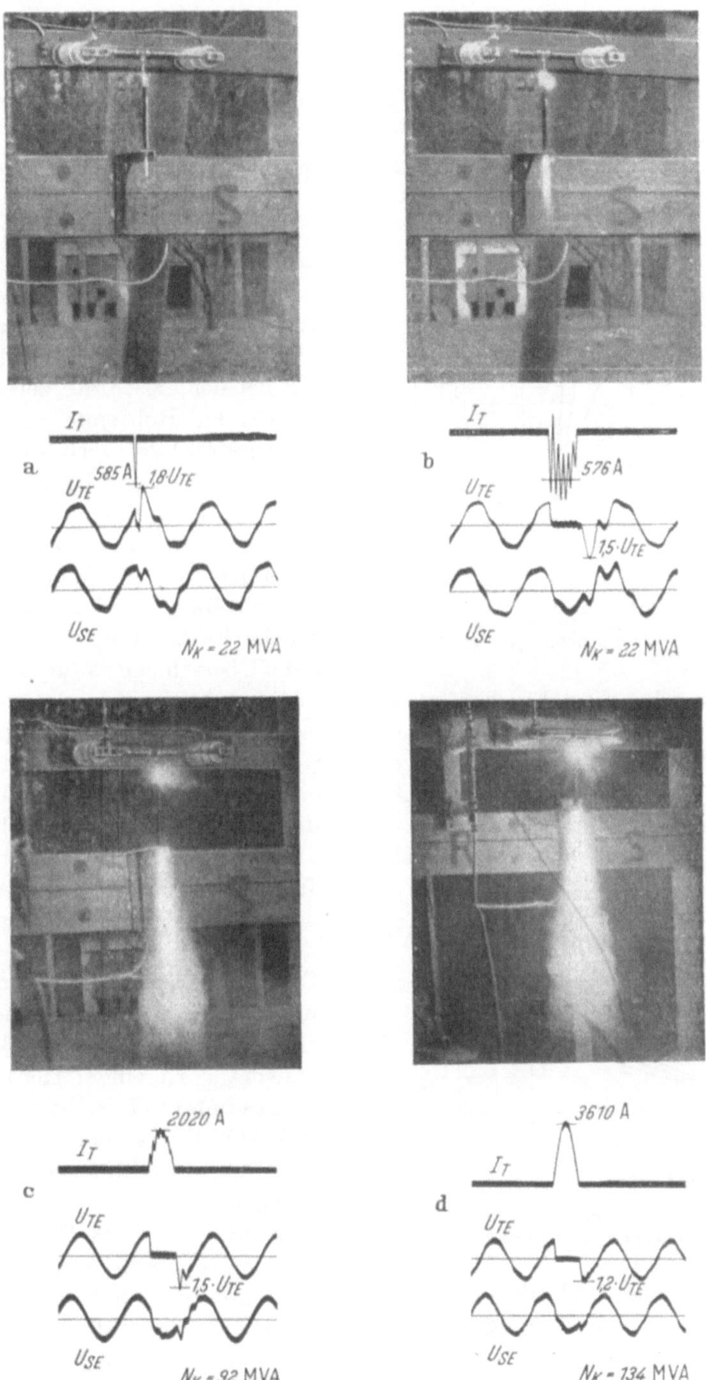

Bild 117 a—d. Löschvorgang in Rohrableitern in einem 20-kV-Netz bei verschiedenen Kurzschlußleistungen N_k.

etwa 1000 Hz liegen (Bild 118). Daraus ergibt sich, daß Rohrableiter niemals in Richtung des Leistungsflusses unmittelbar hinter Transformatoren eingebaut werden sollen, sondern stets nur in einem Netz von gewisser Leitungslänge, in dem die Einschwingfrequenz den angegebenen Wert

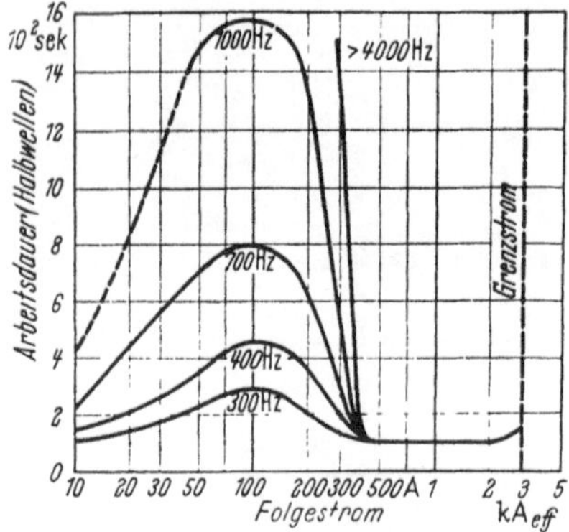

Bild 118. Arbeitsdauer von Rohrableitern für 20 kV abhängig vom Folgestrom bei verschiedenen Einschwingfrequenzen der wiederkehrenden Betriebsspannung [11/14].

nicht überschreitet. Die Verwendung der Rohrableiter ist also von den Netzbedingungen abhängig.

Wie die über den Oszillogrammen des Bildes 117 wiedergegebenen Aufnahmen vom Arbeiten der Rohrableiter bei der Löschung zeigen, erreicht der am Rohrende austretende Feuerstrahl der verbrannten heißen Gase erhebliche Länge. Er betrug hier 10 bis 150 cm. Beim Einbau der Rohrableiter ist also darauf zu achten, daß ein entsprechend freier Raum vorhanden ist, damit keine Entzündung entstehen kann oder Überschläge dadurch eingeleitet werden. Das Löschen ist mit einem lauten Knall verbunden. Der Ausbrand der Löschstrecke im Rohr beträgt bei jedem Ansprechen bei Löschzeiten von einer Halbwelle der Betriebsfrequenz im Mittel etwa 0,1 mm. Somit vergrößert sich der Innendurchmesser ständig. Die Isolierstoffrohre der Rohrableiter, die häufig ansprechen, müssen daher von Zeit zu Zeit ausgewechselt werden. Auch das Nachstellen der

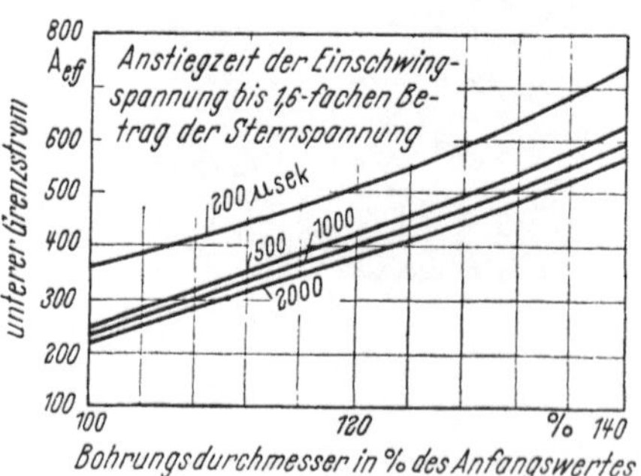

Bild 119. Unterer Grenzstrom eines Rohrableiters abhängig vom Bohrungsdurchmesser [11/17].

Vorfunkenstrecke kann wegen Abbrandes der Elektroden notwendig werden.

Da die Löschgrenzen des Rohrableiters von dem Bohrungsdurchmesser abhängig sind, führt der Ausbrand zu einem Heraufsetzen des unteren Löschstromes. Nach Bild 119 setzt eine Vergrößerung des Durchmessers um 30% den unteren Grenzwert des Stromes auf etwa das Doppelte herauf [11/17]. Andererseits ist der untere wie auch der obere Grenzstrom von der Steilheit der wiederkehrenden Spannung abhängig. Bild 120 zeigt diesen Einfluß.

Die Kennlinien der Ansprechstoßspannung von Rohrableitern ähneln in ihrem Verlauf denen der Stabfunkenstrecken. Da zwei solcher Funkenstrecken, die verschiedene Aufgaben haben, in Reihe liegen, können die niedrigen Werte der Ansprechstoßspannungen von Ventilableitern nicht erreicht werden. Es ist aber möglich, die Kennlinien ausreichend tief

unter diejenigen der Stützer und Durchführungen zu legen, so daß Rohrableiter in Freileitungsnetzen in vielen Fällen einen ausreichenden Schutz bieten können. Sie werden daher in Europa als billiges und auch zuverlässiges Überspannungsschutzgerät in den Freileitungen und Netzstationen der Verteilungsnetze bis etwa 20 kV Betriebsspannung verwendet [11/9, 19, 22, 26, 30], und zwar dort, wo der Ventilableiter noch zu teuer ist. Ihr Vorteil, der besonders bei Holzmastleitungen ohne Erdseilschutz und ohne Erdung der Isolatorenträger hervortritt, ist, daß ihre Restspannung nicht von der Größe des Stoßstromes abhängt. Auf solchen Holzmastleitungen können u. U. erheblich hohe Stoßspannungen bei Blitzeinschlag in die Leiterseile auftreten.

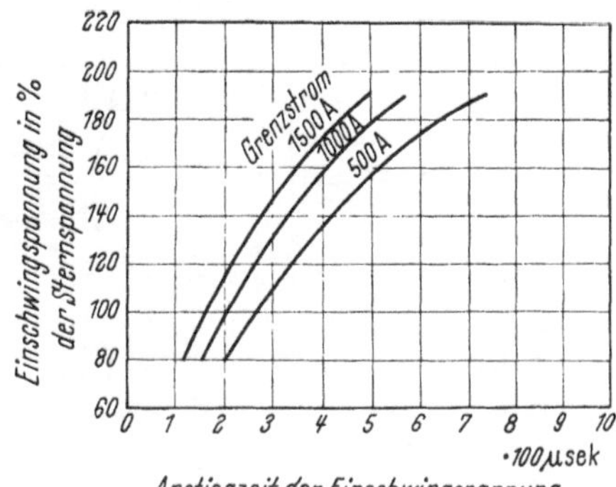

Bild 120. Einfluß der Steilheit und Höhe der Einschwingspannung auf den Grenzstrom [11/17].

Die Bilder 121 und 122 zeigen Ansprechstoßkennlinien von Rohrableitern zwei verschiedener Bauarten, und zwar für Ableiter mit getrennter Vorfunkenstrecke [11/14] nach Bild 116 und für Ableiter mit vereinigten Funkenstrecken [11/24], wobei die freie Luftstrecke erst an das isolierte Ende der Löschfunkenstrecke anschließt nach Bild 123 b. Zum Vergleich sind die Überschlagstoßkennlinien der Stützer bzw.

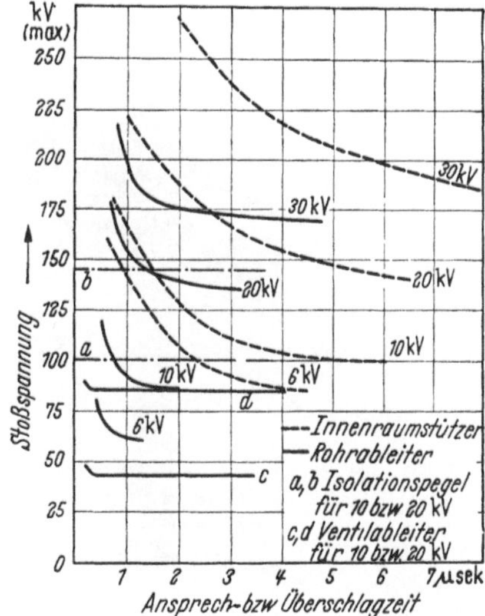

Bild 121. Ansprech-Stoßkennlinien von Rohrableitern des Bildes 116 und Überschlag-Stoßkennlinien von Innenraumstutzern bei pos Stoßwelle 0,5/50 μs für Nennspannungen von 6 bis 30 kV [11/14].

Durchführungen eingetragen. Die Durchführungen sind mit Rohrableitern am schwierigsten zu schützen, da ihre Stoßkennlinien bis zu sehr geringen Zeiten nahezu waagerecht verlaufen.

Um das lästige Einstellen der Vorfunkenstrecke zu vermeiden und um deren Schlagweite stets einzuhalten, wird die Vorfunkenstrecke vielfach fest mit dem Löschrohr zusammengebaut. Es ist darauf zu achten, daß die Vorfunkenstrecke bei Regen nicht durch abtropfendes Wasser

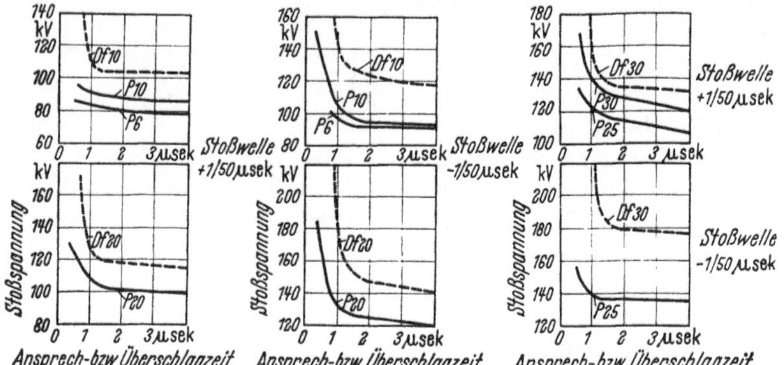

Bild 122. Ansprech-Stoßkennlinien von Rohrableitern (*P*) des Bildes 123b und Überschlag-Stoßkennlinien genormter Porzellan-Innenraum-Durchführungen (*D f*) für Nennspannungen von 6 bis 30 kV. (Der Index an *P* bzw. *D f* gibt die Nennspannung an) [11/24].

a

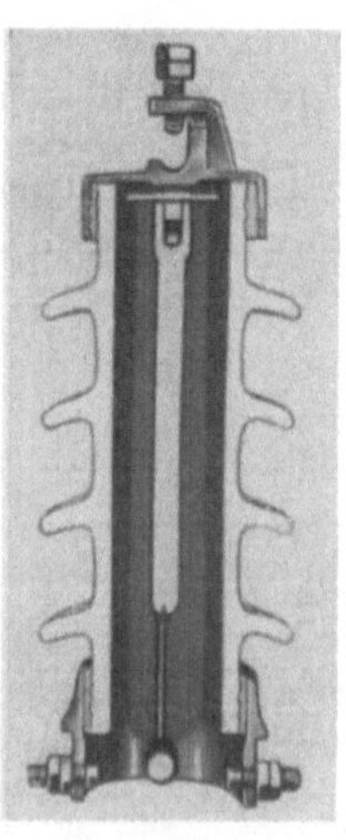

b

Bild 123 a u. b. Rohrableiter mit fester Vorfunkenstrecke.
a) mit getrennter Vorfunkenstrecke; b) Vorfunkenstrecke mit Löschfunkenstrecke vereinigt.

überbrückt wird, da sonst das Isolierrohr wie auch bei zu großen Ableitungsströmen über die Isolation der Vorfunkenstrecke beschädigt werden kann. Bild 123 a zeigt solchen Rohrableiter.

Um nun den Arbeitsbereich der Rohrableiter insbesonders in den Verteilungsnetzen zu erweitern, ist die Entwicklung in den USA weitergetrieben worden. Der Rohrableiter ist dort dem Ventilableiter in der Anwendung praktisch gleichwertig geworden. Allerdings [*11/6, 7, 29*] sind auch die Kosten für beide Ableiterarten annähernd gleich. Durch ent-

sprechende Formgebung der Löschfunkenstrecke wird die Länge des Lichtbogens nach der Zündung erheblich vergrößert. Dadurch tritt eine zusätzliche Kühlung und Erhöhung des Lichtbogenwiderstandes ein, so daß der Kurzschlußstrom nicht mehr auf seinen vollen Wert anwächst. Andererseits ist bei kleinen Strömen nur ein geringer Bohrungsquerschnitt wirksam, durch den günstigere Voraussetzungen für die Lichtbogenlöschung gegeben sind. Der Rohrableiter wird durch diese Maßnahmen auch weitgehend unabhängig von den Netzbedingungen.

Der Rohrableiter des Bildes 124 enthält in der Bohrung des Isolierstoffrohres aus Fiber einen Stab aus Fiber, in den

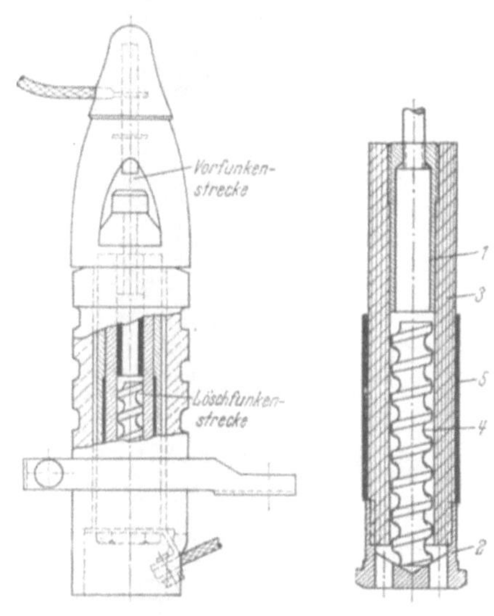

Bild 124. Amerikanischer Rohrableiter für Vertei-. lungsnetze [*11/25*].

Schnitt durch die Löschfunkenstrecke: *1* obere Elektrode, *2* Erdelektrode, *3* Isolierrohr aus Fiber, *4* Isolierstab aus Fiber mit Spiralnut, *5* Schutzrohr aus Stahl.

eine tiefe Spirale eingeschnitten ist [*11/25*]. Der Überschlag tritt zunächst längs der Wandung geradlinig ein. Der entstehende Gasdruck treibt den Lichtbogen in die Spirale und verlängert ihn bis zum 4fachen Betrag der Schlagweite. Die Erhöhung des Lichtbogenwiderstandes bewirkt, daß große Kurzschlußströme sich nicht bis zu ihrer vollen Höhe ausbilden können. So wird z. B. bei einem Ableiter für 3 kV ein Strom von 10000 A auf unter 1000 A vermindert. Kleine Ströme werden infolge der Unterteilung durch die Spirale ebenfalls leicht gelöscht. Um die großen dynamischen Kräfte aufnehmen zu können, ist das Fiberrohr bis zur Höhe der oberen Elektrode von einem Stahlrohr umgeben. Das elektrische Feld drängt sich dadurch an der oberen Elektrode sehr stark zusammen und ergibt eine hohe Feldstärke. Bei gleicher Ansprechstoßspannung kann somit die Schlagweite der Löschfunkenstrecke gegenüber einem Rohr ohne vorgezogene Elektrode länger gemacht werden. Die Vorfunkenstrecke befindet sich im oberen Teil des Porzellangehäuses, das den Ableiter gegen die Einflüsse der Witterung schützt.

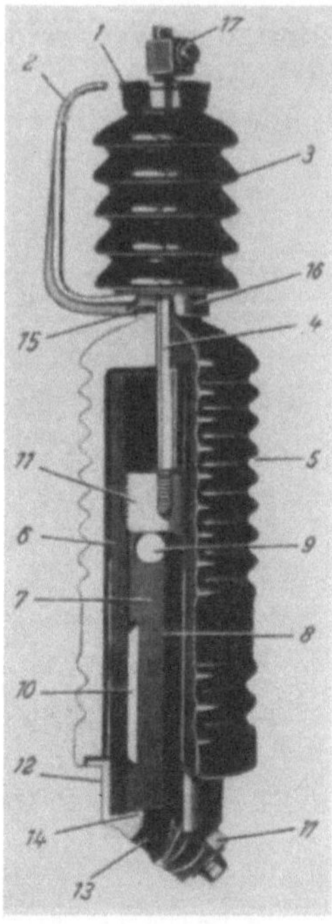

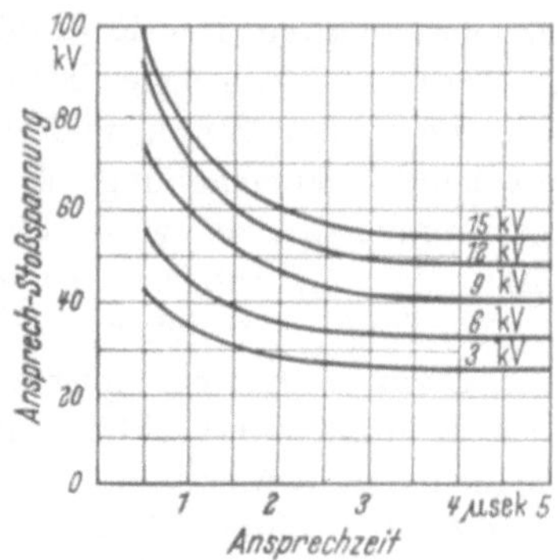

Bild 126. Ansprech-Stoßkennlinien von Rohrableitern nach Bild 125.

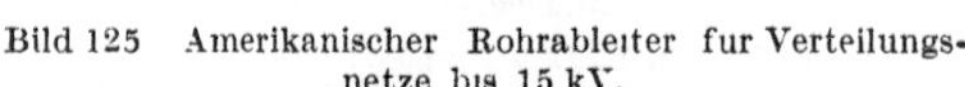

Bild 125   Amerikanischer Rohrableiter für Verteilungs-netze bis 15 kV.

1 u. *2* Äußere Elektroden, *3* Porzellan-Isolator, *4* Verbindungsstange, *5* Gehäuse aus Porzellan oder Pyrexglas, *6* Fiberrohr, *7* Fibereinsatz, *8* Keilformiger Kanal der Löschfunkenstrecke, *9* Innere Elektrode, *10* Mittlere Elektrode, *11* Gewindebolzen, *12* Gewindefassung, *13* Auspuff, *14* Untere Elektrode, *15* Dichtung, *15* Äußere Elektrodenfassung, *17* Anschlußklemmen.

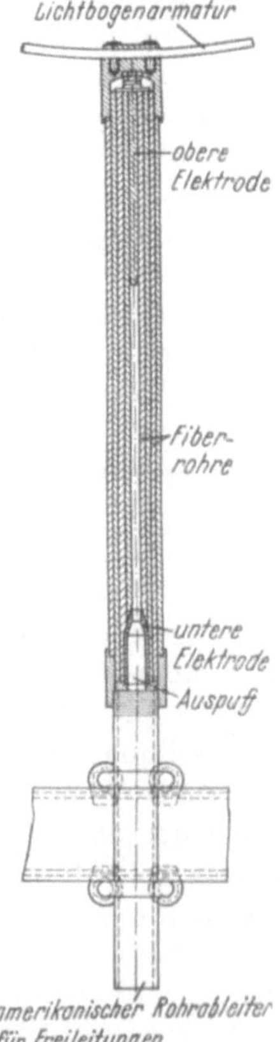

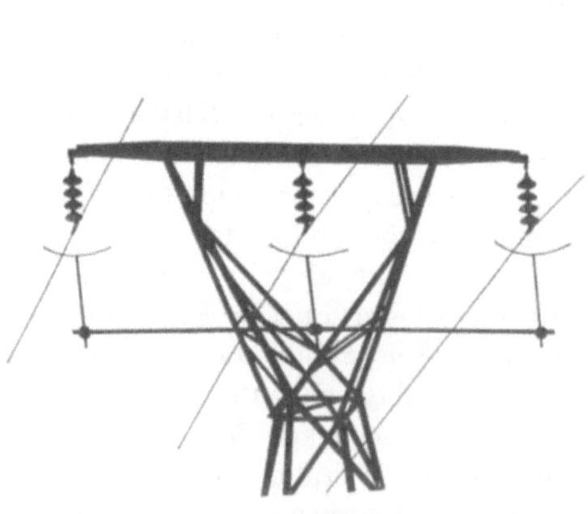

Bild 127. Einbau von Rohrableitern an einem amerikanischen Freileitungsmast.

Bild 128. Schnitt durch einen Rohrableiter des Bildes 127.

Eine andere Ausführung zeigt Bild 125. Das Gehäuse der Löschfunkenstrecke aus Porzellan oder Pyrexglas ist mit einem Porzellanisolator, der außen die Vorfunkenstrecke trägt, fest verbunden. Zwischen der unteren und oberen Elektrode des Fiberrohres ist die Bohrung keilförmig ausgebildet. Auf der schmalen Seite dieses keilförmigen Lichtbogenraumes ist eine mittlere Elektrode isoliert angebracht. Beim Ansprechen durch eine Stoßspannung erfolgt der Überschlag von der oberen Elektrode zu der langen Mittelelektrode und von dort zu der unteren Elektrode, die geerdet ist. Die beiden in Reihe geschalteten Funkenstrekken ergeben eine niedrige Ansprechstoßspannung bei ausreichend großer Lichtbogenlänge. Die beiden Lichtbögen brennen zunächst im engsten Teil der Lichtbogenkammer, werden aber durch den Gasdruck schnell nach außen in den weiten Teil der Kammer getrieben und vereinigen sich dort zu einem einzigen Lichtbogen. Wegen des dann längeren Lichtbogens erfolgt die Löschung bei jeder Stromstärke. Die mit dieser Bauert erreichten niedrigen Ansprechstoßspannungen zeigt Bild 126.

Derartige Rohrableiter werden neben den Ventilableitern in den USA in Verteilungsnetzen bis 18 kV Betriebsspannung verwendet. Zum Schutz von Leitungen werden Rohrableiter in den einfachen Ausführungen bei Spannungen bis 138 kV parallel zu den Leitungsisolatoren eingebaut [*11/13,18,28*]. Da die Netze größtenteils mit unmittelbar geerdetem Sternpunkt betrieben werden, sollen Überschläge selbsttätig auf der Leitung gelöscht werden, ohne daß eine Abschaltung eintritt. Mit diesem Leitungsschutz hat die Entwicklung der Rohrableiter begonnen [*11/1, 2,3*]. Bild 127 zeigt einen mit Rohrableitern ausgerüsteten Mast einer amerikanischen Leitung, Bild 128 einen Schnitt durch den Rohrableiter.

7. Schutzfunkenstrecken.

Soll ein Überspannungsschutz lediglich bezwecken, daß Überschläge durch Überspannungen möglichst nur an bestimmten Stellen auftreten können, so genügen Schutzfunkenstrecken. Sie werden entweder gesondert eingebaut, im allgemeinen aber als Parallelfunkenstrecken an Durchführungen oder auch an Stützern. Da die Löschung des Folgestromes, der der Erd- oder Kurzschlußstrom des Netzes ist, von den Betriebsbedingungen abhängt und dem Netzschutz überlassen ist, stellen Schutzfunkenstrecken nur einen Grobschutz dar. An Isolatoren ist außerdem ihr Zweck, als Lichtbogenschutzarmatur zu wirken, d. h. bei Überspannungen den Überschlag zwischen den Elektroden einzuleiten, bei Überschlägen längs der Isolatoroberfläche infolge Isolationsminderung durch Schmutz und Feuchtigkeit den Lichtbogen auf die Armatur zu übernehmen und ihn vom Isolator fernzuhalten. Die Durchschlagstoßspannung der Parallelfunkenstrecke ist polaritätsabhängig. Ihre Schlagweiten sind für Stab-

funkenstrecken nach VDE 0111 für die einzelnen Reihenspannungen festgelegt.

Die im Schrifttum angegebenen Werte für die Durchschlagspannungen von Stabfunkenstrecken haben JACOTTET und WEICKER [12/4]

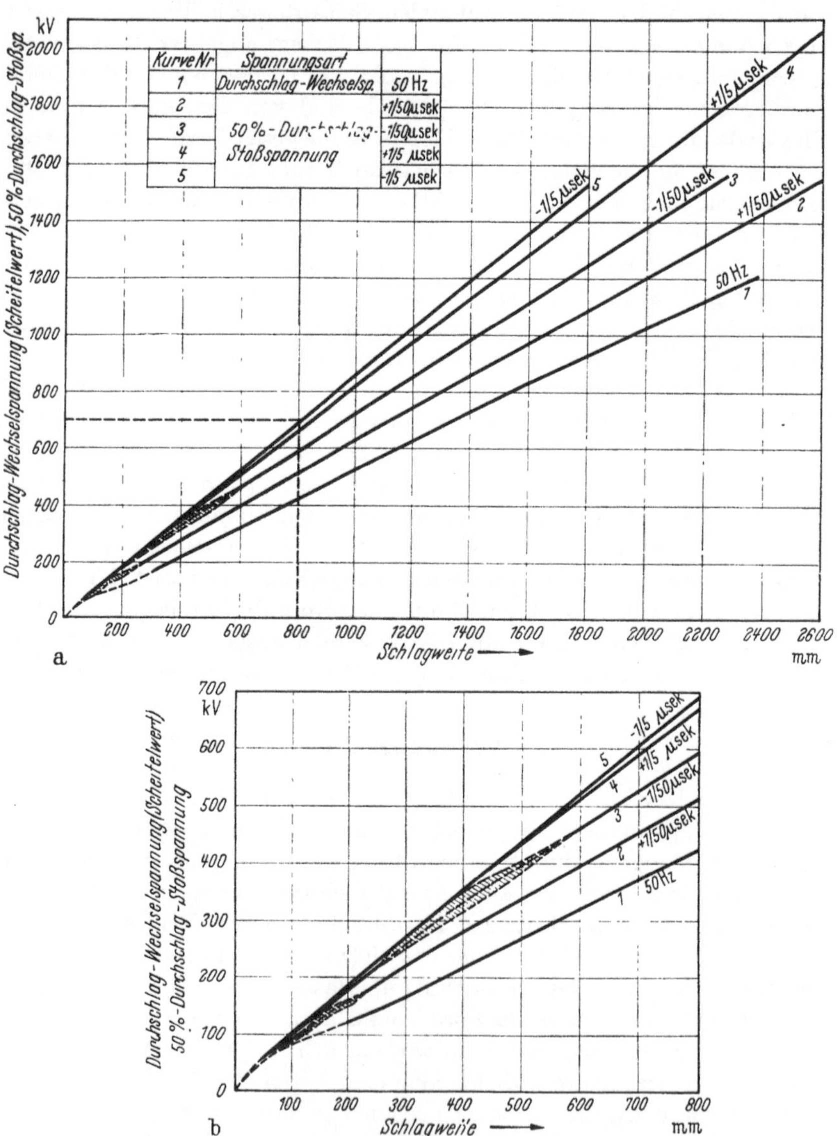

Bild 129 a u. b. Durchschlag-Wechselspannung und 50% Durchschlag-Stoßspannung der Anordnung
Spitze − geerdete Spitze, bezogen auf 20° C, 760 Torr, 11 g/m³. (Schraffur: Übergangsgebiet zwischen
Glimmgrenz- und Büschelgrenzspannung) [12/4].

zusammengestellt. Für die Anordnung Spitze — geerdete Spitze liegen umfangreiche amerikanische Messungen [12/3] vor, über die Anordnung Spitze — geerdete Platte dagegen nur wenige Meßwerte. In Bild 129 u. 130 sind die Durchschlagspannungen in Abhängigkeit von der Schlagweite aufgetragen. Die angegebenen Mittelwerte gelten bei der Anordnung Spitze — geerdete Spitze mit einer Toleranz von etwa $\pm 8\%$, während bei der stark polaritätsempfindlichen Anordnung Spitze — geerdete Platte und wegen der hierfür vorliegenden spärlicheren Meßergebnisse eine größere Ungenauigkeit vorliegen dürfte. Die Durchschlagstoßkennlinien

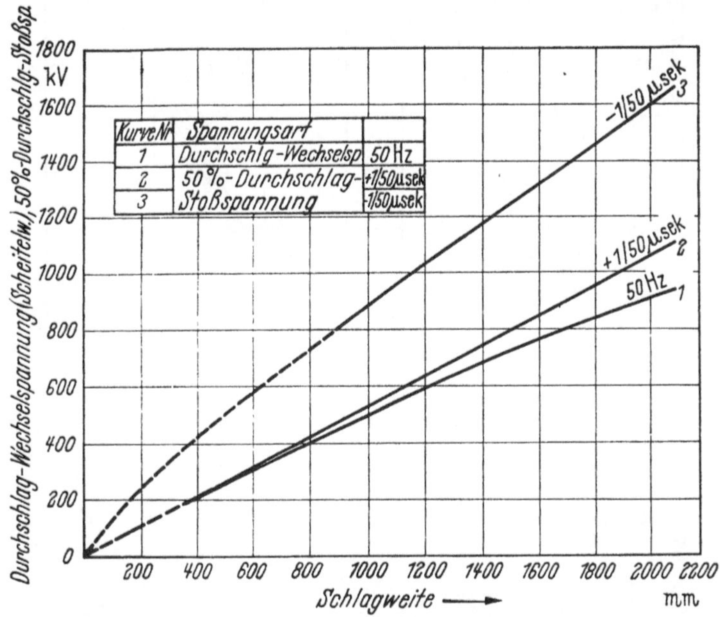

Kurve Nr	Spannungsart	
1	Durchschlg-Wechselsp	50 Hz
2	50%-Durchschlag-	+1/50μsek
3	Stoßspannung	-1/50μsek

Bild 130. Durchschlag-Wechselspannung und 50% Durchschlag-Stoßspannung der Anordnung Spitze — geerdete Platte, bezogen auf 20°C, 760 Torr, 11 g/m³ [12/4].

abhängig von der Schlagweite in Bild 131 entstammen ebenfalls amerikanischen Messungen.

Die Durchschlagstoßspannung einer Funkenstrecke wie auch die Überschlagstoßspannung eines Isolators kann erheblich streuen. Dabei ist zu unterscheiden zwischen der Streuung der Anordnung selbst und der Streuung durch den Einfluß der Umgebung und verschiedenartiger Anordnung. Die Streuung einer Stabfunkenstrecke selbst zwischen der 0%- und 100%-Durchschlagstoßspannung hat WANGER [12/5] im Mittel zu $\pm 13\%$ um den 50%-Wert gemessen. Trägt man die Durchschlagstoßspannung in Abhängigkeit von der Häufigkeit des Durchschlages auf, so ergibt sich eine S-förmige Kurve. Bei Kugelfunkenstrecken hat sich nur eine Streuung von $\pm 2\%$ ergeben.

10*

Für die Streuung der 50%-Durchschlagstoßspannung bei verschiedener Anordnung und in verschiedenen Laboratorien hat WANGER einen Mittelwert von $\pm 7\%$ gefunden. Insgesamt ergibt sich für die gesamte

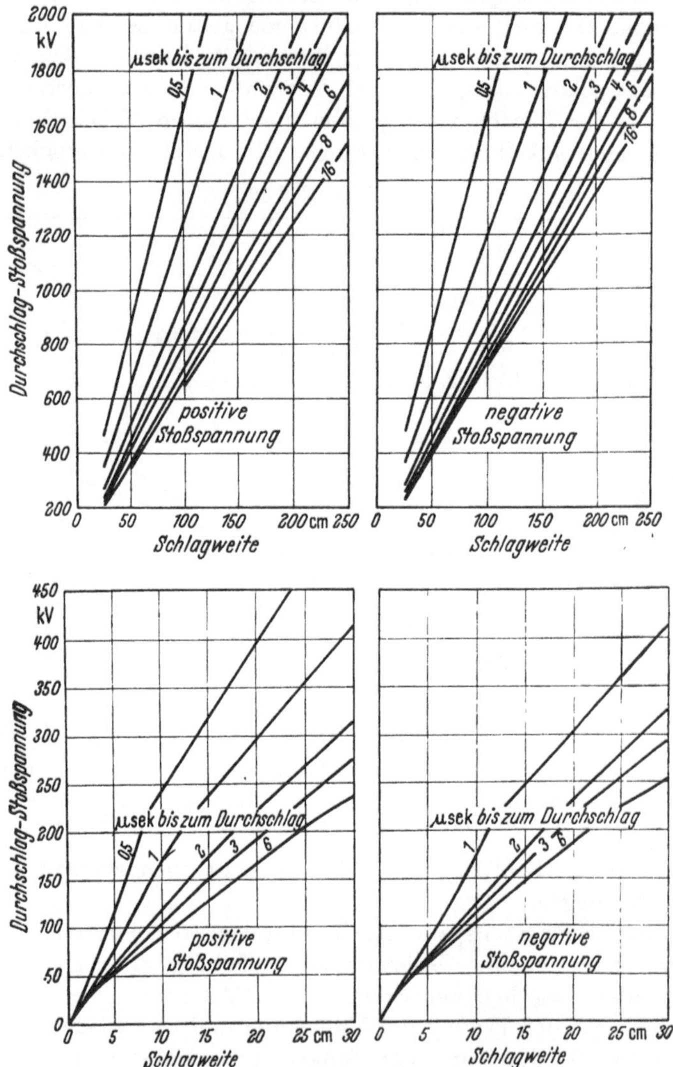

Bild 131. Kennlinien der Durchschlag-Stoßspannung von Stabfunkenstrecken bei der Stoßspannung 1,5/40 μs [12/3].

Streuung aus der 0- und 100%-Durchschlagstoßspannung sowie der 50%-Durchschlagstoßspannung im Mittel ± 15 bis 20% bis zur größten Abweichung von $\pm 26\%$. Diese Erkenntnisse sind besonders wertvoll für die

Abstufung der verschiedenen Pegel bei der Isolationsbemessung. Sie lassen auch vereinzelt in Anlagen aufgetretene Stoßüberschläge trotz entsprechender Isolationsabstufung erklären.

Um den Nachteil der Stabfunkenstrecke, die Polaritätsabhängigkeit (positive Überschlagstoßspannung liegt niedriger als die negative) und den Einfluß der Umgebung einzuschränken, hat DE ZOETEN [12/1] für ein

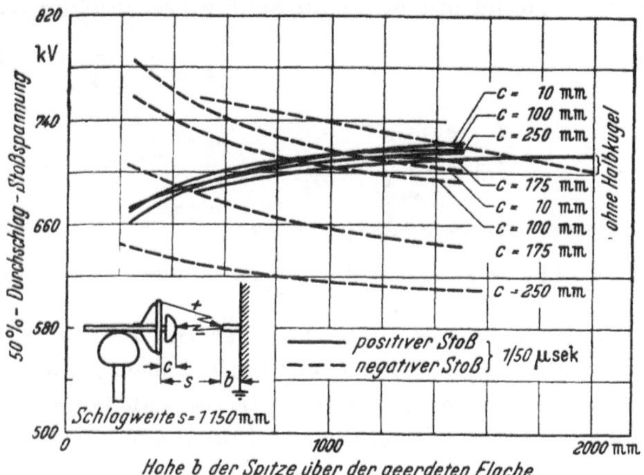

Bild 132. Durchschlag-Stoßkennlinien der Funkenstrecke nach DE ZOETEN zur Verminderung der Polaritatsabhängigkeit [12/1].

150-kV-Netz eine Anordnung (Bild 132) entwickelt, die bei positivem und negativem Stoß und entsprechender Einstellung gleiche 50%-Überschlagstoßspannungen der Normalwelle 1/50 aufweist. Die eine Elektrode besteht aus einem geerdeten Stab, die andere aus einem Ring von 580 mm Durchmesser, aus dem in der Mitte eine Halbkugel von 250 mm Durchmesser hervorsteht. Bei positiver Stoßspannung geht der Überschlag vom Ring, bei negativer von der Halbkugel zum Stab. In Zusammenarbeit mit der Erdschlußkompensation gestattet die horizontale Anordnung das schnellere Löschen von Erdschlußlichtbögen als eine lotrechte Funkenstrecke.

Die Schutzfunkenstrecke kann auch mit einer in Reihe geschalteten Sicherung verwendet werden [12/2], die den nachfolgenden Erd- oder Kurzschlußstrom zu unterbrechen hat. Hierdurch wird zwar eine Betriebsunterbrechung vermieden, aber bis zur Erneuerung der Sicherung fehlt der Schutz. Dieser Anordnung kommt somit nur eine untergeordnete Bedeutung bei.

8. Schutzkondensatoren.

Kondensatoren begrenzen Überspannungen dadurch, daß sie die Energie der Wellen aufspeichern und dann wieder mit verminderter Spannung in das Netz abgeben. Ihre Schutzwirkung ist durch ihre Kapazität begrenzt. Die Restspannung am Kondensator steigt linear mit der aufgenommenen Ladung unter Verflachung des Spannungsanstieges der auflaufenden Welle an. Kondensatoren werden daher im allgemeinen nicht zum unmittelbaren Schutz gegen Überspannungen verwendet. Dagegen nutzt man ihre Eigenschaft, die Stirnsteilheit von Wanderwellen und die Frequenz und damit die Höhe von Ausgleichschwingungen bei inneren Überspannungen zu vermindern, zum Schutz von Wicklungen aus.

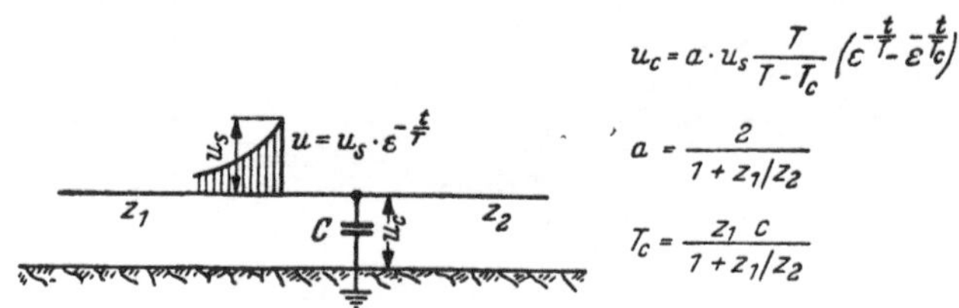

Bild 133. Umbildung einer anlaufenden Stoßspannung u durch einen Schutzkondensator.

Trifft eine Welle $u = u_s \cdot \varepsilon^{-t/T}$ mit der Stirnzeit $T_s = 0$ und der Rückenhalbwertzeit $T_H = 0{,}693\,T$ auf einer Leitung mit dem Wellenwiderstand Z_1 auf einen Kondensator C bei anschließender Leitung mit dem Wellenwiderstand Z_2 (Bild 133), so ist die Spannung an dem Schutzkondensator

$$u_c = a\,u_s \frac{T}{T - T_c}\left(\varepsilon^{-\frac{t}{T}} - \varepsilon^{-\frac{t}{T_c}}\right),$$

mit dem Reflexionsfaktor $\qquad a = \dfrac{2}{1 + Z_1/Z_2}$

und der Zeitkonstanten $\qquad T_c = \dfrac{Z_1 C}{1 + Z_1/Z_2}$

(für einen Kondensator am Ende einer Leitung ist $T_c = Z_1 C$ und $a = 2$) die Zeit des Stirnanstieges bis zum Scheitelwert der Spannung am Kondensator

$$t_s = \frac{T\,T_c}{T - T_c}\lg \frac{T}{T_c},$$

die größte Steilheit des Spannungsanstieges am Kondensator zur Zeit $t = 0$

$$S_0 = \left[\frac{d\,u_c}{d\,t}\right]_{t=0} = \frac{2\,u_s}{Z_1 C}.$$

Die Anfangssteilheit S_0 ist also von dem hinter dem Kondensator angeschlossenen Anlageteil unabhängig, was eine allgemeine Bemessung von Kondensatoren zur Steilheitsminderung vereinfacht.

Für die Begrenzung von Überspannungen ergibt sich das Schutzverhältnis v_s, d.h. das Verhältnis der Scheitelwerte der Spannungen am Anschlußpunkt des Kondensators mit und ohne diesen

$$v_s = \frac{u_{cs}}{a\,u_s} = x^{\frac{1}{1-x}},$$

wobei

$$x = \frac{T}{T_c} = \frac{T_H}{0,693\,T_c} \quad \text{ist.}$$

Das Schutzverhältnis v_s ist demnach von der Schaltung des Netzes am Anschlußpunkt des Kondensators abhängig und in Bild 134 als Funktion von x dargestellt. Für einen Kondensator am Ende einer Leitung ($Z_1 = 470$ Ohm, $Z_2 = \infty$) ist

$$x = \frac{T_H}{326\,C}$$

und für die Normalwelle mit $T_H = 50\ \mu$s

$$x = \frac{0,153}{C},$$

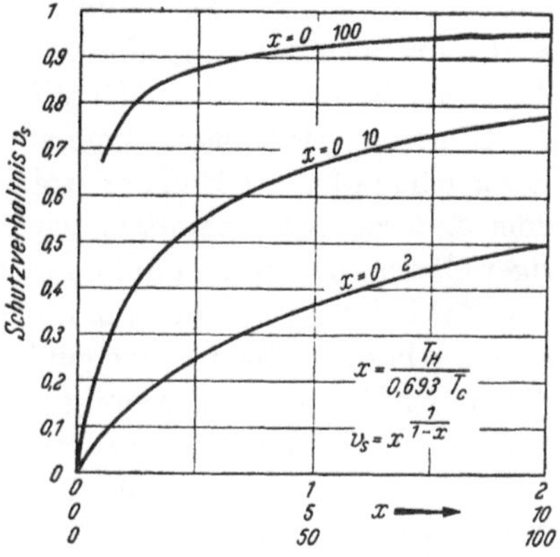

Bild 134. Schutzverhältnis v_s von Kondensatoren.

wobei C in μF einzusetzen ist. Liegt der Kondensator im Zuge einer Leitung ($Z_1 = Z_2 = 470$ Ohm), so ist x doppelt so groß, also $x = T_H/163\,C$ und mit $T_H = 50\ \mu$s $x = 0,306/C$.

Setzt man das Schutzverhältnis v_s gleich dem Verhältnis des Schutzpegels zur Überschlagstoßspannung der Freileitung, so sind die in Tab. 10 angegebenen Kapazitäten für die Normalwelle 1/50 erforderlich. Es ergeben sich erheblich große Kondensatoren. Berücksichtigt man, daß besonders in Netzen mit niedrigeren Spannungen Überspannungswellen mit noch längerer Dauer häufiger auftreten werden, so erkennt man, daß ein Schutz mit Kondensatoren teuer wird. Bei unmittelbaren Blitzeinschlä-

Tabelle 10.

Kapazität von Schutzkondensatoren zur Begrenzung von Stoßspannungen 1/50 von der Höhe der 50%-Überschlagstoßspannung der Freileitung auf die Restspannung der Ventilableiter.

Reihen-spannung kV	50%-U_{st} der Freileitung kV	Restspannung der Ventilableiter nach Tab. 8 kV	Schutzkapazität	
			am Ende der Leitung μF	im Zuge der Leitung μF
6	160	26	1,5	1,2
10	160	40	0,8	0,5
15	170	60	0,5	0,3
20	205	80	0,5	0,3
30	370	120	0,5	0,3
45	465	175	0,5	0,3
60	640	235	0,5	0,3
110	830	415	0,3	0,15
150	1000	565	0,25	0,1
220	1430	825	0,25	0,1

gen in der Nähe des Kondensators tritt keine oder eine nur unzureichende Schutzwirkung ein.

Hingegen sind Kondensatoren zum Schutz der Wicklungen von elektrischen Maschinen, die unmittelbar an Freileitungsnetze angeschlossen sind, zur Verminderung der Anstiegsteilheit von Stoßspannungen und damit der Beanspruchung der Windungsisolation sehr zweckmäßig. Gegen die Höhe der Stoßspannungen sind stets Ventilableiter erforderlich. Mit Rücksicht auf das geringere Isoliervermögen der Wicklungen gegenüber dem anderer Betriebsmittel wird man die Ansprechspannungen niedriger als im allgemeinen üblich bemessen. Dabei ist zu bedenken, daß die Ableiter bei inneren Überspannungen häufiger ansprechen werden, so daß sie ein erhöhtes Ableitvermögen haben sollten. In besonderen Fällen kann dieser Schutz auch notwendig sein, wenn die Maschinen über Transformatoren an das Freileitungsnetz angeschlossen sind.

Wird als zulässige Steilheit der Stoßwelle der Betrag 0,1 × Prüfspannung der Wicklung je μs — ein Wert, welcher der größten Steilheit einer Schwingung mit 11000 Hz und der Höhe der Prüfspannung entspricht — angenommen, so ergeben sich für die Kapazitäten der Schutzkondensatoren die Werte der Tab. 11.

Tabelle 11.

Kapazität von Schutzkondensatoren zur Steilheitsminderung der Stirn von Stoßspannungen (für Maschinen an Freileitungsnetzen).

Nennspannung kV	Prüfspannung kV	50%-U_{st} der Freileitung kV	Zulässige Steilheit kV/μs	Schutzkapazitat μF
0,38	1,76	100	0,176	2
0,5	2	100	0,2	2
1	3	160	0,3	2
3	9	160	0,9	0,8
6	15	160	1,5	0,5
10	23	160	2,3	0,3
15	33	170	3,3	0,3
20	43	205	4,3	0,3

METRAUX und RUTGERS [*13/6*] haben die Schutzwirkung von Kondensatoren bei Stoßwellen im Netz untersucht. Bei ihren Versuchen haben sie u. a. einen Kondensator mit einer Kapazität von 0,1 μF an die Klemme eines 2-MVA-Transformators für 45/16 kV am Ende einer Leitung angeschlossen. In Bild 135 und 136 sind die aufgenommenen Oszillogramme wiedergegeben. Die Verminderung der Steilheit und der Spannungshöhe entspricht den theoretischen Betrachtungen. In verschiedener Entfernung (10 m und 50 m) wurden Funkenstrecken mit einer 50%-Ansprechstoßspannung von etwa 50 kV angeordnet. Der Vorgang der Entladung über die Funkenstrecke verläuft je nach deren Lage verschieden. Wesentlich ist aber, daß der Kondensator den Zusammenbruch der

Spannung an der Transformatorklemme beim Durchschlag der Funkenstrecke erheblich verflacht.

Kabelstrecken wirken mit ihrer Kapazität ebenfalls als Schutzkondensatoren [13/1,2], nur daß der Spannungsanstieg stufenförmig erfolgt. Der mittlere Verlauf ist aber gleich dem einer konzentrierten Kapazität, sofern die Wellenlaufzeit über die doppelte Kabelstrecke klein gegenüber der Rückenhalbwertzeit der anlaufenden Welle ist. Diese Bedingung trifft meist zu, da die Kabellängen bei Stationseinführungen nicht mehr als einige hundert Meter betragen. Ist zudem die Stirn der anlaufenden Welle nicht unendlich steil, was wohl immer der Fall sein wird, so wird die Stufenbildung verschliffen und von untergeordneter Bedeutung.

Kondensatoren können zur Herabsetzung kapazitiv übertragener Überspannungen dienen. So kann z. B. bei nicht geerdeten und nicht mit einem Netz verbundenen Wicklungen von Transformatoren (z. B. Tertiärwicklung) eine geringe Kapazität oder ein kurzes Kabelstück von etwa 50 m ausreichend sein, um das kapazitive Teilerverhältnis gegen Erde herabzusetzen. Gegenüber dem Ableiter

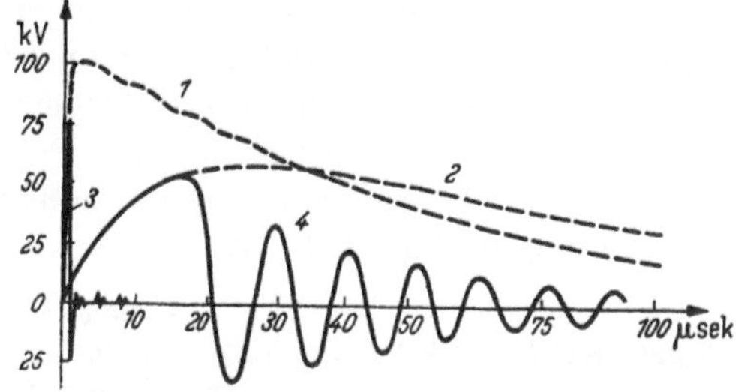

Bild 135. Stoßspannung an den Klemmen eines Transformators, 2 MVA, 45 kV ohne und mit Schutzkondensator von 0,1 μF an den Klemmen [13/6].

1 ohne Kondensator, Stoßspannung 100 kV, 1/46 μs; 2 mit Schutzkondensator, 58 kV, 25/125 μs; 3. u. 4. Überschlag einer Funkenstrecke in 10 m Entfernung von den Klemmen, alle Erdanschlüsse miteinander verbunden: 3 ohne Kondensator, größte Steilheit beim Spannungszusammenbruch 300 kV/μs; 4 mit Schutzkondensator, größte Steilheit beim Spannungszusammenbruch 18 kV/μs.

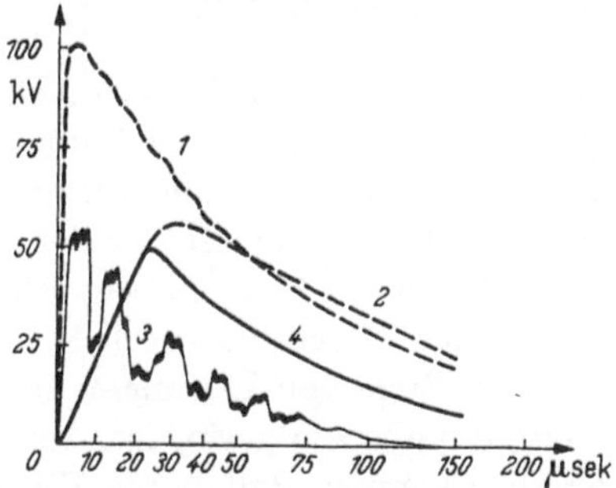

Bild 136. Stoßspannung an den Klemmen eines Transformators 2 MVA, 45 kV ohne und mit Schutzkondensator an den Klemmen [13/6].

1 ohne Kondensator, Stoßspannung 100 kV, 1/46 μs: 2 mit Kondensator, 58 kV, 25/125 μs; 3. u. 4. Überschlag einer Funkenstrecke in 50 m Entfernung von den Klemmen. Funkenstrecke getrennt geerdet; 3 ohne Kondensator, größte Steilheit beim Spannungszusammenbruch 90…100 kV/μs; 4 mit Schutzkondensator, größte Steilheit beim Spannungszusammenbruch 1 kV/μs.

hat der Kondensator den Vorteil, daß er wegen des Fehlens der Funkenstrecke verzögerungsfrei wirkt und die anlaufende Welle bereits vom Beginn ihres Anstieges an abflacht. Er kann außerdem für Meßzwecke verwendet werden und bei ausreichender Kapazität auch zur Blindstromkompensation, sofern dieses die Netzart gestattet.

Aus den Kurven des Bildes 134 läßt sich andererseits entnehmen, welchen Schutzwert ein Kondensator bzw. ein Kabel bei Stoßwellen bestimmter Rückenhalbwertzeit T_H in einer Anlage hat. Eine Leitung sei über ein Kabel von 100 m Länge, dessen Kapazität je Leiter gegen Erde 0,2 μF/km betrage, in eine Station eingeführt. Es soll der Schutzwert für eine anlaufende Welle mit $T_H = 50\ \mu$s für eine Station am Ende bzw. im Zuge einer Leitung bei einer auf einem Leiter wie auch auf drei Leitern anlaufenden Welle ermittelt werden. Der Wellenwiderstand eines Leiters sei 470 Ohm, aller drei Leiter zusammen 260 Ohm. Das Ergebnis der Berechnung enthält Tab. 12.

Tabelle 12.

Schutzwert eines Einführungskabels von 100 m Länge in eine Station beim Auftreffen einer Stoßwelle 0/50.

	Station am Ende der Leitung Stoßwelle		Station im Zuge der Leitung Stoßwelle	
	auf einem Leiter	auf drei Leitern	auf einem Leiter	auf drei Leitern
Zeitkonstante T_c μs	9,4	5,2	4,7	2,6
$x = \dfrac{T_H}{0{,}693\,T_c}$	7,7	13,9	15,3	27,8
Schutzwert v_s nach Bild 134	0,74	0,82	0,83	0,88

In der Station am Leitungsende kann das Kabel nicht verhindern, daß die Welle unter Spannungserhöhung reflektiert wird. Allerdings wird nicht mehr die doppelte Spannung der anlaufenden Welle erreicht, sondern bei der Welle auf einem Leiter nur der rd. 1,5fache und bei Wellen auf allen drei Leitern der 1,64fache Betrag. Ein Schutz dieser Anlage durch Ableiter wird trotz des Kabels erforderlich, da dessen Kapazität zu gering ist. Bei Anlagen im Zuge von Leitungen tritt zwar eine Absenkung um 17 bzw. 12% ein, die aber zu gering ist. Aus dieser überschläglichen Rechnung ist schon zu erkennen, daß kurze Einführungskabel keinen ausreichenden Schutz bieten, zumal für Wellen längerer Dauer das Schutzverhältnis noch ungünstiger wird.

F. Der Überspannungsschutz der Netze gegen Gewittereinwirkungen.

1. Die Koordination der Isolation.

Die Bemessung der Isolation der Netze ist weitgehend auf den bei ihrem Betrieb gewonnenen Erfahrungen aufgebaut. Als Grundlage diente ursprünglich die Schlagweite, die zunächst nur als Längenabmessung für Stützisolatoren und Durchführungen angegeben wurde. Zum Begriff der

Reihenspannung ging man in den deutschen Vorschriften erst 1928 über und damit zu einer Vereinheitlichung der Isolationsbemessung in grober Stufung. Jeder Isolationsreihe wurde eine höchstzulässige Betriebsspannung zugeordnet. Während die Prüfwechselspannung der Hochspannungsgeräte und Isolatoren von $2\,U$ auf $2{,}2\,U + 20$ kV erhöht wurde, sind die Schlagweiten nahezu unverändert geblieben. Mit zunehmender Ausdehnung der Freiluftanlagen wurden für diese höhere Schlagweiten als für Innenraumgeräte festgelegt, um die Verminderung der Isolation durch äußere Einflüsse zu berücksichtigen. Die Prüfwechselspannung galt nun bei Freiluftgeräten nicht mehr für den trockenen, sondern für den beregneten Zustand. Da die innere Isolation der Geräte keine Erhöhung erfuhr, wurden für Freiluftanlagen Parallelfunkenstrecken zu den Durchführungen der Geräte vorgesehen, deren Überschlagspannung ziemlich unabhängig von Verschmutzung und Feuchtigkeit ist und deren Schlagweiten annähernd denjenigen für Innenraumgeräte entsprachen. Durch die Festlegung von Schlagweiten wurde auch die Überschlagstoßspannung der Anlagenisolation bestimmt. Trotz einer einheitlichen Schlagweite der einzelnen Isolatorenarten, wie Durchführungen, Stützer und Hängeketten, sind aber deren Überschlagstoßkennlinien sehr unterschiedlich.

Bild 137 zeigt Kennlinien der verschiedenen Teile einer 100-kV-Anlage unter Zugrundelegung einer positiven Stoßwelle 0,5/50 μs [14/1]. Bei niedrigen Überschlagverzögerungen steigen die Überschlagspannungen der Isolatoren stark an. Als Durchschlagstoßkennlinie der inneren Isolation eines Transformators ist eine ungefähre Grenzkurve eingezeichnet, wie sie sich aus Messungen ergeben hat. Da diese von ihrem Endwert herab bis zu geringen Durchschlagverzögerungen sehr flach verläuft, kann die Festigkeit der inneren Isolation sogar unter der Überschlagstoßspannung der Freileitungs-

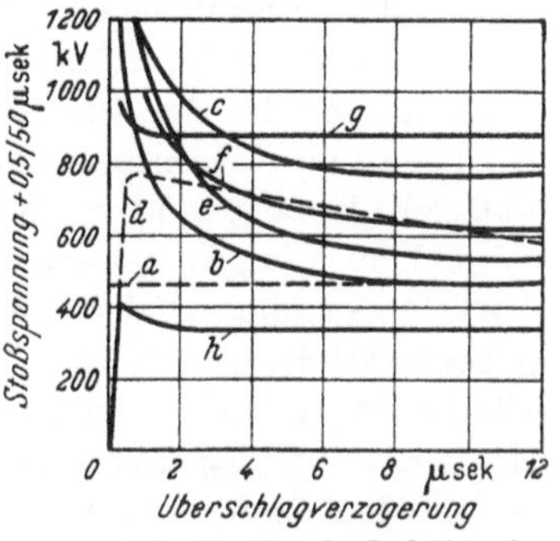

Bild 137. Koordination der Isolation einer deutschen 100 kV-Schaltanlage für pos. Stoßspannung 0,5/50 [14/1].

a Unterer Stoßpegel
b Parallelfunkenstrecke (Schlagweite 720 mm)
c Freileitungsisolatoren (7 K 3)
d Höchste Stoßwelle 0,5/50 von der Freileitung (Schlagweite 1100 mm)
e Trennschalterstützer (Schlagweite 900 mm)
f Durchführung (Schlagweite 750/900 mm)
g Innere Isolation des Transformators
h Abgesenkte Spannung am Ventilableiter.

ketten und bei noch kürzerer Verzögerung sogar unter der Überschlagspannung der Parallelfunkenstrecke liegen. Hierin liegt die Schwierigkeit einer zugeordneten Isolationsbemessung mit geringstem Aufwand. Diesen seltenen Fällen sehr steiler Stoßwellen, die vornehmlich bei unmittelbaren Blitzeinschlägen in der Nähe der Anlagen eintreten, kann durch einen vorbeugenden Schutz durch Erdseile oder andere Mittel des Überspannungsschutzes begegnet werden. Außerdem liegen vielfach die Überschlagstoßspannungen der Freileitungsisolation wesentlich über denen der Anlage, vor allem dann, wenn die Freileitung zur Herabsetzung der Auswirkungen einer Isolationsminderung durch Verschmutzung höher isoliert wird.

Um Durchschläge der inneren Isolation der Betriebsmittel zu vermeiden, ist eine Abstufung der inneren und äußeren Isolation der Geräte notwendig. Aus Gründen der Sicherheit soll die innere Isolation eine Stehstoßspannung haben, die über der Überschlagstoßspannung der äußeren Isolation liegt. Dabei ist einerseits zu berücksichtigen, daß die Streuung der Überschlagstoßspannung der Isolatoren und Durchführungen bis zu $\pm 10\%$ und mehr betragen kann [*14/4*] und andererseits, daß die Überschlagstoßkennlinien von Luftstrecken und die Durchschlagstoßkennlinien von festen und flüssigen Isolierungen einen voneinander abweichenden Verlauf aufweisen. Wenn man diesem andersartigen Verhalten der verschiedenen Isolationsarten unter allen Umständen Rechnung tragen wollte, müßte die Stoßfestigkeit der inneren Isolation erheblich über der der äußeren liegen. Aus wirtschaftlichen Erwägungen wird man eine Grenze ziehen. Man hat dies durch die Bemessung der äußeren Isolation nach der 50%-Überschlagstoßspannung $U_{st\,50}$ der Welle 1/50 getan, wobei also der Bereich der Überschlagverzögerung unter 1 μs (Überschläge in der Stirn der Welle) außer Betracht bleibt. Die zugehörige Stehstoßspannung $U_{st\,0}$, also die Stoßspannung, bei der kein Überschlag mehr erfolgen soll, beträgt dann etwa 90% dieses Wertes $(U_{st\,0} \approx 0{,}9\,U_{st\,50})$. Der vereinbarte Mindestwert der Stehstoßspannung für die Isolation eines Netzes wird als Stoßpegel[1] bezeichnet, und zwar als unterer Stoßpegel U_{stpu} für die äußere Isolation. Da der Streubereich von der Stehstoßspannung bis zur 100%-Überschlagstoßspannung, also der Stoßspannung, bei der stets ein Überschlag eintritt, etwa $+20\%$ beträgt, müßte die innere Isolation eine Stehstoßspannung haben, die mindestens der oberen Grenze dieses Streubereiches entspricht, d.h. $1{,}2\,U_{st\,0}$ sein. Da aber bei einer nach diesen Gesichtspunkten bemessenen Isolation beim Auftreffen einer Stoßspannung mit einem Scheitelwert von $1{,}2\,U_{st\,0}$ fast stets ein Überschlag der äußeren Isolation eintreten wird, hat man für die Prüfung der inneren Isolation sogleich eine nach etwa 3 μs abgeschnittene Stoßwelle 1/50 mit einem Scheitelwert von $1{,}25\,U_{st\,0}$ festgelegt. Die zum Abschneiden notwendige Funkenstrecke liegt unmittelbar parallel zu der zu prüfenden Isolation. Da es sich hierbei meistens um Geräte mit Wicklungen wie Transformatoren und Wandler handelt, tritt neben der Beanspruchung der Isolation durch die Stirn und den Scheitelwert der Stoßspannung noch eine zusätzliche Windungs-

---

[1] In VDE 0111 bisher als Isolationspegel bezeichnet

beanspruchung durch die steile Stirn der zusammenbrechenden Spannung bei deren Eintritt in die Wicklung auf. Dieser Art der Spannungsbeanspruchung der Anlagen und ihrer Teile tragen die Leitsätze für die Bemessung und Prüfung der Isolation, VDE 0111/8. 53. Rechnung.

Grundsätzlich wird man natürlich bemüht sein, vor allem in Stationen der Hoch- und Höchstspannungsnetze das Eindringen von Überspannungen, die zu Überschlägen führen können, zu vermeiden. Bei Stationen am Ende von Leitungen wird dieses aber wegen der Spannungserhöhung infolge Reflexion nicht möglich. Man wird zur Begrenzung der Überspannungen Überspannungsschutzgeräte, im allgemeinen Ableiter, vorsehen. Da aber der räumliche Schutzbereich der Ableiter begrenzt ist, müssen sie in ausgedehnten Stationen entweder an mehreren Stellen eingebaut werden oder man begnügt sich mit dem Schutz der wichtigsten Betriebsmittel, der Transformatoren. Dann wird man zweckmäßigerweise die Ableiter unmittelbar neben diese anschließen.

Da die Ansprech-Stoßkennlinie eines Ableiters ebenfalls einen Streubereich hat [*10/43*], muß die obere Grenzkurve wie auch die Restspannung unterhalb der unteren Grenzkurve des Streubereiches der Überschlag- und Durchschlag-Stoßkennlinien der Isolation liegen. Je tiefer sie dazu liegt, um so größer ist der räumliche Schutzbereich eines Ableiters. Der jeweils höhere der höchstzulässigen Werte der 100%-Ansprechstoßspannung bei der Welle 1/50, bzw. der Restspannung beim Nennableitstoßstrom, wird als Schutzpegel U_{Schp} des Ableiters bezeichnet. Er gilt nur zwischen seinen Klemmen.

Um auch bei Ansprechzeiten des Ventilableiters unter 1 μs noch einen möglichst weitgehenden Schutz zu erreichen, soll die Ansprechstoßspannung bei einer Ansprechzeit von 0,5 μs nicht den 1,15fachen Wert der höchstzulässigen 100%-Ansprechstoßspannung übersteigen.

Nach der Gleichung von S. 133 läßt sich der räumliche Schutzbereich a eines Ventilableiters unter bestimmten Bedingungen für ein bestimmtes Verhältnis $p = U_{\mathrm{Schp}}/U_{\mathrm{Stpu}}$ des Schutzpegels zum Stoßpegel berechnen. Zugrunde gelegt werde eine Welle mit einer Steilheit $S = 2,3\ U_{\mathrm{Schp}}$ kV/μs, die von ihrem Nennbeginn nach 0,5 μs zum Ansprechen des Ableiters bei dem noch zulässigen Wert von 1,15 U_{Schp} führt. Wegen der kurzen Ansprechzeit sei am Ende des Schutzbereiches noch eine Spannung von der Höhe des oberen Stoßpegels $U_{\mathrm{Stpo}} = 1,25\ U_{\mathrm{Stpu}}$ zugelassen.

Der Schutzbereich ist

$$a = \frac{U_p - U_l}{2\,S} \cdot v\,.$$

worin

$$U_p = 1,25\ U_{\mathrm{Stpu}}\,[\mathrm{kV}]; \qquad U_l = 1,15\ U_{\mathrm{Schp}}\,[\mathrm{kV}],$$

$$S = 2,3 \cdot U_{\mathrm{Schp}}\,[\mathrm{kV}/\mu\mathrm{s}]; \qquad v = 300\,[\mathrm{m}/\mu\mathrm{s}]$$

zu setzen ist.

Mit dem Pegelverhältnis $p = U_{Schp}/U_{Stpu}$ ist

$$a = \frac{(1{,}25/p) - 1{,}15}{2 \cdot 2{,}3} \cdot 300 = \frac{82}{p} - 75 \,[\text{m}]\,.$$

Für $p = 1$ ist $a = 7$ m, für $p = 0{,}8$ ist $a = 27$ m und für $p = 0{,}6$ ist $a = 61$ m. Je niedriger also der Schutzpegel unter dem Stoßpegel liegt, um so größer ist der Schutzbereich des Ableiters. Um einen einigermaßen vernünftigen Schutzbereich auch bei Wellen mit größerer Stirnsteilheit zu erhalten, sollte daher die 100%-Ansprechstoßspannung des Ventilableiters höchstens etwa 80% des unteren Stoßpegels sein. Die Verminderung der Ansprechstoßspannung bringt bei steilen Wellen mehr Gewinn als die der Restspannung, zumal Ableitstoßströme von 5 bis 10 kA nur selten auftreten (s. S. 128). Man sollte daher vor allem anstreben, die Ansprechstoßspannung der Ventilableiter herabzusetzen, allerdings ohne daß die Ansprechwechselspannung ebenfalls niedriger wird.

Der Stoßpegel bezieht sich auf die jeweils höchstzulässige Betriebsspannung der Leiter gegen Erde bei Erdschluß eines Leiters. Diese Spannung hängt von der Art der Erdung des Netzsternpunktes ab [14/10]. In Netzen mit starrer Sternpunkterdung überschreitet sie nicht 80% der Dreieckspannung (s. Abschn. G 3). Demnach können in solchen Netzen die Pegel niedriger bemessen werden als in den übrigen, was auch die Leitsätze VDE 0111 für die Reihe E zulassen.

Die Pegel einer nach diesen Grundsätzen bemessenen Isolation sind in Tab. 13 zusammengestellt und mit den Werten nach VDE 0111/8.53, Leitsätze für die Bemessung und Prüfung der Isolation elektrischer Anlagen für Wechselspannungen von 1 kV und darüber, sowie nach IEC Publ. 71, Recommendations for Insulation Coordination verglichen. Dabei ist von einem Schutzpegel U_{Schp} gleich dem 3,2fachen Betrag der höchstzulässigen Spannung mit Betriebsfrequenz gegen Erde U_{bmE} ausgegangen. Der untere Stoßpegel ist gleich dem 1,2fachen Wert des Schutzpegels angenommen zuzüglich eines Zuschlages von 30 kV für zusätzliche Spannungsabfälle zwischen Ableiter und Erdung. Die so errechneten Stoßpegel stimmen bis zur Reihe 150 E gut mit denen nach VDE 0111/8.53 überein. Darüber liegen die Pegel nach VDE 0111 niedriger. Hier ist also der Schutzbereich des Ableiters geringer, wenn man von den vorher besprochenen Überlegungen ausgeht. Die Reihe 380 E ist als Sonderfall zu betrachten. Hingegen liegen die Pegel nach IEC ab Reihe 45 zunehmend höher.

Im Vergleich zu der in Deutschland üblichen Isolation der Anlagen zeigt Bild 138 die Isolationsbemessung einer amerikanischen 138-kV-Schaltanlage [14/16], und zwar wiederum dargestellt durch die Stoßkennlinien der einzelnen Anlageteile. Die Sammelschienen- und Trennschalterisolation

Tabelle 13.

Bemessung der Isolation gegen Stoßspannungen als Vielfaches der höchstzulässigen Spannung mit Betriebsfrequenz gegen Erde sowie nach VDE 0111/8.53 und IEC Publ. 71.

Reihe	hochstzulässige Spannung mit Betriebsfrequenz gegen Erde U_{b_mE}	Schutzpegel $U_{Schp} = 3,2\,U_{b_mE}$	unterer Stoßpegel $U_{Stpu} = 1,2\,U_{Schp} + 30^3)$	oberer Stoßpegel $U_{Stpo} = 1,25\,U_{Stpu}$	Stoßpegel nach		IEC Publ. 71
					VDE 0111/8.53		
					unterer	oberer	
	kV	kV	kV	kV	kV	kV	kV
6	7	23	60	75	60	75	60
10	11,5	37	75	95	80	100	75
15	17,5	56	95	120	100	125	95
20	23	74	120	150	125	155	125
30	35	112	165	210	170	215	170
45	52	167	230	290	235	295	250
60	70	224	300	375	300	375	325
110 E[1])	100	320	415	520	430	540	450
110	125	400	510	640	505	630	550
150 E	135	432	550	690	550	690	650
150	170	544	685	855	650	810	750
220 E	200	640	800	1000	780	980	900
220	250	800	990	1240	910	1140	1050
300 E	265	848	1050	1310	1000	1250	—
380 E	335	1070	1320	1650	1450	1800	1425
380 E[2])	370[2])	1180	1450	1800			

[1]) Für die Reihe E ist: höchstzulässige Spannung mit Betriebsfrequenz gegen Erde/höchstzulässige Betriebsspannung = 0,8.
[2]) Entspricht nach den gleichen Bemessungsgrundlagen einer höchstzulässigen Betriebsspannung von 462 kV.
[3]) Für zusätzliche Spannungsabfälle zwischen Ableiter und Erde ist ein Zuschlag von 30 kV gemacht.

weist bedeutend höhere, zumindest aber annähernd gleiche Überschlag-stoßspannungen auf wie die Freileitung. Der Grund hierfür dürfte darin zu suchen sein, daß Überschläge an Sammelschienen auf jeden Fall vermieden werden sollen, da jeder einpolige Überschlag wegen der starren Sternpunkterdung im Gegensatz zur deutschen Praxis einen Kurzschluß darstellt und somit die Anlage außer Betrieb setzen würde. Dagegen ist die innere Isolation der Transformatoren verhältnismäßig niedrig und liegt nur wenig über dem Stoßisolationspegel. Da aber im allgemeinen jeder Transformator mit Ventilableitern versehen wird, erscheint diese niedrige Isolation im Verhältnis zu der der übrigen Anlageteile durchaus zulässig. Die Restspannung der Ableiter bleibt selbst bei großen Ableitströmen noch unterhalb der Durchschlagstoßkennlinie des Transformators. Andererseits wird der Schutzbereich des Ableiters durch den großen Unterschied zwischen seiner Ansprechspannung und der Überschlagstoßspannung der Sammelschiene erheblich größer, so daß es durchaus möglich wird, eine Anlage nur mit Ableitern an den Transformatoren zu schützen.

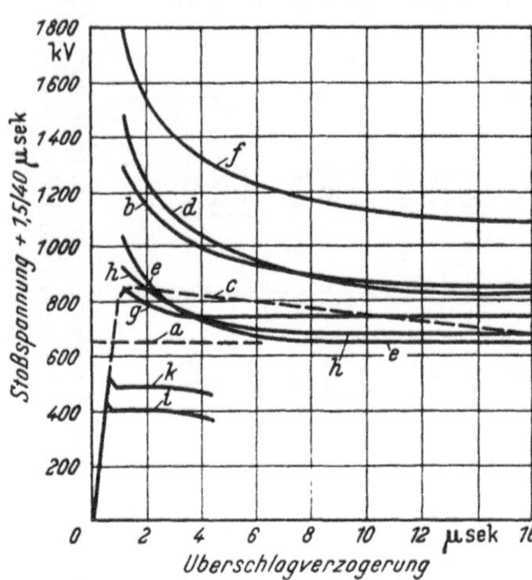

Bild 138. Koordination der Isolation einer amerikanischen 138 kV-Schaltanlage für pos. Stoßspannung 1,5/40 [14/16].

a Stoß-Isolationspegel [BIL]
b Freileitungsisolatoren (6 Kappenisol.)
c Höchste Welle 1,5/40 von der Freileitung
d Trennschalter-Stützer
e Durchführungen der Geräte
f Sammelschienenisolatoren (9 Kappenisol.)
g Innere Isolation des Transformators
h Rohrableiter
i Abgesenkte Spannung am 121-kV-Ventilableiter
k Abgesenkte Spannung am 145-kV-Ventilableiter.

2. Ursachen von Überschlägen in Netzen.

Der Überspannungsschutz der Netze ist von zwei Gesichtspunkten aus zu betrachten:

1. Schutz gegen Unterbrechen der Energielieferung,
2. Schutz gegen Schäden an den Betriebsmitteln.

Der erste Punkt kann eine Folge des zweiten sein, braucht es aber nicht, sofern ausreichende Betriebsmittelreserven vorhanden sind. Außerdem kann die Energielieferung, wenn auch nur kurzzeitig, unterbrochen werden, ohne daß Schäden entstanden sind. Hinsichtlich der Schutzmaßnahmen ist zu berücksichtigen, aus welchen Ursachen Fehler, d. h.

Überschläge oder Durchschläge auftreten können und wie häufig diese sind.

Die Ursache kann entweder eine Minderung der Isolationsfestigkeit oder eine elektrische Überbeanspruchung der Isolation sein. Es bleibt also zu untersuchen, aus welchen Gründen eine Minderung bzw. Überbeanspruchung der Isolation eingetreten ist und auch welcher Anlaß zum Über- oder Durchschlag geführt hat.

Ursachen für die Minderung der Isolation können sein:

a) Verminderung oder Überbrückung der Abstände spannungsführender Teile gegeneinander oder gegen Erde infolge

   1. Herstellungs- und Montagemängel. Sie können durch sorgfältige Überwachung und Prüfung eingeschränkt oder vermieden werden.
   2. mechanischer Überbeanspruchung durch Sturm und winterliche Zusatzlasten besonders bei Leiterseilen. Abgesehen von Katastrophenfällen sind sie durch richtige Bemessung zu vermeiden.
   3. fremder mechanischer Einwirkungen, z. B. durch Personen, Tiere, hereinfallende Bäume u. dgl.

b) Verminderung der Durchschlagfestigkeit flüssiger und fester Isolierstoffe infolge

   1. Herstellungs- und Montagemängel. Sie können durch sorgfältige Überwachung und Prüfung eingeschränkt oder vermieden werden.
   2. atmosphärischer Einwirkungen von Feuchtigkeit, Hitze, Kälte. Hiergegen hilft eine zweckentsprechende Ausbildung der Isolation, aber auch der Betriebsmittel selbst, sowie eine sorgfältige Überwachung und Reinigung.
   3. Überwachungsmängel, die zu Stromüberlastungen und damit zu einer zu hohen thermischen Beanspruchung der Isolation führen können.
   4. fremder mechanischer Einwirkung, die zur Verletzung der Isolation führt.
   5. Alterung der Isolierstoffe.

c) Verminderung der Überschlagfestigkeit von Isolatoren infolge

   1. atmosphärischer Einwirkungen durch Bildung von Fremdschichten auf den Isolatorenoberflächen infolge Verschmutzung und Feuchtigkeit bei Nebel und Betauung. Hiergegen kann teilweise eine zweckentsprechende Ausbildung und Bemessung der Isolation helfen, besonders aber eine sorgfältige Überwachung und Reinigung.
   2. Korrosion der Isolatorenoberfläche.

Ursachen für die Überbeanspruchung der Isolation können sein:

   1. Fremde elektrische Einwirkungen durch Gewitter. Wenn auch ein vollkommener Schutz hiergegen aus wirtschaftlichen Gründen vielfach nicht durchführbar sein wird, so lassen sich doch Maßnahmen zur Einschränkung der Gewittereinwirkungen treffen.
   2. Fremde elektrische Einwirkungen aus Netzen höherer Betriebsspannung. Hiergegen hilft eine entsprechende Bemessung der Isolation oder geerdete Abschirmung zwischen den sich nähernden spannungsführenden Teilen beider Netze, sowie bei Kreuzungen von Leitungen eine entsprechende mechanische Sicherheit.
   3. Innere Überspannungen infolge Änderung des elektrischen oder Schaltzustandes des Netzes. Da sich innere Überspannungen bis zu einer gewissen Höhe nicht vermeiden lassen, ist die Isolation entsprechend zu bemessen. In besonderen Fällen sind geeignete Schutzmaßnahmen zu treffen.

Nach der Störungsstatistik 1952 der Hochspannungsnetze liegt der Anteil der Störungen durch Gewittereinwirkungen bei etwa 20 bis 30%, dabei sind allerdings vorübergehende Erdschlüsse nicht immer erfaßt.

3. Schutzmaßnahmen in Netzen.

Innere Überspannungen lassen sich, abgesehen beim Schalten von Induktivitäten, bei Verwendung neuzeitlicher Schaltgeräte unter dem 2fachen Betrag der Dreieckspannung halten. Da an Erdschlußspulen und an Transformatoren besonders für höhere Betriebsspannungen Überspannungen bei Schaltvorgängen auftreten können, sollten diese grundsätzlich mit Ableitern ausgerüstet werden, um auch die inneren Überspannungen zu begrenzen. Transformatoren werden dadurch gleichzeitig gegen äußere Überspannungen geschützt.

Überspannungen durch Gewittereinwirkungen können in Netzen aller Betriebsspannungen die Stehstoßspannung der Isolation überschreiten. In Netzen höherer Betriebsspannung (110 kV und darüber) lassen sie sich durch Erdseile in Verbindung mit ausreichend niedrigen Erdungswiderständen der Masten vermeiden. Es wird aber auch hierbei einzelne Fälle rückwärtiger Überschläge geben, sei es, daß der Blitzstrom oder seine Anstiegsteilheit außerordentlich hoch ist oder nicht genügend niedrige Erdungswiderstände infolge schlechter Bodenleitfähigkeit erreicht werden können. Netze mittlerer und niederer Betriebsspannung lassen sich gegen rückwärtige Überschläge nicht mehr ausreichend schützen. Erdseile bringen keinen großen Nutzen mehr, so daß auf sie verzichtet werden kann. Nach Messungen an Hochspannungsleitungen führten in Netzen bis 50 kV Betriebsspannung rund die Hälfte aller Einschläge zu Überschlägen, bei 220 kV Betriebsspannung dagegen waren es nur 12%. Die Leitungen waren zu 88% mit Erdseilen ausgerüstet.

Da Überschläge nicht nur durch Überspannungen, sondern auch aus anderen Gründen eintreten, sind die Maßnahmen zum Schutz gegen Unterbrechung der Energielieferung in beiden Fällen gleich. Der Leitungsschutz ist daher von diesem Gesichtspunkt aus zu betrachten. Die Störungsstatistik 1952 der deutschen Hochspannungsnetze zeigt, daß der Anteil der Erdschlüsse an allen Störungen mit zunehmender Betriebsspannung steigt. Allerdings sind in diesen Zahlen nicht alle selbsterlöschenden Erdschlüsse enthalten.

Betriebsspannung der Netze in kV	5 bis 23	24 bis 52	53 bis 120	220 bis 300
Anteil der Erdschlüsse in %	20	21	34	57

Einpolige Überschläge werden in Netzen mit Kompensation des Erdschlußstromes größtenteils durch die Erdschlußspulen gelöscht. Bei

Dauererdschluß kann ebenso wie in Netzen mit isoliertem Sternpunkt der Betrieb so lange weitergeführt werden, bis die Fehlerstelle gefunden ist. In Netzen mit starrer Sternpunkterdung ist die Fehlerstelle sofort abzuschalten, so daß hier die Kurzunterbrechung notwendig wird.

Mehrpolige Fehler, also Kurzschlüsse, können nur durch Abschalten bereinigt werden. Um die Energielieferung nicht zu unterbrechen, ist entweder Kurzunterbrechung oder zumindest zweiseitige Speisung (vermaschtes Netz) anzuwenden. Bleibt die Isolation überbrückt oder in ihrer Festigkeit erheblich gemindert, so muß das fehlerhafte Betriebsmittel abgeschaltet bleiben. Die Unterbrechung der Energielieferung kann dann nur durch mehrfache Speisung verhindert werden. Die zweckmäßigen Schutzmaßnahmen sind also von dem Aufbau der Netze abhängig.

Schäden an Isolatoren durch die Einwirkung der Lichtbögen lassen sich durch entsprechend ausgebildete Schutzarmaturen oder durch möglichst schnelle Abschaltung in Bruchteilen von Sekunden vermeiden. Armaturen an Isolatoren sollen den Lichtbogen von der Isolatoroberfläche abnehmen und fernhalten, was besonders bei Langstabisolatoren notwendig ist.

Am wichtigsten ist der Schutz der Stationen gegen Überspannungen und Überschläge. Die Stationen können ebenso wie die Freileitungen durch übergespannte Erdseile gegen unmittelbare Blitzeinschläge geschützt werden. Häufig dürften schon die Eisengerüste der Anlagen, sofern sie die spannungsführenden Leiter überragen, ausreichen. Auf die Gerüste aufgesetzte Spitzen tragen zur Vergrößerung des Schutzbereiches bei. Ausgedehnte und hoch liegende Sammelschienen sollten trotzdem mit Erdseilen überspannt werden. Erdseile der Freileitungen werden auch im Spannfeld vor der Station bis zu den Abspanngerüsten durchgeführt und mit der Erdungsanlage der Station verbunden. Stationen aller Betriebsspannungen sind gegen unmittelbare Blitzeinschläge in die Leiter zu schützen, da die Stationen die wichtigsten Teile der Netze sind.

Eine Zone mit ausreichendem Erdseilschutz auf den Freileitungen vor den Stationen verhindert nicht nur das Eindringen hoher, sondern auch steiler Wanderwellen, da unmittelbare Einschläge in die Leiterseile in der Nähe der Stationen vermieden werden. Für diese Schutzzone wird eine Länge von etwa 1 km als ausreichend angesehen. Ist die Freileitungsisolation außerhalb der Erdseilzone höher als innerhalb dieser, z. B. bei Holzmastleitungen, so können Überschläge am Übergangsmast durch Ventil- oder Rohrableiter vermieden oder durch Kurzunterbrechung fortgeschaltet werden. In gleicher Weise lassen sich auch Eisenmaste im Zuge von Holzmastleitungen ohne Erdseil schützen. Eine richtig bemessene Erdseilzone dürfte bei Stationen im Zuge von Leitungen keine weiteren Maßnahmen notwendig machen. Dagegen bleiben bei Stationen am Ende einer Leitung wegen der Reflexion einlaufender Wellen Ableiter stets erforderlich. Ist der Erdseilschutz unzureichend oder wird davon abgesehen, so sollten die Stationen vor allem zum Schutze der Transformatoren mit Ableitern ausgerüstet werden.

Schutz von Hochspannungsnetzen mit Betriebsspannungen von 110 kV und darüber. Induzierte Gewitterüberspannungen sind in diesen Netzen ohne Bedeutung, so daß eine Gefährdung nur durch unmittelbare Blitzeinschläge in die Leiterseile und rückwärtige Überschläge besteht. Hinsichtlich der Maßnahmen gegen Unterbrechung der Energielieferung ist zu bedenken, daß Überschläge auch aus anderen Gründen, z. B. infolge Isolationsminderung, durch Feuchtigkeit und Verschmutzung, auftreten können. Solche Überschläge sind meist einpolig, in Netzen mit nicht starrer Sternpunkterdung können sie aber auch zu Doppel- und Mehrfacherdschlüssen führen. Da der größte Teil der Fehler in Netzen mit höherer Betriebsspannung durch Erdschlüsse eingeleitet wird, sollten diese möglichst schnell gelöscht werden. Ist dieses in Netzen mit Kompensation des Erdschlußstromes nicht mehr möglich, weil der Erdschlußreststrom zu groß wird, so ist es zweckmäßiger, zur starren Sternpunkterdung mit Kurzunterbrechung überzugehen. Bei mehrfacher Einspeisung wird dann die Verbindung zwischen den Einspeisepunkten zur besseren Aufrechterhaltung der Stabilität bei Fehlern über Doppelleitungen hergestellt oder das Netz vermascht.

Ein Schutz gegen Gewittereinwirkungen bzw. dadurch verursachte Unterbrechung kann auf folgende Arten weitgehend erreicht werden. Dabei sind Ventilableiter an den Erdschlußspulen und Transformatoren gegebenenfalls zum Schutz gegen innere Überspannungen notwendig. Auf jeden Fall sind die Stationen gegen die Möglichkeit unmittelbarer Blitzeinschläge in die Leiterseile und gegen rückwärtige Überschläge zu schützen.

a) Vollkommener Erdseilschutz über allen Freileitungen und Stationen in Verbindung mit ausreichend niedrigen Erdungswiderständen der Masten. Weitere Schutzmaßnahmen wären nicht erforderlich.

b) Bei unzureichendem Erdseilschutz der Freileitungen, d. h. die äußeren Leiterseile liegen nicht mehr im Schutzbereich der Erdseile, aber ausreichend niedrigen Erdungswiderständen der Masten. Erdschlüsse werden etwas häufiger sein als im Fall a. Ventilableiter an den Transformatoren sind zu deren Schutz zweckmäßig. In Stationen am Ende einer Leitung sind Ableiter notwendig.

c) Bei Freileitungen ohne Erdseile, aber ausreichend niedrigen Erdungswiderständen der Masten.

Da bei Freileitungen ohne Erdseil etwa die Hälfte aller Einschläge in die Leiterseile im Spannfeld erfolgt, führen diese zumindest zu Erdschlüssen. Maßnahmen zur Löschung der Erdschlußlichtbögen sind erforderlich.

Erhalten die Freileitungen vor den Stationen eine Erdseilschutzzone, so sind trotzdem Ventilableiter an den Transformatoren zu deren Schutz zweckmäßig. In Stationen am Ende einer Leitung sind Ableiter stets notwendig.

In Stationen ohne Erdseilschutzzone sind Ableiter notwendig; in ausgedehnteren Anlagen werden sie zweckmäßig an den Transformatoren und an den Leitungseinführungen eingebaut.

d) Bei Freileitungen ohne Erdseile und unzureichenden Erdungswiderständen der Masten.

Blitzeinschläge werden weit häufiger als in den vorhergehenden Fällen zu Kurzschlüssen führen.

Erhalten die Freileitungen vor den Stationen eine Erdseilschutzzone, so sind trotzdem Ventilableiter an den Transformatoren zweckmäßig. In Stationen am Ende einer Leitung sind Ableiter notwendig.

In Stationen ohne Erdseilschutzzone sind Ableiter erforderlich; in ausgedehnten Anlagen werden sie zweckmäßig an den Transformatoren und an den Leitungseinführungen eingebaut.

Die häufiger auftretenden Kurzschlüsse machen eine Vermaschung des Netzes oder Kurzunterbrechung notwendig.

Da Erdschlüsse auch aus anderen Ursachen auftreten können, bleiben trotzdem in allen Fällen Maßnahmen zur Löschung der Erdschlußlichtbögen notwendig. Entweder wird der Erdschlußstrom durch Erdschlußspulen kompensiert oder bei starrer Sternpunkterdung die Kurzunterbrechung, die dann auch mehrpolige Überschläge erfassen kann, eingeführt.

Schutz von Hochspannungsnetzen mit Betriebsspannungen von 60 kV und darunter. Mit abnehmender Betriebsspannung wird es schwierig, wenn nicht sogar unmöglich, ausreichend niedrige Erdungswiderstände der einzelnen Masten mit noch vertretbarem wirtschaftlichem Aufwand zu erreichen. Rückwärtige Überschläge treten somit häufiger auf. Auf Erdseile kann daher verzichtet werden. Um Unterbrechungen der Energielieferung zu vermeiden, sind Kurzunterbrechung oder Vermaschung des Netzes notwendig, ferner Schutz der Stationen durch Ableiter. Für kleine Netzstationen in der ländlichen Versorgung werden vielfach die einfachen Rohrableiter an Stelle von Ventilableitern verwendet. Rohrableiter sollen in Richtung des Energieflusses nicht hinter Sicherungen angeschlossen werden, da diese beim Ansprechen der Ableiter durchschmelzen. In solchen Stationen werden die Ableiter grundsätzlich vor die Sicherungen gesetzt, damit sie die Anlage auch bei durchgebrannten Sicherungen schützen.

In Verteilungsnetzen werden weitgehend Holzmaste ohne Erdung der Isolatorenträger verwendet. Von diesen Holzmastleitungen können sehr hohe Stoßspannungen von mehreren 100 kV auf die Stationen auftreffen. Ventilableiter sollten daher hinsichtlich ihres Nennableitstoßstromes nicht zu gering bemessen werden, mindestens für 2,5 kA besser für 5 kA.

Befinden sich einzelne Stahlmaste im Zuge von Holzmastleitungen, so sollten diese durch Ableiter geschützt werden, da sonst an diesen Stellen die Möglichkeit häufigerer Überschläge besteht. Die billigen Rohrableiter sind hierfür gut geeignet. Auch Kabel im Zuge solcher Leitungen erhalten an ihren Endverschlüssen zweckmäßig Ableiter. Die Erdung der Ableiter muß unmittelbar mit dem Kabelmantel verbunden werden.

In Netzen mit Kompensation des Erdschlußstromes erhalten die Erdschlußspulen Ventilableiter parallelgeschaltet, wenn die Möglichkeit besteht, daß beim Abschalten von Kurzschlüssen der Transformator mit der Erdschlußspule allein an der Sammelschiene verbleibt. Dieser Schaltzustand kann bei Anwendung der Kurzunterbrechung für ein ganzes Netz auftreten.

4. Überspannungsschutz von Generatoren.

Beim Überspannungsschutz von Maschinen treten zwei Isolationsprobleme auf; einmal der Schutz der Wicklungen gegen Erde durch Begrenzung der Höhe der auflaufenden oder innerhalb der Wicklungen reflektierten Wellen, und zum anderen der Schutz der Windungen gegeneinander durch Verminderung der Steilheit der auflaufenden Wellen. Eine Verbindung beider Schutzarten mittels Kapazitäten und Ableiter stellt die Lösung dieses Problems dar. Hinsichtlich der Ausführung des Schutzes können die Kraftwerke, die auf ein Freileitungsnetz speisen, in zwei Gruppen eingeteilt werden, und zwar

der Generator speist unmittelbar in das Freileitungsnetz,

der Generator speist über einen Transformator in das Freileitungsnetz.

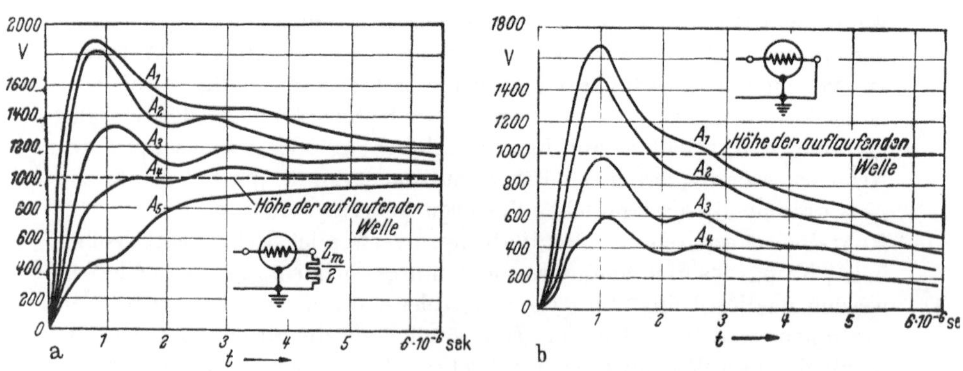

Bild 139a u. b.   Spannungsverlauf zwischen den Spulenanzapfungen und dem Gehäuse eines Generators bei Stoßspannung auf einem Leiter [18/1].

a) Sternpunkt isoliert (dargestellt durch Erdung über $Z_m/2$); b) Sternpunkt geerdet.

Im ersten Fall trifft eine Überspannungswelle in ihrer anlaufenden vollen Höhe und Zeitdauer auf die Wicklungen. Bild 139 zeigt die Spannung am Anfang und innerhalb der Wicklung eines Generators [*18/1*], wenn auf einem Leiter eine Stoßspannung anläuft für den Fall, daß der Sternpunkt isoliert bzw. geerdet ist. Am Anfang der Wicklung tritt durch die Wirkung der Windungsinduktivität eine erhebliche Spannungsüberhöhung auf. Für die Beanspruchung der Isolation zwischen den Windungen ist die höchste Steilheit der Stoßspannung maßgebend. Durch einen am Wicklungsanfang gegen Erde geschalteten Kondensator kann nach Bild 140 diese Steilheit erheblich vermindert werden. Gleichzeitig

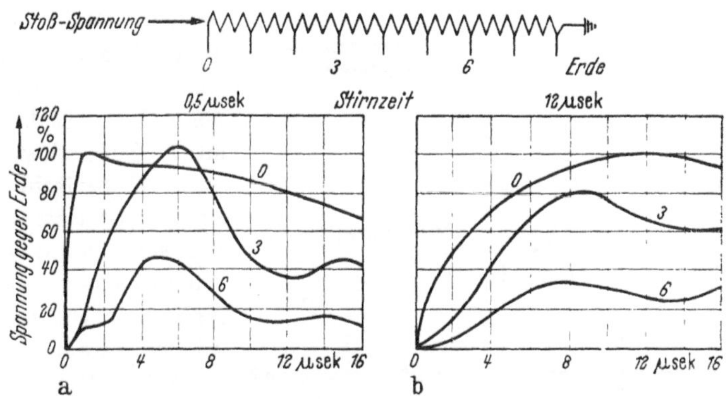

Bild 140a u. b. Spannungsverteilung in einer Generatorspule. [*14/16*].
a) ohne, b) mit Schutzkondensator

wird auch die Höhe der Spannung gegen Erde längs der Wicklung vermindert. Da Maschinen ein geringeres Isoliervermögen haben als die übrigen Teile des Netzes, muß die Höhe der Überspannung durch Ableiter auf genügend niedrige Werte begrenzt werden.

Ist dem Generator ein Transformator vorgeschaltet, was stets bei Kraftwerken der Fall ist, die auf Übertragungsnetze höherer Spannung arbeiten, so trifft auf die Generatorwicklung nur die über den Transformator übertragene Spannung [*18/2*]. Diese setzt sich, wie Bild 141 zeigt, aus einem vorzugsweise durch die Wellenstirn kapazitiv und einem durch den Wellenrücken elektromagnetisch übertragenen Teil zusammen. Wegen der Stern-Dreieck-Schaltung des Transformators hat der elektromagnetisch übertragene Teil in den beiden betroffenen Wicklungssträngen des Generators entgegengesetzte Polarität. Die Spannung am Sternpunkt bleibt praktisch Null und entspricht nur dem kapazitiv übertragenen Anteil. Ein zusätzlicher Schutz des Sternpunktes erübrigt sich in dieser Schaltung.

Die zweckmäßige Schutzanordnung für einen Generator mit Transformator in Blockschaltung zeigt Bild 142. Der Generator selbst ist an seinen Klemmen durch Kondensatoren gegen die Steilheit und durch

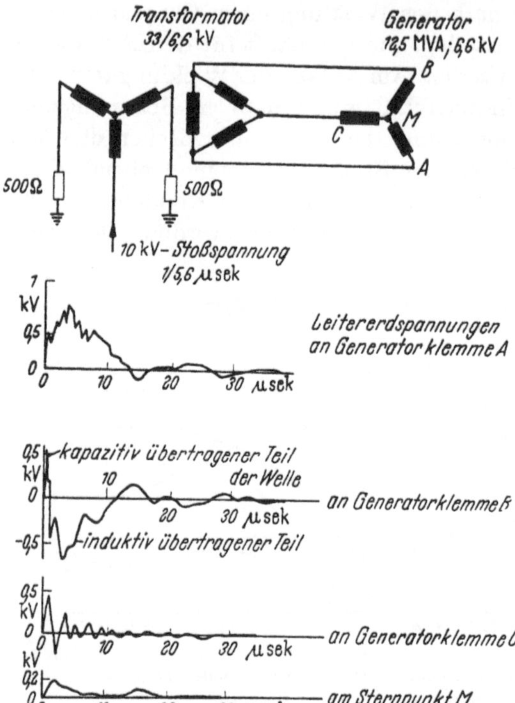

Bild 141. Spannung an den Generatorklemmen bei einpoligem Stoß auf einen Transformator mit Generator in Blockschaltung [18/2].

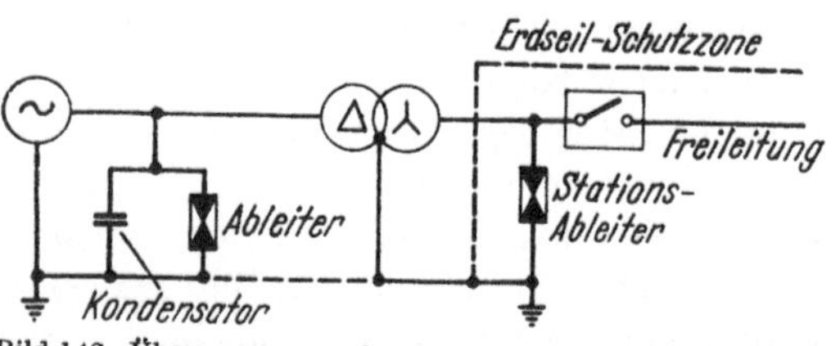

Bild 142. Überspannungsschutz eines Generators und Transformators in Blockschaltung, die auf eine Freileitung arbeiten.

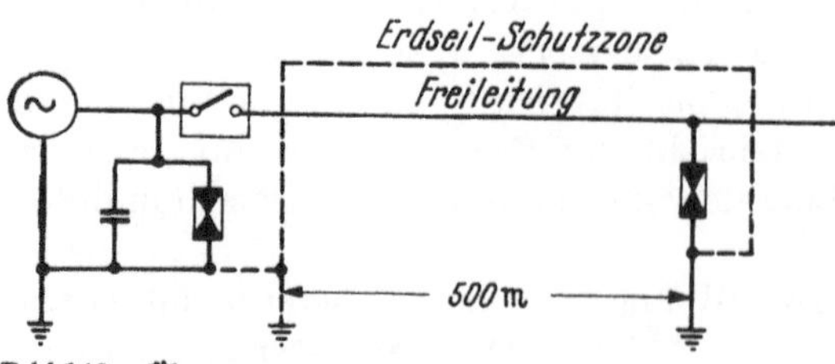

Bild 143. Überspannungsschutz eines Generators, der unmittelbar auf eine Freileitung arbeitet.

Ableiter gegen die Höhe der Stoßspannung geschützt. Von der Freileitung aus anlaufende Überspannungswellen werden zunächst durch Ableiter an der Oberspannungsseite des Transformators begrenzt. Diese Ableiter sind vor allem dann erforderlich, wenn die Leitung kein Erdseil besitzt. Zumindest sollte eine Erdseilschutzzone vor der Station vorhanden sein, damit Leiterseileinschläge in der Nähe der Station vermieden werden.

Arbeitet der Generator unmittelbar auf eine Freileitung, so ist nach Bild 143 der Generator in gleicher Weise zu schützen. Da aber in diesem Fall das Freileitungsnetz im allgemeinen keine Erdseile haben wird, soll zumindest auf eine Länge von 500 m vor der Station ein Erdseil verlegt werden. Am Anfang dieser Schutzzone von der Netzseite her erhalten die Leitungen Ableiter, um einlaufende Wellen bereits zu begrenzen. Dieser doppelte Schutz ist im Hinblick auf das verschiedene Isolationsniveau der Freileitung und des Generators erforderlich. Ist der Sternpunkt des Generators nicht unmittelbar geerdet, so sollte auch dieser durch einen Ableiter geschützt werden, da auf allen drei Leitern anlaufende Wellen zu einer Spannungserhöhung am Sternpunkt führen können.

Der Schutz am Generator ist zwischen diesem und dem zugehörigen Leistungsschalter zu legen, damit er auch bei Schaltüberspannungen wirkt. Kurze Kabel zwischen Freileitung und Generator können nicht als Schutzkapazität gelten. Nur wenn dieses Kabel lang ist oder mehrere Kabel von der Sammelschiene abgehen, deren Länge insgesamt über etwa 800 m beträgt, ersetzen diese die Schutzkapazität. Bei der Zwischenschaltung von Kabeln gilt die Schutzzone der Freileitung vom Kabelübergangsmast aus.

Die Schutzkondensatoren sind hinsichtlich ihrer Kapazität nach Tab. 11, S. 152, zu bemessen. Auf der Netzseite werden die üblichen Ableiter verwendet, während man die Ansprechspannung der Ableiter am Generator besser niedriger wählt. Bei dem besonders dafür entwickelten Maschinenableiter liegt die obere Grenze der Ansprechwechselspannung bei der 2fachen Nennspannung, die höchstzulässige Betriebsspannung 20% über der Nennspannung. Außerdem haben die Ableiter einen Nennableitstrom von 10 kA, um auch innere Überspannungen schon bei geringerer Höhe begrenzen zu können.

Nach amerikanischen Erfahrungen [18/3] hat diese Art des Generatorschutzes zu einer außerordentlichen Verringerung von Isolationsschäden durch Gewitterüberspannungen besonders in Wasserkraftanlagen geführt. Der Überspannungsschutz von Maschinen findet hier nicht nur in den Kraftwerken Anwendung, sondern er wird auch in zunehmendem Maße bei großen Hochspannungsmotoren in Industrieanlagen eingebaut.

5. Überspannungsschutz der Niederspannungsnetze.

In Niederspannungsnetzen können durch unmittelbaren Blitzeinschlag wie auch durch elektrostatische und elektromagnetische Beeinflussung beim Blitzeinschlag in der Nähe der Leitung erhebliche Überspannungen auftreten. Die 50%-Überschlagstoßspannung der Freileitungsisolatoren beträgt etwa 80 kV (Bild 144). Da die Isolatorenträger der Holzmasten nicht geerdet werden, kommt noch die Stoßfestigkeit einer Holzstrecke hinzu, so daß Überspannungen von 100, sogar bis 200 kV entstehen können. Der Sternpunktleiter wird nur in größeren Abständen geerdet; bei unmittelbarem Einschlag in die Leitung können daher zwischen zwei Erdungen hohe Spannungen entstehen. Durch Überschläge an den nächsten geerdeten Masten werden diese Spannungen auf die Erderspannung abgesenkt. Um diese niedrig zu halten, muß auch hier der Ausbreitungswiderstand der Erdungen möglichst gering sein. Ein

Erdungswiderstand von 5 Ohm ergibt bei einem durchfließenden Stoßstrom von 1 kA bereits 5 kV. Diese Spannung läuft dann weiter in das
Netz hinein und muß durch Ableiter an dem nächsten geerdeten Mast
abgesenkt werden. Unmittelbare Blitz-
einschläge können Holzmaste ohne
Erdungsleitungen zersplittern. Die
Erfahrung zeigt aber, daß solche Fälle
nicht so häufig auftreten. Um sie einzuschränken, sollten die Erdungen an
den Leitungen nicht mehr als 300 m
voneinander entfernt sein.

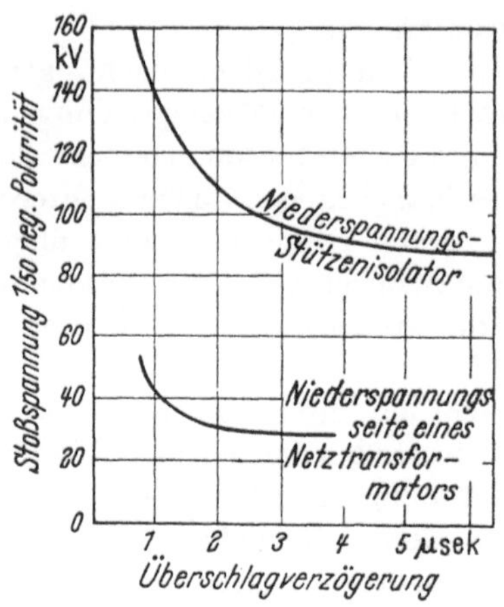

Bild 144. Stoßkennlinien einer Niederspannungsanlage.

Der größte Teil der bei Gewitter
auftretenden Überspannungen dürfte
durch elektrostatische und elektromagnetische Beeinflussung bei Blitzschlägen hervorgerufen werden. Die
Abschirmung der Leiter durch den
geerdeten Sternpunktleiter und durch
Gebäude und Bäume ist hierbei von
wesentlichem Einfluß. Statische Auf-
ladungen haben keine Bedeutung, da sie über den geerdeten Sternpunkt der Transformatoren abfließen. Hinzu kommen noch vom Hochspannungsnetz über die Transformatoren übertragene Spannungen.
Da der Sternpunkt der Transformatoren auf der Niederspannungsseite geerdet ist, sind diese übertragenen Spannungen niedrig und betragen bei angeschlossenem Netz nur höchstens etwa 4% der Spannung auf der Hochspannungsseite, also nur einige kV [19/4]. Sie
werden durch die in der Station im allgemeinen wohl stets vorhandenen Ableiter auf der Niederspannungsseite begrenzt, wären aber
auch, abgesehen von den Installationen, für das Niederspannungsnetz
ungefährlich.

Gegenüber den Freileitungen haben die Hausinstallationen eine sehr
geringe Stoßfestigkeit. Gemessene Überschlag- bzw. Durchschlagstoßspannungen sind in Tab. 14 zusammengestellt. Die Werte streuen erheblich. Die niedrigsten Werte wurden an älteren Installationen gemessen.
Sicherungen wurden trotz geschmolzener Einsätze vielfach noch durch
Überspannungen aus dem Netz durchschlagen, wobei teilweise auch der
Betriebsstrom nachgeflossen ist. Für Hausinstallationen muß man mit
Überschlagstoßspannungen bis herab zu 3 kV an den Geräten rechnen. Die
100%-Ansprechstoßspannung und die Restspannung beim Nennableitstoßstrom der Niederspannungsableiter müssen daher niedrig genug
liegen, sie soll 2 kV für Ableiter mit einer höchstzulässigen Betriebsspannung von 250 V gegen Erde nicht überschreiten.

Tabelle 14.

Gemessene Überschlagstoßspannungen in kV an Teilen von Hausinstallationen.

	Roth[1]	Berger[2]	Berger*[3]	Sollergen Hylten-Cavallius[4]	Olsson[5]
Leitungen, allgemein	42		2,7		
Pendelschnur			3,4		
NGA, neu		50			
NGA in Stahlrohr				19 bis 32	12 bis 27
Rohrdraht					11 bis 25
Zähler, allgemein		< 5		10 bis 20	3 bis 24
Klemmen	13				
Wicklungen	8,2				
Sicherungen, durchgeschmolzen		6 bis 12	1,9		10 bis 14
Abzweigdosen		15	1,6 bis 4,5		19 bis 29
Schalter		5 bis 10	2,5 bis 2,9		
Lampenfassungen	5,1	4 bis 7	1,4 bis 2		
Kochplatten, heiß			> 4	2,2 bis 3,5	1,1 bis 13
Haushaltmotore			4		

* An vorhandenen, meist älteren Anlagen gemessen.
[1] A. Roth [*19/1*]. — [2] K. Berger [*19/7*]. — [3] K. Berger [*19/8*]. —
[4] B. Sollergen u. N. Hylten-Cavallius [*19/12*]. — [5] C. E. Olsson [*19/10*].

Die Erdung der Ableiter ist für den Schutz der Hausinstallationen ebenso wichtig wie der Ableiter selbst. Bei einem Ableitstoßstrom von z. B. 200 A und einem Erdungswiderstand von 10 Ohm ergibt sich bereits eine Erderspannung von 2 kV, der sich dann noch die Restspannung überlagert. Die getrennte Erdung der Ableiter ist daher zu vermeiden. Alle verfügbaren Erder und Metallteile, besonders die Wasserleitung, sind zusammenzuschließen. Am günstigsten ist die Nullung, bei der die Schutzerdung am Sternpunktleiter durchgeführt wird. Die Ableiter werden gegen den Sternpunktleiter geschaltet und dieser ist an der Einbaustelle der Ableiter auf kürzestem Wege zu erden. Ist die Nullung als Schutzmaßnahme gegen zu hohe Berührungsspannungen nicht zugelassen, so ist auch zwischen Sternpunktleiter und Erdung ein Ableiter anzubringen (Bild 145). Da bei Beschädigung infolge Überlastung ein Fehlerstrom über den Ableiter nach Erde fließen kann, soll er sich in diesem Fall selbsttätig von der Erdung oder vom Netz abtrennen. Dieses kann durch eine Schmelzsicherung, besser noch durch eine Lötsicherung unmittelbar am Ableitwiderstand erreicht werden, da diese bereits bei Dauerströmen von einigen wenigen A und noch kleineren Strömen trennt.

Am zweckmäßigsten werden die Ableiter möglichst nahe der Hauseinführung eingebaut.

In Gebäuden mit Blitzschutzanlagen müssen die elektrischen Installationen in ausreichender Entfernung von der Blitzschutzanlage verlegt

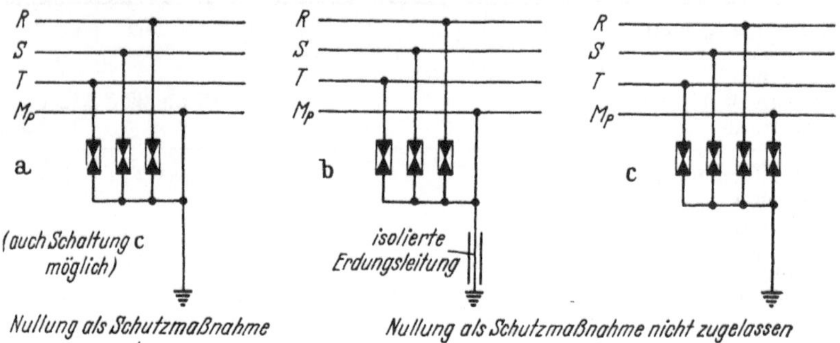

Bild 145 a—c. Anschluß von Ventilableitern im Niederspannungsnetz.

sein. Da bei Näherungen durch einen Blitzeinschlag rückwärtige Überschläge zur Installation eintreten können, sollen solche Stellen durch Überspannungsschutzeinrichtungen überbrückt werden, sofern eine besondere Gefahr vorliegt (s. Richtlinien des Ausschusses für Blitzableiterbau ABB).

Im Netz wird man Ableiter an Verzweigungspunkten und vor allem an den Enden längerer Ausläuferleitungen einbauen sowie an den Enden zwischengeschalteter Kabel und an den Transformatoren. Wird der Sternpunktleiter am Einbauort der Ableiter nicht geerdet, so ist auch an diesem ein Ableiter anzubringen (Bild 145 c).

In den Transformatorenstationen, die in das Niederspannungsnetz einspeisen, muß, sofern das Hochspannungsnetz ein Freileitungsnetz ist, die Niederspannungsbetriebserde von der Schutzerde der Station getrennt verlegt werden (Bild 146) [19/15,16]. Fließt durch die Schutzerde ein Strom, sei es, daß als Folge einer Überspannung auf der Hochspannungsseite ein Überschlag in der Station eintritt oder die mit der Schutzerde verbundenen Ableiter ansprechen, oder daß infolge eines Doppelerdschlusses, wobei eine Erdschlußstelle in der Station liegt, der Doppelerdschlußstrom über die Schutzerdung fließt, so tritt eine Erderspannung auf. Diese Erderspannung ist gleich dem Produkt aus Strom über die Schutzerdung mal deren Erdungswiderstand. Erreicht sie den Wert der Überschlagspannung der Niederspannungsanlage, so tritt ein rückwärtiger Überschlag zu dieser ein. Um dieses möglichst zu verhindern, muß die Erderspannung klein gehalten werden, d.h. der Ausbreitungswiderstand der Schutzerdung soll so niedrig wie möglich sein. Kann dieses nicht erreicht werden, ist es zweckmäßiger, die Überschlagspan-

nung auf der Niederspannungsseite zwischen Sternpunktleiter und
Erde etwas geringer zu machen als die der Außenleiter gegen Erde.
Beim Ansprechen der Hochspannungsableiter kann dann bei einem
rückwärtigen Überschlag keine Störung der Versorgung auftreten. Die

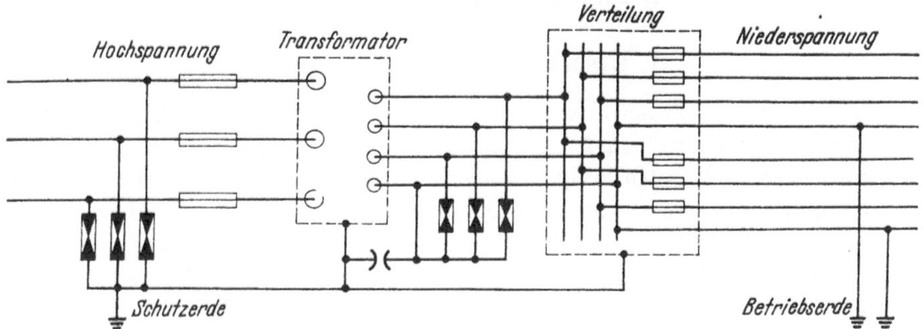

Bild 146. Überspannungsschutz von Transformatorenstationen für Niederspannungsnetze.

Überspannungen, die in das Niederspannungsnetz hineinlaufen, werden
durch die Ableiter in diesem bzw. die Erdung des Sternpunktleiters begrenzt.

Tritt ein rückwärtiger Überschlag bei Doppelerdschluß auf, so wird
dem gesamten Niederspannungnetz bis zur Abschaltung des Doppelerdschlusses die Erderspannung, die nun durch die Parallelschaltung der
Niederspannungsbetriebserde vermindert ist, überlagert. Im Niederspannungsnetz besteht die Gefahr höherer Berührungsspannung vom Schutz-
erder zu einem unbeeinflußten Erder. Darum sollten auch alle Erder in
den Hausinstallationen miteinander verbunden werden.

In Netzen, in denen die Nullung als Schutzmaßnahme gegen zu hohe
Berührungsspannung nicht zugelassen ist, können Ableiter an den Ein-
baustellen, an denen der Sternpunktleiter nicht geerdet ist, im Falle des
Doppelerdschlusses beschädigt werden. Das Netz mit Nullung als Schutzmaßnahme verhält sich auch in diesem Fall günstiger, zumal durch die
häufigeren Erdungen der gesamte Erdungswiderstand des Netzes niedrig ist.

Die Stehstoßspannung zwischen der Hochspannungsschutzerde und
der Niederspannungsanlage in Transformatorenstationen liegt, sofern die
Schutzerdung von Meßeinrichtungen auf der Niederspannungsseite nicht
mit der Hochspannungsschutzerde verbunden ist, verhältnismäßig hoch.
Sie kann etwa 20 kV betragen. Eine Funkenstrecke für diese Überschlagstoßspannung oder auch etwas weniger zwischen dem Niederspannungs-
sternpunkt und dem Transformatorengehäuse kann auf einfache Weise
den Ort eines eventuellen rückwärtigen Überschlags festlegen. Bei Verbindung der Hochspannungs- und Niederspannungsschutzerde werden

dann zweckmäßigerweise Meßeinrichtungen mit Isolierstoffgehäusen verwendet, um die verhältnismäßig hohe Isolation der Niederspannungsanlage nicht wieder zu verschlechtern.

G. Innere Überspannungen in Netzen.

1. Ursache innerer Überspannungen.

Neben den äußeren Überspannungen durch atmosphärische Einwirkungen treten in den Netzen selbst innere Überspannungen auf. Hierunter versteht man alle Spannungen, welche die höchstzulässige Betriebsspannung überschreiten. Ausgenommen ist nur die vorübergehende Spannungserhöhung mit Betriebsfrequenz, wie sie z. B. am Ende langer leerlaufender Leitungen oder bei plötzlichem Lastabwurf entstehen kann. Die Höhe der inneren Überspannungen ist im wesentlichen mit maßgebend für die Isolationsbemessung der Netze.

Innere Überspannungen entstehen nur durch eine Zustandsänderung der Netze, also durch Schaltvorgänge und Fehler. Sie sind im allgemeinen vorübergehend, können aber auch zu Resonanzerscheinungen führen, wenn dabei Schwingungskreise entstehen, deren Eigenschwingungen mit der Betriebsfrequenz oder eventuell vorhandenen Oberwellen übereinstimmen. Allerdings sind derartige Fälle selten. Zustandsänderungen der Netze entstehen durch:

Fehler:	Erdschluß, Kurzschluß,
Schalten von Betriebsmitteln:	Widerstände (Belastungen), Kapazitäten (Leitungen, Kondensatoren), Induktivitäten (Transformatoren, Drosseln, Maschinen).

Überspannungen entstehen durch Ausgleichvorgänge zwischen den beiden Betriebszuständen. Wenn dieser Übergang sich nur einmalig vollzieht, würde man diesen Vorgängen nicht so große Bedeutung beimessen, da sie berechenbar sind und somit genau erfaßt werden können. Da aber der Schaltvorgang und im allgemeinen auch der Fehlervorgang sich über Lichtbögen abspielt, treten Wiederzündungen und Unterbrechungen auf, durch die jeweils wieder Ausgleichvorgänge ausgelöst werden. Durch Umladungen von Kapazitäten oder durch Unterbrechen von Strömen in Induktivitäten, wenn ihr Augenblickswert nicht gerade Null ist, können dabei teilweise erhebliche Überspannungen entstehen. Für den Schalterbau ergibt sich somit das Problem, den Schaltvorgang auf günstigste Weise nicht nur hinsichtlich der Stromunterbrechung, sondern auch der dabei auftretenden Überspannungen zu steuern.

2. Allgemeine Betrachtungen über Ausgleichvorgänge in Netzen.

Bei Änderung eines Netzzustandes führt eine plötzlich eintretende Änderung des Energiezustandes zu Ausgleichschwingungen. Diese kann sich auf das gesamte Netz erstrecken oder sich nur auf einen Teil, z. B. das geschaltete Betriebsmittel, beschränken. Dabei kann eine Änderung der elektrischen Energie durch das Umladen der Kapazitäten des Netzes oder seiner Teile oder der magnetischen Energie durch das plötzliche Unterbrechen von Strömen eintreten. Die Ausgleichschwingungen werden bestimmt durch ihre Frequenzen sowie die Strom- und Spannungsverteilung mit Betriebsfrequenz vor und nach der Zustandsänderung.

Eine genaue Berechnung der Ausgleichvorgänge nach den Schaltgesetzen führt meistens zu Differentialgleichungen höherer Ordnung oder bei Berücksichtigung der verteilten Kapazitäten und Induktivitäten von Leitungen zu transzendenten Gleichungen, deren Lösung schwierig, wenn nicht sogar unmöglich ist. Man kann sich im allgemeinen mit einer rechnerisch durchführbaren Lösung unter vereinfachten Annahmen begnügen, die eine gute Annäherung an den Verlauf der Ausgleichvorgänge bietet, zumal auch meistens nur der Anfang der Ausgleichschwingung von Interesse ist. Die Amplitude der ersten Halbwelle ergibt bereits, sofern es sich nicht gleichzeitig um Resonanzschwingungen handelt, die höchste Überspannung. Für die Vereinfachung sind die für den einzelnen Ausgleichvorgang maßgebenden Größen richtig zu bewerten. Da die Ermittlung von Überspannungen weitgehend ein statistisches Problem ist, kommt es vor allem auf das Abschätzen der wesentlichen Einflüsse an. Bereits die angenäherte Lösung ist häufig sehr wertvoll; ergibt sie doch die Möglichkeit, Versuchsergebnisse und Messungen deuten und Rückschlüsse auf andere Bedingungen ziehen zu können.

Die Ausgleichvorgänge sind wegen ihrer hoch- oder mittelfrequenten Natur und der mehr oder weniger großen Dämpfung von verhältnismäßig kurzer Dauer. Je nach der Größe ihrer Frequenz können sie innerhalb von Bruchteilen einer Halbwelle der Betriebsfrequenz abgeklungen sein.

Ein großer Teil der Ausgleichvorgänge ist nicht so hochfrequent, daß die Ausbreitungsgeschwindigkeit der elektrischen Wellen auf räumlich ausgedehnten Gebilden berücksichtigt werden müßte. Man kann dann mit räumlich konzentrierten Größen rechnen und den Vorgang quasistationär betrachten. Handelt es sich dagegen nur um Schwingungen verteilter Kapazitäten und Induktivitaten, also von Leitungen, so können die Vorgänge nach den Wanderwellengesetzen auch noch auf verhältnismäßig einfache Weise bestimmt werden. Schwieriger ist es, wenn sowohl verteilte wie auch konzentrierte Kapazitäten und Induktivitaten am Ausgleichvorgang beteiligt sind, ohne daß die einen oder die anderen gegeneinander vernachlässigt werden können. Hierbei läßt sich aber auch durch

Einführen zulässiger Vereinfachungen, z. B. einer T- oder π-Schaltung für eine Leitung, meistenteils eine für praktische Verhältnisse genügend genaue Annäherung an den tatsächlichen Verlauf erhalten. Bei einem Schaltvorgang, sei es das Entstehen eines Fehlers oder eine Schaltung von Betriebsmitteln, erstrecken sich die Ausgleichschwingungen grundsätzlich über das ganze Netz und alle drei Leiter, da diese über die Wicklungen von Generatoren oder Transformatoren unmittelbar oder magnetisch verbunden sind. Netzteile, die nur unwesentlich beeinflußt werden, können gegenüber denjenigen, deren Energiezustand überwiegend geändert wird, für die Ausgleichvorgänge als praktisch kurzgeschlossen gelten. Es kann der Fall eintreten, daß Ausgleichschwingungen, die durch Schaltvorgänge in einem Leiter angeregt werden, sich überwiegend auf diesen Leiter selbst beschränken; andererseits können sie auch über die Wicklungen der Transformatoren hinweg andere magnetisch gekuppelte Netze beeinflussen.

Grundformen der Schwingungskreise lassen sich aufstellen, die in den verschiedenartigsten Abwandlungen stets wiederkehren. Sie sind folgend unter der Annahme quasistationärer Vorgänge zusammengestellt.

Der einfachste Schwingungskreis ist in Bild 147a dargestellt. Eine Spannungsquelle mit dem inneren Widerstand Null speise über eine Induktivität L die Kapazität C. Wird der Energiezustand plötzlich verändert, z. B. durch Abschalten eines Fehlers im Augenblickswert Null des Stromes, so muß sich die Spannung an C in ihrem Augenblickswert von u' auf u'' ändern. Dem Verlauf der Spannung u'' überlagert sich eine Ausgleichschwingung vom Betrage

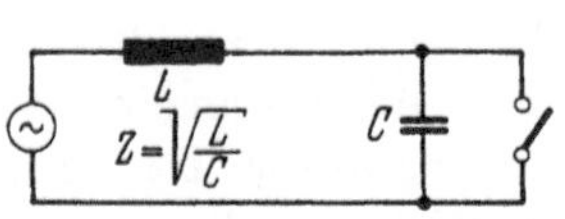

a. Schwingungskreis ohne Dämpfung

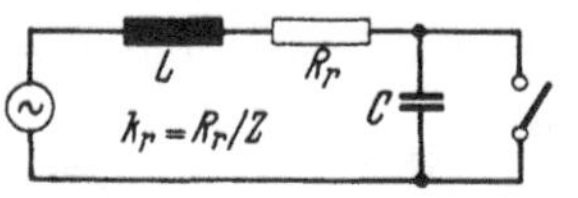

b. Schwingungskreis mit Reihendämpfung

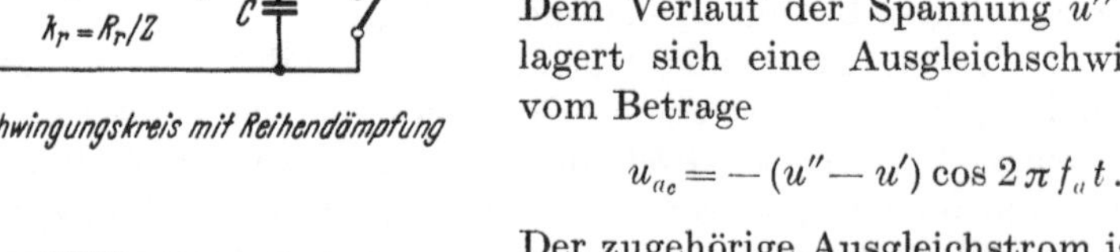

c. Schwingungskreis mit Paralleldämpfung

Bild 147 a—c.
Dämpfung von Schwingungskreisen.

$$u_{ac} = - (u'' - u') \cos 2\pi f_a t .$$

Der zugehörige Ausgleichstrom ist

$$i_{ac} = - (u'' - u') \sqrt{\frac{C}{L}} \sin 2\pi f_a t .$$

Hierbei ist $\sqrt{L/C} = Z$ der Schwingungswiderstand und $f_a = \dfrac{1}{2\pi} \sqrt{\dfrac{1}{LC}}$ die Ausgleichfrequenz.

Da vielfach nur die Amplitude nach der ersten Halbwelle der Ausgleichschwingung zur Bestimmung der Überspannung von Interesse ist und die Frequenz f_a im allgemeinen groß gegenüber der Betriebsfrequenz f

ist, genügt es mit ausreichender Annäherung, die Augenblickswerte u' und u'' als Gleichspannung anzunehmen.

Würde dazu noch der Strom in der Induktivität L von i' auf i'' (z. B. durch einen Schaltvorgang) plötzlich geändert, so ergäbe sich der Ausgleichstrom, der sich i'' überlagert.

$$i_{aL} = - (i'' - i') \cos 2 \pi f_a t$$

und die Ausgleichspannung

$$u_{aL} = (i'' - i') \sqrt{\frac{L}{C}} \sin 2 \pi f_a t .$$

Während bei Umladung der Kapazität die Ausgleichspannung nur den doppelten Wert des Spannungsunterschiedes zwischen Anfangs- und Endzustand erreicht, kann sie bei plötzlicher Stromänderung in der Induktivität im Verhältnis zur Betriebsspannung des Netzes hohe Werte annehmen, da sie von der Netzspannung selbst unabhängig ist.

Die Ausgleichvorgänge werden durch die im Schwingungskreis liegenden Wirkwiderstände gedämpft. Dabei ist zwischen Reihen- und Paralleldämpfung zu unterscheiden.

Reihendämpfung erfolgt durch die Wirkwiderstände der Leiter, die aber infolge der Stromverdrängung frequenzabhängig sind. Vielfach ist im gesamten Schwingungskreis kein einheitlicher Leiterquerschnitt vorhanden, denn Wicklungen, Sammelschienen, Leitungen haben verschiedene Querschnittsformen. Bei Schwingungen über Erde kommt der Widerstand im Erdboden hinzu.

Paralleldämpfung erfolgt durch die zu den Kapazitäten parallel liegenden Wirkwiderstände. Diese sind die Ableitungswiderstände der Isolation, Koronaverluste und Magnetisierungsverluste eisenhaltiger Induktivitäten, also der Transformatoren und Maschinen. Koronaverluste treten nur bei höheren Spannungen auf, können also in Netzen mit Betriebsspannungen von 110 kV an von Einfluß sein. Als Paralleldämpfung wirkt weiterhin die Belastung des Netzes. Sie dämpft nur Ausgleichvorgänge zwischen den Leitern, aber nicht der Leiter über die mit Erde verbundenen Sternpunkte der Transformatoren gegen Erde.

Da es zweckmäßig ist, zur Erfassung der Dämpfung auch möglichst einfache Näherungslösungen zu erhalten, werden Reihen- und Paralleldämpfung gesondert betrachtet.

Für einen Schwingungskreis ohne Dämpfung nach Bild 147 a ist die Frequenz

$$f_0 = \frac{1}{2 \pi} \sqrt{\frac{1}{LC}}$$

und mit Reihendämpfung nach Bild 147 b

$$f_r = \frac{1}{2 \pi} \sqrt{\frac{1}{LC} - \left(\frac{R_r}{2 L}\right)^2} .$$

12 Baatz, Überspannungen.

Führt man den Schwingungswiderstand $Z = \sqrt{L/C}$ ein und setzt $R_r = k_r Z$, so ist

$$f_r = \frac{1}{2\pi} \sqrt{\frac{1}{CL}\left(1 - \frac{k_r^2}{4}\right)}$$

und das Frequenzverhältnis bei Reihendämpfung

$$\frac{f_r}{f_o} = \sqrt{1 - \frac{k_r^2}{4}}\,.$$

Die Dämpfung ist durch die Exponentialfunktion

$$\varepsilon^{-\frac{R_r}{2L}t}$$

bestimmt.

Da im allgemeinen nur die Amplitude a_1 nach der ersten Halbwelle der Ausgleichschwingung interessiert, ist zu dieser Zeit

$$t = \frac{\pi}{2\pi f_r} = \frac{1}{2f_r}$$

die Exponentialfunktion der Dämpfung $\quad \varepsilon^{-\frac{R_r}{4Lf_r}} = \varepsilon^{-\frac{k_r\pi}{2\sqrt{1-k_r^2/4}}}$.

Damit wird auch das Verhältnis der Amplitude a_1 zur Anfangsamplitude a_0 also das Amplitudenverhältnis

$$a_1 = \frac{a_1}{a_0} = \varepsilon^{-\frac{\pi}{\sqrt{4/k_r^2 - 1}}}\,.$$

Die aperiodische Dämpfung wird erreicht für $k_r = 2$.

Für Paralleldämpfung nach Bild 147 c ist die Frequenz

$$f_p = \frac{1}{2\pi} \sqrt{\frac{1}{LC} - \frac{1}{4R_p^2 C^2}}$$

mit dem Schwingungswiderstand $Z = \sqrt{L/C}$ und $R_p = Z/k_p$, ist das Frequenzverhältnis

$$\frac{f_p}{f_o} = \sqrt{1 - \frac{k_p^2}{4}}$$

die Dämpfungsfunktion

$$\varepsilon^{-\frac{t}{2R_p C}}$$

und das Amplitudenverhältnis

$$a_p = \frac{a_1}{a_0} = \varepsilon^{-\frac{\pi}{\sqrt{4/k_p^2 - 1}}}\,.$$

Die aperiodische Dämpfung wird erreicht für $k_p = 2$. Für das Frequenz- und Amplitudenverhältnis ergeben sich dieselben Gleichungen bei Reihen-

und Paralleldämpfung, nur daß k_p der reziproke Wert gegenüber k_r ist. Die graphische Lösung des Bildes 148 gilt daher für beide Dämpfungs-arten. Bei Reihendämpfung dürfte k_r unter 0,5 bleiben, so daß die Frequenz durch den natürlichen Reihenwiderstand der Leiter praktisch kaum verändert wird.

Mit für praktische Verhältnisse ausreichender Genauigkeit kann das gesamte Amplitudenverhältnis a_g als Produkt der beiden einzelnen Amplitudenverhältnisse angenommen werden. Aus Messungen in Netzen haben sich Werte für a_g von 0,9 bis herab zu 0,1 ergeben. Die höheren Werte treten besonders bei räumlich eng begrenzten Schwingungskreisen, also solchen über die Streuinduktivität von

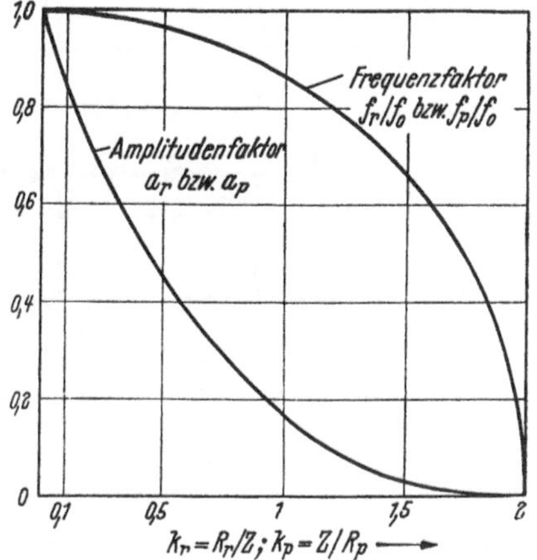

Bild 148. Frequenz- und Amplitudenfaktor bei Reihendampfung k_r und Paralleldämpfung k_p.

Transformatoren oder über Strombegrenzungsdrosselspulen, die niederen bei Schwingungskreisen über die Leerlaufinduktivität von Transformatoren auf [20/2]. In diesem Fall dämpfen die Ummagnetisierungsverluste erheblich.

Bei Ausgleichschwingungen, die über die Wicklungen der Transformatoren verlaufen, tritt eine magnetische Kopplung mit anderen Netzteilen ein. Dadurch wird die im Ersatzkreis wirksame Induktivität des Transformators bestimmt. Die Einführung der Eigen- und Gegeninduktivitäten der Wicklungen in die Rechnung führt zu Differentialgleichungen höherer Ordnung. Zur Vereinfachung genügt es, die bekannte Ersatzschaltung des Transformators nach Bild 149 zu verwenden. Die Leerlaufinduktivität des Transformators ist erheblich größer als die im Zuge der Leiter liegenden Streuinduktivitäten. Dieser Querzweig kann daher als offen angesehen werden. Die Ausgleichfrequenz f_a errechnet sich dann aus den Induktivitäten der Leiter, also den Induktivitäten des Mitsystems, und den Kapazitäten des Netzes. Für ein großes Netz können sich somit verschiedene Frequenzen ergeben, je weitgehender das Netz in einzelne Abschnitte aus Induktivitäten und Kapazitäten unterteilt wird. Es zeigt sich, daß grundsätzlich alle Netzteile an einem Ausgleichvorgang beteiligt sind. Ist C_2 groß gegenüber C_1, so genügt es, lediglich den Schwingungskreis des Netzes 1 zu betrachten. Wesentlich ist hierbei das Übersetzungsverhältnis $\ddot{u}$ des Transformators. Sofern das Netz 2 eine höhere Betriebsspannung hat als das Netz 1, wirkt die Kapazität C_{N_2} des Netzes um $\ddot{u}^2$-mal größer $(C_2 = \ddot{u}^2\,C_{N_2})$ und die Induktivität L_{N_2} um $\ddot{u}^2$ kleiner

12*

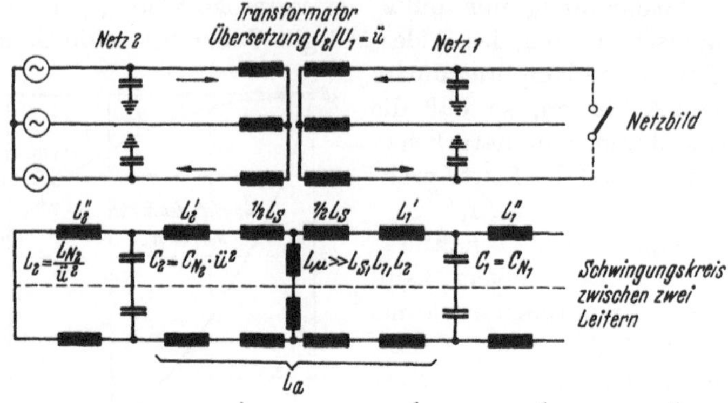

Für $L_\mu \gg L_1, L_1, L_2$ und mit $\alpha_1 = \dfrac{1}{L_a\, C_1}$, $\alpha_2 = \dfrac{1}{L_2''\, C_2}$, $\alpha_3 = \dfrac{1}{L_a\, C_2}$

ist
$$f_{a\,1,2} = \frac{1}{2\pi}\sqrt{\frac{\alpha_1 + \alpha_2 + \alpha_3}{2} \pm \sqrt{\left(\frac{\alpha_1 + \alpha_2 + \alpha_3}{2}\right)^2 - \alpha_1\,\alpha_2}}\;,$$

wenn weiterhin
$$C_2 = C_{N_2}\cdot \ddot{u}^2 \gg C_1 \quad \text{und} \quad L_2'' = \frac{L_{N_2}''}{\ddot{u}^2} \ll L_a$$

ist $(\alpha_1 + \alpha_2 + \alpha_3) \approx \alpha_1$, $\alpha_1\cdot\alpha_2 \ll (\alpha_1 + \alpha_2 + \alpha_3)$ und $f_a = \dfrac{1}{2\pi}\sqrt{\dfrac{1}{L_a\, C_1}} = \dfrac{1}{2\pi}\sqrt{\dfrac{1}{(L_2' + L_S + L_1')\, C_1}}$.

Sofern $L_2' = \dfrac{L_{N_2}'}{\ddot{u}_2} \ll L_S$, L_1'' ist $f_a = \dfrac{1}{2\pi}\sqrt{\dfrac{1}{(L_S + L_1')\, C_1}}$.

Bild 149. Frequenz der Ausgleichschwingung zwischen den Leitern eines Netzes.

$(L_2 = L_{N_2}/\ddot{u}^2)$, d.h. der Schwingungswiderstand

$$Z_2 = \frac{1}{\ddot{u}^2}\sqrt{\frac{L_{N_2}}{C_{N_2}}}$$

des Netzes 2 wird kleiner gegenüber dem des Netzes 1, und zwar um so mehr, je größer das Übersetzungsverhältnis $\ddot{u}$ ist. Hat dagegen das Netz 1 eine höhere Spannung als das Netz 2, so wird C_2 kleiner als C_{N_2} und L_2

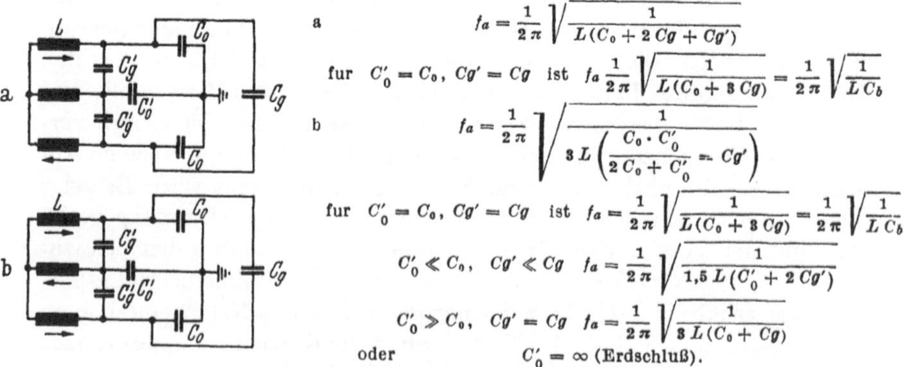

a
$$f_a = \frac{1}{2\pi}\sqrt{\frac{1}{L(C_0 + 2\,Cg + Cg')}}$$

für $C_0' = C_0$, $Cg' = Cg$ ist $f_a = \dfrac{1}{2\pi}\sqrt{\dfrac{1}{L(C_0 + 3\,Cg)}} = \dfrac{1}{2\pi}\sqrt{\dfrac{1}{L\,C_b}}$

b
$$f_a = \frac{1}{2\pi}\sqrt{\frac{1}{3\,L\left(\dfrac{C_0\cdot C_0'}{2\,C_0 + C_0'} = Cg'\right)}}$$

für $C_0' = C_0$, $Cg' = Cg$ ist $f_a = \dfrac{1}{2\pi}\sqrt{\dfrac{1}{L(C_0 + 3\,Cg)}} = \dfrac{1}{2\pi}\sqrt{\dfrac{1}{L\,C_b}}$

$C_0' \ll C_0$, $Cg' \ll Cg$ $f_a = \dfrac{1}{2\pi}\sqrt{\dfrac{1}{1{,}5\,L(C_0' + 2\,Cg')}}$

$C_0' \gg C_0$, $Cg' = Cg$ $f_a = \dfrac{1}{2\pi}\sqrt{\dfrac{1}{3\,L(C_0 + Cg)}}$

oder $C_0' = \infty$ (Erdschluß).

Bild 150 a u. b. Schwingungskreise für Ausgleichschwingungen zwischen den Leitern.

größer als L_{N_2}. In diesem Fall ist dann die Induktivität des Netzes 2, wenn nicht auch seine Kapazität zu berücksichtigen. Durch einen Ver-

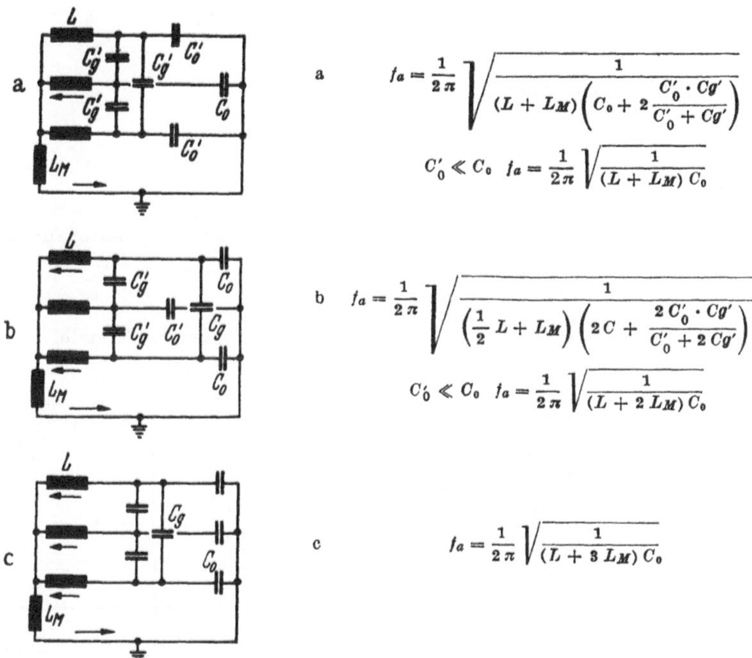

Bild 151 a—c. Schwingungskreise fur Ausgleichschwingungen der Leiter gegen Erde bei Erdung des Sternpunktes des Transformators uber eine Induktivität.

gleich der Schwingungswiderstände der beiden Netze läßt sich das richtige Maß der Vereinfachung finden.

In den Bildern 150 u. 151 sind die Schwingungskreise, die bei Schwingungen zwischen den Leitern untereinander und gegen Erde auftreten, zusammengestellt. Der Schwingungskreis ist jeweils durch Pfeile gekennzeichnet.

3. Leitererdspannungen der Betriebsfrequenz bei Erdschluß.

Bei Erdschluß eines Leiters des Netzes, der im allgemeinen durch eine Gewitterüberspannung oder eine Isolationsminderung verursacht wird, überlagert sich dem vorher symmetrischen Spannungs- und Stromsystem ein Nullsystem. An der Fehlerstelle ergeben sich bei Erdschluß des Leiters R die drei Leitererdspannungen

$$U_{RE} = U_{Mp\,R}\,\frac{3\,R}{Z_0 + Z_1 + Z_2 + 3\,R},$$

$$U_{SE} = \frac{-U_{MpR}\sqrt{3}}{2} \; \frac{\sqrt{3}\,(Z_0 + R) + j\,(Z_0 + 2Z_2 + 3R)}{Z_0 + Z_1 + Z_2 + 3R},$$

$$U_{TE} = \frac{-U_{MpR}\sqrt{3}}{2} \; \frac{\sqrt{3}\,(Z_0 + R) - j\,(Z_0 + 2Z_2 + 3R)}{Z_0 + Z_1 + Z_2 + 3R},$$

und der Erdschlußstrom an der Fehlerstelle

$$I_{RE} = \frac{3\,U_{MpR}}{Z_0 + Z_1 + Z_2 + 3R},$$

hierin ist

U_{MpR} — die innere EMK des Leiters R (Leitersternpunktspannung der Spannungsquelle),

R — Fehlerwiderstand,

$Z_0 = R_0 + j\,X_0$ — Impedanz des Nullsystems

$Z_1 = R_1 + j\,X_1$ — Impedanz des Mitsystems   } von der Fehlerstelle aus.

$Z_2 = R_2 + j\,X_2$ — Impedanz des Gegensystems

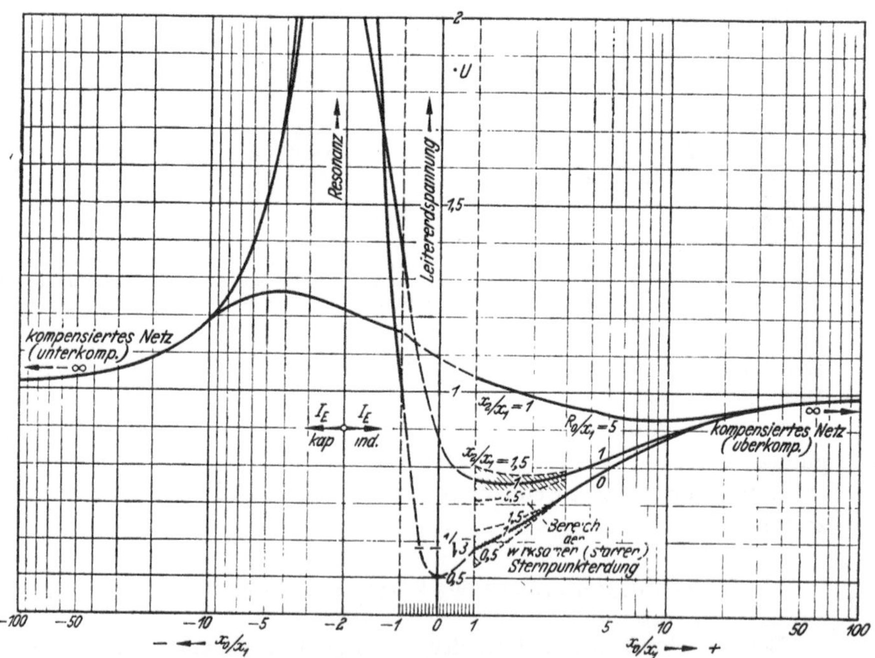

Bild 152. Leitererdspannung der ungestörten Leiter bei Erdschluß eines Leiters in Abhängigkeit von der Sternpunkterdung (Spannung als Vielfaches der Leiterspannung).

Für den Fall, daß $R = 0$ ist, womit auch $U_{RE} = 0$, ist in Bild 152 die jeweils größte Leitererdspannung der fehlerfreien Leiter als Vielfaches der Leiterspannung $U = \sqrt{3}\,U_{MpR}$ abhängig von X_0/X_1, dem Verhältnis der Nullreaktanz zur Mitreaktanz, für verschiedene Werte von R_0/X_1 dem Verhältnis der Nullresistanz zur Mitreaktanz aufgetragen. Die Mitreaktanz X_1 ergibt sich überschläglich aus der dreipoligen Kurzschlußleistung an der Fehlerstelle, es ist $X_1 = U^2/N_k$. Die Gegenreaktanz X_2 ist für Leitungen und Transformatoren gleich X_1, für Generatoren üblicher Bauart liegt dagegen X_2/X_1 zwischen 1,5 und 0,5, wobei die höheren Werte für Generatoren ohne Dämpferwicklung gelten.

Z_0 ist die dreifache Impedanz des Netzes gegen Erde, wenn man sich an der Fehlerstelle alle drei Leiter kurzgeschlossen denkt.

Für das Netz mit isoliertem Sternpunkt ist Z_0 angenähert der kapazitive Blindwiderstand eines Leiters gegen Erde, also $Z_0 \approx -j\,X_0$. X_0 kann aus dem Erdschlußstrom J_e des Netzes berechnet werden. Es ist

$$X_0 = \frac{U\sqrt{3}}{J_e}.$$

Für das Netz mit Kompensation des Erdschlußstromes bei Erdung des Sternpunktes über E-Spulen ist $Z_0 \approx \pm j\infty$.

Ist der Netzsternpunkt über Widerstände, Reaktanzen oder auch unmittelbar geerdet, so ist

$$Z_0 = 3\,R_M + R_{N_0} + j\,(3\,X_M + X_{N_0}).$$

Der Index N_0 gilt für das Netz und der Index M für die Erdungseinrichtungen am Sternpunkt. Bei unmittelbarer Sternpunktserdung ist $R_M = 0$ und $X_M = 0$.

Der positive Bereich von X_0/X_1 in Bild 152 gilt für Netze, deren Sternpunkt über Widerstände, Induktivitäten oder unmittelbar geerdet ist und geht nach ∞ in das kompensierte Netz vom Zustand der Überkompensation über. In diesem Bereich enthält der Erdschlußstrom eine induktive Komponente. Der negative Bereich von X_0/X_1 betrifft Netze mit isoliertem oder über sehr hohe Widerstände oder Induktivitäten geerdetem Sternpunkt und geht nach ∞ in das kompensierte Netz von der Unterkompensation aus über. Der Erdschlußstrom ist also kapazitiv. Kleine positive Werte von $X_0/X_1\,(<1)$ bis zu geringen negativen Werten treten in den normalen Übertragungsnetzen nicht auf. Der Resonanzfall bedeutet, daß die Kurzschlußleistung annähernd doppelt so groß wie die Ladeleistung des Netzes ist. In ländlichen Verteilungsnetzen großer Ausdehnung, die mit isoliertem Sternpunkt betrieben werden, können an den Enden langer Ausläuferleitungen durchaus Werte X_0/X_1 bis zu -20 auftreten. Man hätte dann mit einer Spannungserhöhung bis zu 10% zu rechnen. Allerdings wird man solche Netze zweckmäßigerweise mit verteilten Erdschluß-Spulen ausrüsten.

In Hochspannungsnetzen mit starrer Sternpunkterdung liegt X_0/X_1 zwischen $+1$ und $+3$, wobei gleichzeitig $R_0/X_1 \lesseqgtr 1$ ist. Dies ist die Bedingung dafür, daß in solchen Netzen im Fehlerfall die Leitererdspannung nicht über 80% der Leiterspannung ansteigt. Sie kann sogar noch darunter bleiben. Mit zunehmender Entfernung des Fehlerortes von der Einspeisestelle wird X_0/X_1 größer. Da aber für Freileitungen X_0/X_1 etwa 3 ist, wird dieser Wert kaum überschritten, sofern er für die Einspeisung selbst bereits nicht größer ist.

Die bei Erdschluß auftretenden Spannungen mit Betriebsfrequenz sind zwar keine Überspannungen für das Netz, ihre Kenntnis ist aber wesentlich für den Einbau der Ableiter. Wenn der Schutzpegel aus Gründen der Isolationsbemessung möglichst tief liegen soll, so darf die bei Erdschluß auftretende Spannung die höchstzulässige Betriebsspannung des Ableiters nicht überschreiten.

Bild 153 enthält in gleicher Abhängigkeit den Erdschlußstrom über die Fehlerstelle als Vielfaches des dreipoligen Kurzschlußstromes. Im Be-

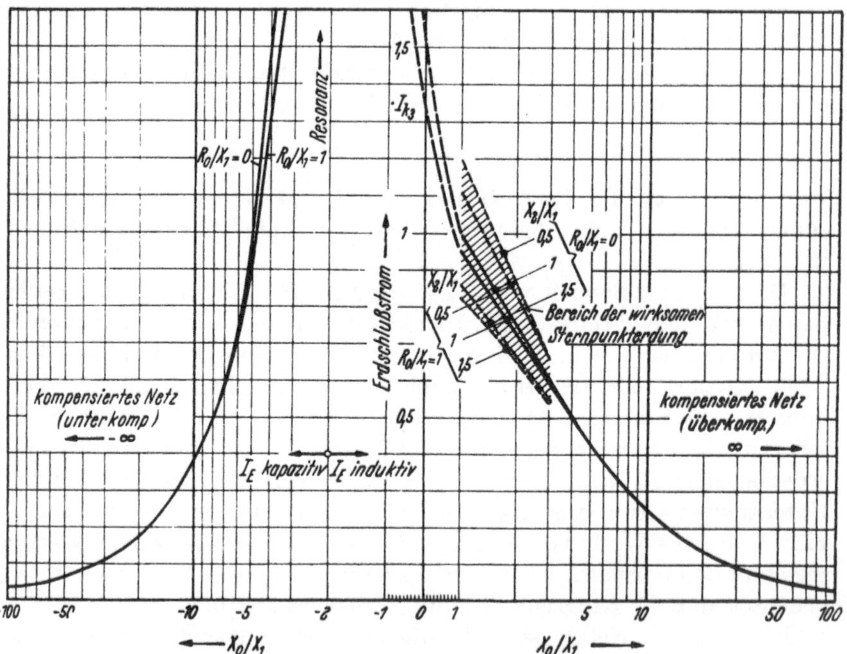

Bild 153. Erdschlußstrom bei Erdschluß eines Leiters in Abhängigkeit von der Sternpunkterdung (Strom als Vielfaches des dreipoligen Kurzschlußstromes).

reich der wirksamen Sternpunkterdung kann der Erdschlußstrom sogar den dreipoligen Kurzschlußstrom übersteigen. Dieser Fall kann in nicht sehr ausgedehnten Netzen mit großer Energiedichte auftreten. Er muß hinsichtlich der erforderlichen Abschaltleistung der Schalter berücksichtigt werden.

4. Ausgleichvorgänge bei Erdschluß.

Bei Eintritt eines Erdschlusses wird ein Leiter des Netzes in der größten Zahl der Fälle über einen Lichtbogen mit Erde verbunden. Hierdurch wird die Kapazität dieses Leiters durch einen Wanderwellenvorgang nach Erde entladen. Während im fehlerfreien Zustand die Summe der kapazitiven Ladungen der drei Leiter des Netzes bei symmetrischer

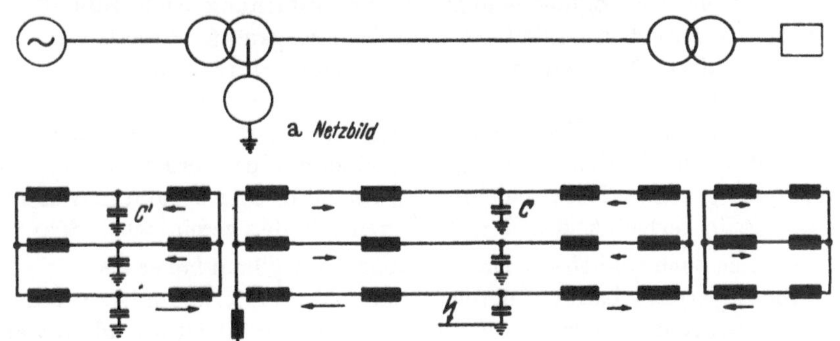

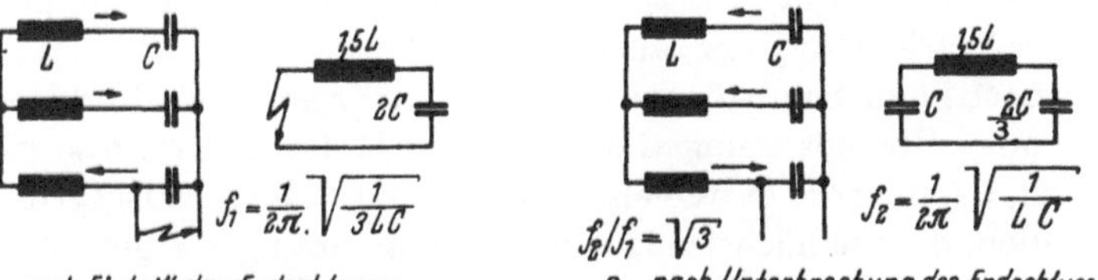

In Annäherung ist:

C — Kapazität des erdschlußbehafteten Netzes, L — Streuinduktivität aller in das Netz einspeisenden Transformatoren (in Parallelschaltung); L_M — Induktivität der Erdschlußspulen des Netzes (in Parallelschaltung). (Zur Ermittlung der jeweils wirksamen Kapazitäten und Induktivitäten siehe Bild 150 b und 151 c).

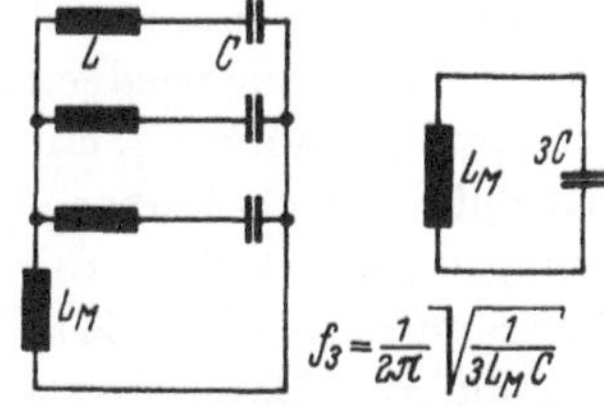

Bild 154 a—d. Schwingungskreise eines Netzes bei Erdschluß.

Anordnung Null ist, wird dieser Symmetriezustand bei Erdschluß gestört, so daß eine Ladung im gesamten Netz gegen Erde, und zwar das Nullsystem, entsteht. Den Übergang zwischen diesen beiden Zuständen bildet ein Schwingungsvorgang, dessen Schaltbild grundsätzlich in Bild 154 dargestellt ist. Der Schwingungskreis besteht aus den beiden fehlerfreien Leitern in Parallelschaltung gegen die Erdschlußstelle. Infolge der magnetischen Kopplung in den Transformatoren überträgt sich dieser Vorgang auch in andere Netze. Diese Übertragung hängt natürlich von der Größe der Impedanzen der an den Transformatoren liegenden Netze ab. Belastungen werden vielfach eine verhältnismäßig hohe Impedanz haben, einspeisende Netze dagegen eine niedrige. Für die angenäherte Berechnung der Ausgleichschwingung genügt die Vereinfachung nach Bild 154 c_1, d. h. im wesentlichen verläuft der Ausgleichvorgang über die in das erdschlußbehaftete Netz einspeisenden Transformatoren. Die Frequenz f_1 der Schwingung beträgt im allgemeinen einige 100 Hz.

Verschwindet der Erdschluß, so muß der unsymmetrische Ladungszustand wieder in den symmetrischen übergeführt werden, wobei eine über das gesamte Netz gleichmäßig verteilte Gleichspannungsladung gegen Erde verbleibt. Für den Ausgleich gilt der vereinfachte Schwingungskreis nach Bild 154 c_2. Die Frequenz f_2 ist $\sqrt{3}$mal höher als f_1.

Diese gesamte Ladung, deren Spannung am Sternpunkt der Transformatoren gemessen werden kann, fließt über die Ableitung und die am Netzsternpunkt gegen Erde liegenden Impedanzen ab, wofür sich der Schwingungskreis nach Bild 154 d ergibt. In Netzen mit Erdschlußlöschung ist die Frequenz dieser Schwingung bei richtiger Kompensation gleich der Betriebsfrequenz, also 50 Hz.

Wie hoch können nun die durch Ausgleichvorgänge und Verlagerungen auftretenden Überspannungen werden? Der Erdschluß kann so vielfältig verlaufen, daß nur die extremen theoretischen Fälle herausgegriffen werden können, die die höchstmöglichen Überspannungen ergeben.

Für ein Netz mit isoliertem Sternpunkt ist in Bild 155 der Verlauf der drei Leitererdspannungen dargestellt unter der Annahme, daß der Erdschlußlichtbogen nach einer Halbwelle der Betriebsfrequenz erlischt, aber jeweils eine Halbwelle später beim Höchstwert der entsprechenden Leitererdspannung wieder zündet. Bei P_1 trete der Erdschluß im Scheitelwert der Spannung U_R ein. Dabei gehen die Leitererdspannungen vom Zeigerbild a nach b über. Die Spannungen U_S und U_T machen einen Sprung um den Betrag der auftretenden Sternpunktspannung U_{Mp} und schwingen nach Bild 154 c_1 in ihren neuen Zustand ein. Unter Vernachlässigung der Dämpfung würde eine Überspannung von 2,5 $u_{\lambda m}$ auftreten ($u_{\lambda m}$ Scheitelwert der Leitersternpunktspannung). Erlischt der Lichtbogen im Nulldurchgang des Erdschlußstromes bei P_2, so geht das Zeigerbild der Spannungen von b nach c über und es verbleibt eine dem Augenblickswert von U_{Mp} (gleich Scheitelwert von U_λ) entsprechende Gleichspannungsladung auf dem gesamten Netz. Die Spannung U_R erreicht in ihrem nächsten Scheitelwert dadurch den Betrag von 2 $u_{\lambda m}$. In diesem Augenblick trete ein Wiederzünden ein, wobei U_{Mp} wieder seinen

Augenblickswert $-u_{\lambda m}$ annimmt. Der Spannungssprung von U_S und U_T beträgt jetzt aber $2\,u_{\lambda m}$ und damit die höchste Überspannung $3{,}5\,u_{\lambda m}$. Wiederholt sich der Vorgang jede Periode, so bleibt er stets gleich wie bei P_3.

Berücksichtigt man die Dämpfung, indem man das Verhältnis der Anfangsamplitude zur folgenden Amplitude der Ausgleichschwingung

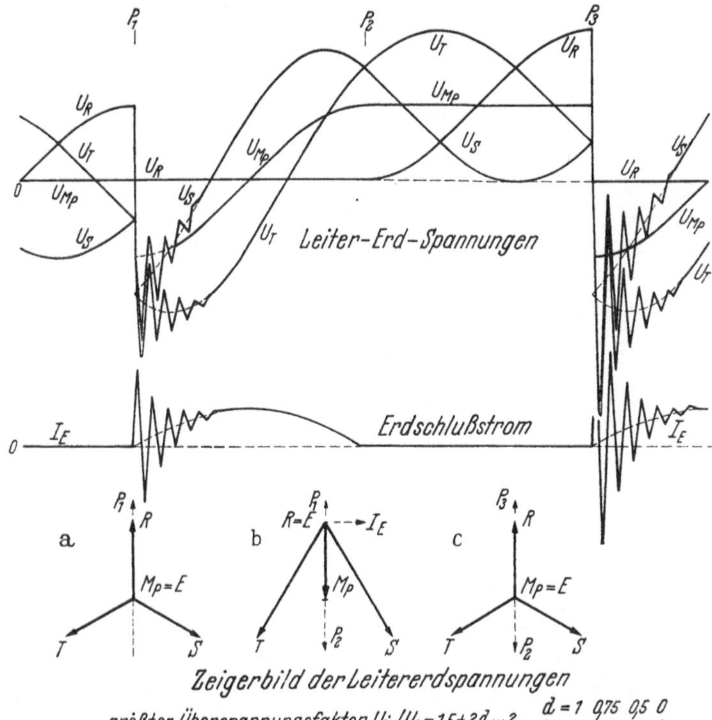

Bild 155. Erdschluß in einem Netz mit isoliertem Sternpunkt. Erdschluß des Leiters R. Erlöschen des Lichtbogens im ersten Nulldurchgang des Erdschlußstromes, Wiederzündungen nach jeweils einer Periode der Betriebsfrequenz.

mit d* bezeichnet, so ist der höchstmögliche Überspannungsfaktor der fehlerfreien Leiter $U_{\ddot{u}}/U_{\lambda} = 1{,}5 + 2d$ bis 2. Aus Erfahrungen hat sich ergeben, daß für d der Wert von etwa 0,75 kaum überschritten wird.

Ist das Netz kompensiert, so kann nach dem Erlöschen des Lichtbogens bei P_2 die Gleichspannungsladung über die Erdschlußspulen nach Erde abfließen mit einer Schwingung, deren Frequenz gleich der Betriebsfrequenz ist. Dadurch bleibt die Leitererdspannung U_R zunächst weiterhin Null, wodurch ein unmittelbares Wiederzünden verhindert wird. Die höchstmögliche Überspannung beträgt nur $2{,}5\,u_{\lambda m}$.

---

* Der Amplitudenfaktor ist hier mit d anstatt mit a wie in Bild 148 bezeichnet.

Erlischt der Erdschlußlichtbogen bereits beim ersten Nulldurchgang der Ausgleichschwingung, wie in Bild 156 dargestellt ist, so können erheblich höhere Überspannungen auftreten. Dieser Fall kann besonders dann eintreten, wenn ein Durchschlag durch festes oder flüssiges Isolier-

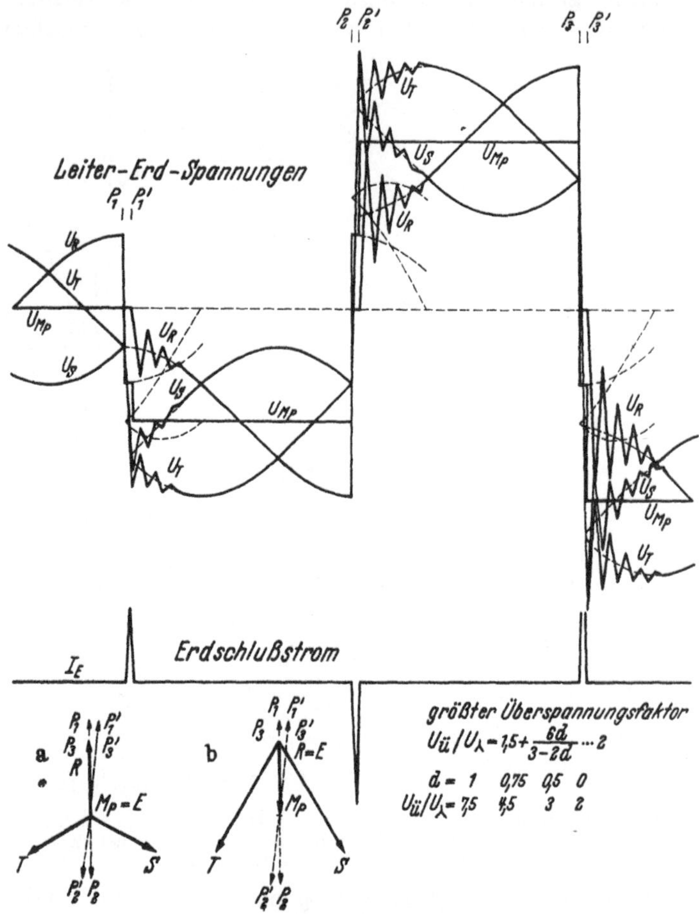

Bild 156. Erdschluß in einem Netz mit isoliertem Sternpunkt. Erdschluß des Leiters *R*.
Erloschen des Lichtbogens im ersten Nulldurchgang des Ausgleichstromes, Wiederzündungen
nach jeweils einer Halbwelle der Betriebsfrequenz.

mittel erfolgt, wobei in dem Durchschlagkanal ein hoher Gasdruck entstehen kann, durch den der Lichtbogen gelöscht wird. Er ist also vorzugsweise auf Kabelnetze beschränkt.

Bei P_1 trete der Erdschluß im Scheitelwert von U_R ein und erlösche bereits bei P_1'. Das Zeigerbild der Leitererdspannungen geht bei P_1 von

a nach b über und bei P_1' wieder von b nach a. Zwischen P_1 und P_1' ist der Vorgang der gleiche wie in Bild 155. Bei P_1' haben die Leiter S und T den Scheitelwert der Ausgleichspannung von $2,5\,u_{\lambda m}$ erreicht. Da nach P_1' die Summe der Ladungen der 3 Leiter durch die Betriebsspannung Null ist, muß sich die dem Wert von $2,5\,u_{\lambda m}$ entsprechende Ladung der Leiter S und T gleichmäßig über das ganze Netz durch den Schwingungskreis des Bildes 154 c_2 verteilen. Dies führt zu einer Gleichspannungsverlagerung von $u_g = 2/3 \cdot 2,5\,u_{\lambda m} = 1,67\,u_{\lambda m}$. Jede weitere Halbwelle trete wieder ein Zündstoß auf, der aber jetzt zu höheren Überspannungen und Gleichspannungsverlagerungen führt.

Mit dem Amplitudenverhältnis d für die Dämpfung der Ausgleichschwingungen ergibt sich der Überspannungsfaktor bei der n-ten Zündung zu

$$\left(\frac{U_u}{U_\lambda}\right)_n = 1,5 + d\left[1 + \left(\frac{u_q}{u_{\lambda m}}\right)_{n-1}\right] \quad \text{und} \quad = 1,5 + \frac{6\,d}{3 - 2\,d} \quad \text{bis } 2 \text{ für } n \to \infty$$

wobei der Faktor der Gleichspannungsverlagerung

$$\left(\frac{U_q}{U_{\lambda m}}\right)_n = 1 + \frac{2}{3}\,d\left[1 + \left(\frac{u_q}{u_{\lambda m}}\right)_{n-1}\right] \quad \text{und} \quad = \frac{2 + 2\,d}{3 - 2\,d} \quad \text{für } n \to \infty \text{ ist.}$$

Der größtmögliche Überspannungsfaktor für die fehlerfreien Leiter ist dann

$$\text{für} \quad d \quad = 1 \qquad 0,75 \qquad 0,5$$
$$U_{\ddot u}/U_\lambda = 7,5 \qquad 4,5 \qquad 3.$$

Nach der vierten Zündung werden bereits 90% dieser Werte erreicht.

Ist das Netz kompensiert, so werden die Überspannungen, wie in Bild 157 dargestellt ist, kleiner. Der Zündvorgang bei P_1 verläuft in gleicher Weise wie in Bild 156; nach dem Erlöschen des Erdschlußlichtbogens bei P_1' kann sich aber die Gleichspannungsladung über den Schwingungskreis nach Bild 154 d annähernd mit Betriebsfrequenz ausgleichen. Das Zeigerbild der Leitererdspannungen geht bei P_1' von b nach c über. Nach dem zweiten Zündstoß $P_2 - P_2'$ werden die Überspannungen bereits wieder kleiner. Der größte Überspannungsfaktor, der nach der ersten Zündung auftritt, ist demnach $U_{\ddot u}/U_\lambda = 1,5 + d$ bis $\sqrt{3}$.

Im Netz mit starrer Sternpunkterdung treten auf den fehlerfreien Leitern keine Überspannungen auf, da Ausgleichvorgänge und Gleichspannungsverlagerungen wegen der unmittelbaren Erdung der Transformatorensternpunkte nicht entstehen können. Der Erdschlußstrom ist gleich dem einpoligen Kurzschlußstrom.

In Abhängigkeit von der Schaltung des Netzsternpunktes ergeben sich folgende größtmöglichen Überspannungsfaktoren $U_{\ddot u}/U_\lambda$ bei verschiedenem Amplitudenverhältnis d für die Dämpfung.

Tabelle 15.

Netzsternpunkt	1 Halbwelle der Betriebsfrequenz				1 Halbwelle der Ausgleichschwingung			
	$d = 1$	0,75	0,5	0	1	0,75	0,5	0
isoliert	3,5	3	2,5	2	7,5	4,5	3	2
über E-Spulen geerdet	2,5	2,25	2	1,73	2,5	2,25	2	1,73
starr geerdet		1				—		

In the header row, "jeweilige Dauer des Erdschlusses" spans both halves.

Die hier durchgeführte Rechnung stellt die theoretisch ungünstigsten Fälle dar, die aber in der Praxis kaum eintreten werden. Die Fehlerstelle wird bereits bei jeweils niedrigerer Spannung, als hier angenommen ist,

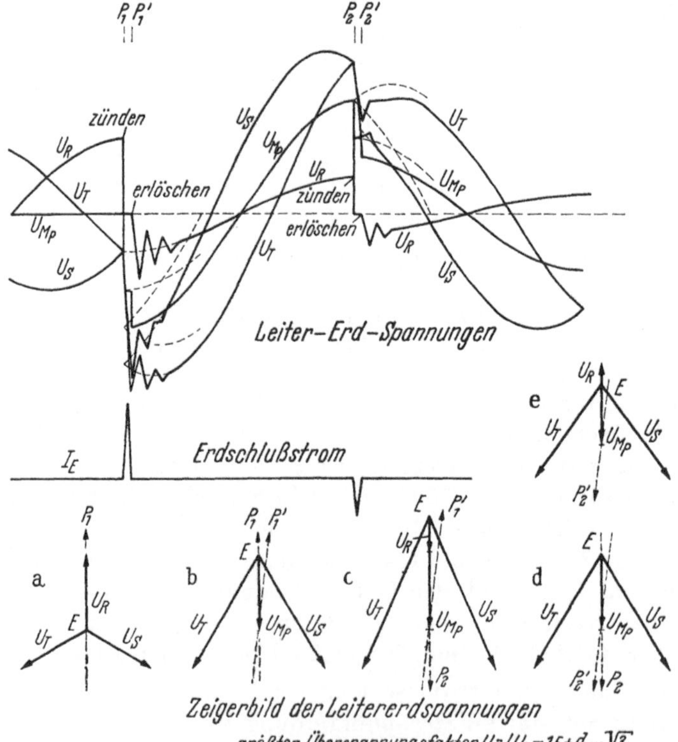

Bild 157. Erdschluß in einem Netz mit Erdschlußlöschung. Erdschluß des Leiters R. Zünden beim Scheitelwert der Sternspannung.

überschlagen, sofern sie nicht genügend Zeit hat, sich zu regenerieren, wie es in kompensierten Netzen der Fall sein kann. Nimmt man an, daß in Bild 158 der Leiter R jeweils wieder überschlägt, wenn seine Spannung einen Wert gleich dem Scheitelwert der Sternspannung erreicht hat, so würde sich der Vorgang periodisch nach jeder Halbwelle der Betriebsfrequenz nur mit jeweils entgegengesetzter Polarität wiederholen. Die Überspannung wäre unabhängig von der Dämpfung und würde nur 2,5 U_λ betragen. Auch für den Fall, daß der Lichtbogen eine Halbwelle der Betriebsfrequenz brennen bleiben würde, ergäbe sich kein höherer Wert.

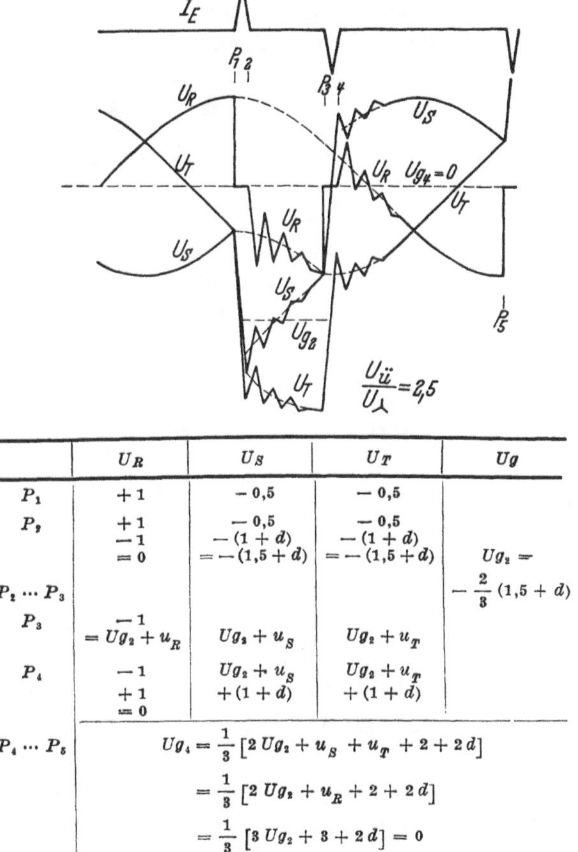

	U_R	U_S	U_T	Ug
P_1	$+1$	$-0,5$	$-0,5$	
P_2	$+1$	$-0,5$	$-0,5$	
	-1	$-(1+d)$	$-(1+d)$	
	$=0$	$=-(1,5+d)$	$=-(1,5+d)$	$Ug_2=$
$P_2\cdots P_3$				$-\dfrac{2}{3}(1,5+d)$
P_3	-1			
	$=Ug_2+u_R$	Ug_2+u_S	Ug_2+u_T	
P_4	-1	Ug_2+u_S	Ug_2+u_T	
	$+1$	$+(1+d)$	$+(1+d)$	
	$=0$			

$$Ug_4=\frac{1}{3}\left[2\,Ug_2+u_S+u_T+2+2\,d\right]$$

$$=\frac{1}{3}\left[2\,Ug_2+u_R+2+2\,d\right]$$

$$=\frac{1}{3}\left[3\,Ug_2+3+2\,d\right]=0$$

Bild 158. Erdschluß in einem Netz mit isoliertem Sternpunkt. Erdschluß des Leiters R. Wiederzünden bei einer Spannung gleich dem Scheitelwert der Sternspannung.

Die Möglichkeit des Entstehens sehr hoher Überspannungen in Netzen mit isoliertem Sternpunkt dürfte also nicht so häufig gegeben sein, wie es mitunter angenommen wird. Nach den hier angestellten Betrachtungen wäre mit höchstens dem 3,5- bis 4fachen Betrag der Sternspannung auf den fehlerfreien Leitern gegen Erde zu rechnen. Untersuchungen, die BERGER [21/2] bei intermittierenden Erdschlüssen in 8-kV-Freileitungsnetzen mit isoliertem Sternpunkt durchgeführt hat, haben nur zu einer größten Überspannung von 3,5 U_λ geführt. Allerdings handelte es sich dabei um kleinere Netze mit Erdschlußströmen in der Größe von etwa 1,5 bis 5 A. Neuere Untersuchungen von DSHUWARLY [21/8] in größeren Netzen haben nur 3,1 U_λ ergeben. Auch Messungen mit dem Klydonographen, die über 2 Jahre in einem sehr ausgedehnten 5 kV-Industriekabelnetz mit isoliertem Sternpunkt auf Veranlassung des Verfassers durchgeführt wurden, haben keine höheren Überspannungen als 2 U_λ ergeben, obwohl verschiedentlich Erdschlüsse aufgetreten sind. Auch Messun-

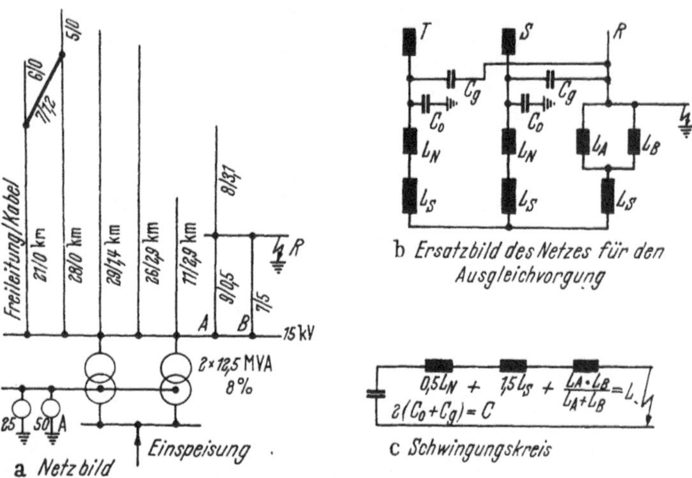

Bild 159 a—c. Berechnung des Ausgleichvorganges bei Erdschluß in einem 15-kV-Netz.

Netzdaten:
Erdschlußstrom: $I_E = 70$ A
Erdkapazität je Leiter: $C_0 = 8,6\ \mu$F
Gegenseitige Kapazität: $Cg = 2,2\ \mu$F
Induktivität der Freileitungen: $\lambda_F = 1,27$ m H/km
Induktivität der Kabel: $\lambda_K = 0,45$ m H/km
Streuinduktivität
  des Transformators: $L_S = 2,3$ m H
gesamte Freileitungslänge: $l = 157$ km.

Im Bild b ist: $L_N = l \cdot \lambda_F/12 \approx 16,6$ m H
$L_A = 9\,\lambda_F + 0,5\,\lambda_K = 11,7$ m H
$L_B = 7\,\lambda_F + 5\,\lambda_K = 11,2$ m H.

Damit ist in Bild c: $L = 17,5$ m H;
      $C = 21,6\ \mu$F
Schwingungswiderstand: $Z = \sqrt{L/C} = 25,5\ \Omega$.

Ausgleichfrequenz: $f_a = \dfrac{1}{2\pi}\sqrt{\dfrac{1}{LC}} = 260$ Hz

gen von EATON, PECK und DUNHAM [21/3] in einem 75-kV-Netz mit isoliertem Sternpunkt haben keine höheren Überspannungen als 3 U_λ ergeben.

Die Gründe für ungünstige Betriebsergebnisse in größeren Freileitungsnetzen mit isoliertem Sternpunkt sind wohl nicht die Überspannungen bei Erdschluß als solche, sondern anderer Art. Der Erdschlußlichtbogen erlischt erfahrungsgemäß nur noch bei Strömen bis etwa 3 A, so daß also bei längerem Brennen der Erdschluß leicht in einen Kurzschluß übergehen kann. Die Erfassung der Erdschlußstelle zur Abschaltung der Leitung ist schwierig. Meistenteils versucht man an Hand der Anzeige von Erdschlußrelais die fehlerhafte Leitung durch Ab- und Zuschalten verschiedener Leitungen nacheinander zu finden. Durch diese Schaltvorgänge kommt es manchmal in Verbindung mit Lichtbogenerdschlüssen zu Doppelerdschlüssen, da hierbei durch Wiederzündungen im Schalter Überspannungen entstehen können. Außerdem können bei Minderung der Freileitungsisolation durch Verschmutzung und Nebel Doppel- und Mehrfacherdschlüsse auftreten.

Diese Gefahren für den Netzbetrieb werden durch die Kompensation des Erdschlußstromes erheblich vermindert und die Überspannungen herabgesetzt. NEUHAUS [2/4] hat früher in 60- bis 100-kV-Netzen mit Erdschlußlöschung Messungen mit dem Klydonographen durchgeführt. Von 159 Meßwerten lagen nur 3,8% in der Größe von (2,5 bis 3,0) U_λ und 28% in der Größe von (2,0 bis 2,5) U_λ. Hingegen haben Messungen des Verfassers während 4 Monate in einem größeren 110-kV-Netz nur zu einem Höchstwert von 1,9 U_λ bei 59 Meßwerten geführt.

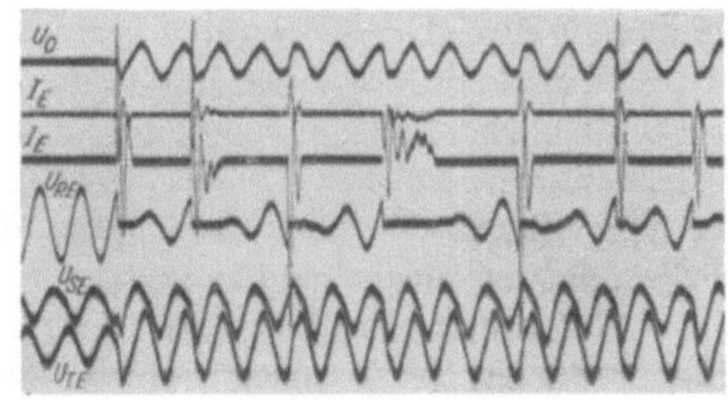

a) Leitererdspannungen U_{RE}, U_{SE}, U_{TE}, Erdschlußstrom I_E und Nullspannung U_0 an der Fehlerstelle.

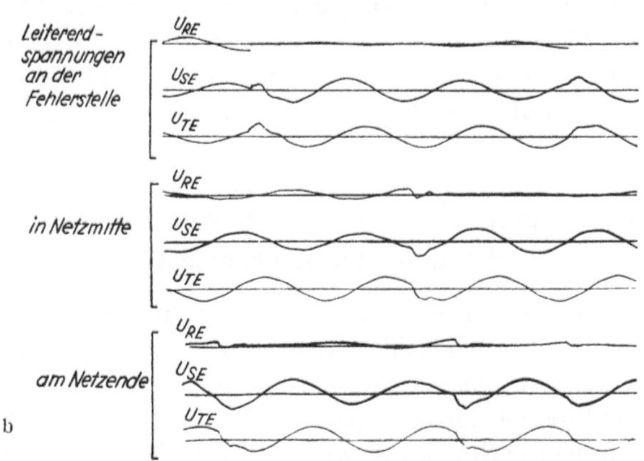

b) Leitererdspannungen an der Fehlerstelle und im Netz (Aufnahmen zu verschiedenen Zeiten mit dem Kathodenstrahloszillographen).

Bild 160 a u b Leitererdspannungen bei einem Erdschluß des Leiters R im 15-kV-Netz des Bildes 159.

Den Verlauf eines intermittierenden Erdschlusses in einem 15-kV-Netz nach Bild 159, dessen Erdschlußstrom kompensiert ist, zeigt Bild 160. Der Erdschlußlichtbogen erlischt meistens nach einigen Halbwellen der Ausgleichschwingung. Da der Erdschluß des Leiters R durch eine Funkenstrecke geringer Schlagweite erzeugt wurde, zündet der Lichtbogen wieder, sobald die Spannung des fehlerbehafteten Leiters wieder genügend weit angestiegen ist. Bei einigen Zündungen bleibt der Lichtbogen auch 1 oder 2 Halbwellen der Betriebsfrequenz brennen. Der Erdschlußstrom J_E, der über die Fehlerstelle fließt, ist im Oszillogramm zweimal in verschiedenen Maßstäben und die Spannung U_{RE} gegenüber den übrigen Spannungen in vergrößertem Maßstab aufgezeichnet.

Der Scheitelwert des Ausgleichstromes bei Zündung im Scheitelwert der Leitererdspannung errechnet sich ohne Berücksichtigung der Dämpfung zu

$$i_{am} = \frac{u_{\lambda m}}{Z} = 430\,\mathrm{A}_s\,.$$

Aus dem Oszillogramm ergibt sich zu Beginn des Erdschlusses ein Strom von 300 A_s, wobei allerdings die Spannung im Zündaugenblick nur 85% des Scheitelwertes betrug. Entsprechend ergäbe sich der rechnerische Wert des Ausgleichstromes zu 365 A_s. Erfolgt die Zündung des Erdschlusses nicht im Scheitelwert der Leitererdspannung und damit der Nullspannung, so wird der Ausgleichstrom kleiner, es tritt aber ein Gleichstromglied des Erdschlußstromes auf, so daß der Lichtbogen länger brennen bleibt. Die Frequenz der Ausgleichschwingung ergibt sich aus der Rechnung zu 260 Hz, sie stimmt gut mit der gemessenen Frequenz von etwa 250 Hz überein.

Die Spannungen der 3 Leiter gegen Erde wurden nicht nur an der Fehlerstelle des Netzes, sondern auch an zwei weiteren Stellen gemessen (Bild 160 b). Die Überspannungen der fehlerfreien Leiter gegen Erde haben in keinem Fall den 2fachen Betrag der Sternspannung überschritten.

5. Einschwingvorgänge beim Abschalten von Kurzschlüssen durch Schalter und Sicherungen.

In einem Netz, in dem ein Kurzschluß eintritt, wird die Spannung entlang der Bahn des Kurzschlußstromes durch die Spannungsabfälle längs der Impedanzen, vor allem der Reaktanzen des Netzes bestimmt. An der Kurzschlußstelle ist die Spannung Null, während am Generator die EMK als treibende Spannung wirkt. In Bild 161 ist schematisch ein Netz dargestellt durch eine Spannungserzeugungsquelle mit der Induktivität L_2, die ein Generator oder ein Transformator an einem Netz großer Kurzschlußleistung sein kann, und der Netzinduktivität L_1. Beiderseits der Netzinduktivität liegt die Kapazität C_2 bzw. C_1 des Netzes. An C_1 trete ein dreipoliger Kurzschluß auf. Der Kurzschlußstrom erzeugt an den Reaktanzen ωL_2 und ωL_1 die Spannungen U_2 und U_1, wobei deren

Summe $U_2 + U_1 = U$, gleich der wirksamen EMK und $U_2/U = \dfrac{L_2}{L_2 + L_1}$,

sowie $\dfrac{U_1}{U} = \dfrac{L_1}{L_2 + L_1}$ ist.

Nach Abschalten des Kurzschlusses muß das ganze Netz wieder auf seine normale Spannungshöhe durch die EMK gebracht werden d.h., die Kapazitäten C_2 und C_1 müssen auf die Augenblickswerte aufgeladen werden. Der Ausgleich zwischen den beiden Netzzuständen erfolgt durch einen Einschwingvorgang, der mitbestimmend für die Bemessung des Ausschaltvermögens des Schalters ist. Da hierfür lediglich der erste Anstieg des Einschwingvorganges maßgebend ist, genügt es, das Einschwingen an der Kurzschlußstelle angenähert als Gleichspannungsstoß mit dem Augenblickswert u der EMK zu betrachten.

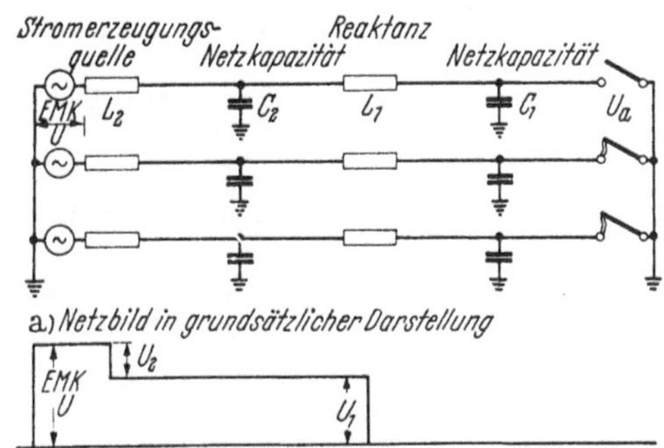

$$u_a = u\,k_1(1 - \cos\omega_1 t) + u\,k_2(1 - \cos\omega_2 t)$$

$$\omega_{1,2} = 2\pi f_{1,2} = \sqrt{\frac{\alpha_1 + \alpha_2 + \alpha_3}{2} \pm \sqrt{\left(\frac{\alpha_1 + \alpha_2 + \alpha_3}{2}\right)^2 - \alpha_1 \alpha_2}}$$

$$k_1 = \frac{\alpha_4 - \omega_2^2}{\omega_1^2 - \omega_2^2} \qquad k_2 = \frac{\omega_1^2 - \alpha_4}{\omega_1^2 - \omega_2^2}$$

$$\alpha_1 = \frac{1}{L_1 C_1} \qquad \alpha_2 = \frac{1}{L_2 C_2} \qquad \alpha_3 = \frac{1}{L_1 C_2} \qquad \alpha_4 = \frac{1}{(L_1 + L_2) C_1}$$

Bild 161 a—c. Einschwingvorgang beim Abschalten eines Kurzschlusses.

Grundsätzlich ergibt sich der gekoppelte Schwingungskreis nach c. Die Einschwingspannung an der Kapazität C_1, also am Schalter, ist

$$u_a = u\,k_1(1 - \cos\omega_1 t) + u\,k_2(1 - \cos\omega_2 t)$$

und die Kreisfrequenzen des Einschwingvorganges sind

$$\omega_{1,2} = 2\pi f_{1,2} = \sqrt{\frac{\alpha_1 + \alpha_2 + \alpha_3}{2} \pm \sqrt{\left(\frac{\alpha_1 + \alpha_2 + \alpha_3}{2}\right)^2 - \alpha_1 \alpha_2}}.$$

Hierin ist

$$k_1 = \frac{\alpha_4 - \omega_2^2}{\omega_1^2 - \omega_2^2}, \qquad k_2 = \frac{\omega_1^2 - \alpha_4}{\omega_1^2 - \omega_2^2},$$

$$\alpha_1 = \frac{1}{L_1 C_1}, \qquad \alpha_2 = \frac{1}{L_2 C_2}, \qquad \alpha_3 = \frac{1}{L_1 C_2}, \qquad \alpha_4 = \frac{1}{(L_1 + L_2) C_1}.$$

Es ergeben sich zwei Einschwingfrequenzen f_1 und f_2, deren gesamte Amplitude höchstens $2u$ sein kann. Die wiederkehrende Spannung überschreitet also nicht den doppelten Betrag der wirksamen EMK.

Für den Fall, daß $C_2 \gg C_1$ und $\omega_2 < \omega_1$ ist, wenn z. B. ein kurzschlußbehaftetes Netz in Energierichtung unmittelbar hinter einem Transformator abgeschaltet wird, ist mit ausreichender Genauigkeit

$$u_a = u_1 (1 - \cos \omega_1 t) + u_2 (1 - \cos \omega_2 t)$$

und

$$\omega_1 = 2\pi f_1 = \sqrt{\frac{1}{L_1 C_1}}, \qquad \omega_2 = 2\pi f_2 = \sqrt{\frac{1}{L_2 (C_2 + C_1)}}.$$

Vielfach läßt sich überschläglich der Einschwingvorgang auf diese einfache Weise berechnen. Liegt der größte Teil des Spannungsabfalles an der Induktivität $L_1 (u_1 \gg u_2)$, so ergibt sich praktisch nur die Frequenz f_1.

Leitungen mit ihrer verteilten Induktivität und Kapazität erschweren die Berechnung der Einschwingvorgänge, da sie zu transzendenten Gleichungen führen. Im allgemeinen kann man sie durch eine T- oder auch

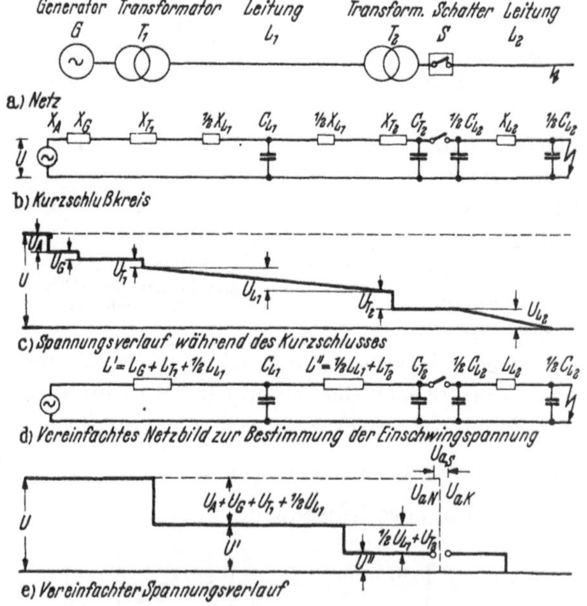

Bild 162 a—e. Ermittlung der Einschwingspannung bei der Abschaltung eines Kurzschlusses.

π-Schaltung mit ausreichender Genauigkeit ersetzen, zumal jede Berechnung der Einschwingvorgänge in Netzen stets nur zu angenäherten Lösungen führen wird. Bei Transformatoren und Generatoren ist deren Streuinduktivität wirksam, wobei man die Werte ebenso wie die der Kapazitäten verschiedener Netze durch Umrechnung mit dem Übersetzungsverhältnis der Transformatoren auf gleiche Spannung beziehen muß. Je nach der Art des Schwingungskreises ist nicht nur die Erdkapazität,

sondern auch die gegenseitige Kapazität der Leiter zu berücksichtigen.
Sofern an einer Induktivität, z. B. einem Transformator, nur noch kurze
Verbindungsleitungen angeschlossen bleiben, kann es notwendig werden,
auch dessen wirksame Eigenkapazität richtig zu berücksichtigen [23/10].

Für eine Übertragung ist in Bild 162 die Berechnung des Einschwingvorganges grundsätzlich dargestellt. Die Rechnung läßt sich auf einen
zweifachen Schwingungskreis zurückführen. Liegt der Schalter nicht unmittelbar an der Kurzschlußstelle, so tritt von diesem bis zum Kurzschluß noch ein Teil des Spannungsabfalls des Kurzschlußstromes auf.
Nach Unterbrechen des Stromes entlädt sich die Kapazität dieses Netz-
teiles über die Kurzschlußstelle durch einen Schwingungsvorgang nach
Erde. Bei einer Leitung ist es eine dreieckförmige Wanderwellenschwin-

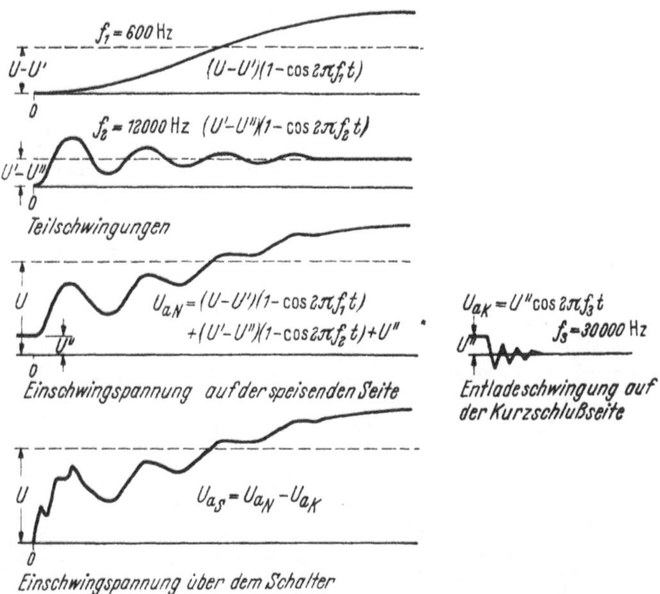

Bild 163. Einschwingspannung nach Abschaltung eines Kurzschlusses im Netz nach Bild 162.

gung, die angenähert durch eine Cosinusschwingung ersetzt werden kann.
Bei der Bestimmung der wiederkehrenden Spannung am Schalter ist
diese Schwingung, wie Bild 163 zeigt, zu berücksichtigen. In der Darstellung ist angenommen, daß die einzelnen Amplituden der Ausgleichschwingungen jeweils auf 75% des vorhergehenden Wertes gedämpft
werden.

Die Kurzschlußströme werden im Schalter bei ihren Nulldurchgängen
unterbrochen. Da die Nulldurchgänge der drei Leiterströme gegeneinander um 60° phasenverschoben sind, erfolgt ihre Unterbrechung in den

einzelnen Leitern entsprechend ihrer Phasenfolge. In Bild 164 ist dargestellt, welche Einschwingspannungen dabei am Schalter auftreten. Im Netz mit starrer Sternpunkterdung (*a*) ist jeder Leiter unabhängig und

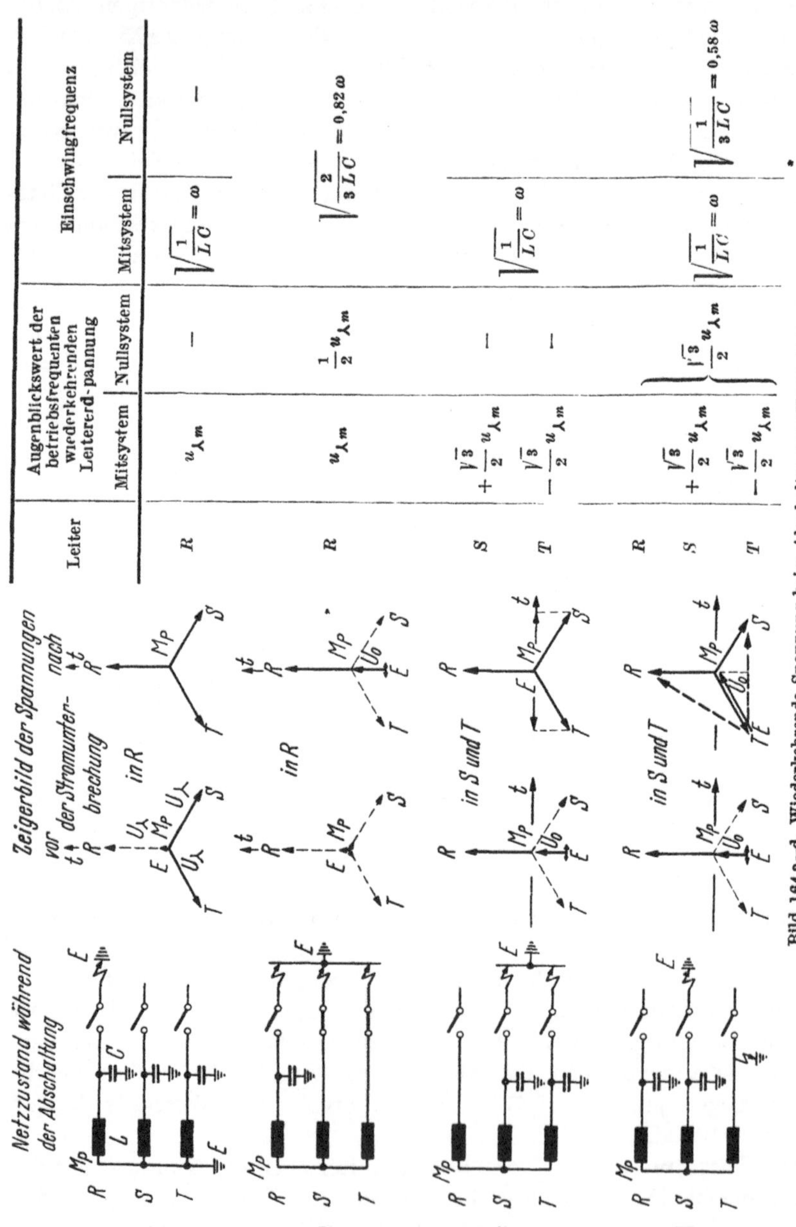

Leiter	Augenblickswert der betriebsfrequenten wiederkehrenden Leitererd-pannung		Einschwingfrequenz	
	Mitsystem	Nullsystem	Mitsystem	Nullsystem
R	$u_{\lambda m}$	—	$\sqrt{\dfrac{1}{LC}} = \omega$	—
R	$u_{\lambda m}$	$\dfrac{1}{2}\,u_{\lambda m}$	$\sqrt{\dfrac{2}{3LC}} = 0{,}82\,\omega$	
S	$+\dfrac{\sqrt{3}}{2}\,u_{\lambda m}$	—	$\sqrt{\dfrac{1}{LC}} = \omega$	
T	$-\dfrac{\sqrt{3}}{2}\,u_{\lambda m}$	—		
R				
S	$+\dfrac{\sqrt{3}}{2}\,u_{\lambda m}$	$\dfrac{\sqrt{3}}{2}\,u_{\lambda m}$	$\sqrt{\dfrac{1}{LC}} = \omega$	$\sqrt{\dfrac{1}{3LC}} = 0{,}58\,\omega$
T	$-\dfrac{\sqrt{3}}{2}\,u_{\lambda m}$			

Bild 164 a—d. Wiederkehrende Spannung beim Abschalten von Kurzschlussen.

a) Transformatorsternpunkt starr geerdet, Abschalten eines Erdkurzschlusses in *R*. b—d) Transformatorsternpunkt isoliert, b) Abschalten des erstlöschenden Poles *R*; c) Abschalten der beiden letztlöschenden Pole *S* und *T*; d) Abschalten eines Doppelerdschlusses in *S*.

es tritt an ihm als betriebsfrequente Spannung nur die Sternspannung der EMK auf. Im Netz mit isoliertem Sternpunkt, auch im Netz mit Erdschlußlöschung, entsteht am erstlöschenden Pol (*b*) die 1,5fache Sternspannung. Diese setzt sich aus der Sternspannung der wirksamen EMK und der halben Sternspannung als Nullspannung im System zusammen. Beide Spannungen können in verschiedenen Schwingungskreisen wirken, so daß dann auch die Frequenzen verschieden werden.

Bild 165 gibt für die Verschiedenartigkeit dieser Schwingungskreise ein Beispiel. Die Sammelschiene eines Netzes mit der Kapazität C_N wird über einen Transformator T gespeist. Hinter einem Leitungsabgang, dem Strombegrenzungsdrosseln D vorgeschaltet sind, werde ein Kurzschluß abgeschaltet. Der größte Spannungsabfall des Kurzschlußstromes entfalle auf diese Drosseln. Die Kapazität C_A der Leitungsteile zwischen Drosseln und Schalter sei sehr klein gegenüber C_N. Nach dem Unterbrechen des ersten Poles R des Schalters wird zunächst die Kapazität C_A aus der Kapazität C_N mit dem Scheitelwert der Sternspannung, die der Sammelschienenleiter R vorher gegen Erde hatte, aufgeladen Die Frequenz

$$f_A = \frac{1}{2\pi} \sqrt{\frac{1}{L_D C_A}}$$

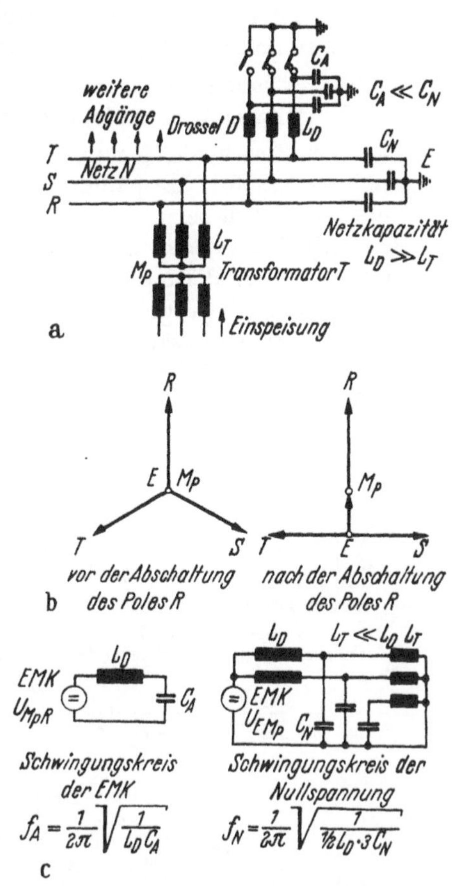

Bild 165 a—c. Einschwingvorgang des erstlöschenden Poles in einem isolierten oder kompensierten Netz.
a) Netzbild mit durch Drosseln geschützte Leitungsabgänge; b) Zeigerbild der Leitererdspannungen des Netzes N; c) Einschwingvorgänge des erstlöschenden Poles R.

dieser Schwingung ist verhältnismäßig hoch. Nun wird die Unsymmetrie des Systems gegen Erde durch den verbleibenden zweipoligen Kurzschluß wirksam, wodurch eine Nullspannung vom halben Wert der Sternspannung auftritt. Die Kapazität des ganzen Netzes wird über die beiden

Drosseln an der Kurzschlußstelle mit der Frequenz $f_N = \frac{1}{2\pi} \sqrt{\frac{2}{3 L_D C_N}}$ umgeladen, die gegenüber f_A niedrig ist.

Nach Unterbrechen der Kurzschlußströme in den beiden letzten Polen S und T (Bild 164c), das gleichzeitig 90 elektrische Grad nach dem Unterbrechen im ersten Pol erfolgt, tritt als Augenblickswert der wiederkehrenden Betriebsspannung nur der $\sqrt{3}/2 = 0{,}87$fache Betrag von $u_{\lambda m}$ auf. Die Einschwingfrequenz ist allerdings um rd. 20% höher, die größte Steilheit der Einschwingspannung aber $1/\sqrt{2} = 0{,}7$fach kleiner. Da der Augenblickswert der Nullspannung U_0 bei der Abschaltung gerade Null ist, verschwindet diese.

Beim Abschalten einer Erdschlußstelle eines Doppelerdschlusses hingegen tritt eine Änderung der Nullspannung U_0, wie Bild 164d zeigt, auf. Der Einschwingvorgang setzt sich dann aus zwei verschiedenen Schwingungskreisen zusammen. Da deren Frequenzen voneinander abweichen, überschreitet die erste Amplitude der Einschwingspannung auch nicht $3\,u_{\lambda m}$ wie bei dem erstlöschenden Pol.

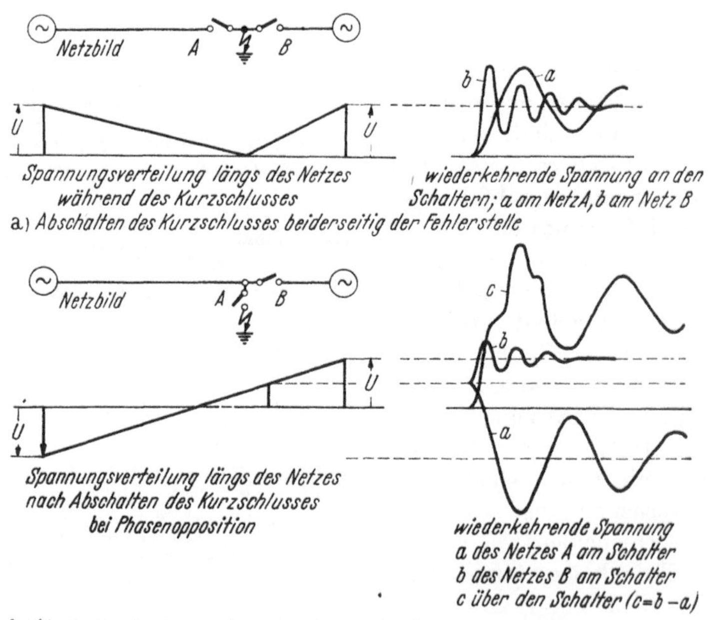

Bild 166a u. b. Einschwingspannung bei Phasenopposition.

Liegt der Kurzschluß in der Verbindung von zwei Kraftwerksgruppen, so ergeben sich je nach dessen Lage die beiden Abschaltmöglichkeiten des Bildes 166. Im Fall a wird die Fehlerstelle nach beiden Speisequellen hin abgetrennt. Die Schalter sind den normalen Bedingungen der Kurzschlußabschaltung unterworfen, allerdings sind die Netze dann aufgetrennt. Liegt dagegen wie im Fall *b* der Kurzschluß an einem Abzweig der Verbindungsleitung, so daß er von dieser abgeschaltet werden kann, so können während der Kurzschlußdauer die beiden Kraftwerksgruppen ihren Synchronismus verlieren und in Phasenopposition gelangen. Es ergibt sich dann nach Abschalten der Fehlerstelle ein gegenseitiger Kurzschluß für die beiden Kraftwerksgruppen durch die Phasenopposition, der zu einer Auftrennung der Verbindungsleitung führen muß. In den Netzen selbst entstehen keine höheren Überspannungen als beim Abschalten eines sonstigen Kurzschlusses. Dagegen tritt am Schalter wegen der entgegengesetzten Phasenlage der Spannungen der doppelte Betrag auf. Am erstlöschenden Pol in einem Netz mit isoliertem oder über E-Spulen geerdetem Sternpunkt könnte die erste Amplitude der Einschwingspannung theoretisch $6\,u_{\lambda m}$ erreichen. Da die Frequenzen der Einschwingvorgänge beiderseits des Schalters aber verschieden sein werden, wird sie unter Berücksichtigung der Dämpfung wohl kaum $4\,u_{\lambda m}$ überschreiten, auch im Falle eines bleibenden Erdschlusses in einem Netzteil.

Bei starrer Erdung des Netzsternpunktes wird bei Phasenopposition der theoretische Höchstwert $4\,u_{\lambda m}$, praktisch wird er aber kaum über $3\,u_{\lambda m}$ liegen.

Der Einschwingvorgang wird durch die Reihenwiderstände des Netzes und die parallel zur Kapazität des Schwingungskreises wirkende Netzbelastung, sowie durch eine eventuelle Restleitfähigkeit der Schaltstrecke nach Unterbrechen des Stromes [23/23] gedämpft. Die Netzbelastung setze sich aus einer Reihen- und Parallelschaltung von Wirk- und Blindwiderständen zusammen, wovon nur die Wirkwiderstände nicht frequenzabhängig sind. Um die grundsätzliche Wirkung der Reihen- und der Paralleldämpfung zu erkennen, soll ihr Einfluß getrennt betrachtet werden, wobei die Netzbelastung als reiner Wirkwiderstand angenommen werde. Zudem haben Messungen in den Netzen ergeben, daß die Dämpfung im allgemeinen etwas größer ist, als sie die Rechnung nur unter Berücksichtigung der Wirkwiderstände ergibt, so daß eine vereinfachte Betrachtungsweise zulässig erscheint.

Es sei angenommen, daß die Einschwingvorgänge in einem Netz als quasistationär angenommen werden können, was an und für sich nur für ein vermaschtes Netz geringer Ausdehnung gelten kann, z. B. für ein Mittelspannungsnetz. Der Kurzschluß trete in der Nähe der Einspeisung in das Netz ein.

Es ist:

die Kurzschlußleistung $N_k = \dfrac{U^2}{\omega L}$

$\quad U \quad$ — Spannung des Netzes,

ωL – auf die Kurzschlußstelle bezogene Reaktanz des Netzes,

die Ladeleistung des Netzes $N_C = \omega C U^2$

C – Betriebskapazität des Netzes,

die Wirklast des Netzes $N_W = \dfrac{U^2}{R_W}$

R_W – Lastwiderstand im Netz,

der Wirkwiderstand der Betriebsmittel (Leitungen, Transformatoren u. dgl.)

R_r – Reihenwiderstand, im Verhältnis zur Reaktanz ωL ist $r = R_r/\omega L$.

Führt man Ladeleistung und Wirklast als Vielfaches der Kurzschluß-leistung ein,

$$\frac{N_C}{N_k} = q, \qquad \frac{N_W}{N_k} = p,$$

so erhält man

$$L = \frac{U^2}{\omega N_k}, \qquad C = \frac{q N_k}{\omega U^2}, \qquad R_W = \frac{U^2}{p N_k}, \qquad R_r = \frac{r U^2}{N_k}.$$

Die Einschwingfrequenz des unbelasteten Netzes für die beiden letzt-löschenden Pole ist damit

$$f_0 = \frac{1}{2\pi} \sqrt{\frac{1}{CL}} = f/\sqrt{q}$$

f – Betriebsfrequenz.

(Im Netz mit isoliertem oder über E-Spulen geerdetem Sternpunkt ist für den erstlöschenden Pol die Einschwingfrequenz nur das 0,82fache dieses Wertes bei Erdung der Kurzschlußstelle.)

Der Reihenwiderstand R_r bewirkt kaum eine Frequenzänderung, eher schon eine Dämpfung des Schwingungsvorganges.

Das Amplitudenverhältnis a_r kann aus Bild 148 für $k_r = r \sqrt{q}$ entnommen werden. Die erste Amplitude der Einschwingspannung nach der Zeit $t = 1/2 f_0$ ist dann $u_r = (1 + a_r)\, u$.

Größeren Einfluß als die Reihendämpfung kann die Paralleldämpfung durch die Netzlast haben. Unter Berücksichtigung von R_W ist

die Frequenz $$f_p = \frac{1}{2\pi} \sqrt{\frac{1}{LC} - \left(\frac{1}{2 R_W C}\right)^2}.$$

Mit f_0, p und q ist

$$\frac{f_p}{f_0} = \sqrt{1 - \frac{p^2}{4q}}.$$

Für den Fall der aperiodischen Dämpfung ist $p = p_a = 2\sqrt{q}$ und das Frequenzverhältnis

$$\frac{f_p}{f_0} = \sqrt{1 - \left(\frac{p}{p_a}\right)^2}.$$

Die Dämpfung ist um so stärker, je kleiner das Ladeleistungsverhältnis q des Netzes bzw. je höher die Einschwingfrequenz ist.

Da im allgemeinen die Einschwingfrequenzen der Netze um so höher sind, je niedriger ihre Betriebsspannung ist, wird sich die Dämpfung des Einschwingvorganges durch die Netzlast in Mittelspannungsnetzen mehr auswirken als in Hochspannungsnetzen. Frequenz- und Amplitudenverhältnis können aus Bild 148 für $k_p = p/\sqrt{q} = 2\,p/p_a$ ermittelt werden. Die erste Amplitude der Einschwingfrequenz nach der Zeit $t = 1/2\,f_p$ ist $u_p = (1 + a_p)\,u$.

Da p/p_a vor allem in Mittelspannungsnetzen durchaus Werte bis 0,5 annehmen kann, wirkt sich hier die Netzlast erheblich günstig auf den Einschwingvorgang aus. Die Schwingungen sind nicht mehr sehr ausgeprägt. Bild 167 zeigt die wiederkehrende Spannung in einem 10-kV-Kabelnetz nach Abschalten eines Kurzschlusses in der Nähe des einspeisenden Transformators. Die Kurzschlußleistung beträgt $N_k = 144$ MVA.

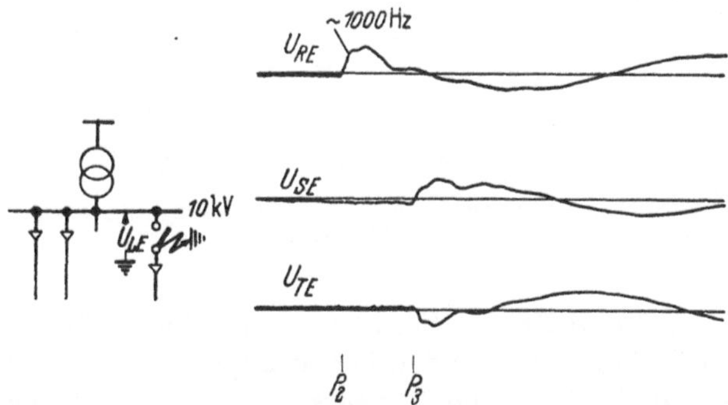

Bild 167. Wiederkehrende Spannung nach dem Abschalten eines Kurzschlusses in einem 10-kV-Kabelnetz.

Aus der Betriebskapazität je Leiter von $C_B = 9,2\ \mu$H ergibt sich die Ladeleistung zu $N_C = 0,29$ MVA. Die Wirkbelastung des Netzes war $N_W = 3,6$ MW. Damit ist

$$q = \frac{N_C}{N_K} = 0,2 \cdot 10^{-2}$$

und

$$p = \frac{N_W}{N_K} = 2,5 \cdot 10^{-2}$$

die Einschwingfrequenz des unbelasteten Netzes $f_0 = f/\sqrt{q} = 1100$ Hz und des belasteten Netzes

$$f_p = f_0 \sqrt{1 - \frac{p^2}{4\,q}} = 1050\ \text{Hz}\,.$$

Man kann auch $p_a = 2\sqrt{q} = 9 \cdot 10^{-2}$ bestimmen und das Frequenzverhältnis $f_p/f_0 = 0,96$ für $k_p = 2\,p/p_a = 0,56$ aus Bild 148 entnehmen sowie das Amplitudenverhältnis $a_p = 0,4$. Nimmt man das Amplitudenverhältnis der Reihendämpfung noch mit 0,8 an, so wird das gesamte Amplitudenverhältnis etwa 0,3 bzw. der Überschwingfaktor 1,3. Die Einschwingspannung ist also sehr stark gedämpft. Aus dem Oszillogramm läßt sich die Einschwingfrequenz am Anfang zu etwa 1000 Hz ermitteln. Die Rechnung kann natürlich nur eine Annäherung ergeben.

In einem anderen 10-kV-Kabelnetz sind zur Begrenzung der Kurzschlußleistung in die einzelnen Kabelabgänge Drosselspulen eingeschaltet. Bild 168 zeigt die wiederkehrende Spannung nach dem Abschalten eines Kurzschlusses an einem solchen Kabelabgang, wobei allerdings ein Erd-

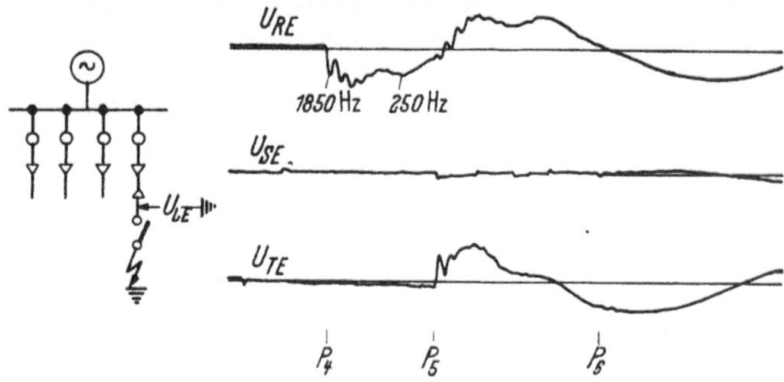

Bild 168. Wiederkehrende Spannung nach dem Abschalten eines Kurzschlusses hinter einer Drossel in einem 10-kV-Kabelnetz.
Bleibender Erdschluß in S.

schluß auf der Netzseite des Schalters stehen blieb. Die Einschwingfrequenz von 1850 Hz ist hier deutlich ausgeprägt, da fast der gesamte Spannungsabfall des Kurzschlußstromes an der Drosselspule lag und der Kabelabgang unbelastet war. Die zweite Einschwingfrequenz von etwa 250 Hz ist die Schwingung des Nullsystems, und zwar der gesamten Erdkapazität des Netzes über die Drosselspulen der noch geerdeten Leiter gegen Erde (s. Bild 165).

Um einen ungefähren Überblick über den Einschwingvorgang bei verschiedenen Betriebsspannungen zu erhalten, seien zwei Grenzfälle betrachtet, und zwar das Abschalten eines Kurzschlusses unmittelbar hinter einem Transformator nach Bild 169 und in einem großen Netz nach Bild 170. Die heute gebauten größten Transformatoreinheiten liegen für Spannungen bis 60 kV bei etwa 40 MVA, bei höheren Spannungen bis 100 MVA. Nimmt man die wirksame Kapazität des Transformators, der Zuleitungen bis zum Schalter und der sonstigen angeschlossenen Betriebsmittel mit 0,01 μF an, so ergeben sich für das Abschalten eines Kurzschlusses hinter einem Transformator Einschwingfrequenzen von mehreren 1000 bis zu mehreren 10000 Hz (Bild 169). Sie sind um so höher, je niedriger die Betriebsspannung ist. Bei gleicher Kapazität werden sie mit abnehmender Transformatorleistung geringer. Die Kurzschlußleistung kann allerdings nicht größer als die Durchgangskurzschlußleistung des Transformators werden. Bei Abschaltung durch einen Kuppelschalter ist zu beachten, ob nur ein Transformator die Sammelschiene speist oder ob mehrere Transformatoren parallel geschaltet sind.

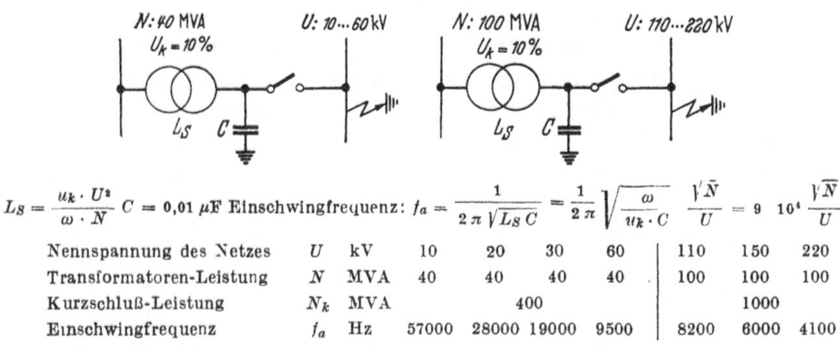

$$L_S = \frac{u_k \cdot U^2}{\omega \cdot N} \qquad C = 0{,}01\ \mu\text{F} \qquad \text{Einschwingfrequenz:}\ f_a = \frac{1}{2\pi\sqrt{L_S C}} = \frac{1}{2\pi}\sqrt{\frac{\omega}{u_k \cdot C}}\ \frac{\sqrt{N}}{U} = 9 \cdot 10^4\ \frac{\sqrt{N}}{U}$$

Nennspannung des Netzes	U	kV	10	20	30	60	110	150	220
Transformatoren-Leistung	N	MVA	40	40	40	40	100	100	100
Kurzschluß-Leistung	N_k	MVA		400				1000	
Einschwingfrequenz	f_a	Hz	57000	28000	19000	9500	8200	6000	4100

Bild 169. Einschwingfrequenz beim Abschalten eines Kurzschlusses hinter einem Transformator.

Für das Abschalten eines Kurzschlusses vom Netz sei angenommen, daß die Netzgröße und die Kurzschlußleistung proportional der Betriebsspannung zunehmen, was annähernd zumindest für Freileitungsnetze

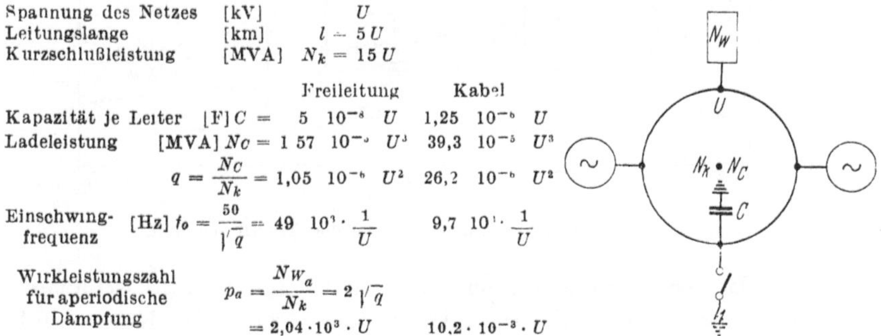

Spannung des Netzes	[kV]		U	
Leitungslange	[km]		$l = 5\,U$	
Kurzschlußleistung	[MVA]		$N_k = 15\,U$	

			Freileitung	Kabel
Kapazität je Leiter	[F]	$C =$	$5 \cdot 10^{-8}\ U$	$1{,}25 \cdot 10^{-6}\ U$
Ladeleistung	[MVA]	$N_C =$	$1{,}57 \cdot 10^{-9}\ U^3$	$39{,}3 \cdot 10^{-5}\ U^3$
		$q = \dfrac{N_C}{N_k} =$	$1{,}05 \cdot 10^{-6}\ U^2$	$26{,}2 \cdot 10^{-6}\ U^2$
Einschwingfrequenz	[Hz]	$f_0 = \dfrac{50}{\sqrt{q}} =$	$49 \cdot 10^3 \cdot \dfrac{1}{U}$	$9{,}7 \cdot 10^3 \cdot \dfrac{1}{U}$
Wirkleistungszahl für aperiodische Dämpfung		$p_a = \dfrac{N_{W_a}}{N_k} = 2\sqrt{q}$ $= 2{,}04 \cdot 10^3 \cdot U$		$10{,}2 \cdot 10^{-3} \cdot U$

		Freileitungsnetz							Kabelnetz		
U	kV	10	20	30	60	110	150	220	10	20	30
l	km	50	100	150	300	550	750	1100	50	100	150
N_k	MVA	150	300	450	900	1650	2250	3300	150	300	450
N_C	MVA	0,016	0,13	0,43	3,4	21	53	168	0,4	3,1	10,6
q	%	0,01	0,04	0,1	0,4	1,3	2,4	5,1	0,3	1	2,4
f_0	Hz	4900	2450	1630	820	450	330	230	980	490	320
p_a	%	2	4,1	6,1	12,2	22,5	30,6	45	10,2	20,5	30,7
N_{W_a}	MW	3,1	12,2	27,5	110	372	690	1480	15,4	61	138

Bild 170. Einschwingfrequenz beim Abschalten eines Kurzschlusses in einem großen Netz.

mit Betriebsspannungen bis 110 kV zutreffen mag. Die Leitungslänge sei $l = 5\,U$ und die Kurzschlußleistung $N_k = 15\,U$. Damit ergeben sich die in der Aufstellung des Bildes 170 errechneten Einschwingfrequenzen f_0

für das unbelastete Netz. Sie werden ebenfalls um so niedriger, je höher
die Betriebsspannung ist und liegen in der Größe von einigen 100 bis zu
einigen 1000 Hz. In Kabelnetzen, die bei Mittelspannungen vorkommen,
gehen die Einschwingfrequenzen wegen der größeren Kapazität der Kabel
auf etwa $^1/_5$ zurück. In den beiden letzten Zeilen ist das Wirkleistungs-
verhältnis (p_a) für aperiodische Dämpfung und die entsprechende Wirk-
leistung in MW angegeben. Je niedriger die Betriebsspannung ist, eine
um so geringere Wirklast im Netz genügt zur Dämpfung. Im Kabelnetz
muß diese allerdings etwa 5mal größer sein als im Freileitungsnetz. Neben
dieser Paralleldämpfung wirkt natürlich stets noch die Reihendämpfung.

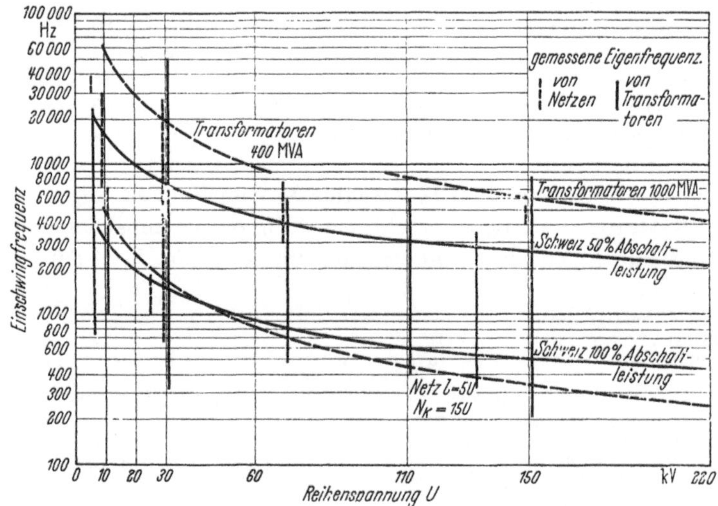

Bild 171. Einschwingfrequenzen von Netzen und Transformatoren.

Für die Beanspruchung von Schaltern bei der Kurzschlußabschaltung
ergeben sich somit zwei Grenzen. Die untere Grenze der Kurzschlußleistung ist durch die Leistung des größten in das Netz einspeisenden
Transformators bestimmt. Die Einschwingfrequenz ist hoch und schwach
gedämpft. Wird das Netz nur über diesen einen Transformator gespeist,
so ist dessen Durchgangskurzschlußleistung gleich der höchsten möglichen Abschaltleistung des Schalters. Bei mehrfacher Einspeisung in das
Netz wird die abzuschaltende Kurzschlußleistung größer, dafür aber die
Einschwingfrequenz niedriger, wobei der Einschwingvorgang insbesondere bei niedrigeren Spannungen stark gedämpft werden kann. Die Kurzschlußleistung von Hochspannungsnetzen ist nicht nur von dem Netz
selbst, sondern auch von dem Einsatz der Kraftwerke abhangig. Ist die
Netzlast hoch, wird auch der Kraftwerkseinsatz und damit die Kurzschlußleistung, aber auch die Dämpfung des Einschwingvorganges groß sein.

Bei geringer Netzlast geht mit verringertem Kraftwerkseinsatz die Kurzschlußleistung zurück und der Einschwingvorgang wird weniger gedämpft. Die Abschaltleistung des Schalters wird also durch diese beiden in entgegengesetzter Richtung wirkenden Bedingungen günstig beeinflußt.

Über die Messung von Einschwingfrequenzen bei Kurzschlußabschaltungen in Netzen liegen im Schrifttum einige Ergebnisse vor [*23/26, 27, 28, 31, 35, 36, 37*]. Sie sind summarisch in Bild 171 zusammengestellt. Zum Vergleich sind die in den Leitsätzen der Schweiz [*23/41*] angegebenen Frequenzen für die Prüfung der Schalter bei 100 und 50% Abschaltlei-

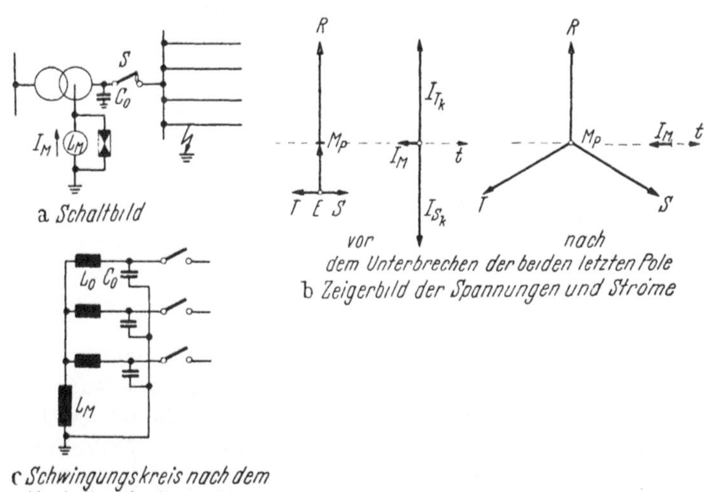

Bild 172 a—c. Abschalten eines Kurzschlusses von einem Transformator mit Erdschlußspule.

stung eingetragen. Bei den einzelnen Nennspannungen sind Einschwingfrequenzen gemessen worden, die bis zu zwei Größenordnungen auseinanderliegen. Die nach Bild 169 und 170 unter bestimmten Voraussetzungen errechneten Frequenzen liegen etwa an den unteren und oberen Grenzen der gemessenen Werte.

Beim Abschalten von Kurzschlüssen treten im allgemeinen ohne Berücksichtigung der Dämpfung im Netz keine höheren Überspannungen als $3\,u_{\lambda m}$, also das 1,73fache der Nennspannung auf. Es gibt aber gewisse Schaltzustände, bei denen durch die Überlagerung eines zweiten Vorganges beim Abschalten eines zweipoligen Kurzschlusses höhere Überspannungen entstehen können. In solchen Fällen wird der Magnetisierungsstrom von Induktivitäten, der sich dem Kurzschlußstrom überlagert, diesem gegenüber aber um 90° phasenverschoben ist, in seinem Scheitelwert unterbrochen. Dieser Vorgang kann beim Abschalten von

Kurzschlüssen an Transformatoren mit angeschlossener Erdschlußspule und beim Abschalten von Transformatoren mit Kurzschluß auftreten.

Ein Netz, z. B. ein Mittelspannungsnetz, werde über einen Transformator gespeist und der Transformatorschalter S oder ein sonstiger Schalter diene zur Kurzunterbrechung bei Fehlern, so daß das gesamte Netz abgeschaltet wird (Bild 172). Der Erdschlußstrom des Netzes wird durch eine Erdschlußspule am Sternpunkt des Transformators kompensiert. Im Netz trete ein Doppelerdschluß oder ein Kurzschluß mit Erdberührung auf. Nach Abschalten des erdschlußfreien Leiters bzw. nach Unterbrechen des erstlöschenden Poles, wird durch die Nullspannung von der Größe $U_{EMp} = U_\lambda/2$ dem Kurzschlußstrom in beiden Leitern zusammen ein um 90° phasenverschobener Strom von der Größe

$$J_M = \frac{U_\lambda}{2\,\omega\left(L_M + \frac{1}{3}\,L_0\right)} = \frac{1}{2}\,J_e$$

überlagert.

$$L_M = \text{Induktivität der Erdschlußspule,}$$
$$L_0 = \text{Nullinduktivität des Transformators,}$$
$$J_e = \text{Erdschlußstrom des Netzes,}$$
$$\omega = 2\,\pi f = \text{Betriebskreisfrequenz.}$$

Dieser Strom ist erheblich kleiner als der Kurzschlußstrom, so daß er bei der Unterbrechung der überlagerten Ströme während ihres Nulldurchganges im Schalter annähernd seinen Scheitelwert hat. In diesem Augenblick hat das elektromagnetische Feld der Erdschlußspule seinen Höchstwert. Die magnetische Energie entlädt sich auf die Erdkapazitäten C_0 am Transformator. An diesem entsteht die Überspannung U_a. Es ist

$$\frac{1}{2}\left(L_M + \frac{1}{3}\,L_0\right)J_M^2 = \frac{1}{2}\;3\,C_0\,U_a^2,$$

$$U_a = J_M \sqrt{\frac{L_M + \frac{1}{3}\,L_0}{3\,C_0}}$$

$\sqrt{\dfrac{L_M + 1/3 \cdot L_0}{3\,C_0}}$ ist der Schwingungswiderstand Z des Schwingungskreises mit der Frequenz

$$f_a = \frac{1}{2\,\pi}\sqrt{\frac{1}{\left(L_M + \frac{1}{3}\,L_0\right)3\,C_0}}.$$

Somit ist der Überspannungsfaktor

$$\frac{U_a}{U_\lambda} = \frac{f_a}{2f}.$$

Die Überspannung U_a wird um so größer, je höher die Frequenz des Ausgleichvorganges ist. In ungünstigen Fällen, vor allem, wenn C_0 klein ist, kann sie das Isoliervermögen der Anlage überschreiten. Erdschlußspulen erhalten daher zweckmäßig in solchen Fällen einen Ventilableiter parallel geschaltet. Man kann auch mit Kondensatoren einen ausreichenden Schutz erreichen, nur ist dieser aufwendiger, da erheblich große Kapazitäten notwendig sind. Der Ventilableiter muß eine Arbeit von $N_M/8\,\omega$ aufnehmen, wenn N_M die Leistung der Erdschlußspule ist. Das ist eine Arbeit in Ws gleich der 0,4fachen Spulenleistung in kVA.

Ein Beispiel hierfür zeigt Bild 173 u. 174. In einem 25-kV-Freileitungsnetz dient der Transformatorschalter S zur Kurzunterbrechung bei Fehlern im Netz. Ein dreipoliger Kurzschluß ohne Erdberührung wurde am Ende einer Leitung abgeschaltet (Bild 173). Der Sternpunkt des speisenden Transformators ist über eine Erdschlußspule geerdet, das Netz war stark überkompensiert. Da der Kurzschluß vom einspeisenden Transformator entfernt war, sank die Spannung in der Station nur auf etwa 50% ab. Zuerst wird bei P_1 der Strom J_R im Schalter unterbrochen. Infolge der Unsymmetrie entsteht eine Sternpunktspannung U_{Mp} von etwa 4,5 kV, die einen Strom J_M durch die Erdschlußspule fließen läßt. Dieser Strom ist gegenüber den Kurzschlußströmen J_S und J_T annähernd um 90° phasenverschoben, so daß er beim Unterbrechen von J_S und J_T bei P_2 nahezu seinen Scheitelwert hat. Da der Strom in das Netz nicht weiter fließen kann, wird durch die magnetische Energie der Spule bei ihrem Ausschwingen nur die Kapazität des Transformators und des angeschlossenen Kabels aufgeladen und es entsteht eine Ausgleichschwingung mit einer Frequenz von 240 Hz, die in diesem Fall wegen des langen Verbindungskabels zwischen Transformator und Schalter verhältnismäßig niedrig ist. Die Sternpunktspannung U_{Mp} erreicht einen Scheitelwert von 28 kV.

Ist der Kurzschlußpunkt mit Erde verbunden, wie es wohl meistens der Fall sein wird, so wird nach dem Unterbrechen des Stromes in einem Leiter (J_R bei P_1 in Bild 174) die Sternpunktspannung U_{Mp} gleich der halben Sternspannung, also rd. 7,2 kV. Es fließt jetzt der halbe Nennstrom der Erdschlußspule, zu dem je nach dem Schaltaugenblick noch ein Gleichstromglied hinzukommen kann. Trotzdem bleibt der Augenblickswert nach 90° beim Erlöschen der beiden übrigen Kurzschlußströme bei P_2 gleich dem Scheitelwert des halben Spulenstromes. Da dieser $7 \cdot \sqrt{2}$ A_s ist, entsteht eine Sternpunktspannung von 48 kV$_s$, der sich im Leiter T noch der Scheitelwert der Leitererdspannung von 20 kV$_s$ überlagert, so daß in T eine Spannung von 68 kV gegen Erde (U_T) entstehen kann. Bei 62 kV ist aber bei P_3 bereits eine Wiederzündung im Schalter eingetreten, infolge der die elektrische Ladung über die Kurzschlußstelle nach Erde abfließen kann. Der Zusammenbruch der Spannung U_T bei P_3

erfolgt nicht sogleich nach Null, da die Erdschlußstelle am Ende der Leitung liegt. Es entsteht zunächst eine kurze Wanderwellenschwingung.

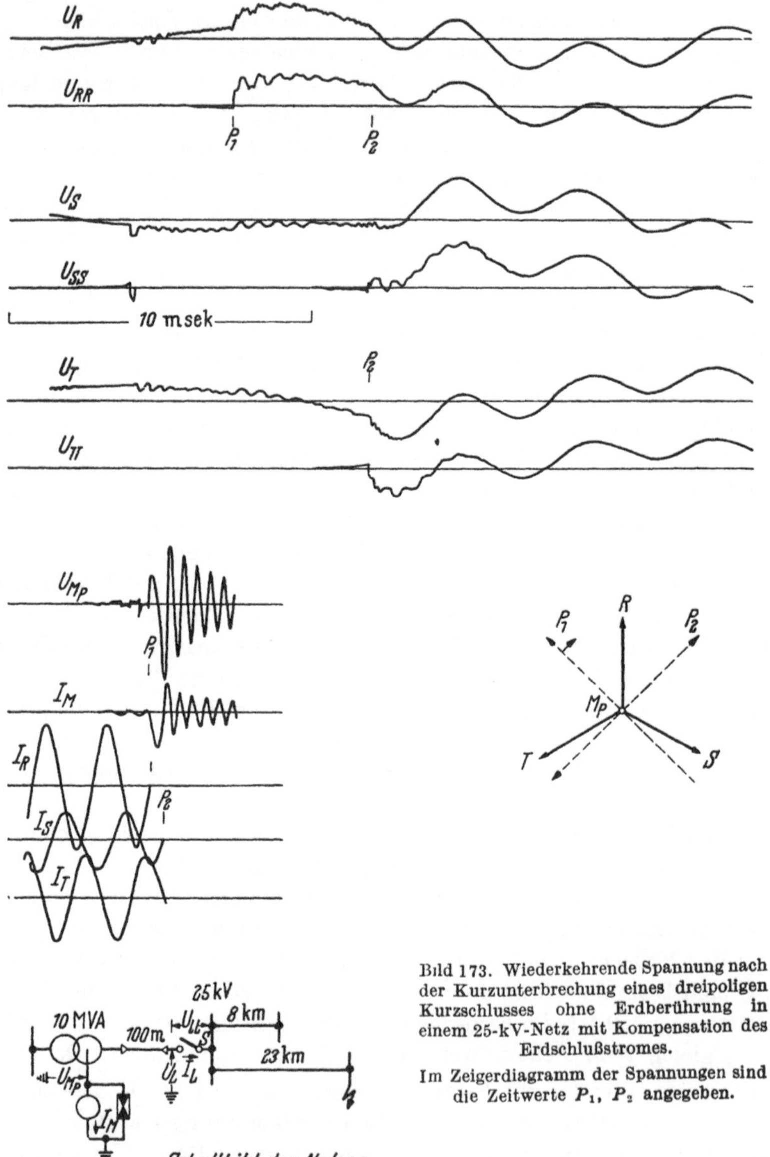

Bild 173. Wiederkehrende Spannung nach der Kurzunterbrechung eines dreipoligen Kurzschlusses ohne Erdberührung in einem 25-kV-Netz mit Kompensation des Erdschlußstromes.

Im Zeigerdiagramm der Spannungen sind die Zeitwerte P_1, P_2 angegeben.

Die wiederkehrende Spannung am erstlöschenden Pol nach P_1 ist durch das Netz, also das Mitsystem bedingt. Die Einschwingfrequenz beträgt auf der Transformatorseite etwa 7500 Hz und auf der Leitungsseite durch das Abfließen der Ladung etwa 6500 Hz (Wanderwellen-

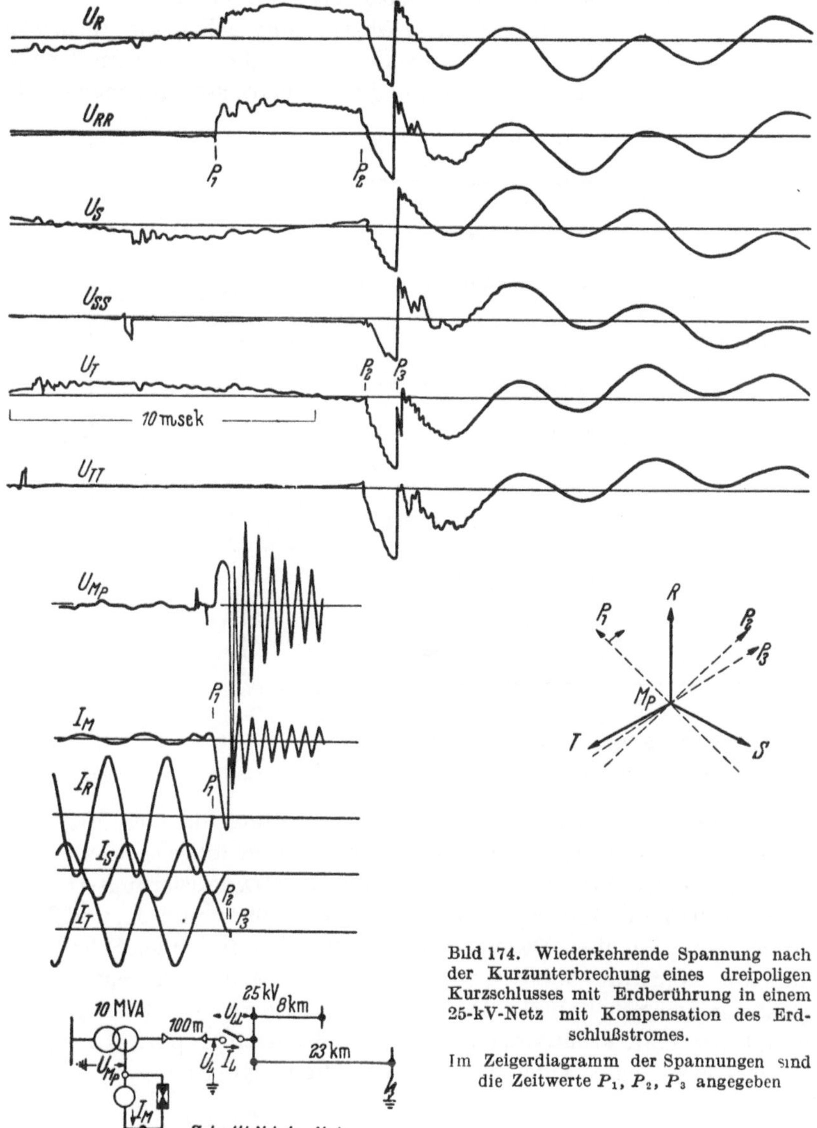

Bild 174. Wiederkehrende Spannung nach der Kurzunterbrechung eines dreipoligen Kurzschlusses mit Erdberührung in einem 25-kV-Netz mit Kompensation des Erdschlußstromes.

Im Zeigerdiagramm der Spannungen sind die Zeitwerte P_1, P_2, P_3 angegeben

schwingung der Leitung). In diesem Fall ist aber die Einschwingspannung der beiden letztlöschenden Pole vorwiegend durch die Ausgleichspannung des Nullsystems bedingt.

14*

Ein zweiter derartiger Fall, der zu höheren Überspannungen führen kann, ist das Abschalten eines Transformators, an dem ein zweipoliger Kurzschluß entstanden ist. Der Transformator sei bereits von dem einen Netz getrennt (Bild 175). Bei der Abschaltung sollen die Lichtbögen in den Schalterpolen, die den Kurzschlußstrom führen, vor dem Schalterpol, durch den nur der Magnetisierungsstrom fließt, unterbrochen werden.

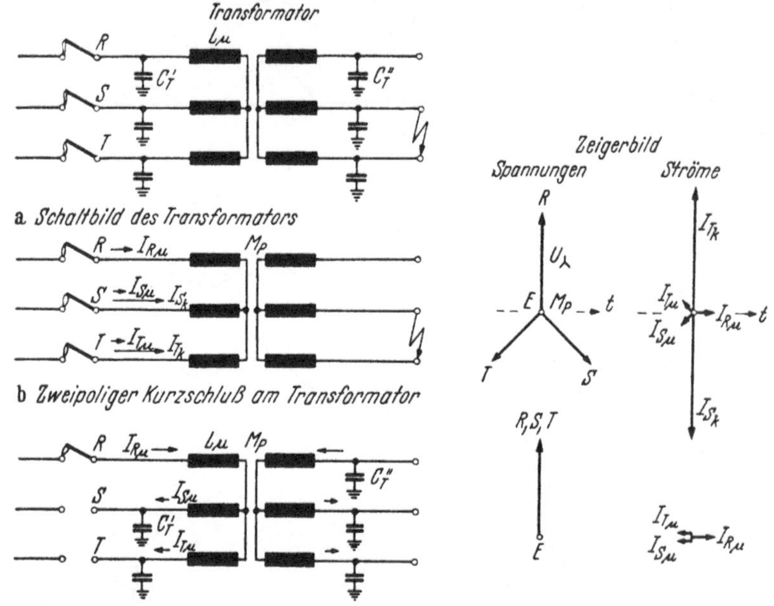

Bild 175 a—c. Abschalten eines Transformators mit zweipoligem Kurzschluß.

Diese Schaltfolge wird sich vor allem bei Schaltern, die sich ihre Löschmittelströmung durch den Strom selbst erzeugen (ölarme Schalter), ergeben. Nach dem Zeigerbild der Ströme ist der Magnetisierungsstrom $I_{R\mu}$ des fehlerfreien Leiters gegenüber den Kurzschlußströmen I_{S_k} und I_{T_k} um 90° phasenverschoben. Da er seinen Rückfluß über die beiden Schalterpole hat, die die Kurzschlußströme gleichzeitig unterbrechen, hat er dabei gerade seinen Scheitelwert. Die magnetische Energie der Leerlaufinduktivität des Transformators entlädt sich auf dessen Kapazität und kann zu einer erheblichen Überspannung U_a führen. Es ist:

$$\frac{1}{2} \cdot \frac{3}{2} L_\mu J_\mu^2 = \frac{1}{2} \cdot 2 C U_a^2, \qquad U_a = J_\mu \sqrt{\frac{3 L_\mu}{4 C}} .$$

J_μ = Leerlaufstrom des Transformators je Leiter,
L_μ = Leerlaufinduktivität je Schenkel des Transformators,
C = wirksame Kapazität je Leiter.

$Z = \sqrt{\dfrac{3\,L_\mu}{4\,C}}$ ist der Schwingungswiderstand des Schwingungskreises mit der Frequenz

$$f_a = \frac{1}{2\,\pi}\sqrt{\frac{1}{\dfrac{3}{2}\,L_\mu\,2\,C}} = \frac{1}{2\,\pi}\sqrt{\frac{1}{3\,L_\mu\,C}}\;.$$

Da $I_\mu = \dfrac{U_\lambda}{\omega\,L_\mu}$, ergibt sich der Überspannungsfaktor

$$\frac{U_a}{U_\lambda} = \frac{3}{2}\,\frac{f_a}{f}\;.$$

Die Kapazität eines Transformatorschaltfeldes ist, sofern die Verbindung zu den Leistungsschaltern nicht durch Kabel erfolgt, im allgemeinen gering. Somit kann die Frequenz der Ausgleichschwingung bis zu einigen 100 Hz betragen und die Überspannung erheblich werden. Dabei bleibt es sich gleich, auf welcher Seite des Transformators der Kurzschluß liegt.

Die Überspannung kann in gleicher Weise wie beim Abschalten des Transformators im Leerlauf durch Ventilableiter begrenzt werden. Die von den Ableitern aufzunehmende Energie ist insgesamt $N_\mu/2\,\omega$, also angenähert $0{,}6\,N_\mu$ (Ws), wobei die Leerlaufleistung N_μ in kVA einzusetzen ist.

Zum Unterbrechen von Kurzschlußströmen werden außer Leistungsschaltern in Verteilungsnetzen auch Sicherungen verwendet, im allgemeinen nur für kleinere Nennstromstärken bis etwa 50 A, in einigen Fällen, z. B. bei Kondensatorbatterien, auch darüber. Die Sicherung wird vor allem als einfacher und billiger Kurzschlußschutz in Verteilerstationen kleiner Leistung gebraucht. Sie ersetzt in unbesetzten Stationen ohne selbsttätige Wiedereinschaltung vollwertig zusammen mit einem Lasttrennschalter den Leistungsschalter.

Zwei Arten von Sicherungen sind zu unterscheiden: die Schaltersicherung und die Pulversicherung. Die Schaltersicherung hat nur einen ganz kurzen Schmelzdraht. Schmilzt dieser durch, so zieht eine sich entspannende Feder den Lichtbogen in das im Sicherungsrohr befindliche Löschmittel. Die Löschung des Lichtbogens verläuft dann ähnlich wie in einem Flüssigkeitsschalter, d. h. der Strom wird bei seinem Nulldurchgang unterbrochen, wie Bild 176 zeigt.

Bei der Pulversicherung ist der Schmelzdraht ziemlich lang und als Spirale in dem ganzen Sicherungskörper in einem feinkörnigen Löschpulver (Quarzsand) eingebettet. Nach Durchschmelzen des Schmelzleiters und nach Durchzünden der wiederkehrenden Spannung entsteht in der Pulverfüllung ein Lichtbogen, dessen Brennspannung bei ausreichender Länge infolge intensiver Kühlung ansteigt. Dadurch wird eine Verminderung des Folgestromes bis auf Null innerhalb weniger ms erzwungen.

Die Arbeitsweise der Pulversicherung (Bild 177) läßt den Kurzschlußstrom gar nicht bis zur Höhe seines Scheitelwertes entstehen. Diese Begrenzung ist bei großen Kurzschlußströmen notwendig, da sonst die

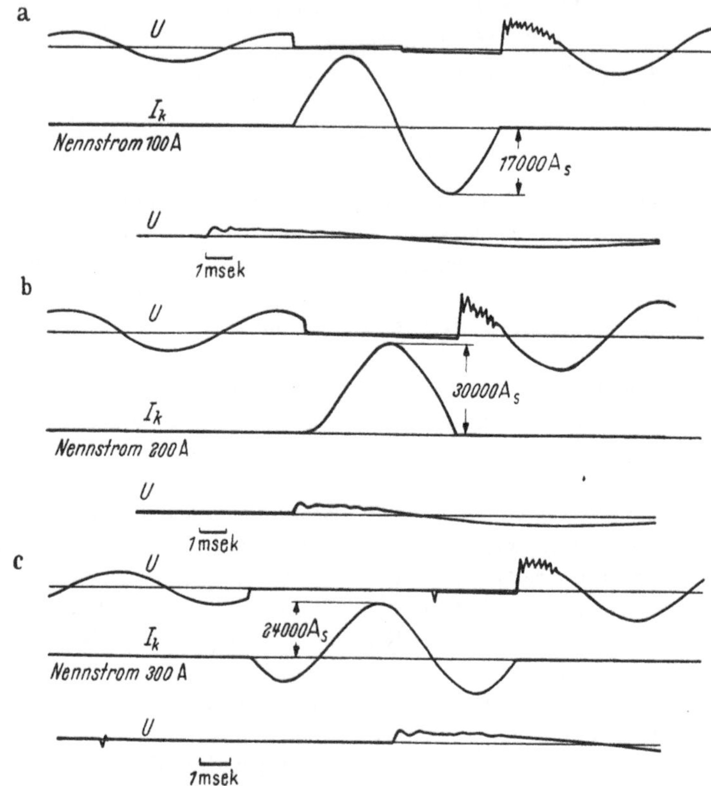

Bild 176a—c. Abschalten von Kurzschlüssen durch Schaltersicherungen in einem 10-kV-Netz mit 310 MVA Kurzschlußleistung.

Wiederkehrende Spannung ist die Dreieckspannung. Untere Kurve U der Einschwingspannung ist mit dem Kathodenstrahloszillographen aufgenommen.

im Sicherungskörper erzeugte Wärme zu groß ist. Die gewaltsame Unterbrechung des ansteigenden Kurzschlußstromes durch das plötzliche Verdampfen des langen Schmelzleiters bringt aber die Gefahr hoher Überspannungen mit sich. Aus der elektromagnetischen Energie der Induktivität des Kurzschlußkreises entsteht an der Sicherung eine Ausgleichspannung. Die Sicherung muß also nach dem Durchschmelzen noch so lange einen Strom fließen lassen, bis diese Energie sich wenigstens teilweise über die Kurzschlußstelle nach Erde ausgeglichen hat.

Diese elektromagnetische Energie ist

$$A = \frac{1}{2} L\, i_s^2$$

$$L = \frac{X}{\omega} = \frac{U^2}{\omega\, N_k} - \text{Induktivität des Kurzschlußkreises,}$$

$$N_k = \sqrt{3}\, U J_k - \text{Kurzschlußleistung,}$$

$$i_s = \alpha\, J_k \sqrt{2} - \text{Schmelzstrom.}$$

I_k Kurzschlußstrom des Netzes
i_s Schmelzstrom
i_l Löschstrom
  (Scheitelwert des Folgestromes)
T_s Schmelzzeit
T_l Löschzeit
T_a Abschaltzeit
u_{a_m} Überspannung (Schaltspannung)

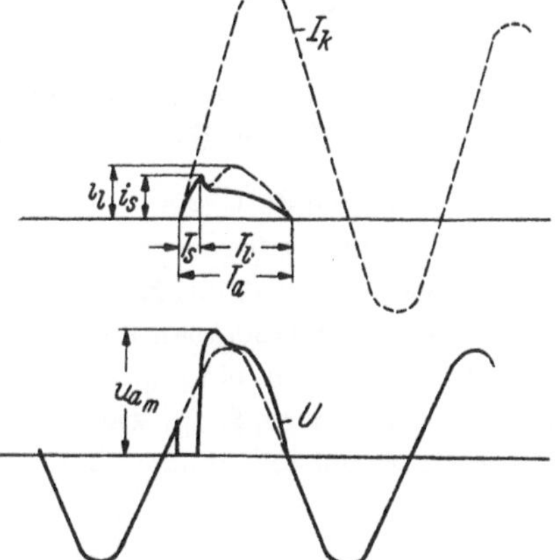

$$A = \frac{1}{2} L \cdot i_s^2 \qquad \text{elektromagnetische Energie des Netzes}$$

$$L = \frac{X}{\omega} = \frac{U^2}{\omega\, N_k} \qquad \text{Induktivität des Kurzschlußkreises}$$

$$N_k = \sqrt{3} \cdot U \cdot I_k \qquad \text{Kurzschlußleistung}$$

$$i_s = \alpha \cdot I_k \cdot \sqrt{2} \qquad \text{Schmelzstrom}$$

$$f_a = \frac{1}{2\pi} \sqrt{\frac{1}{LC}} = \frac{1}{2\pi} \cdot \frac{Z}{L} = f \cdot \frac{N_k}{U^2} \cdot Z = f \cdot \frac{I_k}{U} Z = f \cdot \frac{i_s \cdot Z}{\alpha \cdot u_{\lambda m}} \qquad \text{Einschwingfrequenz des Netzes}$$

$$\frac{1}{2} L\, i_s^2 = \frac{1}{2} C\, u_a^2 \quad u_a = i_s \sqrt{\frac{L}{C}} = i_s \cdot Z \qquad \text{Ausgleichspannung bei plötzlicher Stromunterbrechung}$$

$$i_s \cdot Z = \frac{f_a}{f} \cdot \alpha \cdot u_{\lambda m} \qquad \frac{u_a}{u_{\lambda m}} = \alpha \cdot \frac{f_a}{f} \qquad \text{Überspannungsfaktor}$$

$$R \lesseqgtr 0{,}5 Z \quad \text{Widerstand im Schmelzkanal für überaperiodische Dämpfung}$$

$$R \lesseqgtr 0{,}5 \cdot X \cdot \frac{f_a}{f} \lesseqgtr \pi \cdot f_a \cdot L$$

$$\text{nach} \quad T_l \approx 3\, T \approx 3 \cdot \frac{2L}{R} \approx \frac{2}{f_a} \qquad \text{Mindestzeit zur Umsetzung der Energie in Wärme}$$

Bild 177. Stromunterbrechung durch eine Schmelzsicherung mit Pulverfüllung.

Kann sie sich vollständig in elektrostatische Energie umsetzen, sofern also die Löschstrecke unter dem Einfluß der wiederkehrenden Spannung nicht durchzündet und kein Folgestrom fließen kann, ist

$$\frac{1}{2} L\, i_s^2 = \frac{1}{2} C\, u_a^2$$

und die entstehende Ausgleichspannung

$$u_a = i_s \sqrt{\frac{L}{C}} = iZ \, .$$

Mit der Einschwingfrequenz des Netzes

$$f_a = \frac{1}{2\pi} \sqrt{\frac{1}{LC}} \, .$$

wird

$$\frac{u_a}{u_{\lambda m}} = \alpha \frac{f_a}{f} \, .$$

$u_{\lambda m} =$ Scheitelwert der Sternspannung des Netzes,
$f = 50$ Hz Betriebsfrequenz des Netzes.

Die entstehende Überspannung nimmt proportional der Einschwingfrequenz zu und wird andererseits um so kleiner, je geringer das Verhältnis α des Schmelzstromes zum Kurzschlußstrom ist.

Um nun die Überspannung zu vermindern, muß der Schmelzkanal eine Zeitlang noch eine gewisse Leitfähigkeit behalten. Im Fall der aperiodischen Dämpfung, wenn also der Strom nicht über den Schmelzstrom ansteigen soll, müßte dieser Widerstand

$$R \gtrless 0,5 Z = 0,5 \sqrt{\frac{L}{C}}$$

und somit

$$R \gtrless 0,5 X \frac{f_a}{f}$$

sein.

Nach einer Zeit T_l annähernd gleich dem 3fachen Betrag der Zeitkonstanten $T = 2 L/R$ wäre die Energie im Widerstand vernichtet. Dafür wäre

$$T_l \approx \frac{2}{f_a} \, ,$$

also gleich 2 Perioden der Einschwingfrequenz. Dies würde bedeuten, daß die erforderliche Löschzeit unabhängig von der Größe des Schmelzstromes ist und mit zunehmender Einschwingfrequenz kleiner werden kann. Ist aber die tatsächliche Löschzeit eine Eigenschaft der Sicherung und nur abhängig vom Nulldurchgang der Spannung, andererseits aber unabhängig von der Einschwingfrequenz, so müßten die beim Abschalten von Kurzschlüssen mittels Hochleistungssicherungen entstehenden Überspannungen ziemlich unabhängig von der Größe der Einschwingfrequenz gehalten werden können, zumal bei niedrigerer Frequenz die Überspannungen an und für sich kleiner werden. Die Arbeitsweise einer richtig bemessenen Sicherung wäre somit unabhängig von der Kurzschlußleistung und der Einschwingfrequenz des Netzes.

In Bild 178 sind einige beim Abschalten von Kurzschlüssen durch Schmelzsicherungen mit Pulverfüllung für 10 kV aufgenommene Oszillogramme wiedergegeben. Die Kurzschlußleistung des 10-kV-Netzes betrug

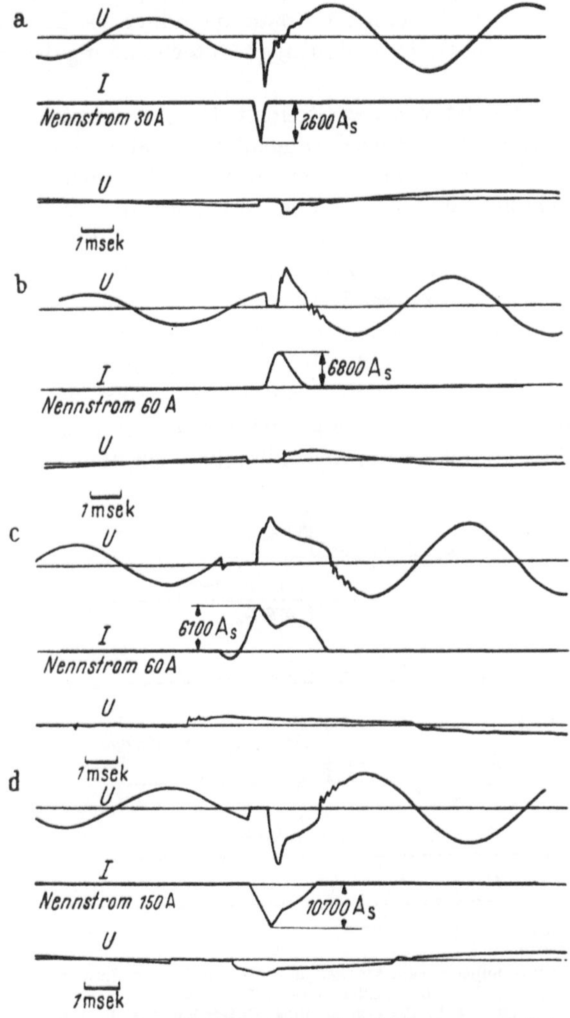

Bild 178a—d. Abschalten von Kurzschlussen durch Schmelzsicherungen mit Pulverfüllung in einem 10-kV-Netz mit 300 MVA Kurzschlußleistung.

Wiederkehrende Spannung ist die Dreieckspannung. Untere Kurve U der Einschwingspannung ist mit dem Kathodenstrahloszillographen aufgenommen.

300 MVA und die Einschwingfrequenz 1350 Hz. Die Beanspruchung der Sicherung entsprach dem Fall eines bleibenden Erdschlusses im Netz, d. h. die wiederkehrende Spannung war gleich der Dreieckspannung des

Netzes. Alle Oszillogramme zeigen, daß während der Schmelzzeit die
Spannung vollkommen auf Null zusammenbricht, aber sogleich nach der
Schmelzszeit die Spannung mit einer Überspannung wiederkehrt. Diese
soll möglichst nicht den 2fachen Wert der Nennspannung überschreiten.
Während der Löschzeit bleibt die Spannung höher als die Betriebsspannung und geht erst nach der endgültigen Unterbrechung des Stromes auf
diese zurück.

Die Schmelzzeit ist von der Steilheit des Stromanstieges und somit
in geringem Maße vom Zuschaltaugenblick und von der Stärke des
Schmelzleiters, also von der Nennstromstärke der Sicherung abhängig.
Die Löschzeit hängt fast ausschließlich vom Augenblickswert der wiederkehrenden Betriebsspannung beim Beginn des Löschvorganges ab. Da
der Strom infolge des Lichtbogenwiderstandes während des Löschvorganges sich immer mehr dem Wirkstrom nähert, kann der Lichtbogen
spätestens beim Nulldurchgang der Spannung erlöschen. Nur wenn die
Löschzeit kurz vor dem Nulldurchgang der Spannung beginnt, kann sie
sich bis zum Ende der nächsten Halbwelle verlängern. Bei kleineren
Strömen kann die Unterbrechung auch etwas vor dem Nulldurchgang
liegen. Je früher in der Spannungshalbwelle nach dem Durchschmelzen

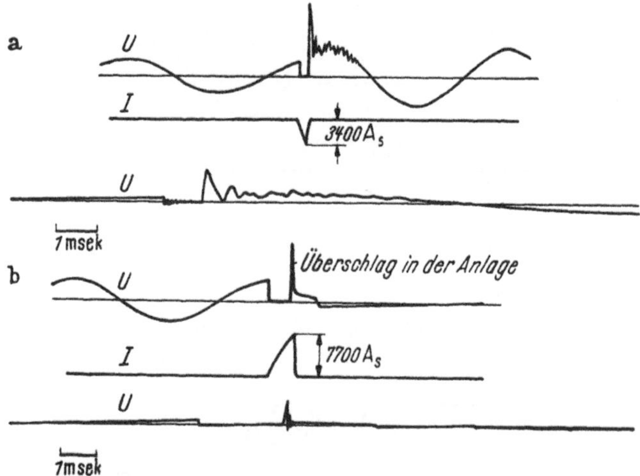

Bild 179a u. b. Überspannungen beim Abschalten von Kurzschlüssen durch Sicherungen als Folge
des Fehlens eines Folgestromes.
Wiederkehrende Spannung ist die Dreieckspannung. Untere Kurve *U* der Einschwingspannung ist
mit dem Kathodenstrahloszillographen aufgenommen.

der Löschvorgang einsetzt, desto länger wird die Löschzeit. Diese kann
somit bei einer einwandfrei arbeitenden Sicherung niemals länger als eine
Halbwelle der Betriebsfrequenz (10 ms) sein. Während des Löschvorganges kann auch der Fall eintreten, daß der Löschstrom etwas größer
als der Schmelzstrom wird.

Unterbricht die Sicherung nach Durchschmelzen und Verdampfen des Schmelzleiters sehr plötzlich und kann sich kein Löschstrom ausbilden, so entstehen hohe Überspannungen. Bild 179 zeigt zwei solche Abschaltungen. Im ersten Fall betrug die Überspannung das 2,5fache der Nennspannung, im zweiten Fall wäre sie noch über das 3,5fache der Nennspannung angestiegen, wenn nicht bereits bei dieser Spannung ein Überschlag in der Anlage eingetreten wäre. Diese Abschaltungen beweisen die Notwendigkeit der Ausbildung des Löschstromes, also eines Folgestromes nach dem Durchschmelzen, um hohe Überspannungen zu vermeiden.

6. Abschalten von Transformatoren im Leerlauf.

Unbelastete Transformatoren, die auf einer Seite bereits vom Netz getrennt sind, stellen fast reine Induktivitäten dar, so daß die Magnetisierungsströme gegenüber den zugehörigen Spannungen um 90° nacheilend verschoben sind und beim Erlöschen der Lichtbögen im Nullwert der Ströme die Spannungen gerade ihren Scheitelwert haben. Die magnetische Energie der Transformatorwicklungen in diesem Augenblick ist Null, dagegen enthalten die an die Transformatorklemmen angeschlossenen Leitungsteile und die Wicklungen selbst elektrische Energie. Diese gleicht sich über die Leerlaufinduktivität des Transformators zwischen den Leitern oder, sofern der Sternpunkt geerdet ist, nach Erde aus. Über-

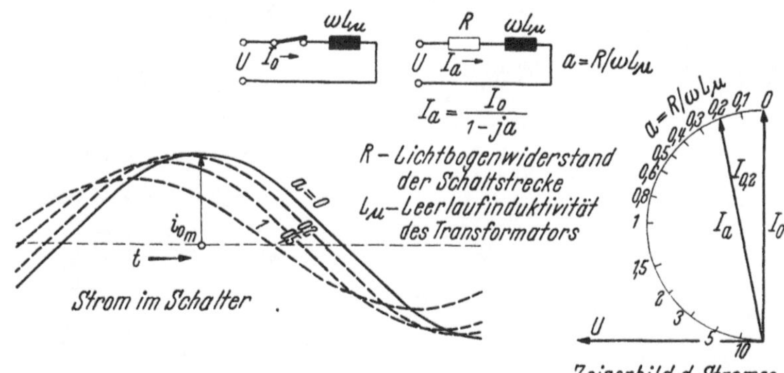

Bild 180. Einfluß des Lichtbogenwiderstandes auf den Strom im Schalter beim Abschalten eines leerlaufenden Transformators.

spannungen werden dadurch nicht erzeugt. Die Frequenz der Ausgleichschwingung beträgt im allgemeinen einige 100 Hz und ist infolge der Ummagnetisierungsverluste sehr stark gedämpft.

Da der Leerlaufstrom von Transformatoren nur einige wenige Ampere beträgt, kann sich durch die Kühlung des Lichtbogens im Schalter der Lichtbogenwiderstand verhältnismäßig schnell ändern. Dies bedingt, wie

Bild 180 zeigt, bei kleinerem Widerstand nicht so sehr eine Änderung
des Scheitelwertes des Stromes als der Phasenlage. Der Augenblickswert
des Stromes müßte dann von einem Wert der ausgezogenen Kurve für
$a = 0$ auf einen Wert der gestrichelten Kurven springen. Im Scheitelwert
des Stromes ist dieser Sprung nicht so erheblich, wird aber nach dem
Nulldurchgang hin größer, wenn also der Augenblickswert der im Lichtbogen erzeugten Wärme auch kleiner wird. Dieser plötzlichen Stromänderung kann das magnetische Feld der Wicklungen nicht so schnell
folgen. Es wird ein entsprechender Betrag der magnetischen Energie frei,
der sich in elektrische Energie der Kapazitäten umsetzt und zu einem
Spannungsanstieg am Transformator führt.

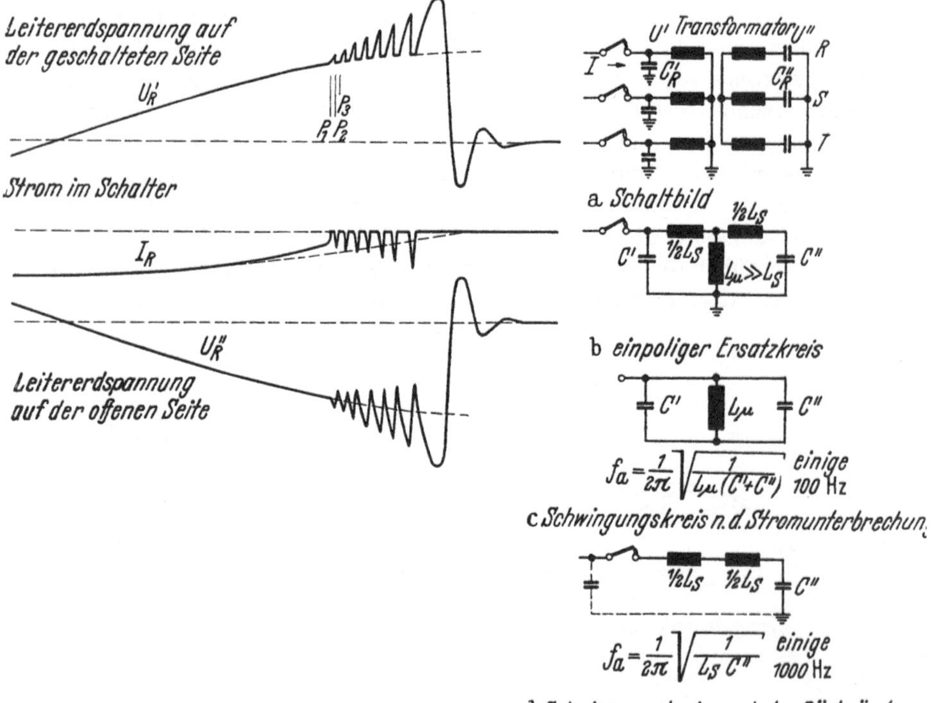

Bild 181. Abschalten eines leerlaufenden Transformators mit geerdetem Sternpunkt.

Infolge der höheren Spannung an der Schaltstrecke kann diese durchschlagen, wobei die bis dahin entstandene elektrische Energie in das Netz
abfließt.

Dieser Vorgang ist vereinfacht in Bild 181 dargestellt. Der Sternpunkt des Transformators sei unmittelbar geerdet, wodurch der Strom
in jedem Leiter unabhängig von den Strömen der anderen Leiter fließen

kann. Die Kühlung des Lichtbogens sei so stark, daß der Strom J_R im Schalter bei P_1 sehr schnell vermindert und Null wird. Die frei werdende magnetische Energie führt zu einem Anstieg der Spannung U'_R nach Schwingungskreis c, bis bei P_2 ein Wiederzünden der Schaltstrecke erfolgt. Hierdurch wird die Kapazität C'_R (im Schaltbild a) auf die Spannung des Netzes umgeladen, sowie die Kapazität C''_R über die Streuinduktivität des Transformators nach Schwingungskreis d. Die Frequenz dieser Ausgleichschwingung ist verhältnismäßig hoch, einige 1000 Hz. Der Lichtbogen kann beim ersten Nulldurchgang dieser Ausgleichschwingung bei P_3 erlöschen. Die noch vorhandene magnetische Energie der Wicklung führt wieder zu einem Spannungsanstieg und dadurch zum Wiederzünden. Dieses Spiel wird sich so lange wiederholen, bis schließlich infolge des Abbaues der magnetischen Energie die Ausgleichspannung kleiner ist als die Durchschlagspannung der Schaltstrecke. Der Verlauf der Spannungen beiderseits des Transformators unterscheidet sich lediglich durch den Schwingungsvorgang der Kapazität C'' der offenen Seite über die Streuinduktivität der Wicklung.

Die Ausgleichspannung, die durch die freie magnetische Energie der Wicklung auftritt, ergibt sich bei der plötzlichen Stromänderung Δi aus

$$1/2 \cdot L_\mu \, \Delta i^2 = 1/2 \cdot (C' + C'')\, u_a^2$$

zu

$$u_a = \Delta i \cdot \sqrt{\frac{L_\mu}{C' + C''}} = \Delta i \cdot 2\pi f_a L_\mu \,.$$

L_μ = Leerlaufinduktivität je Wicklungsstrang (abhängig vom Strom),

C' = Kapazität der netzseitigen Leitungsteile des Transformators einschließlich dessen Eigenkapazität je Leiter,

C'' = Kapazität der Leitungsteile des Transformators auf dessen offener Seite einschließlich seiner Eigenkapazität je Leiter bezogen auf die Netzseite,

f_a = Frequenz der Ausgleichschwingung.

Die Induktivität L_μ ist zwar vom Magnetisierungszustand und damit vom Strom abhängig, es genügt aber in Annäherung, sie gleich der Induktivität beim Leerlaufstrom J_μ zu setzen.

$$L_\mu = \frac{U_\lambda}{2\pi f J_\mu} \,.$$

$f = 50$ Hz Netzfrequenz, U_λ = Sternspannung der Betriebsspannung.

Die größtmögliche Ausgleichspannung kann auftreten, wenn $\Delta i = J_\mu \cdot \sqrt{2}$ wäre und würde dann im Verhältnis zur Sternspannung sein

$$U_a/U_\lambda = f_a/f \,.$$

Um die Ausgleichspannung und damit die Überspannung in jedem möglichen Fall klein zu halten, müßte f_a niedrig sein. Für $U_a/U_\lambda = 1$ wäre

$f_a = f$, d.h. die Blindleistung der an den Transformator anzuschaltenden Kapazität müßte gleich dessen Leerlaufblindleistung sein. Zu einer wirksamen Überspannungsbegrenzung sind daher erhebliche Kapazitäten notwendig, so daß man einfachere Dämpfungsmittel, wie Überspannungsableiter, anwendet. Soll hierfür $U_a/U_\lambda = 1$ auch im ungünstigsten Fall werden, so muß der Widerstand $R \gtrless U_\lambda/J_\mu$, d.h. gleich der Leerlaufreaktanz des Transformators sein. Diese Bedingung erfüllen Ventilableiter, deren Ableitströme bei Betriebsspannung (Folgeströme) einige 10 bis etwa unterhalb 100 A liegen, also höher sind als die Leerlaufströme von Transformatoren. Die Energie, die ungünstigstenfalls im Ableiter in Wärme umzusetzen ist, beträgt, sofern dieser zwischen zwei Leitern liegt,

$$A = L_\mu J_\mu^2 = \frac{N_\mu}{6\,\pi f}\,[\text{Ws}] \approx N_\mu\,10^{-3}\,[\text{Ws}],$$

demnach so viel Ws, wie die Leerlaufleistung des Transformators in kVA ist.

Ist der Sternpunkt des Transformators isoliert, so treten die gleichen Ausgleichvorgänge während der Abschaltung wie bei geerdetem Sternpunkt auf, nur daß die Leiter nicht mehr unabhängig voneinander sind. In Bild 182 ist ein solcher Fall grundsätzlich dargestellt. Bei P_0 werde der Strom J_R und bei P_1 werden die Ströme J_S und J_T, die nach P_0 gleiche Größe, aber entgegengesetzte Phasenlage haben, unterbrochen. Der Spannungsanstieg infolge Umladung der magnetischen Energie führe in T' zu einem Wiederzünden im Schalter bei P_2, wodurch die Spannung U'_T wieder auf den Augenblickswert der Spannung des Netzes zurückspringt. Dieser Spannungssprung erzeugt in S' und auch in R' eine Ausgleichspannung, die die Spannung an den Schaltstrecken in S und R erheblich steigert und somit bei P_3 zum Wiederzünden im Schalterpol S führe. Über den Schalter fließen jetzt die Ausgleichströme des Schwingungskreises d. Die Ausgleichfrequenz ist hoch (einige 1000 Hz), da nur die Streuinduktivität wirksam ist. Die Ströme können wieder bei einem Nulldurchgang dieser Schwingung unterbrochen werden. Man ersieht also hier, daß bei isoliertem Sternpunkt durch das Wiederzünden in einem Schalterpol ein zweiter „mitgerissen" werden kann, was bei unmittelbarer Erdung des Sternpunktes nicht möglich ist.

Es kann aber auch der Fall eintreten, daß z.B. bei P_2' kein Wiederzünden im Schalter eintritt, sondern ein Überschlag auf der offenen Seite des Transformators zwischen den Leitern S'' und T''. Dadurch wird der Schwingungskreis e angestoßen.

Die Spannungen U'_S und U'_T schwingen fast auf ihren entgegengesetzten Wert, so daß eine erhebliche Spannung an den Schalterkontakten auftritt. Führt diese zum Wiederzünden, so wird über den Transformator ein zweipoliger Kurzschluß an das Netz geschaltet. Der Schal-

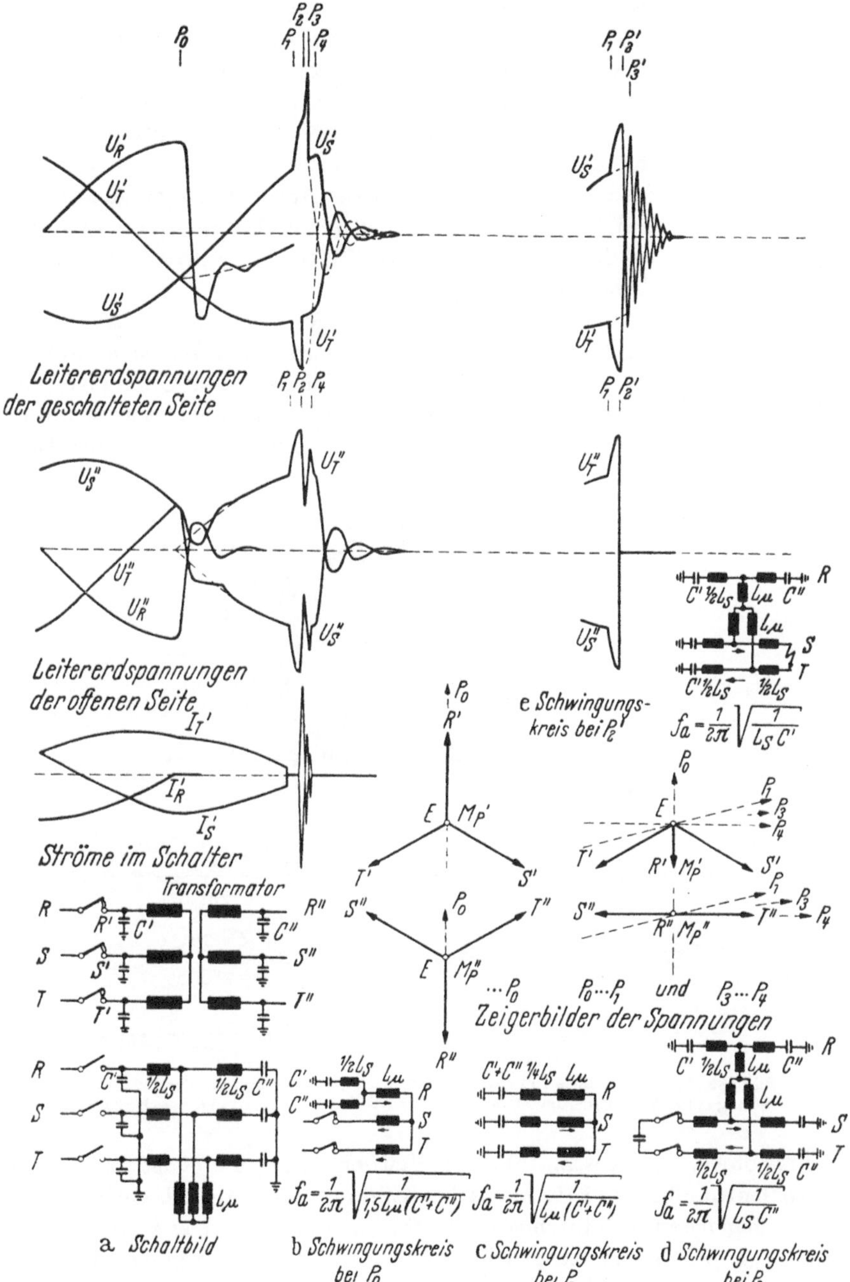

Bild 182. Abschalten eines leerlaufenden Transformators mit isoliertem Sternpunkt.

ter, der bereits weitgehend in der Abschaltung begriffen ist, hätte jetzt einen Kurzschlußstrom zu unterbrechen in einer Stellung, in der er vielleicht nicht mehr dazu in der Lage wäre. Der Überschlag am Transformator wäre bedenkenlos, da er erst nach der Abtrennung vom Netz erfolgt, wenn er nicht diese Folgen haben könnte. Da die Isolation zwischen den Leitern häufig nicht viel höher ist als die der Leiter gegen Erde, kann wegen der entgegengesetzten Symmetrie der Ausgleichvorgänge zwischen zwei Leitern der Überschlag bereits bei der halben Leitererdspannung erfolgen. Man hat diesen Vorgang des auftretenden Kurzschlusses „Umschlagstörung" benannt [24/16].

Treten gegen Ende des Abschaltvorganges Wiederzündungen in der Nähe des Nulldurchganges der Augenblickswerte der Betriebsspannung ein und erlöschen die Lichtbögen nicht sogleich nach dem Umladevorgang der Kapazitäten, so kann sich ein Magnetisierungsstromstoß ausbilden (Bild 183), dessen Scheitelwerte erheblich höher sind als die des Leer-

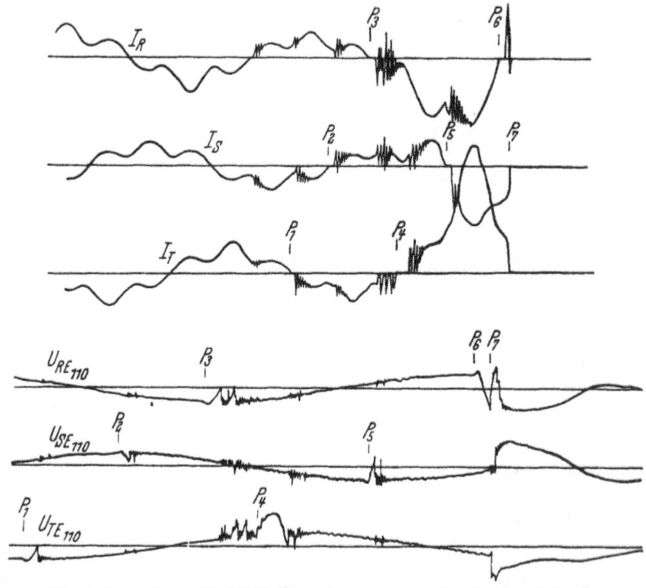

Bild 183. Abschalten eines 100-MVA-Transformators im Leerlauf auf der 110-kV-Seite.
(Ausbildung eines Magnetisierungsstromstoßes während der Abschaltung, Leerlaufstrom 40 A.)

laufstromes. Der Abstand der Schaltstücke im Schalter ist dann schon verhältnismäßig groß. Eine starke Kühlung der langen Lichtbögen bewirkt gegen den Nulldurchgang der Ströme ein vorzeitiges Unterbrechen, wodurch erhebliche Ausgleichspannungen entstehen können. Versuche haben bestätigt, daß sich hierbei öfters höhere Überspannungen ergeben.

Unter der Annahme, daß die Kühlung der Lichtbögen im Schalter und damit deren Widerstandserhöhung um so stärker ist, je länger die Lichtbögen und je kleiner die Ströme sind, könnten sich beim Abschalten eines Transformators auf der Oberspannungsseite höhere Überspannungen ergeben als beim Abschalten auf seiner Unterspannungsseite. Arbeiten beide Schalter nach dem gleichen Löschprinzip, so wäre dieses durchaus wahrscheinlich.

Da aber häufig verschiedenartige Schalter beiderseits verwendet werden, läßt sich keine allgemein gültige Regel angeben. Tatsache ist nur, daß dem Schalten leerlaufender Transformatoren um so mehr Beachtung geschenkt wird, je höher die Betriebsspannung ist. Sofern es gleich bleibt, auf welcher Seite der Transformator zuletzt abgeschaltet wird, sollte der Schalter gewählt werden, der sich am besten dafür eignet.

Sofern beim Abschalten Überspannungen auftreten, werden sie am zweckmäßigsten durch Ventilableiter begrenzt. Ist der Sternpunkt des Transformators auf der geschalteten Seite geerdet, bieten Ableiter auf dieser Seite gegen Erde (Bild 184a) ausreichenden Schutz, wenn ihre Nennspannung gleich der Sternspannung des Transformators ist. Bei iso-

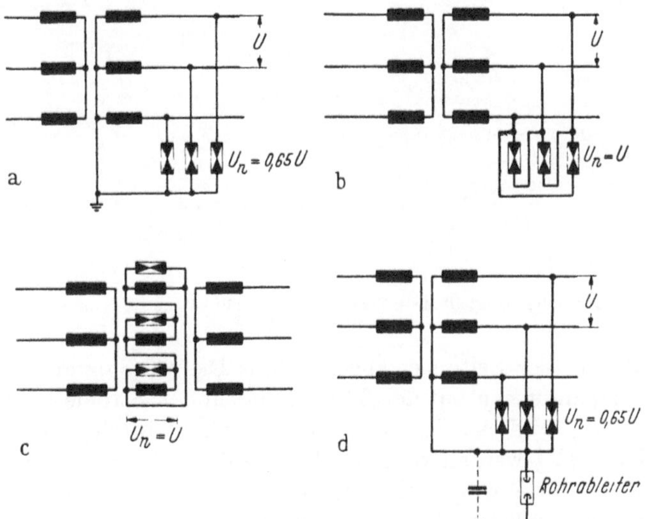

Bild 184a—d. Schutz von Transformatoren gegen Überspannungen bei ihrem Leerabschalten

a) Transformator mit unmittelbar geerdetem Sternpunkt; b) Transformator in Sternschaltung mit isoliertem Sternpunkt oder in Dreieckschaltung. c) Transformator mit Tertiärwicklung, d) Transformator mit isoliertem Sternpunkt, Verwendung eines Rohrableiters am Sternpunkt zum Schutz gegen Überspannungen durch Gewittereinwirkung

liertem Sternpunkt oder bei Dreieckschaltung der Wicklung erhält man den besten Schutz mit Ableitern zwischen den Leitern (Bild 184b), wobei ihre Nennspannung gleich der des Transformators ist Hat der Transfor-

mator eine Tertiärwicklung niederer Spannung, so genügt es, diesen
Wicklungen Ableiter parallel zu schalten (Bild 184c). Hierbei ist darauf
zu achten, daß diese Ableiter ein ausreichendes Ableitvermögen besitzen,
um gegebenenfalls die gesamte Energie des magnetischen Feldes aufnehmen zu können. Ein sehr weitgehender Schutz auch gegen Überspannungen durch Gewittereinwirkungen ließe sich mit der Schaltung des
Bildes 184d erreichen. Allerdings müßte der vom Sternpunkt des Transformators nach Erde geschaltete Rohrableiter in der Lage sein, bei Erdschluß im Netz den Erdschlußstrom zu unterbrechen.

Zum Schutz des Transformators gegen Überspannungen durch Gewittereinwirkung sind allerdings Ableiter an den Transformatorenklem-
men gegen Erde zu schalten.

Eine fast ideale Abschaltung eines Transformators zeigt Bild 185a.
Ein 10-MVA-Transformator, 3/30 kV mit einem Leerlaufstrom von 45 A,

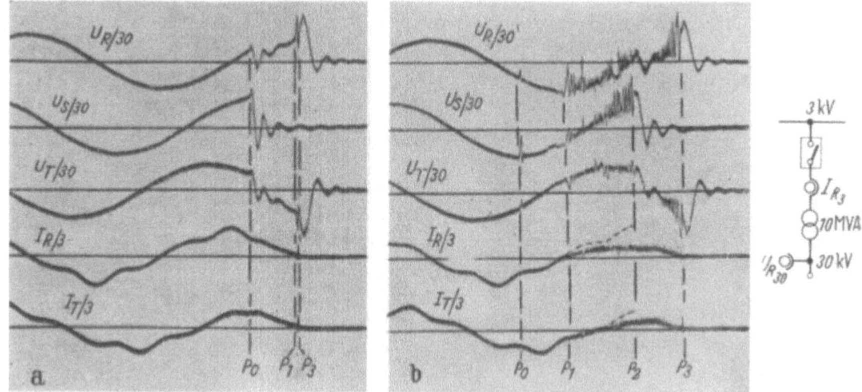

Bild 185a u b. Abschalten eines 10-MVA-Transformators 3/30-kV im Leerlauf auf der 3-kV-Seite.
(Leerlaufstrom 45 A.)

wurde auf der 3-kV-Seite leer abgeschaltet. Das Oszillogramm zeigt die
3 Leitererdspannungen auf der 30-kV-Seite und 2 Ströme im Schalter.
Der Strom J_S wird bei P_0 während seines Nulldurchganges und die
Ströme J_R und J_T werden kurz vor ihren Nulldurchgängen bei P_1 unterbrochen. Das Ausschwingen der elektromagnetischen Energie der Leerlaufinduktivität führt in U_R und U_T zu Überspannungen und damit zu
einer Rückzündung bei P_3, durch die der Teil der Energie ausgeglichen
wird, der bereits in das elektrostatische Feld geflossen ist.

Während bei dieser Abschaltung die Lichtbögen im Schalter sehr
stabil gebrannt haben, d.h. der Lichtbogenwiderstand sehr gering blieb,
war dies bei der anderen Abschaltung des Bildes 185b nicht der Fall.
Die Lichtbogenwiderstände werden groß, so daß zwischen P_1 und P_3 der
mittlere Verlauf des Leerlaufstromes stark gedrückt wird. Dadurch tritt

ein ständiges Unterbrechen der Ströme und Wiederzünden ein. Abgesehen von diesen Lichtbogenschwingungen ist der Verlauf der Ströme und Spannungen grundsätzlich gleich wie bei der Abschaltung in a.

Genaue Einzelheiten des Spannungsverlaufes infolge des Erlöschens der Lichtbögen und des Wiederzündens zeigen die Kathodenstrahl-Oszillogramme des Bildes 186. Ein 15-MVA-Transformator mit einem

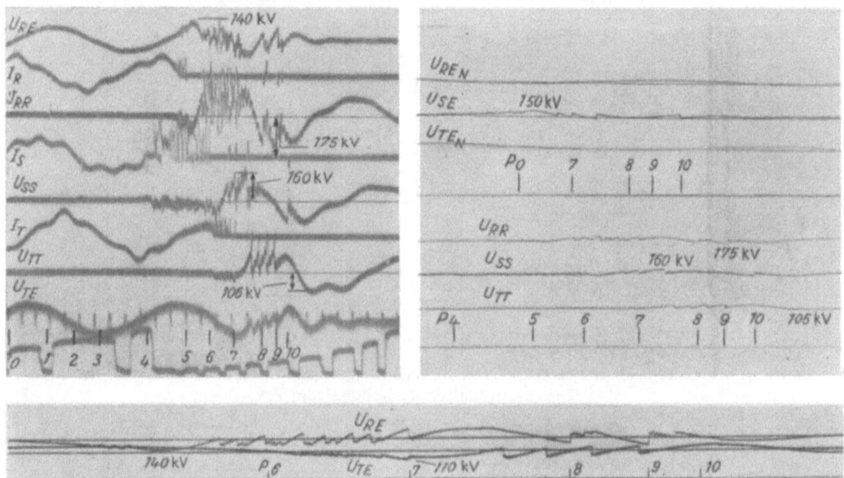

Bild 186. Abschalten eines 15-MVA-Transformators 110/25 kV im Leerlauf auf der 110-kV-Seite. (Leerlaufstrom 3,4 A.)

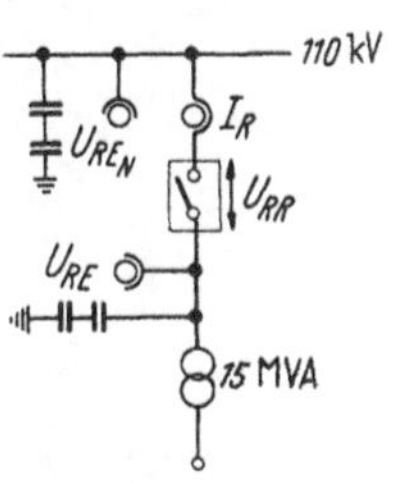

Leerlaufstrom von 3,4 A wurde auf der 110-kV-Seite leer abgeschaltet. Etwa 20 ms nach der Kontakttrennung bei P_0 beginnt von P_4 ab der Abschaltvorgang mit kurz aufeinanderfolgendem Erlöschen der Lichtbögen und Wiederzündungen. Dadurch werden die Ausgleichspannungen begrenzt, bis sie nur noch solche Werte erreichen, die der zunehmenden Festigkeit der Schaltstrecke entsprechen. Werden die Ströme nicht während ihrer natürlichen Nulldurchgänge unterbrochen, so sind die Wiederzündungen notwendig, um die freiwerdenden Energien auszugleichen und damit keine hohen Überspannungen entstehen zu lassen.

Der Vorgang des Abschaltens eines 100-MVA-Transformators mit zugehörigem Stufentransformator auf der 110-kV-Seite mit Schaltern, die nach verschiedenem Löschprinzip arbeiten, zeigen die Bilder 187 bis 190. Der Transformator ist jeweils unter den gleichen Bedingungen geschaltet worden. Infolge verschiedener Einstellung des Stufentransformators betrug der Leerlaufstrom rd. 6 bzw. 44 A. Im Druckluftschalter steht das Löschmittel Luft unabhängig vom Strom in stets gleicher Menge zur Ver-

15*

fügung; beim ölarmen Schalter wird es durch den Strom aus dem Öl erst erzeugt, wobei die Löschwirkung durch eine zusätzliche Ölströmung

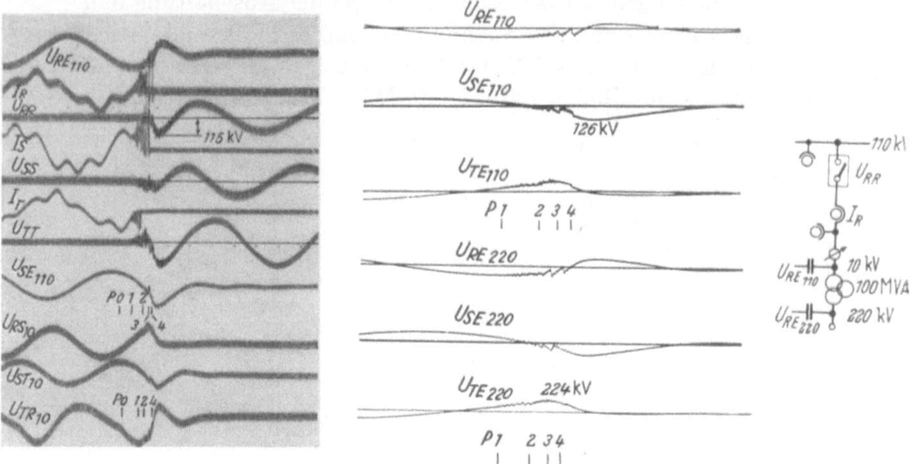

Bild 187. Abschalten eınes 100-MVA-Transformators ım Leerlauf auf der 110-kV-Seite mıt eınem Druckluftschalter. (Leerlaufstrom 6,1 A.)

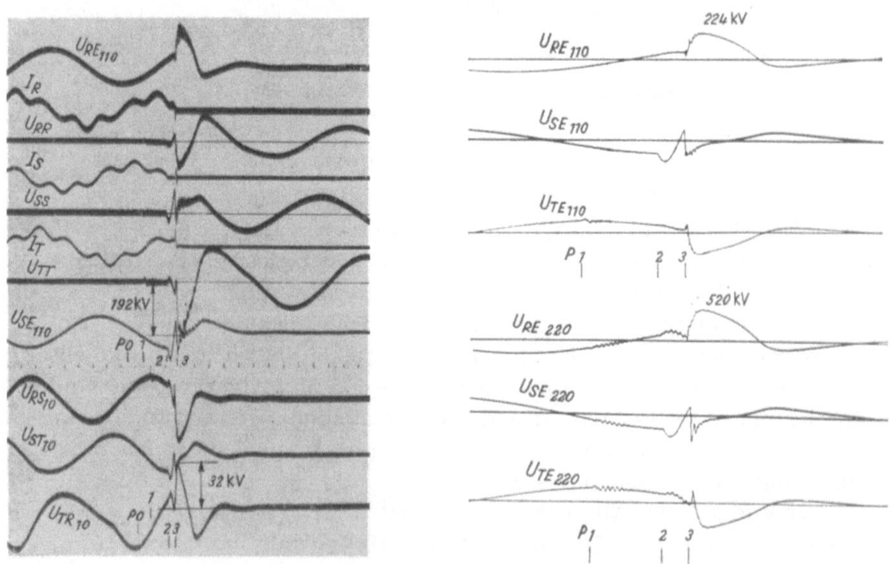

Bild 188. Abschalten eines 100-MVA-Transformators ım Leerlauf auf der 110-kV-Seite mıt eınem Druckluftschalter. (Leerlaufstrom 44 A.)

unterstützt werden kann. Bei beiden Schaltern sind die Abschaltvorgange grundsätzlich gleich, nur daß der Druckluftschalter im allgemeinen eine kürzere gesamte Lichtbogenzeit hat als der ölarme Schalter. Bei diesen Messungen ergaben sich bei 5 A Lichtbogenzeiten von im Höchstwert

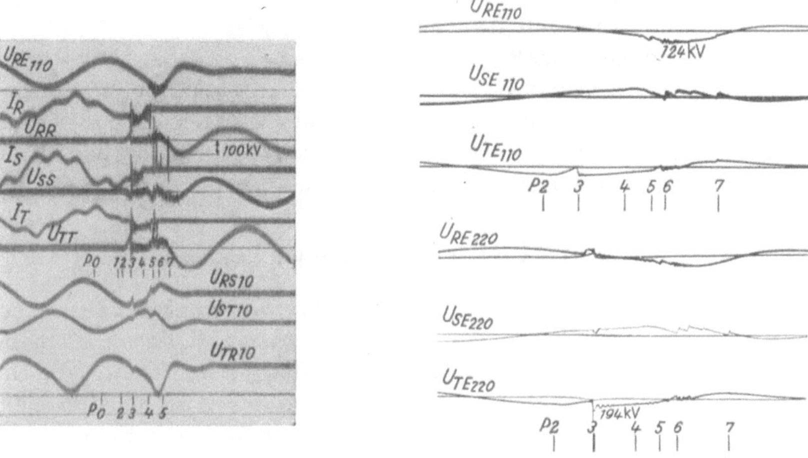

Bild 189 Abschalten eines 100-MVA-Transformators im Leerlauf auf der 110-kV-Seite mit einem ölarmen Schalter (Leerlaufstrom 6 A)

7 ms bei dem Druckluftschalter gegenüber 13 ms bei dem ölarmen Schalter und bei 44 A von 7 ms gegenüber 36 ms. Der Mittelwert der Überspan-

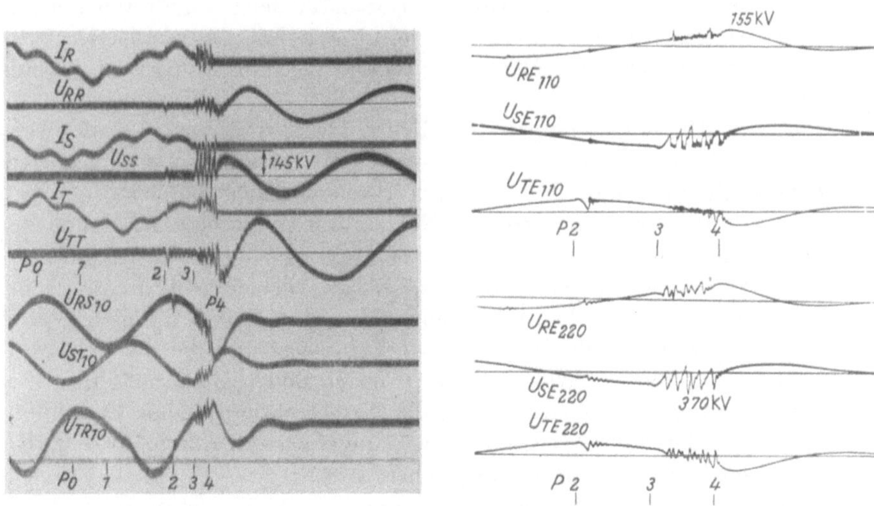

Bild 190 Abschalten eines 100-MVA-Transformators im Leerlauf auf der 110-kV-Seite mit einem ölarmen Schalter. (Leerlaufstrom 41 A)

nungen war bei beiden Schaltertypen nicht wesentlich verschieden voneinander. Beim ölarmen Schalter lag er nur rd. 10% höher, dagegen ergab sich bei diesem im Einzelfall eine höhere Überspannung als beim Druckluftschalter. Dabei ist zu bedenken, daß die Frage der höchsten auftretenden Überspannung ein statistisches Problem ist und zu ihrer Bestimmung eine große Zahl von Messungen notwendig ist.

Es ist daher zweckmäßig, Transformatoren für höhere Spannungen stets durch Ventilableiter zu schützen. Da solche Transformatoren meistens eine Tertiärwicklung für niedere Spannung besitzen, genügt es, zum Schutz gegen Überspannungen beim Leerschalten richtig bemessene Ventilableiter zur Tertiärwicklung parallel zu schalten (s. Bild 184 c).

7. Abschalten von Leitungen im Leerlauf.

Leitungen stellen fast reine Kapazitäten dar, sie enthalten daher überwiegend elektrostatische Energie. Dementsprechend bilden vor allem die Umladungen der Kapazitäten bei Wiederzündungen im Schalter die Ursache von Schwingungsvorgängen. Da die Lichtbögen im Schalter beim Nulldurchgang der Ströme und damit im Scheitelwert der Spannungen erlöschen, verbleibt auf der abgeschalteten Leitung in diesem Augenblick, sofern man von der räumlichen Ausdehnung absieht, nur elektrische Ladung.

Bei Wiederzündungen im Schalter hat die Ladung des abgetrennten Leiters nun eine um so größere Rückwirkung auf das Netz, je kleiner dessen Kapazität im Verhältnis zur Kapazität der geschalteten Leitung ist. Der ungünstigste Fall liegt vor, wenn eine Leitung unmittelbar von einem Umspanner, d. h. von einer sonst leeren Sammelschiene abgeschaltet wird.

Durch Abtrennen der einzelnen Leiter der Leitung nacheinander während der Abschaltung wird, solange noch ein oder zwei Leiter mit dem Netz verbunden sind, eine unsymmetrische kapazitive Belastung gegen Erde des vorher symmetrischen Netzes und somit eine Änderung der Phasenlage und Höhe der Leitererdspannungen der Betriebsfrequenz erzeugt. Sofern der Netzsternpunkt isoliert ist, verbleibt auf dem Netz bei Abtrennung eines Leiters eine Gleichspannungsladung, die gleich, aber entgegengesetzt der des abgetrennten Leiters ist und die die Leitererdspannungen der Betriebsfrequenz in ihren neuen Zustand ohne Ausgleichvorgang übergehen läßt. Ist der Netzsternpunkt über Erdschlußspulen geerdet, so entstehen diese Ladungen ebenfalls, können sich aber über die Spulen nach Erde ausgleichen.

Am einfachsten zu überblicken sind die Ausgleichvorgänge durch Wiederzündungen beim Abschalten einer leerlaufenden Leitung in einem Netz mit unmittelbar geerdeten Sternpunkten der Transformatoren. Hier ist der Schaltvorgang jedes Leiters unabhängig von denen der anderen Leiter. In Bild 191 ist die Abschaltung einer Leitung von einem Trans formator mit unmittelbar geerdetem Sternpunkt grundsätzlich dargestellt. Bei P_0 werde der Strom des Leiters R in seinem Nulldurchgang

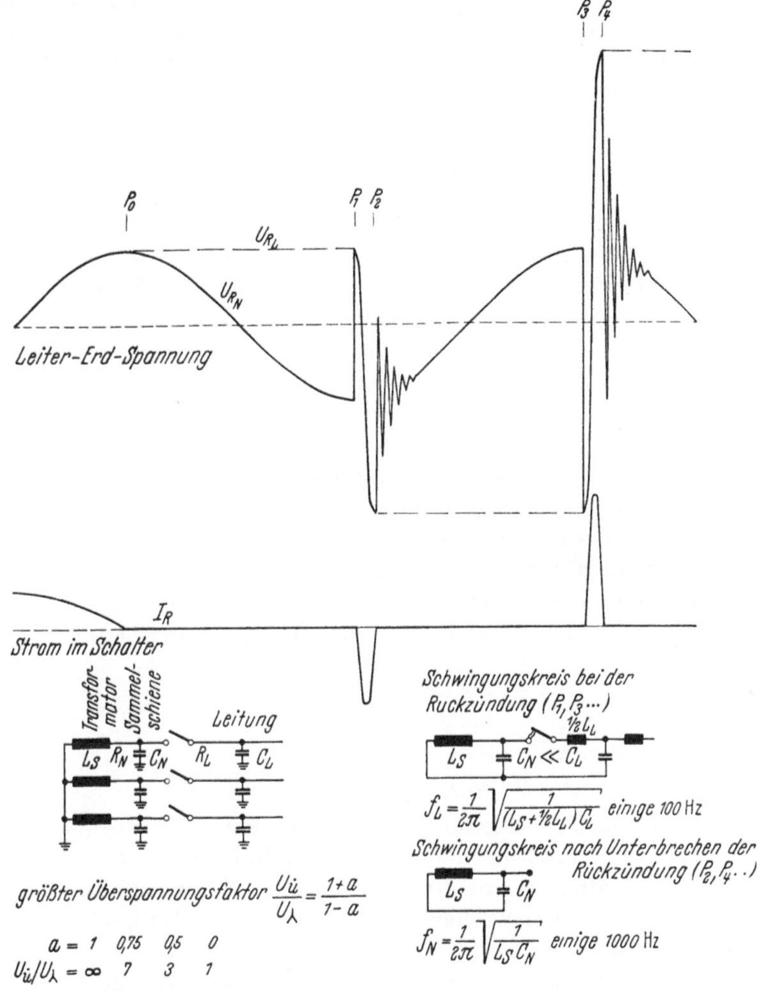

größter Überspannungsfaktor $\dfrac{U_ü}{U_\lambda} = \dfrac{1+a}{1-a}$

$$a = 1 \quad 0{,}75 \quad 0{,}5 \quad 0$$
$$U_ü/U_\lambda = \infty \quad 7 \quad 3 \quad 1$$

$$f_L = \frac{1}{2\pi} \sqrt{\frac{1}{(L_S + \tfrac{1}{2}L_L)\,C_L}} \quad \text{einige } 100 \text{ Hz}$$

$$f_N = \frac{1}{2\pi} \sqrt{\frac{1}{L_S\,C_N}} \quad \text{einige } 1000 \text{ Hz}$$

P_0 Unterbrechen des Stromes I_R im Nulldurchgang

P_1 Rückzündung mit der Spannung $2\,u_{\lambda\,m}$

P_2 Unterbrechen des Stromes im Nulldurchgang der Ausgleichschwingung

P_3 Rückzündung mit der Spannung $2\,u_{\lambda\,m} \cdot (1 + a)$

P_4 wie P_2

Bild 191. Abschalten einer Leitung von einem Transformator mit unmittelbar geerdetem Sternpunkt.

unterbrochen. Auf dem abgetrennten Leiter verbleibt eine Gleichspannung von der Höhe des Scheitelwertes $u_{\lambda\,m}$ der Leitererdspannung. Im entgegengesetzten Scheitelwert trete bei P_1 eine Wiederzündung ein. Aus der aufgeladenen Kapazität C_L des Leiters wird zunächst die Kapazität C_N der Sammelschiene aufgeladen. Die Ladung gleicht sich über die Induktivität der Umspannerwicklung durch einen Schwingungsvorgang nach Erde aus. Die Frequenz f_L dieser Schwingung beträgt im allgemeinen einige 100 Hz. Ihr Strom, der durch den Schalter fließt, ist in der ersten Halbwelle

$$i_{fL} = \frac{f_L}{f}\, i_c .$$

$f =$ Betriebsfrequenz 50 Hz, $\quad i_c =$ Ladestrom des Leiters.

Er beträgt also ein Mehrfaches des Ladestromes. Der Strom im Schalter kann im ersten Nulldurchgang des Ausgleichstromes erlöschen. Dadurch verbleibt auf dem Leiter eine Ladung mit der Spannungshöhe $- u_{\lambda m} (1 + 2a)$, d.h. bei Vernachlässigung der Dämpfung ($a = 1$) vom 3fachen Betrage des Scheitelwertes der Leitererdspannung. Die Ladung der Kapazität C_N gleicht sich über den Transformator mit der Frequenz f_N aus, die wegen der kleinen Kapazität erheblich höher als f_L ist und einige 1000 Hz betragen kann. Findet nach einer Halbwelle wieder eine Wiederzündung statt, so kann sich der gleiche Vorgang wiederholen.

Im Grenzfall der Wiederzündungen dieser Art nach jeder Halbwelle der Betriebsfrequenz würde die Überspannung durch den Ausgleichvorgang für den dämpfungsfreien Schwingungskreis auf unendlich hohe Werte ansteigen. Infolge der Dämpfung strebt sie aber je nach deren Größe Endwerten zu. Der größtmögliche Überspannungsfaktor ist

$$U_u/U_\lambda = \frac{1 + a}{1 - a} ,$$

und zwar

$$\begin{array}{lcccc}
\text{für } a & = 1 & 0{,}75 & 0{,}5 & 0 \\
\text{ist } U_u/U_\lambda & = \infty & 7 & 3 & 1 .
\end{array}$$

Um keine zu hohen Überspannungen zu erhalten, muß also angestrebt werden, daß der Schalter möglichst wiederzündungsfrei schaltet und daß, sofern Wiederzündungen auftreten, diese nicht zu häufig erfolgen und die Abstände zwischen ihnen erheblich kleiner als eine Halbwelle der Betriebsfrequenz sind.

Andererseits kann durch einen Vorwiderstand im Schalter der Ausgleichvorgang zusätzlich gedämpft werden. Im Fall der aperiodischen Dämpfung ($a = 0$) müßte der Widerstand

$$R_d = 2 \sqrt{\frac{L_N}{C_L}}$$

sein oder, sofern man die Ausgleichfrequenz f_L einführt,

$$\pi f_L R_d C_L = 1 \quad \text{bzw.} \quad R_d \omega C_L = \frac{f_L}{2f} .$$

Für $f_L = 300$ Hz und eine Leitungslänge von 100 km ist R_d etwa 1000 Ω.

Ist der Sternpunkt des speisenden Transformators, von dem die Leitung abgeschaltet wird, isoliert, so verlaufen beim Wiederzünden die Aus-

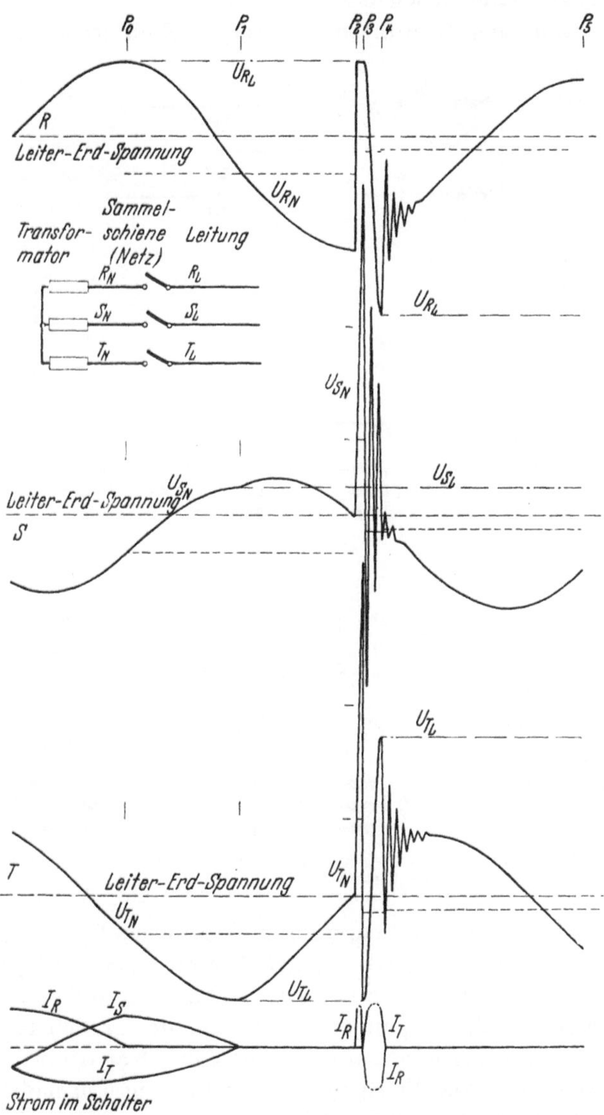

Bild 192. Abschaltung einer Leitung von einem Transformator mit isoliertem Sternpunkt.

gleichvorgange über den Sternpunkt nicht gegen Erde, sondern zwischen den Leitern. In Bild 192 ist ein solcher Vorgang grundsätzlich dargestellt. Bei P_0 wird der Strom J_R unterbrochen. Das Zeigerbild der Spannungen geht von Bild 193a nach b über. Dabei verbleibt auf dem unter Betriebsspannung verbleibenden Netzteil die Gegenladung zum abgetrennten Leiter, also eine Gleichspannung von der Höhe $-{}^1/_2\,u_{\lambda m}$. Bei P_1 erlöschen auch J_S und J_T in ihrem natürlichen Nulldurchgang. Unter dem

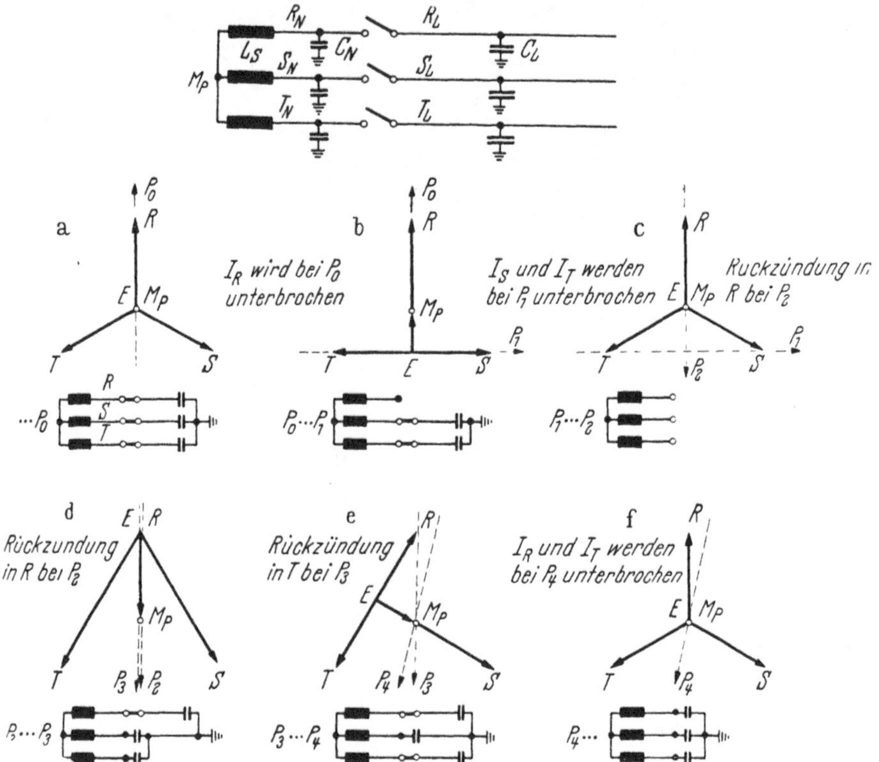

Bild 193. Zeigerbilder der Spannungen beim Abschalten einer Leitung von einem Transformator mit isoliertem Sternpunkt (zu Bild 192).

Einfluß des zunehmenden Spannungsunterschiedes $U_{RL} - U_{RN}$ über den Schalterpol R trete im negativen Scheitelwert der Leitererdspannung U_{RN} bei P_2 ein Wiederzünden in R ein. Die Spannung zwischen den Schalterkontakten ist auf $2{,}5\,u_{\lambda m}$ angewachsen. Aus der großen Kapazität des Leiters R der Leitung wird zunächst die kleine Kapazität des Leiters R der Sammelschiene auf die Spannung der Leitung umgeladen und dann über die Streuinduktivität des Transformators auch die Kapazität der Leiter S und T der Sammelschiene, deren Augenblickswerte der Spannungen infolge der Gleichspannungsverlagerung von P_0 her gerade Null sind. Der Schwingungskreis des Umladevorganges ist in Bild 194a dargestellt. Die Frequenz der Schwingung beträgt im allgemeinen einige

1000 Hz, da C_N klein ist. Die Amplitude wird durch die Spannung über
den Schalterpol R vor der Rückzündung, die 2,5 $u_{\lambda m}$ war, bestimmt und
könnte bei fehlender Dämpfung bis auf 5 $u_{\lambda m}$ schwingen. Über den Schalterpolen S und T treten somit erhebliche Spannungen auf. Es sei angenommen, daß dadurch der Pol T bei P_3 wieder zündet. Zunächst wird
die Sammelschienenkapazität C_N des Leiters T auf die Gleichspannung

Ruckzundung in R bei P_2

a $\qquad f_a = \dfrac{1}{2\pi} \sqrt{\dfrac{1}{3\,L_S \cdot C_N}}$ einige 1000 Hz

Ruckzündung in T bei P_2

b $\qquad f_b = \dfrac{1}{2\pi} \sqrt{\dfrac{1}{\left(L_S + \dfrac{1}{2}\,L_L\right)\cdot C_L}}$ einige 100 Hz

$\qquad f_c = \dfrac{1}{2\pi} \sqrt{\dfrac{1}{1,5\,L_S \cdot C_N}}$ einige 1000 Hz

Unterbrechung von I_S und I_T bei P_4

c $\qquad f_d = \dfrac{1}{2\pi} \sqrt{\dfrac{1}{L_S \cdot C_N}}$ einige 1000 Hz

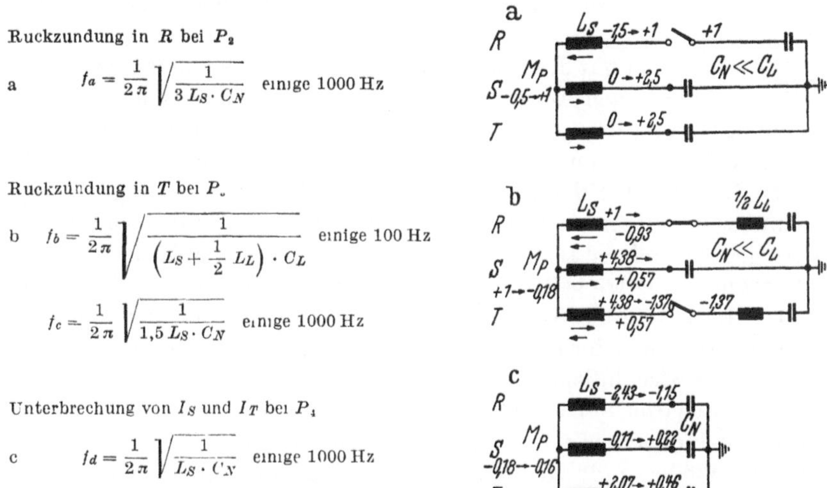

Bild 194a—c. Schwingungskreise beim Abschalten einer Leitung von einem Transformator mit isoliertem Sternpunkt (zu Bild 192).

U_{TL} des Leiters T der Leitung aufgeladen, anschließend gleichen sich die
Gleichspannungsladungen der Kapazitäten der 3 Leiter ($C_{NR} + C_{LR}$,
C_{NS}, $C_{NT} + C_{LT}$) über den Transformator nach dem Schwingungskreis
des Bildes 194b aus. Dabei fließt wieder der Ladestrom der Betriebsspannung nach Zeigerbild e in R und T. Erlöschen nun die Lichtbögen
im Schalter während des ersten Nulldurchganges der Ausgleichschwingung bei P_4, so verbleiben infolge der Umladung der Leitungskapazitäten
erheblich höhere Gleichspannungen als vorher auf den Leitern R und T
der Leitung. Die Ladungen der Sammelschienenkapazitäten gleichen sich
nach Schwingungskreis Bild 194c gegenseitig aus. Wiederholt sich nun
nach einer Halbwelle der Betriebsfrequenz die Zündung, so nimmt die
Leitung noch höhere Gleichspannungen an.

Würde bei P_3 kein Wiederzünden in den anderen Schalterpolen statt-
finden, so könnte sich die Gesamtkapazität des Transformators gegen
Erde erheblich aufladen. Dieser Vorgang tritt aber kaum ein, da fast stets
durch die Ausgleichspannung ein zweiter Pol „mitgerissen" wird.

Aus dieser grundsätzlichen Darstellung ist zu ersehen, daß bei isoliertem Sternpunkt des speisenden Transformators

bei Wiederzünden in einem Schalterpol der Ladestrom der Betriebsspannung nur fließen kann, wenn ein zweiter Schalterpol ebenfalls wiederzündet,

durch das Wiederzünden in einem Pol im allgemeinen mindestens ein zweiter Pol ebenfalls wiederzündet, d.h. mitgerissen wird,

die Überspannungen um so höher werden, je mehr sich die zeitlichen Abstände zwischen den Wiederzündungen einer Halbwelle der Betriebsfrequenz nähern.

Ist der Sternpunkt des Umspanners über eine Erdschlußspule geerdet, so treten die gleichen Ausgleichvorgänge auf. Nur kann sich die Gleichspannungsladung der gesamten Netzkapazität über die Erdschlußspule nach Erde ausgleichen. Die Frequenz dieser Schwingung ist wegen der großen Induktivität der Spule verhältnismäßig niedrig (einige 100 Hz) gegenüber der Sammelschienenschwingung über den Transformator. Sie überlagert sich allen 3 Leitererdspannungen gleichmäßig. Weiterhin kann der Strom der Betriebsspannung über einen Schalterpol allein erhalten bleiben. In diesem Fall wäre bei weitgehender Unterkompensation sogar Resonanz zwischen der Kapazität des Leiters der Leitung und der Induktivität der Erdschlußspule möglich.

Das Abschalten einer leerlaufenden Leitung von einer Sammelschiene, von der keine weiteren Leitungen abgehen mit einem Schalter, der zu häufigen Wiederzündungen neigt, sollte vor allem dann vermieden werden, wenn am Sternpunkt des speisenden Transformators eine Erdschlußspule angeschlossen ist und die Leitung Erdschluß hat. Es ist besser, die Leitung zusammen mit dem speisenden Transformator und der Erdschluß-

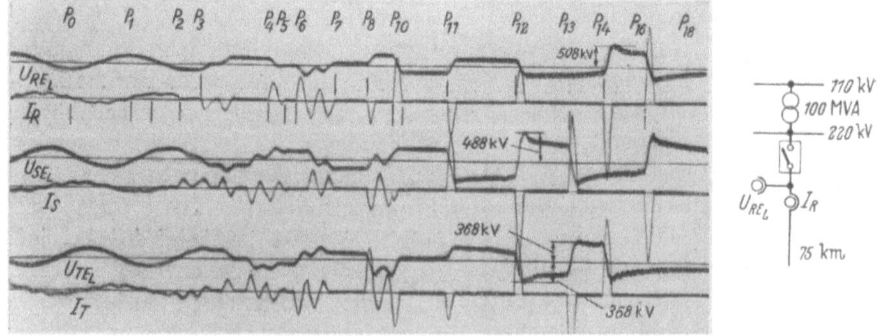

Bild 195. Abschalten einer 220-kV-Leitung von 75 km Länge im Leerlauf von einem Transformator mit isoliertem Sternpunkt mit einem Schalter älterer Bauart.

spule, auch wenn diese mit einem Ableiter versehen ist, auf der Seite des speisenden Netzes abzuschalten.

Ein anschauliches Bild für das Umladen der Leitung durch Wiederzündungen während des Abschaltens gibt das Oszillogramm des Bildes

195. Eine leerlaufende 220-kV-Leitung wurde von einer Sammelschiene allein, die von einem Transformator gespeist war, abgeschaltet. Wiedergegeben ist der Verlauf der 3 Leiterströme im Schalter und der 3 Leitererdspannungen der Leitung. Während bei kürzerem Schaltweg die Umladeschwingungen noch mehrere Halbwellen dauern, erlöschen gegen Ende der Abschaltung von P_{11} ab die Ausgleichströme stets nach einer Halbwelle der Ausgleichschwingung. Da die Messung über Spannungswandler erfolgte, sind besonders bei höheren Spannungen die Gleichspannungen nicht richtig wiedergegeben. Man erkennt aber, wie die Ausgleichspannungen im Verlauf des Abschaltvorganges zunehmen. Während bei dieser Abschaltung der Sternpunkt des Transformators isoliert war, zeigt Bild 196 das Oszillogramm der Abschaltung einer 220-kV-Leitung von 116 km Länge von einem Transformator mit Erdschlußspule am Sternpunkt. Hier sind die 3 Leiterströme und die Spannungen über die 3 Schalterpole aufgezeichnet. Während der zweipoligen Wiederzündungen wird auch die Erdschlußspule erregt, so daß nach dem Unterbrechen der Ströme eine Ausgleichschwingung zwischen der Induktivitat der Erdschlußspule und der Kapazität der Sammelschiene mit einer Frequenz von 330 Hz entsteht, wie dies besonders deutlich zwischen P_{12} und P_{13} zu erkennen ist. Die Überspannung von 520 kV (U_{RR}) am Schalterpol R führt zu einer Wiederzündung, aber nicht in der Schaltstrecke, sondern durch einen Außenüberschlag, durch die der Schalterpol S mitgerissen wird. Der Lichtbogen über dem Schalterpol R bleibt bestehen, da ein Strom von 85 A mit Betriebsfrequenz über die Erdschlußspule und die Kapazität des Leiters R der Leitung fließen kann.

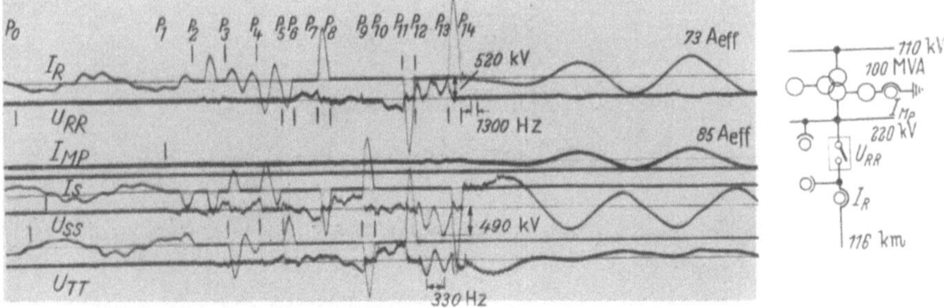

Bild 196 Abschalten einer 220-kV-Leitung von 116 km Länge im Leerlauf von einem Transformator mit angeschlossener Erdschlußspule am 220-kV-Sternpunkt mit einem Schalter älterer Bauart

Bild 197 zeigt noch das Oszillogramm einer ähnlichen Abschaltung. bei der aber der Lichtbogen im Schalterpol S 4 Halbwellen der Betriebsfrequenz länger gebrannt hat als in den beiden anderen Polen. Auch hier hat das Ausschwingen der E-Spule zu erheblichen Überspannungen geführt. Sclche ungleichmäßigen Abschaltungen können in kompensierten Netzen zu erheblichen Überspannungen mit Betriebsfrequenz führen, wenn das Netz vor der Abschaltung unterkompensiert war. Am besten läßt sich dies an einem Beispiel erläutern.

Der Erdschlußstrom eines Netzes ist 292 A, während die Erdschlußspulen nur auf 235 A eingestellt sind. Eine Leitung mit einem Erdschluß-

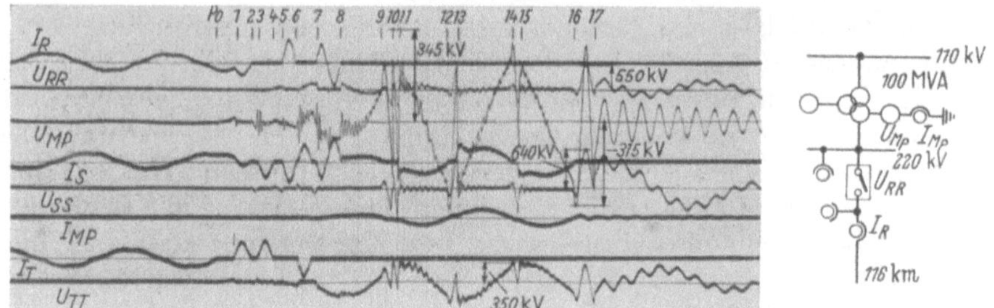

Bild 197. Abschalten einer 220-kV-Leitung von 116 km Lange im Leerlauf von einem Transformator mit angeschlossener Erdschlußspule am 220-kV-Sternpunkt mit einem Schalter alterer Bauart. (Ungleichmäßiges Erloschen der Lichtbogen im Schalter.)

strom von 140 A wird abgeschaltet. Ein Leiter der Leitung wurde vorzeitig vor den beiden übrigen getrennt. In diesem Zustand beträgt der Erdschlußstrom des ganzen Netzes

$$292 - \frac{140}{3} = 245\,\text{A} \, .$$

Die Verstimmung des Netzes ist dann

$$\gamma = \frac{245 - 235}{245} = 0{,}045$$

und die einseitige kapazitive Unsymmetrie

$$\beta = \frac{(292 - 140) - 245}{245} = -\,0{,}395 \, .$$

Bei einer angenommenen Dämpfung des Netzes von $d = 0{,}04$ ergibt sich eine Nullspannung von

$$U_0 = U_\lambda \frac{\beta}{2\,\sqrt{\gamma^2 + d^2}} = 3{,}3\,U_\lambda \, .$$

Infolge der Krümmung der Magnetisicrungskennlinie bleibt die Nullspannung kleiner. Ist aber z. B. durch Nebel eine Minderung der Isolation der Freileitungen eingetreten, so kann es im Netz zu Überschlägen kommen. Um einen solchen möglichen Zustand zu vermeiden, ist es daher zweckmäßiger, das Netz geringfügig überzukompensieren.

Die durch das Wiederzünden beim Abschalten einer Leitung entstehenden Ausgleichschwingungen sind besonders deutlich in dem Kathodenstrahl-Oszillogramm des Bildes 198 wiedergegeben. Eine 22 km lange 110-kV-Freileitung wurde von einer über einen Transformator ge-

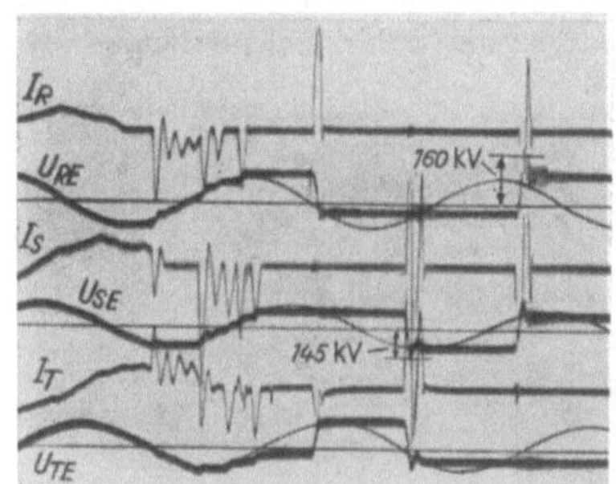

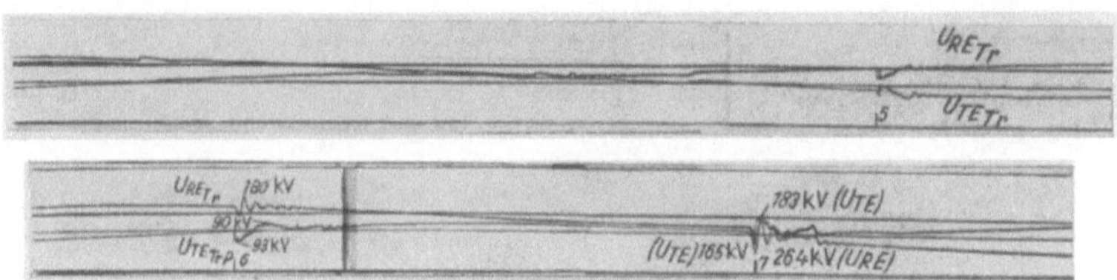

Bild 198. Abschalten einer 22 km langen 110-kV-Leitung im Leerlauf von einem Transformator mit isoliertem Sternpunkt.

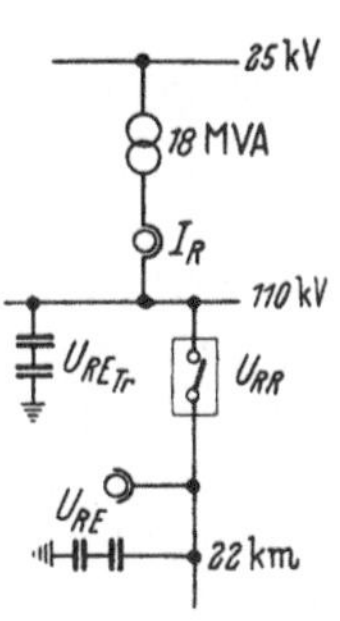

speisten Sammelschiene, von der keine weiteren Leitungen abgingen, abgeschaltet. Nach dem Öffnen der Kontakte im Schalter treten zunächst kurz hintereinander Wiederzündungen auf, die gegen Ende in größeren Abständen erfolgen. Bei P_6 zündet der Schalterpol T wieder, wodurch S mitgerissen wird. Es entsteht die Ausgleichschwingung der Leitung mit einer Frequenz von 850 Hz, bis nach 3 Halbwellen die Ströme wieder unterbrochen werden und sich die auf den Sammelschienenkapazitäten verbliebenen Ladungen mit einer Frequenz von 5700 Hz ausgleichen. Durch das Wiederzünden wird auch die Sammelschienenkapazität des Leiters R umgeladen mit einer Schwingung von 4600 Hz. Bei P_7 wiederholt sich der gleiche Vorgang, nur daß jetzt der Schalterpol R mitgerissen wird.

Die Bilder 199a u. b zeigen Beispiele idealer Abschaltungen, die wiederzündungsfrei bzw. mit nur einer Wiederzündung verlaufen sind. Bei der Abschaltung der Leitung von einem Transformator mit angeschlossener Erdschlußspule in Bild 199a erlischt zuerst der Strom J_S

während seines Nulldurchganges bei P_2, 5 ms später J_R bei P_3 und nach weiteren 6 ms J_S im Nulldurchgang bei P_4, da sich eine Nullspannung U_{Mp} ausgebildet hat. Der Verlauf von U_{Mp} zeigt, daß sich anschließend lediglich die Gleichspannungsladung der Sammelschienenkapazität über die Erdschlußspule mit einer Frequenz von 420 Hz nach Erde ausgleicht. Bei der Abschaltung der Leitung vom Transformator ohne Erdschluß-

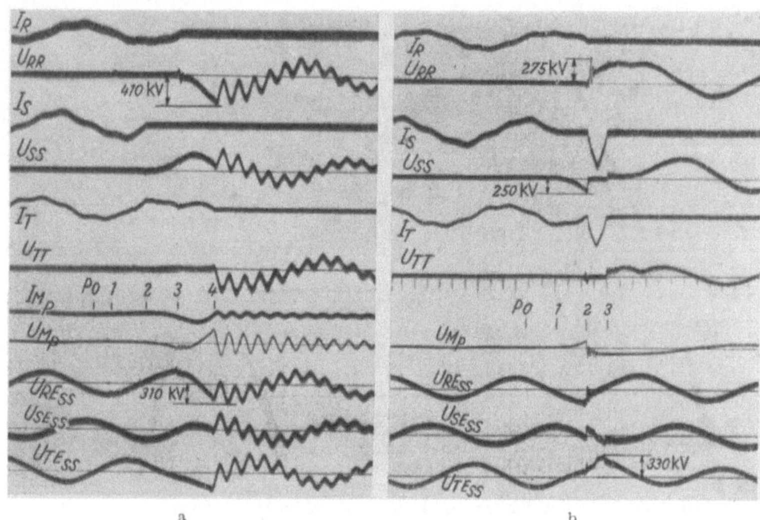

Bild 199a u. b Abschalten einer 220-kV-Leitung von 195 km Länge im Leerlauf von einem 100-MVA-Transformator mit einem Druckluftschalter.
a) 220-kV-Sternpunkt über Erdschlußspule geerdet. b) 220-kV-Sternpunkt isoliert.

spule (Bild 199 b) wird zunächst J_S ebenfalls bei P_1 unterbrochen; 5 ms später folgen J_R und J_T bei P_2. Die Spannung an der Schaltstrecke des Schalterpoles S führt aber im gleichen Augenblick zu einem Wiederzünden und zum nochmaligen Durchzünden des Poles T. Die Ausgleichschwingung mit einer Frequenz von 170 Hz wird bereits nach einer Halbwelle bei P_3 unterbrochen, womit die Leitung endgültig abgeschaltet ist. Die Frequenz der Umladeschwingung der freien Sammelschienenkapazität des Leiters R nach P_2 beträgt 2500 Hz.

Wird eine Leitung von einer Sammelschiene abgeschaltet, von der noch mindestens eine weitere Leitung abgeht, so entstehen wegen der größeren Kapazität des Netzes keine nennenswerten Überspannungen Die Ausgleichschwingungen bei Wiederzündungen sind dann in erster Linie Wanderwellenschwingungen der Leiter. Außerdem entfällt das Mitreißen eines zweiten Schalterpoles.

Welche Folgen das ungleichmäßige Abschalten eines Schalters auch bei isoliertem Sternpunkt des Transformators u. U. haben kann, zeigt

Bild 200. Eine 110-kV-Freileitung wurde von einer Sammelschiene allein abgeschaltet. Die Kontakte der Schalterpole R und T öffnen bei P_0. Da es sich um einen Druckluftschalter handelt, werden die Ströme J_R und J_T bereits 5 ms später bei P_2 unterbrochen. Der Schalterpol S öffnet erst bei P_{OS}. Da bei isoliertem Sternpunkt wegen des fehlenden Rückschlusses kein Strom in einem einzelnen Leiter fließen kann, wird auch

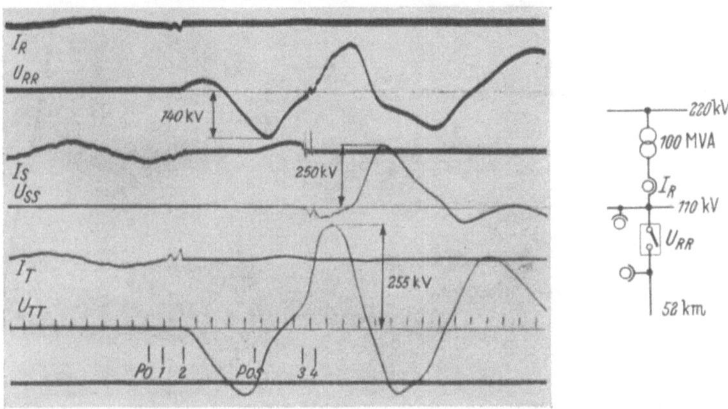

Bild 200. Abschalten einer 110-kV-Leitung von 52 km Länge im Leerlauf von einem 100-MVA-Transformator mit isoliertem Sternpunkt mit einem Druckluftschalter (verspätetes Öffnen des Poles S).

J_S bei P_2 Null. Es entsteht aber eine erhebliche Nullspannung, durch die die Erdspannungswandler an der Sammelschiene wie auch der Wandler des Leiters S der Freileitung zusätzlich erregt werden. Dieser Strom fließt über die Erdkapazität des Leiters S der Freileitung zu den Wandlern zurück. Es entsteht Ferroresonanz, durch die die Kurvenform der Spannungen stark verzerrt wird und erhebliche Überspannungen entstehen können. Bei P_4 wird auch der Strom J_S endgültig unterbrochen.

Schwingungen der Kapazität leerlaufender Sammelschienen mit der Induktivität gegen Erde geschalteter Spannungswandler können bei Anlagen jeder Spannung vorkommen und zu Kipperscheinungen führen. Diese Vorgänge werden gedämpft und unterbunden, wenn man die Wandler sekundär genügend belastet [22/6]. Sie können auch beim Zuschalten leerlaufender Sammelschienen angefacht werden.

Größtenteils gehen von der Sammelschiene, von der eine Leitung abgeschaltet wird, noch weitere Leitungen ab. Bei Wiederzündungen im Schalter sind dann die Ausgleichvorgänge vorzugsweise Wanderwellenschwingungen auf den Leitern. Ein gegenseitiges Mitreißen bei Wiederzündungen kann nicht mehr eintreten, so daß auch in dieser Hinsicht der Abschaltvorgang günstiger verläuft. Bereits bei einer weiteren abgehenden Leitung werden die Überspannungen praktisch bedeutungslos, selbst wenn wiederholte Wiederzündungen auftreten. Bild 201 zeigt Beispiele vom Abschalten einer Leitung bei drei verschiedenen Netzzuständen. Im Fall a ging keine weitere Leitung von der Sammelschiene ab; es traten bei Wiederzündungen bei P_9 erhebliche Überspannungen an der Sammelschiene auf.

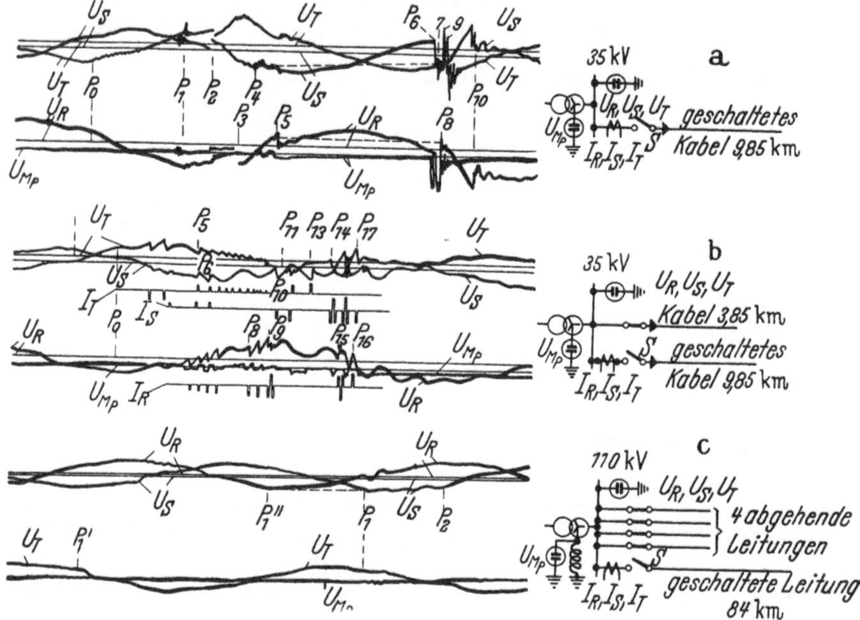

Bild 201 a—c. Einfluß der Größe des Netzes auf die Ausgleichvorgänge und die Überspannungen beim Abschalten einer Leitung.

Der Stromfluß im Schalter wird jeweils eine Halbwelle der Ausgleichschwingung im Schalter aufrechterhalten (z. B. P_2 bis P_4, P_3 bis P_5, P_8 bis P_{10}). Verbleibt nur eine Leitung an der Sammelschiene, wie im Fall b, so treten beim Wiederzünden Wanderwellenschwingungen der Leiter auf, wobei aber meistens bereits beim ersten Nulldurchgang die Lichtbögen erlöschen. Allerdings wiederholen sich diese Vorgänge in kurzen Abständen häufiger, ohne daß Überspannungen von höherem Betrage als $2\,u_{\lambda m}$ auftreten. Gehen mehrere Leitungen von der Sammelschiene aus (Fall c), so sind die Spannungen der Wanderwellenschwingungen noch geringer und es entstehen keine Überspannungen mehr.

8. Schalten von Kondensatoren.

Beim Abschalten von Blindlastkondensatoren sind ebenfalls wie beim Abschalten leerlaufender Leitungen rein kapazitive Ströme zu unterbrechen. Allerdings sind bei großen Batterien die Ströme erheblich größer. Entspricht doch eine Kondensatorleistung von 50 kVar bei 20 kV bereits einer Leitungslänge von etwa 40 km. Bei Ausgleichvorgängen wird somit der Schwingungswiderstand $Z = \sqrt{L/C}$ bedeutend kleiner als beim Schalten von Leitungen, so daß die Ausgleichströme erheblich groß und die Schaltgeräte durch dynamische Kräfte stark beansprucht werden können. Bei der Auswahl des Schalters ist daher außer dem betriebsfrequenten Strom auch der höchstmögliche Einschwingstrom beim Zuschalten zu berücksichtigen.

Die Aufladung der Batterie beim Zuschalten erfolgt durch die Spannungsquelle des Netzes, wobei parallel liegende Kapazitäten (Leiter gegen Leiter) des Netzes anfangs entladen werden. Im vereinfachten Grundprinzip ist der Schaltkreis des Bildes 202 wirksam. Hierin ist C_B die Kapazität der Batterie und L_N die Induktivität des Netzes je Leiter sowie C_1 die zur Batterie parallel liegende Netzkapazität mit der Induktivität L_1. Der Ausgleichvorgang setzt sich aus mehreren Schwingungen zusammen, von denen aber im allgemeinen eine überwiegen wird. Ist L_1 kleiner als L_N, so wird C_B anfangs aus C_1 aufgeladen. Dieser

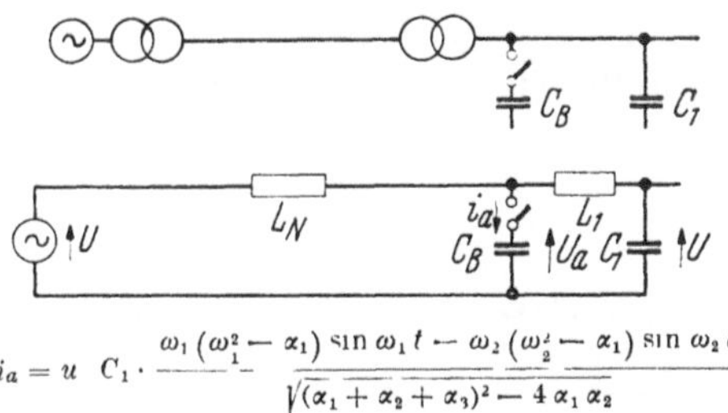

$$i_a = u \; C_1 \cdot \frac{\omega_1 \,(\omega_1^2 - \alpha_1)\,\sin \omega_1 t - \omega_2 \,(\omega_2^2 - \alpha_1)\,\sin \omega_2 t}{\sqrt{(\alpha_1 + \alpha_2 + \alpha_3)^2 - 4\,\alpha_1\,\alpha_2}}$$

$\omega_1,\,\omega_2,\,\alpha_1,\,\alpha_2,\,\alpha_3$ s. entsprechend Bild 161, S. 195

Bild 202. Grundsätzliche Darstellung des Schwingungskreises beim Schalten von Kondensatoren.

Schwingungskreis wird vor allem beim Parallelschalten von Kondensatoren zur Geltung kommen, zumal, wenn der zuzuschaltende Kondensator klein ist gegenüber dem bereits am Netz liegenden. Ist hingegen C_1 klein gegenüber C_B, was meistens beim Zuschalten großer Batterien der Fall ist, so erfolgt der Einschaltstoß vorzugsweise über die Netzinduktivität L_N, die aus der Kurzschlußleistung des Netzes errechnet werden kann. Da die Einschaltschwingung zwischen den Leitern auftritt, wirkt nach dem Schließen der ersten beiden Schalterpole bei Schaltung der Kondensatoren in Stern an jedem Kondensator nur die halbe Dreieckspannung des Netzes. Die Frequenz des Einschwingvorganges im Verhältnis zur Netzfrequenz ist

$$f_a/f = \sqrt{\frac{N_k}{N_C}}\,,$$

$N_k =$ Kurzschlußleistung des Netzes an der Einbaustelle der Batterie,
$N_C =$ Blindleistung der Batterie,

und der Einschwingstrom i_a im Verhältnis zum Ladestrom i_C

$$i_a/i_C = \frac{\sqrt{3}}{2}\,a \sqrt{\frac{N_k}{N_C}}\,.$$

Für ein mittleres Amplitudenverhältnis $a = 0,75$ bei Dampfung wird

$$i_a/i_C \approx 0,65 \; \sqrt{\cdot \frac{N_k}{N_C}} \approx 0,65\, f_a/f\,.$$

Der Einschwingstrom wird also um so größer, je kleiner die Blindleistung im Verhältnis zur Kurzschlußleistung am Einbauort ist. Werden größere Kondensatorbatterien an ein Mittelspannungsnetz geschaltet, so sind die Ausgleichströme nicht sehr groß, da die Ausgleichfrequenzen nur in der Größe von einigen 100 Hz liegen. Beim Parallelschalten von Kondensatoren hingegen werden die Frequenzen des Ausgleichvorganges zwischen den Kapazitäten wegen der geringen Induktivität der Verbindungsleitungen erheblich höher, womit im gleichen Verhältnis der Ausgleichstrom anwächst.

Um den Einschaltstrom zu vermindern, kann der Kondensator über einen Vorwiderstand eingeschaltet werden. Für den Fall der aperiodischen Dämpfung wäre dieser

$$R_V = 2 \; \sqrt{\frac{L_\lambda}{C_B}}\,.$$

Dafür wird der Einschwingstrom im Verhältnis zum Ladestrom

$$\frac{i_{av}}{i_C} \approx 0,32\, f_a/f,$$

d. h. etwa halb so groß wie beim Schalten ohne Vorwiderstand.

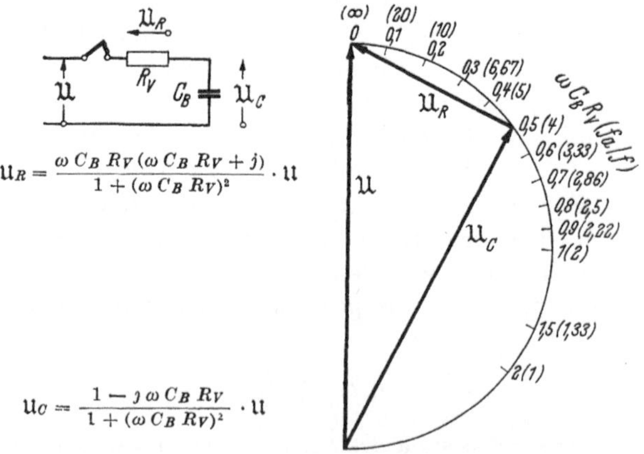

Bild 203. Zeigerbild der Spannung am Kondensator bei eingeschaltetem Vorwiderstand.

Beim Kurzschließen des Vorwiderstandes tritt am Kondensator wieder ein Spannungssprung ein, durch den der jetzt nur durch den Widerstand der Leitungen, also schwach gedämpfte Schwingungskreis angestoßen wird. Solange der Vorwiderstand eingeschaltet ist, beträgt die Spannung am Kondensator

$$\mathfrak{U}_C = \mathfrak{U}\,\frac{1 - j\,\omega\,C_B\,R_V}{1 + (\omega\,C_B\,R_V)^2}\,.$$

Für aperiodische Dämpfung ist

$$\omega\,C_B\,R_V = 2\,\omega\,\sqrt{L_N\,C_B} = 2\,f/f_a\,.$$

In Bild 203 ist das Zeigerbild der Spannungen für verschiedene Werte von $\omega\,C_B\,R_V$ bzw. f_a/f dargestellt. Da f_a/f stets größer als 2 ist, bleibt der Spannungssprung von U_C auf U stets kleiner als der halbe Betrag von U, d.h. beim Kurzschließen des Vorwiderstandes tritt kein höherer Ausgleichstrom auf als bei seinem Einschalten.

Der Einschwingstrom wird am niedrigsten, wenn er jeweils beim Einschalten des Vorwiderstandes gleich dem bei seinem Kurzschließen ist. Dieser optimale Widerstand wird mit zunehmender Frequenz des Einschwingvorganges im Verhältnis zum aperiodischen Grenzwiderstand größer. In Bild 204 ist er auf Grund der Rechnung und zahlreicher Versuche als Vielfaches des kapazitiven Blindwiderstandes der Batterie in Abhängigkeit vom Frequenzverhältnis

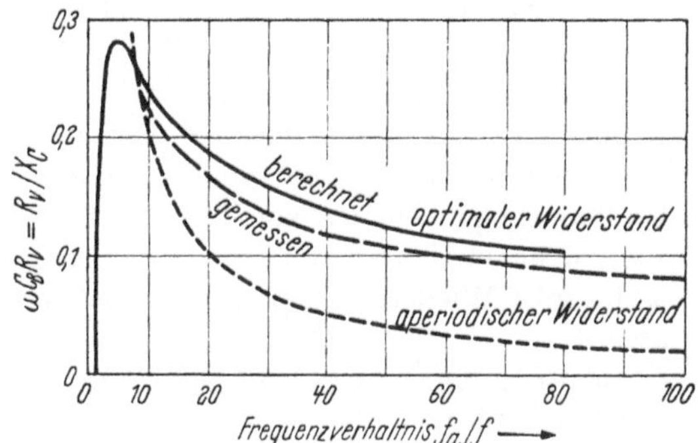

Bild 204. Optimaler Vorwiderstand R_v für das Schalten von Kondensatorbatterien (Blindwiderstand X_c).

f_a/f angegeben. Der aperiodische Grenzwiderstand ist ebenfalls eingetragen. Für den Fall des Zuschaltens einer einzelnen Batterie an das Netz kann

$$f_a/f = \sqrt{\frac{N_k}{N_C}}$$

gesetzt werden. Die Kurve bestätigt die in der Praxis übliche Bemessungsregel, den Vorwiderstand mit 10 bis 30% des kapazitiven Widerstandes des geschalteten Kondensators auszulegen. In Freileitungsnetzen kann man bei einfacher Zuschaltung einer Batterie meist auf den Vorwiderstand verzichten, in Kabelnetzen und beim Parallelschalten von Kondensatoren kann er zweckmäßig sein.

Außer Vorwiderständen können auch Vorschaltdrosseln zur Verminderung der Einschaltstromstöße verwendet werden. Sie bleiben dem Kondensator stets vorgeschaltet. Der Ausgleichvorgang wird durch sie allerdings nicht gedämpft. Ist X_L der Blindwiderstand der Drossel und X_C der des Kondensators je Leiter, so ergibt sich der Einschwingstrom zum Ladestrom

$$\frac{i_a}{i_C} \approx 0{,}65 \ \sqrt{\frac{X_C}{X_L}}\ .$$

Wählt man X_L nur zu 1% von X_C, so wird der Einschwingstrom nur das 6,5fache des Ladestromes. Dieser Wert liegt ausreichend niedrig.

Da Kondensatoren zur Blindlastkompensation durchweg nur zwischen den Leitern des Netzes angeschlossen werden, ist ihre Kapazität gegen Erde sehr gering. In dieser Hinsicht unterscheiden sie sich von leerlaufenden Leitungen. Bei einpoligen Wiederzündungen während des Abschaltvorganges wird daher die gesamte Erdkapazität der Batterie auf den Augenblickswert der Leitererdspannung des betreffenden Leiters des Netzes aufgeladen. Dadurch können die Spannungen über den anderen Schalterpolen plötzlich größer werden, so daß auch hier Wiederzündungen eintreten. Der Kondensator entladt sich über das Netz mit dem gleichen Ausgleichvorgang wie bei seinem Einschalten. Erlöschen die Lichtbögen während des ersten Nulldurchganges des Ausgleichstromes, so verbleiben erhebliche Ladungen auf dem Kondensator. Dieser Vorgang ist grundsätzlich der gleiche wie beim Abschalten leerlaufender Leitungen. Höhere Überspannungen können vor allem dann auftreten, wenn der Kondensator von einem Transformator allein abgeschaltet wird und während des Abschaltens Wiederzündungen nach größeren stromlosen Pausen auftreten.

Der Spannungsverlauf beim Abschalten und Wiederzünden ist grundsätzlich in Bild 205 dargestellt. Bei P_1 werde der Strom J_R während seines Nulldurchganges unterbrochen. Der Kondensator R behält eine Ladung mit dem Scheitelwert der Sternspannung. Da aber jetzt der nicht geerdete Sternpunkt des Kondensators die halbe Sternspannung annimmt, steigt die Spannung U_{RK} am Kondensator nach $\pi/2$ auf den 1,5fachen Betrag des Scheitelwertes der Sternspannung. Zu dieser Zeit gehen die Augenblickswerte der Ströme J_S und J_T gerade durch Null, die Lichtbögen im Schalter können somit bei P_2 erlöschen. Die einzelnen Kapazitäten haben dann Ladungen zwischen ihren Belägen mit den folgenden Spannungen $u_{CR} = +1\ u_{\lambda m}$, $u_{CS} = +0{,}37\ u_{\lambda m}$, $u_{CT} = -1{,}37\ u_{\lambda m}$. Bei P_3 trete ein Wiederzünden im Schalterpol T ein. Die Erdkapazität des Leiters T des Kondensators nimmt den Augenblickswert der Netzspannung U_{TN} vom Betrage $-0{,}5\ u_{\lambda m}$ an, wodurch alle übrigen Spannungen gegen Erde des Kondensators um den Betrag $[-0{,}5 - (-0{,}87)]\ u_{\lambda m} = 0{,}37\ u_{\lambda m}$ gehoben werden. Da die Erdkapazität des Kondensators sehr klein ist, erlischt der Strom nach der Umladung wieder. Im negativen Scheitelwert von U_{RN} schlage die Schaltstrecke des Poles R bei P_4 durch. Der Spannungssprung am Kondensator ist jetzt

$(-1 - 1{,}87)\, u_{\lambda m} = -2{,}87\, u_{\lambda m}$. Am Leiter T des Kondensators tritt dann die Spannung $-3{,}37\, u_{\lambda m}$ gegen Erde und am Schalterpol selbst $-3{,}87\, u_{\lambda m}$ auf, die jetzt ebenfalls zum Wiederzünden bei P_5 führt.

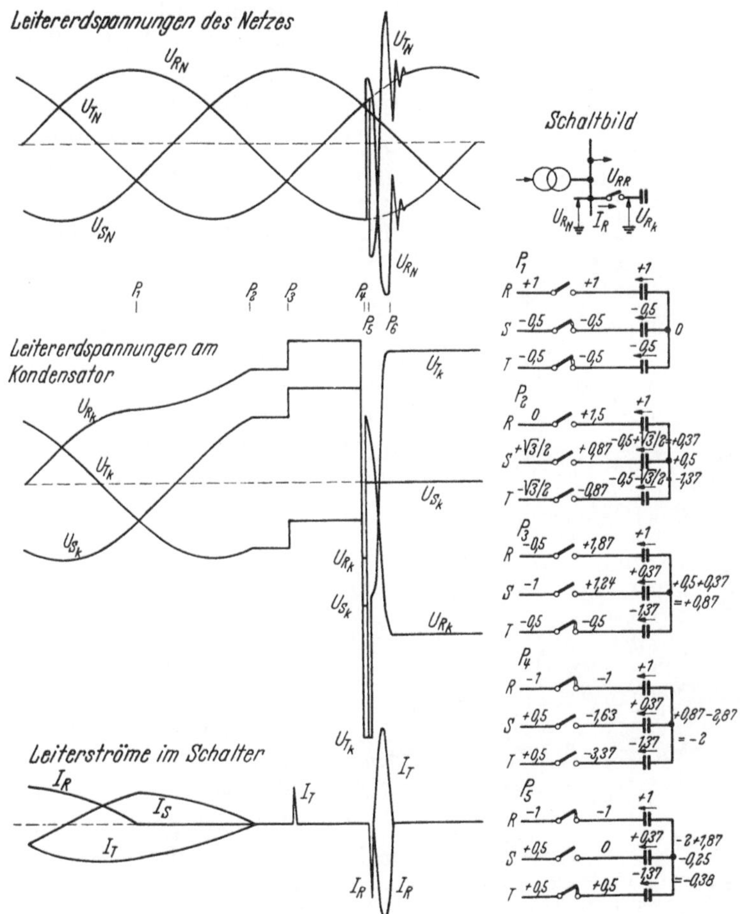

Bild 205. Abschalten eines Blindlastkondensators.

(In der Darstellung der Schaltzustände sind die jeweiligen Augenblickswerte der Leitererdspannungen während des Schaltvorganges als Vielfaches des Scheitelwertes der Sternspannung angegeben.)

Dadurch ist der Kondensator wieder zweipolig mit dem Netz verbunden Die Ladung mit der Spannung $[1 - (-1{,}37)]\, u_{\lambda m} = 2{,}37\, u_{\lambda m}$ kann sich nun über die Transformatoren des Netzes ausgleichen. Erloschen die Lichtbögen während des ersten Nulldurchganges der Ausgleichschwingung bei P_6, so behalten die Kapazitäten C_R und C_T höhere Spannungen als sie vorher hatten, da sie noch zusätzlich Energie vom Netz aus aufgenommen haben. Die Ladungen des Netzes gleichen sich mit einer Schwingung höherer Frequenz über die Transformatoren aus.

Die Ausgleichvorgänge können durch einen Vorwiderstand im Schalter gedämpft werden, so daß ein Überschwingen der Spannungen vermieden wird. Der Vorwiderstand ist in gleicher Weise zu bemessen wie beim Zuschalten. Bei Schaltern, die nicht wiederzündungsfrei abschalten, kann daher der Vorwiderstand zur Verminderung von Überspannungen wichtiger sein als zur Begrenzung der Einschaltströme.

Einige Oszillogramme, die beim Zu- und Abschalten von Kondensatorbatterien aufgenommen wurden, sind in den Bildern 206 bis 210 wiedergegeben. Bild 206 a zeigt eine Abschaltung ohne Wiederzündung im Schalter. Bei P_1 wird der Strom J_R unterbrochen; die Spannung U_{RK} am Kondensator steigt auf den 1,5-fachen Scheitelwert bis P_2, wo auch J_S und J_T unterbrochen werden. Der Kondensator müßte jetzt die Augenblickswerte der Spannungen als Gleichspannung behalten, wie es grundsätzlich in Bild 205 dargestellt ist. Da aber zur Messung Widerstände von $120 \, \mathrm{k\Omega}$ zwischen den Leitern und Erde geschaltet sind, ent-

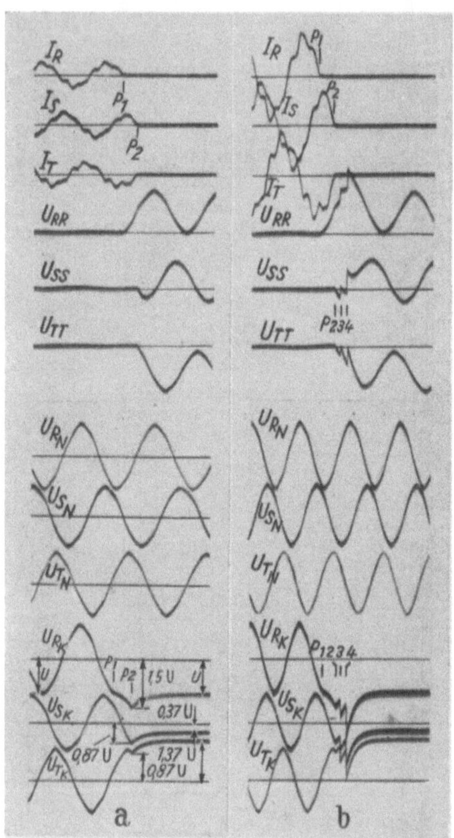

Bild 206 a u. b. Abschalten einer Kondensatorbatterie von 3600 kVar von einem 10-kV-Netz ($N_k = 380 \, \mathrm{MVA}$) mit Schalter ohne Vorwiderstand.

a) ohne Wiederzündung; b) mit einpoligen Wiederzündungen in T.

ladt sich die Erdkapazität der Batterie schnell gegen Erde mit einer Zeitkonstanten von etwa 2 ms. Die Gleichspannung fällt also schnell auf den Wert der Gleichspannung ab, die an der Kapazität je Leiter verblieben ist. Treten einpolige Rückzündungen auf, wie in Bild 206 b bei P_3 und P_4 im Pol T, so verändert sich jeweils das Potential der gesamten Batterie gegen Erde. Die Ladung wird aber über die Meßwiderstände nach Erde ausgeglichen, so daß im Endzustand die gleiche Spannung am Kondensator verbleibt wie im Fall a. Die Spannungssprünge an den offenen Schalterpolen beim Wiederzünden eines Poles könnten allerdings auch zum Wiederzünden der anderen Pole führen.

Die weiteren Bilder zeigen zum Vergleich Oszillogramme des Zu- und Abschaltens einer Kondensatorbatterie von 800 kVar an einem 10-kV-Netz. Die Kurzschlußleistung im 10-kV-Netz, die ausschließlich durch die einspeisenden Transformatoren bestimmt wurde, betrug 380 MVA bzw. 57 MVA. Die Ausgleichfrequenz ergibt sich damit zu $22\,f = 1100$ Hz bzw. $8{,}4\,f = 420$ Hz. Während des Abschaltvorganges ohne Vorwiderstand nach Bild 207 treten Wiederzündungen auf, die aber jeweils nur wahrend einer Halbwelle der Ausgleichschwingung erhalten bleiben. Mit Vorwiderstand hingegen (Bild 208) besteht aber die Neigung, den Strom während der Halbwelle der Betriebsfrequenz aufrechtzuerhalten, da jetzt der Ausgleichstrom stark gedämpft ist und keine Schwingung mehr entsteht.

Beim Zuschalten der Batterie ist wegen des Vorwiderstandes der Stromstoß stark gedampft. Erst beim Kurzschließen des Vorwiderstandes tritt die Ausgleichschwingung (1100 Hz) auf. Die Frequenz wird niedriger (420 Hz), wenn, wie Bild 209 zeigt, die Kurzschlußleistung im Netz kleiner ist.

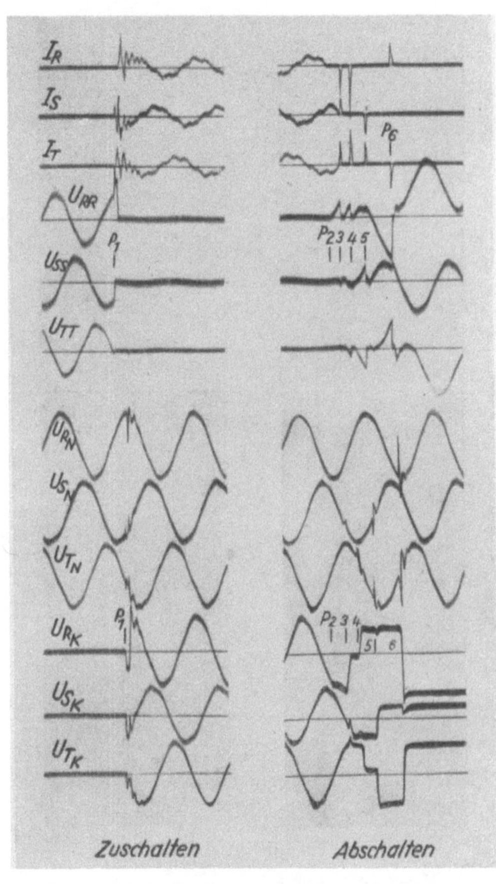

Bild 207 Schalten einer Kondensatorbatterie von 800 kVar an einem 10-kV-Netz ($N_k = 380$ MVA) mit Schalter ohne Vorwiderstand.

Beim Parallelschalten einer Batterie zu einer bereits am Netz liegenden Batterie ist die Frequenz der Ausgleichschwingung zwischen den beiden Batterien erheblich hoch (Bild 210 bei P_2). Die gleiche Schwin-

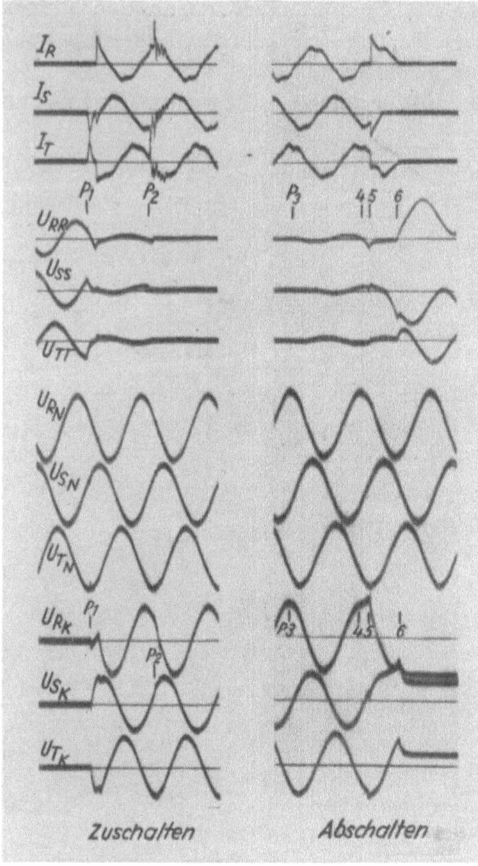

Bild 208. Schalten einer Kondensatorbatterie von 800 kVar an einem 10-kV-Netz ($N_k = 380$ MVA) mit Schalter mit Vorwiderstand $R_v = 25\ \Omega$.

gung tritt auch zunächst beim Öffnen des Schalters bei P_3 auf, bis der Vorwiderstand eingeschaltet ist.

Da während der Abschaltung die Pausen zwischen dem Erlöschen der Lichtbögen und den Wiederzündungen im allgemeinen kaum größer als die Hälfte der Halbwelle der Betriebsfrequenz sind, entstehen keine besonders hohen Überspannungen. Die größten Spannungssprünge treten beim Abschalten ohne Vorwiderstand auf. Zum Schalten von Kondensatorbatterien sind daher rückzündungsarme, wenn nicht sogar rückzündungsfreie Schalter oder Schalter mit entsprechend bemessenen Vorwiderständen zu empfehlen.

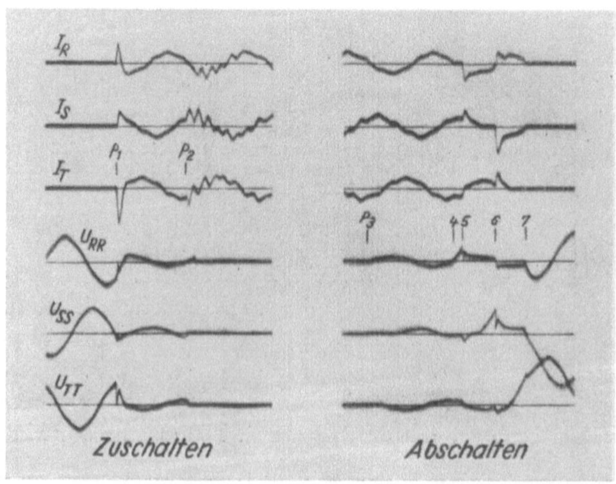

Bild 209. Schalten einer Kondensatorbatterie von 800 kVar an einem 10-kV-Netz ($N_k = 57$ MVA) mit Schalter mit Vorwiderstand $R_v = 25\ \Omega$.

Zum Entladen der Kondensatorbatterie nach dem Abschalten werden neben Widerständen, die nach der Abschaltung erst über einen Erdungstrennschalter mit Erde verbunden werden, auch Spannungswandler verwendet. Die Wandler haben den Vorteil, daß sie ständig angeschlossen bleiben können. Werden die Wandler nicht zwischen die Leiter, sondern gegen Erde geschaltet, so können durch sie während des Abschaltens Überspannungen am abgeschalteten Kondensator gegen Erde entstehen. Da die Erdkapazität der Batterie klein ist und sich somit wie jeder übrige abgeschaltete Anlageteil verhältnismäßig schnell über die Ableitungswiderstände entlädt, ist es daher besser und ausreichend, die Wandler zur Entladung der Batterie nur zwischen die Leiter zu schalten.

Der Abschaltvorgang einer Kondensatorbatterie mit gegen Erde geschalteten Spannungswandlern ist in Bild 211 wiedergegeben. Bei P_1 wird der Strom J_T unterbrochen. Der Sternpunkt der Batterie erhält dadurch eine Spannung gegen Erde, die entgegengesetzt und halb so groß wie die Sternspannung U_{TM_p} ist und sich der verbleibenden Gleichspannung überlagert. Da aber der abgeschaltete Teil der Batterie sich nun über die Wandler entlädt, werden diese durch

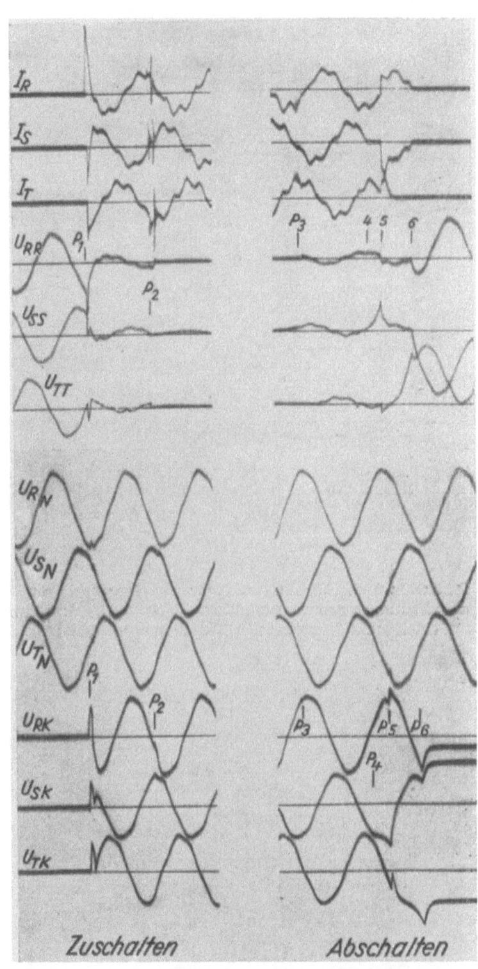

Bild 210. Schalten einer Kondensatorbatterie von 800 kVar an einem 10-kV-Netz ($N_k = 380$ MVA) und parallel liegender Batterie von 900 kVar mit Schalter mit Vorwiderstand $R_v = 25\ \Omega$.

einen Gleichstrom vormagnetisiert. Ihre Induktivität verringert sich dadurch erheblich, so daß ihr Magnetisierungsstrom mit Betriebsfrequenz stark anwächst. Werden die Ladeströme J_S und J_R bei ihrem nächsten Nulldurchgang bei P_2 unterbrochen, so kann durch den Magnetisie-

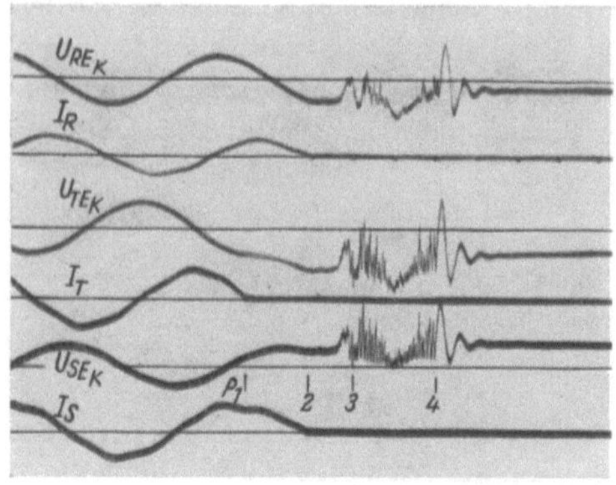

a

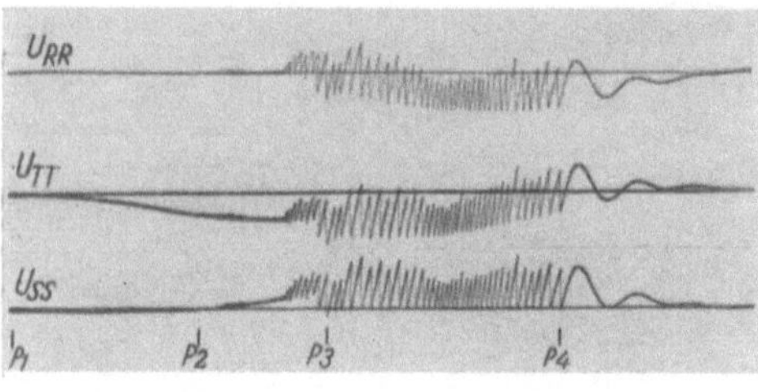

b

Bild 211a u b. Abschalten einer Kondensatorbatterie mit Erdungsspannungswandlern in einem 15-kV-Netz. a) Schleifenoszillogramm; b) Kathodenoszillogramm

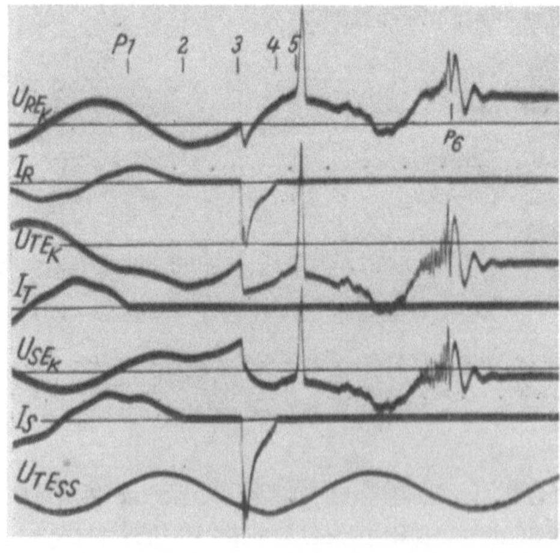

Bild 212. Abschalten einer Kondensatorbatterie mit Erdungsspannungswandlern in einem 15 kV-Netz.

rungsstrom der 3 Wandler, der gegenüber dem Ladestrom phasenverschoben ist, der Lichtbogen in einem Schalterpol aufrechterhalten bleiben. In diesem Fall ist nach dem Oszillogramm der Schalterspannungen der Lichtbogen im Pol R brennen geblieben. Der Schalter hat jetzt einen kleinen induktiven Strom zu unterbrechen. Dies geschieht wie beim Abschalten eines Transformators im Leerlauf mit häufigem Unterbrechen und Wiederzünden. Dieser Strom ist wegen seiner geringen Größe im Oszillogramm nicht erkennbar. Bei P_3 tritt das Wiederzünden nicht mehr im Pol R, sondern in S ein. Hier setzt sich dann der Abschaltvorgang bis zur endgültigen Unterbrechung bei P_4 fort. Übrigens zeigt ein Vergleich der beiden Oszillogramme, daß solche Vorgänge nur genau mit dem Kathodenstrahl-Oszillographen aufgezeichnet werden können.

Das Oszillogramm Bild 212 einer anderen Abschaltung der gleichen Batterie zeigt, daß die Überspannungen an der gesamten abgeschalteten Batterie gegen Erde erheblich sein können. Allerdings stellen sie keine Gefahr für den Netzbetrieb dar, sondern könnten nur zu einer Beschädigung der Spannungswandler führen.

H. Maßnahmen gegen innere Überspannungen.

Innere Überspannungen müssen nach ihrer Ursache beurteilt werden. Es gibt Überspannungen, die sich zwangläufig durch den Aufbau der Netze ergeben und deren Entstehen somit nicht vermieden werden kann, und solche, die darauf zurückzuführen sind, daß die Schaltgeräte nicht den idealen Bedingungen entsprechen. Die ideale Schaltung wäre das Unterbrechen der Ströme genau im Nulldurchgang, ohne daß Wiederzündungen auftreten. Auf das Netz selbst hat eine solche Abschaltung keinerlei Auswirkungen, abgesehen von der Belastungsänderung der Einspeisung. Auch an dem abgeschalteten Betriebsmittel tritt dann keine höhere Spannung auf als der Augenblickswert der Betriebsspannung im Zeitpunkt der Abschaltung, da lediglich die Kapazität des Betriebsmittels auf diesen Spannungswert aufgeladen ist. Beim Zuschalten hingegen tritt infolge des Einschwingvorganges der doppelte Wert der Schaltspannung auf, der unter ungünstigen Bedingungen ohne Berücksichtigung der Dämpfung gleich dem 2fachen Betrag der Dreieckspannung ($= 3{,}5\ U_\lambda$) sein kann, sofern der Netzsternpunkt nicht starr geerdet ist. In diesem Fall würde die Einschwingspannung nur den 2fachen Betrag der Sternspannung erreichen. Diese Werte stellen somit die untere Grenze innerer Überspannungen dar, der die Isolation zumindest widerstehen muß. Aus Gründen der Sicherheit und der Isolationsminderung der äußeren Isolation sind natürlich gewisse Zuschläge notwendig.

Da es bei der derzeitigen Entwicklung des Schalterbaues noch keinen Schalter gibt, welcher der idealen Abschaltbedingung in allen Fällen entspricht, bemüht man sich, auch unter ungünstigen Schaltbedingungen den doppelten Betrag der Dreieckspannung möglichst nicht zu überschreiten. Dies beweisen die zahlreichen Versuche mit jeweils neuen Schalterarten.

a) Überspannungen, die sich aus dem Aufbau der Netze ergeben und deren Entstehen nicht vermieden werden kann. Solche Überspannungen sind durch Erdschlüsse bedingt. Ist der Erdschluß praktisch widerstandslos (unmittelbare Verbindung mit Erde ohne Lichtbogen), so tritt ein Umladevorgang der Kapazitäten ein, der bei nicht starr geerdetem Sternpunkt auf den erdschlußfreien Leitern zu einer Überspannung von höchstens dem 1,5fachen Betrag der Dreieckspannung führt. Bei starr geerdetem Sternpunkt ergibt sich keine Überspannung. Im allgemeinen erfolgt der Erdschluß über einen Lichtbogen, der sich bei längerer Dauer zu einem zwei- oder dreipoligen Kurzschluß ausbilden kann, sofern er nicht durch die Erdschlußstromkompensation oder durch Abschalten gelöscht wird. Bei aussetzendem Erdschluß kann das Erlöschen und Wiederzünden eines Lichtbogens nach Abschnitt G 4 zu Überspannungen führen. Selbst bei isoliertem Netzsternpunkt werden diese aber nach theoretischen Überlegungen und Untersuchungen in Netzen kaum den 2fachen Betrag der Dreieckspannung (3,5 U_Δ) überschreiten, es sei denn, daß dabei Resonanzkreise angeregt werden. Dieses dürfte wohl selten der Fall sein. Höhere Überspannungen können dann auftreten, wenn bei Lichtbogenerdschluß Schaltungen im Netz zur Auffindung und Abschaltung der fehlerhaften Leitung durchgeführt werden. Durch die Kompensation des Erdschlußstromes mittels Erdschlußspulen kann der Lichtbogen zum Erlöschen gebracht werden. In Netzen mit starrer Sternpunkterdung ist dagegen der Erdschluß ein Erdkurzschluß, so daß der Lichtbogen nicht erlöschen kann, sondern abgeschaltet werden muß.

Die Erdschlußüberspannungen sind vielfach nicht so hoch, daß sie eine Gefahr für ein richtig isoliertes Netz bilden. Trotzdem tritt öfters der Fall ein, daß ein Erdschluß weitere Erdschlüsse der fehlerfreien Leiter an anderen Stellen des Netzes zur Folge hat. Da aber Erdschlüsse vielfach infolge Isolationsminderung insbesondere bei verschmutzten Isolatoren und Nebel auftreten, ist es verständlich, daß dann schon, abgesehen von eventuellen Überspannungen, die Dreieckspannung an den anderen Leitern zu Überschlägen führt. Dies wird um so mehr der Fall sein, je länger der Erdschluß bestehenbleibt. Bei guter Abstimmung im kompensierten Netz können diese weiteren Überschläge infolge des Ausschwingens der Erdschlußspule auch noch eintreten, wenn der Erdschlußlichtbogen bereits erloschen ist, da ein Überschlag über eine verschmutzte und feuchte Isolation eine gewisse Zeit bis zu seiner Ausbildung erfordert. Solche Doppel- und Mehrfacherdschlüsse werden durch die starre Sternpunkterdung vermieden.

Durch das Ausschwingen erregter Erdschlußspulen beim Abschalten eines mit Doppelerdschluß oder Kurzschluß behafteten Netzes von einem Transformator, an den die Erdschlußspule angeschlossen ist, können verhältnismäßig hohe Überspannungen entstehen. Gleichfalls ist dies auch möglich beim Abschalten eines Transformators mit zweipoligem Kurzschluß, ein Fall, der allerdings sehr selten vorkommt. Hiergegen hilft nur die Begrenzung der Überspannungen durch Schutzgeräte, am zweckmäßigsten durch Parallelschalten von Ventilableitern zur Erdschlußspule bzw. zu den Transformatorwicklungen.

b) Überspannungen, deren Höhe durch Maßnahmen an den Schaltgeräten begrenzt werden können. In diese Gruppe gehören alle durch das Schalten kapazitiver und induktiver Ströme auftretenden Überspannungen. An den Leistungsschalter werden erhebliche Anforderungen gestellt, da er einen großen Bereich der zu schaltenden Ströme bei verschiedener Phasenlage zwischen Strom und Spannung beherrschen muß, wie Bild 213 zeigt. Lastabschaltungen mit einem Leistungsfaktor von etwa 0,8 bis 1 bereiten keine Schwierigkeiten, dagegen wird beim Abschalten

von Strömen, die um annähernd 90° gegen die treibende Spannung
phasenverschoben sind, der Unterbrechungsvorgang durch die Ausgleichschwingungen stark beeinflußt, sofern der Schalter zu Wiederzündungen

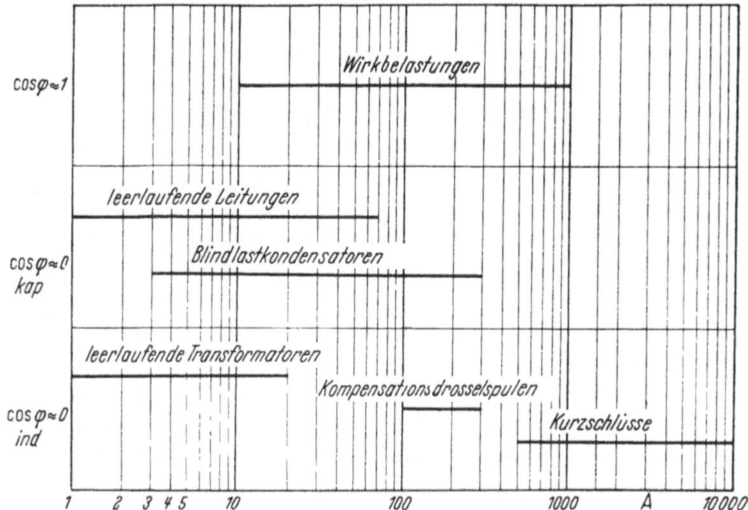

Bild 213. Bereich der durch Leistungsschalter zu schaltenden Ströme.

neigt. Die wichtigste Voraussetzung für ein einwandfreies Schalten ist
auch stets, daß alle Schalterpole praktisch gleichzeitig öffnen. Unterschiede von einer Halbwelle der Betriebsfrequenz und mehr können sich
wegen der dadurch entstehenden Unsymmetrie ungünstig auswirken.

Werden Kapazitäten, also Freileitungen und Kabel im Leerlauf, sowie
Kondensatoren, abgeschaltet, ohne daß Wiederzündungen auftreten, so
entstehen keine Überspannungen. Eine solche Abschaltung läßt sich mit
Druckluftschaltern erreichen, deren Löschmittel fremd erzeugt wird und
unabhängig vom zu unterbrechenden Strom in ausreichender Menge zur
Verfügung steht.

Schalter, bei denen die Löschwirkung erst durch den Strom selbst
erzeugt wird, neigen beim Unterbrechen kleiner Ströme mehr oder weniger zu Wiederzündungen, da die Festigkeit der Schaltstrecke bei noch
geringen Abständen der Schaltkontakte nicht so schnell gesteigert werden
kann, um Wiederzündungen zu verhindern. Vermieden werden muß aber,
daß die Pause zwischen dem Erlöschen und Wiederzünden zu groß wird,
d.h. an die Zeitdauer einer Halbwelle herankommt. Höhere Überspannungen können vor allem dann entstehen, wenn Wiederzündungen mehrmals in größeren Abständen erfolgen. Solange die stromlosen Pausen in
den einzelnen Schalterpolen unter einer Viertelwelle bleiben, ist die Möglichkeit hoher Überspannungen kaum gegeben. Man wird daher die Ge-

schwindigkeit der Schaltstifte beim Abschalten so groß wie möglich machen. Um die gesamte Lichtbogenzeit herabzusetzen und um u. U. auch Wiederzündungen zu vermeiden, wird bei einigen Bauarten der Öl- und ölarmen Schalter beim Ausschalten eine zusätzliche Ölströmung in der Schaltkammer durch eine Pumpe erzeugt.

Andererseits läßt sich durch Einschalten von Widerständen in den Stromkreis der Ausgleichvorgang dämpfen, so daß kein Überschwingen mehr eintritt. Dadurch wird auch die Spannung über den Schalterpol und damit die Gefahr des Wiederzündens vermindert. Der Widerstand kann einen festen Wert haben oder spannungsabhängig sein. Er muß aber, um wirksam zu sein, dem Schwingungswiderstand des Ausgleichkreises angepaßt werden. Ein Widerstand, der für das Schalten von Kapazitäten bemessen ist, erleichtert auch dem Schalter das Abschalten von Kurzschlüssen, ist aber auf das Unterbrechen kleiner induktiver Ströme beim Abschalten von Transformatoren im Leerlauf ohne besonderen Einfluß.

Zur Vermeidung von Überspannungen beim Schalten kapazitiver Ströme gibt es also zwei Wege: Verminderung der Wiederzündungen und der Zeitdauer der stromlosen Pausen zwischen diesen oder Verwendung geeignet bemessener Vorwiderstände.

Beim Abschalten von Kapazitäten mit Druckluftschaltern kann auch der Fall eintreten, daß die Ströme bei Augenblickswerten vor ihren natürlichen Nulldurchgängen unterbrochen werden. Da aber die Energie des magnetischen Feldes der Zuleitungen sehr gering ist im Verhältnis zu der des elektrostatischen Feldes der Kondensatoren, ergeben sich dadurch keine Überspannungen.

Werden induktive Ströme unterbrochen, also Transformatoren im Leerlauf oder Drosselspulen abgeschaltet, so ist es die Eigenart des Lichtbogens, die Ströme wegen ihrer geringen Größe vor ihrem Nulldurchgang stark zu drosseln und hierdurch die Energie des magnetischen Feldes der Induktivität zu Schwingungen anzuregen. Der Lichtbogen wird instabil. Er ließe sich zwar durch einen Widerstand stabilisieren, nur müßte dieser sehr hochohmig sein. Bei Schaltungen anderer Art hätte dieser Widerstand dann keine Wirkung.

Die Überspannungen ließen sich auch dadurch begrenzen, daß die Verfestigung der Schaltstrecke nach der Stromunterbrechung nicht zu schnell ansteigt. Durch sich in kurzen Abständen wiederholende Zündungen ist dann die Möglichkeit gegeben, die frei werdende Energie bis zum natürlichen Nulldurchgang des Stromes abzubauen. Demgegenüber steht aber bei allen Schaltungen anderer Art die Forderung, die Schaltstrecke so schnell und so hoch wie möglich zu verfestigen, um Wiederzündungen zu unterbinden.

Da es also schwierig sein kann, in diesem Fall vom Schalter aus das

Entstehen der Überspannungen zu vermeiden, ist es zweckmäßiger, sie durch Überspannungsschutzgeräte zu begrenzen. Am besten eignen sich hierzu Ventilableiter wegen ihrer spannungsabhängigen Widerstände.

c) Begrenzung der inneren Überspannungen durch Überspannungsschutzgeräte. Die Begrenzung von Überspannungen, die durch Erdschlüsse in Netzen entstehen können, durch Ableiter sollte vermieden werden. Würde ein Ventilableiter an den fehlerfreien Leitern ansprechen, so müßte er die gesamte Energie des Umladevorganges bei Eintritt des Erdschlusses aufnehmen können. Dieses wäre

$$A = C_0 u_{\lambda m}^2 = 2 C_0 U_\lambda^2 \approx C_b U_\lambda^2 \,.$$

$C_0 = $ Erdkapazität je Leiter,

$C_b = $ Betriebskapazität je Leiter.

Mit dem Erdschlußstrom des Netzes $J_e = 3 \omega C_0 U_\lambda$ ist

$$A = 2 \cdot 10^{-3} J_e U_\lambda \approx 10^{-3} N_c \,[\text{Ws}] \,.$$

$N_c = $ Ladeleistung des Netzes.

Bei ausgedehnten Netzen hoher Spannung und vor allem Kabelnetzen kann diese Energie Werte erreichen, die den Ableiter infolge zu hoher thermischer Beanspruchung schädigen und bei aussetzendem Erdschluß durch häufiges Ansprechen sogar zerstören kann. Man wird daher die Ansprechspannung des Ableiters nicht so niedrig legen, daß er bei solchen Vorgängen anspricht. In Netzen mit nicht starr geerdetem Sternpunkt sollte daher die Ansprechwechselspannung nicht unter dem 2fachen Wert der höchstzulässigen Betriebsspannung (Dreieckspannung) liegen. Es ist darauf zu achten, daß dieser Wert auch bei längerer Betriebszeit nicht unterschritten wird. In Netzen mit starrer Sternpunkterdung, in denen also Erdschlußüberspannungen nicht auftreten, kann die Ansprechwechselspannung niedriger sein, sofern es die Löschspannung zuläßt. Der 1,5fache Betrag der höchstzulässigen Betriebsspannung sollte aber auch mindestens eingehalten werden. Hinsichtlich einer möglichst niedrigen Ansprechstoßspannung ist es auch nicht günstig, die Ansprechwechselspannung zu hoch zu setzen.

Nach den Erdschlußüberspannungen verbleiben noch die Überspannungen durch das Schalten der Betriebsmittel. Zur Begrenzung von Überspannungen beim Abschalten von Leitungen im Leerlauf und von Kondensatoren sowie von Kurzschlüssen durch Sicherungen sollten ebenfalls Ventilableiter möglichst nicht verwendet werden, da auch in diesen Fällen die vom Ableiter aufzunehmende Energie erheblich groß sein kann; es sei denn, daß die Ableiter ein entsprechend großes Ableitvermögen besitzen. Hier kommen besser Maßnahmen am Schalter bzw. der Sicherung in Frage, wie sie in den vorhergehenden Abschnitten angegeben sind.

Dagegen kann der Abschaltvorgang bei Induktivitäten zu Überspannungen führen, die nicht immer ausreichend niedrig gehalten werden können. In diesen Fällen ist die Verwendung von Ventilableitern parallel zu den Wicklungen zweckmäßig. Transformatoren in Netzen mit Betriebsspannungen von 110 kV und darüber und Erdschlußspulen sollten daher durchweg mit Ventilableitern ausgerüstet werden. Bei niedrigeren Betriebsspannungen hat sich die Verwendung von Ableitern gegen innere Überspannungen an Transformatoren als nicht so notwendig erwiesen, zumal bei isoliertem Sternpunkt des Transformators gegen Erde geschaltete Ableiter den Überschlag zwischen den Leitern u. U. nicht verhindern können. Durch die Ableiter wird auch bei äußeren Überspannungen die Beanspruchung der Wicklungen vermindert. In den USA ist daher die Praxis, Transformatoren in Freileitungsnetzen grundsätzlich mit Ableitern zu versehen. Durch die unmittelbare Sternpunkterdung kann dabei ein besserer Schutz erzielt werden als bei isoliertem Sternpunkt des Transformators.

Die vom Ableiter aufzunehmende Energie kann höchstens werden

$$\text{am Transformator} \qquad A_T = 10^{-3}\, N_\mu \ \text{[Ws]},$$
$$\text{an der Erdschlußspule} \qquad A_M = 1{,}6 \cdot 10^{-3}\, N_M \ \text{[Ws]}.$$

$N_\mu =$ Leerlaufleistung des Transformators,
$N_M =$ Leistung der Erdschlußspule.

Bei großen Transformatoren und großen Erdschlußspulen höherer Spannung liegen die Werte annähernd in gleicher Größe und können einige kWs betragen. Sie betragen nur Bruchteile der Werte, die bei Erdschluß oder beim Abschalten von Leitungen und Kondensatoren auftreten können. Der Ventilableiter ist durchaus fähig, Transformatoren und Erdschlußspulen zu schützen.

Als dritte Art der Überspannungen müssen noch Überspannungen mit Betriebsfrequenz erwähnt werden, die durch Beeinflussung eines Netzes mit Erdschlußstromkompensation durch das Nullsystem eines anderen Netzes bei gegenseitiger Kopplung (Parallellauf von Stromkreisen auf gleichen Masten) entstehen können. Eine Kopplung zwischen verschiedenen Netzen sollte daher möglichst vermieden werden. Kann sie nicht umgangen werden, so läßt sich eine Resonanzlage durch entsprechende Maßnahmen verhindern.

Schrifttum.

Bücher zum Thema Überspannungen.

RÜDENBERG, R.: Elektrische Schaltvorgänge. Berlin, Springer 1933.

FRÜHAUF, G.: Überspannungen und Überspannungsschutz. Sammlung Göschen Bd. 1132. W. de Gruyter 1939.

RÜDENBERG, R.: Elektrische Schaltvorgänge in geschlossenen Stromkreisen von Starkstromanlagen. Berlin/Göttingen/Heidelberg, Springer 1953.

AIEE Lightning Reference Book. New York, Verlag AIEE 1937.

LEWIS, W. W.: The Protection of Transmission Systems against Lightning. New York, John Wiley and Sons 1950.

BEWLEY, L. V.: Traveling Waves on Transmission Systems. New York, John Wiley and Sons 1951.

BECK, E.: Lightning Protection for Electric Systems. New York, Mc. Graw-Hill Book Comp. 1954.

STRIGEL, R.: Elektrische Stoßfestigkeit. 2. Aufl. Berlin/Göttingen/Heidelberg, Springer 1955.

1. Gewitter, Entstehung und Blitzbildung.

[1] ELSTER, J., u. H. GEITEL: Über den elektrischen Vorgang in den Gewitterwolken, Wiedemann's Ann. Phys. Bd. 25 (1885), S. 116.

[2] SOHNKE, L.: Gewitterelektrizität und gewöhnliche Luftelektrizität, Meteor. Z. Bd. 5 (1888), S. 413.

[3] WALTER, B.: Über die Entstehungsweise des Blitzes, Ann. Phys., Lpz., Bd. 10 (1903), S. 393.

[4] LENARD, P.: Über Regen, Meteor. Z. Bd. 21 (1904), S. 249.

[5] BALDIT, A.: Sur les charges électriques de la pluie, Ann. Soc. Météor. France, Vol. 59 (1911), S. 105; Radium, Vol. 9 (1912), S. 92.

[6] ELSTER, J., u. H. GEITEL: Elektrische Ladung von Regen, Phys. Z. Bd. 14 (1913), S. 1287.

[7] GEITEL, H.: Über den Ursprung des Elektrizitäts-Niederschlages, Phys. Z. Bd. 17 (1916), S. 455.

[8] WILSON, C. T. R.: Investigations on lightning discharges and on the electrical field of thunderstorms, Phil. Trans. roy. Soc., Lond. Vol. A 221 (1920) S. 73.

[9] TOEPLER, M.: Gewitter, Blitze und Wanderwellen auf Leitungsnetzen, Hescho-Mitt. H. 25 (1926), S. 743—780.

[10] BOYS, C. V.: Progressive Lightning, Nature, Lond. Vol. 118 (1926), S. 749; Vol. 122 (1928), S. 310—311.

[11] SIMPSON, G.: The mechanism of a Thunderstorm, Proc. roy. Soc., Lond. Vol. A 114 (1927), S. 376—401.

[12] WILSON, C. T. R.: Some thundercloud problems, J. Franklin Inst. Vol. 208 (1929), S. 1—12.

[13] MACKY, W. A.: Some investigations in the deformation and breaking of water drops in strong electric fields, Proc. roy. Soc., Lond. Vol. A 133 (1931), S. 565.

260   Schrifttum.

[14] ZELENY, J.: Variation with temperature of the electrification produced in air by the disruption of water drops and its bearing on the prevalence of lightning, Phys. Rev. Vol. 44 (1933), S. 837—842.

[15] SCHONLAND, B. F. J., u. H. COLLENS: Progressive lightning, Proc. roy. Soc., Lond., Vol. A 143 (1934), S. 654—674.

[16] GOTT, J. P.: On the electrical charge collected by water drops falling through a cloud of electrically charged particles in a vertical electric field, Proc. roy. Soc., Lond., Vol. A 151 (1935), S. 665—684.

[17] GUNN, R.: The electricity of rain and thunderstorms, Terr. magn. atmosph. electr. Vol. 40 (1935), S. 79.

[18] SCHONLAND, B. F. J., D. J. MALAN u. H. COLLENS: Progressive Lightning — II, Proc. roy. Soc., Lond. Vol. A 152 (1935), S. 595—625.

[19] McEACHRON, K. B., u. W. A. McMORRIS: The lightning stroke mechanism of discharge, Gen. Electr. Rev. Vol. 39 (1936), S. 487—496.

[20] SIMPSON, G., u. F. J. SCRASE: The distribution of electricity in thunderclouds, Proc. roy. Soc., Lond. Vol. A 161 (1937), S. 309—352.

[21] MALAN, D. J., u. H. COLLENS: Progressive Lightning — III, The fine structure of return lightning strokes, Proc. roy. Soc., Lond. Vol. A 162 (1937), S. 175—203.

[22] COLLENS, H.: Cameras for the investigation of lightning strokes, Trans. S. Afric. Inst. electr. Engrg. Vol. 28 (1937), S. 214.

[23] STEKOLNIKOV, J., u. CH. VALEEV: L'étude de la foudre dans une laboratoire de campagne, I CIGRE 1937, Nr. 330.

[24] SCHONLAND, B. F. J.: Progressive ligthning IV — The discharge mechanism, Proc. roy. Soc., Lond. Vol. A 164 (1938), S. 132—150.

[25] SCHONLAND, B. F. J'., D. B. HODGES u. H. COLLENS: Progressive lightning — V, A comparison of the photographic and electrical studies of the discharge process, Proc. roy. Soc., Lond. Vol. A 166 (1938), S. 56—75.

[26] SCHONLAND, B. F. J., D. J. MALAN u. H. COLLENS: Progressive lightning — VI, Proc. roy. Soc., Lond. Vol. A 168 (1938), S. 455—469.

[27] McEACHRON, K. B.: Multiple lightning strokes II, Trans. Amer. Inst. electr. Engrs. Vol. 57 (1938), S. 510—512.

[28] REATHER: Zur Entwicklung der Elektronenlawine in den Funkenkanal, Verh. dtsch. phys. Ges. Bd. 19 (1938) S. 92—93; Z. Phys. Bd. 110 (1938), S. 611.

[29] McEACHRON, K. B.: Lightning to the Empire State Building, Electr. Engng. Vol. 57 (1938), S. 493—505; J. Franklin Inst. Vol. 227 (1939), S. 149.

[30] MINSER, E. J.: Meteorological conditions associated with aircraft lightning discharges and atmospherics, J. Aeronaut. Sci. Vol. 7 (1939), S. 51.

[31] WAGNER, C. F., u. E. BECK: Direct stroke proves lenght of lightning tail, Electr. Wld, Juli 1939, S. 37.

[32] BELLASCHI, P. L.: Lightning strokes in field and laboratory, Trans. Amer. Inst. electr. Engrs. Vol. 58 (1939), S. 466—468.

[33] FINDEISEN, W.: Über die Entstehung der Gewitterelektrizität, Meteor. Z. Bd. 57 (1940), S. 201—215.

[34] LANGE, E.: Voltapotentiale an H_2O-Phase als Quelle der Gewitterelektrizität, Meteor. Z. Bd. 57 (1940), S. 429—436.

[35] LOEB, L. B., u. J. M. MECK: The mechanism of spark discharge in air at atmospheric pressure, J. appl. Phys. Vol. 11 (1940), S. 438—447 u. 459—474.

[36] McEACHRON, K. B.: Wave shapes of succesive lightning current peaks, Electr. Wld. Febr. 1940, S. 10.

[37] BRUCE, C. E. R., u. R. H. GOLDE: The mechanism of the lightning discharge and its effect on transmission lines. British Electrical an Allied Industries Research Association 1940, Technical Report, Reference S/T 18.

[*38*] RAETHER: Über den Aufbau von Gasentladungen, Z. Phys. Bd. 117 (1941), S. 375–398 u. 524–542.

[*39*] SIMPSON, G., u. G. D. ROBINSON: The distribution of electricity in thunderclouds – II, Proc. roy. Soc., Lond. Vol. A 177 (1941), S. 281–329.

[*40*] McEACHRON, K. B.: Lightning to the Empire State Building-II, Trans. Amer. Inst. electr. Engrs. Vol. 60 (1941), S. 885–890.

[*41*] WAGNER, C. F., G. D. McCANN u. E. BECK: Field investigations on lightning, Trans. Amer. Inst. electr. Engrs. Vol. 60 (1941), S. 1222–1230.

[*42*] BELLASCHI, P. L.: Lightning strokes in field and laboratory – III, Trans. Amer. Inst. electr. Engrs. Vol. 60 (1941), S. 1248–1256.

[*43*] SZPOR, S.: Théorie de la formation de la foudre, Bull. schweiz. elektrotechn. Ver. Bd. 33 (1942), S. 6–15.

[*44*] FINDEISEN, W.: Untersuchungen über die Eissplitterbildung an Reifschichten, Meteor. Z. Bd. 60 (1943), S. 145–154.

[*45*] WHIPPLE, F. J. W., u. J. A. CHALMERS: On Wilson's theory of the collection of charge by falling drops, Quart. J. roy. Meteor. Soc. Vol. 70 (1944), S. 103.

[*46*] McCANN, G. D.: The measurement of lightning currents in direct strokes, Trans. Amer. Inst. electr. Engrs. Vol. 63 (1944), S. 1157–1164.

[*47*] BERGER, K.: Recherches suisses sur la foudre. Mesures effectués au Mt. S. Salvatore, près de Lugano, Bull. schweiz. elektrotechn. Ver. Bd. 37 (1946), S. 319 bis 326.

[*48*] DINGER, E. J., u. R. GUNN: Electrical effects associated with a change of state of water, Terr. magn. atmosph. electr. Vol. 51 (1946), S. 477.

[*49*] FRENKEL, J.: Atmospheric electricity and lightning, J. Franklin Inst. Vol. 243 (1947), S. 287.

[*50*] HAGENGUTH, J. H.: Photographic study of lightning, Trans. Amer. Inst. electr. Engrs. Vol. 66 (1947), S. 577–583.

[*51*] BERGER, K.: Neuere Resultate der Blitzforschung in der Schweiz, Bull. schweiz. elektrotechn. Ver. Bd. 38 (1947), S. 813–823.

[*52*] NORINDER, H.: Gewitterforschung in Schweden, Entwicklung und neuere Resultate, Bull. schweiz. elektrotechn. Ver. Bd. 38 (1947), S. 799–813.

[*53*] GUNN, R.: Electric field intensity inside of natural clouds, J. appl. Phys. Vol. 19 (1948), S. 481–484.

[*54*] WALL, E.: Das Gewitter, Wetter und Klima Bd. I (1948), S. 7, 65, 193.

[*55*] WICHMANN, H.: Grundprobleme der Physik des Gewitters, Wolfenbütteler Verlagsanst. 1948.

[*56*] MAURAIN, CH.: La foudre, Collection Armand Collin, Paris 1948.

[*57*] WORKMAN, E. J., u. S. E. REYNOLDS: A suggested mechanisme for the generation of thunderstorm electricity, Phys. Rev. Vol. 74 (1948), S. 709.

[*58*] WORKMAN, E. J., u. S. E. REYNOLDS: Electrical phenomena occuring during the freezing of dilute aqueous solutions and their possible relationship to thunderstorm electricity, Phys. Rev. Vol. 78 (1950), S. 254–259.

[*59*] KUETTNER, J.: The electrical and meteorological conditions inside thunderclouds, J. Met. Vol. 7 (1950), S. 322.

[*60*] WEICKMANN, H. K., u. H. J. KAMPE: Preliminary experimental results concerning charge generation in thunderstorms concurrent with the formation of hailstones, J. Met. Vol. 7 (1950), S. 404.

[*61*] BYERS, H. R., u. R. R. BRAHAM: The Thunderstorm, Washington D. C.: 1950.

[*62*] LUEDER, H.: Eine neue elektrische Wirkung während der Bildung von Graupel in natürlich unterkühltem Nebel, Z. angew. Phys. Bd. 3 (1951), S. 247–253 u. 289–295.

[*63*] MEINHOLD, H.: Die elektrische Ladung eines Flugzeuges bei Vereisung in Quellwolken, Geofisica Pura Appl. Vol. 19 (1951), S. 176—178.

[*64*] GUNN, K. L. S., u. W. HITSCHFIELD: A laboratory investigation of the coalescence between large and small water drops, J. Met. Vol. 8 (1951), S. 7.

[*65*] MALAN, D. J., u. B. F. J. SCHONLAND: The electrical processes in the intervals between the strokes of a lightning discharge, Proc. roy. Soc., Lond. Vol. A 206 (1951), S. 145—163.

[*66*] MALAN, D. J., u. B. F. J. SCHONLAND: The distribution of electricity in thunderclouds, Proc. roy. Soc., Lond. Vol. A 209 (1951), S. 158—177; Arch. Met. Geophys. Bioklimatol. Bd. A/3 (1950), S. 64—69.

[*67*] HARDER, E. L., u. J. M. CLAYTON: Lightning phenomena, Westinghouse Engrs., Juli 1951.

[*68*] HAGENGUTH, J. H., u. J. G. ANDERSON: Lightning to the Empire State Building, Trans. Amer. Inst. electr. Engrs. Vol. III, 71 (1952), S. 641—649.

[*69*] SHAPMANN, S.: Thunderstorm electrification studies, Cornell Aero. Lab. Rep. V C—603— P—1 (1952).

[*70*] WORMELL, T. W.: Atmospheric electricity; some recent trends and problems, Quart. J. roy. Met. Soc. Vol. 79 (1953), S. 3—38.

[*71*] MASON, B. J.: On the generation of charge associated with graupel formation in thunderstorms, Quart. J. roy. Met. Soc. Vol. 79 (1953), S. 501—509.

[*72*] MASON, B. J.: A critical examination of theories of charge generation in thunderstorms, Tellus Vol. 5 (1953), S. 446—460.

[*73*] MÜLLER-HILLEBRAND, D.: Charge generation in thunderstorms by collision of ice crystals with graupel, falling through a vertical electric field, Tellus Vol. 6 (1954), S. 367—381.

[*74*] MÜLLER-HILLEBRAND, D.: Limitations of the Wilson thunderstorm theory, Arkiv för Geofysik Bd. 2 (1954), S. 227—224.

[*75*] BERGER, K.: Resultate der Blitzmessungen der Jahre 1947—1954 auf dem Monte San Salvatore, Bull. schweiz. elektrotechn. Ver. Bd. 46 (1955), S. 405 bis 424.

2. Gewittermessungen an Leitungen.

[*0*] NORINDER, H.: Recherches sur la nature des déchargos éléctriques des orages, CIGRE 1925, Nr. 82.

[*1*] LEWIS, W. W.: Surge voltage investigations on transmission lines, Trans. Amer. Inst. electr. Engrs. Vol. 47 (1928), S. 1111—1121.

[*2*] LEWIS, W. W.: Transmission line insulation and field tests pertaining to lightning, Gen. Electr. Rev. Vol. 48 (1929), S. 364—376.

[*3*] LEWIS, W. W., u. C. M. FOUST: Lightning investigation on transmission lines, Trans. Amer. Inst. electr. Engrs. Vol. 49 (1930), S. 917—928.

[*4*] NEUHAUS, H.: Überspannungsmessungen mit dem Klydonographen, Arch. Elektrotechn. Bd. 25 (1931), S. 333—358.

[*5*] BERGER, K.: Les phénomènes de surtension par temps d'orage dans les réseaux aériens, Bull. schweiz. elektrotechn. Ver. Bd. 22 (1931), S. 421—436.

[*6*] PITTMANN, R. R., u. J. J. TOROK: Lightning investigation on a wood pole transmission line, Trans. Amer. Inst. electr. Engrs. Vol. 50 (1931), S. 568—573.

[*7*] BELL, E., u. A. L. PRICE: Lightning investigations on the 220 kV-system of the Pennsylvania Power and Light Company 1930, Trans. Amer. Inst. electr. Engrs. Vol. 50 (1931), S. 1101—1110.

[*7*a] LEWIS, W. W., u. C. M. FOUST: Lightning investigation on transmission lines - II, Trans. Amer. Inst. electr. Engrs. Vol. 50 (1931), S. 1139—1146.

[*8*] BERGER, K.: Ergebnisse der Gewittermessungen im Jahre 1931, Bull. schweiz. elektrotechn. Ver. Bd. 23 (1932), S. 289—302.

[9] Grünewald, H.: Die Messung von Blitzstromstärken an Blitzableitern und Freileitungsmasten, ETZ Bd. 55 (1934), S. 505—508 u. 536—539.

[10] Berger, K.: Die Gewittermessungen der Jahre 1932 und 1933 in der Schweiz, Bull. schweiz. elektrotechn. Ver. Bd. 25 (1934), S. 213—229.

[11] Lewis, W. W., u. C. M. Foust: Lightning investigation on transmission lines - V, Trans. Amer. Inst. electr. Engrs. Vol. 54 (1935), S. 934—942.

[12] Lewis, W. W., u. C. M. Foust: Lightning investigation on transmission lines-VI, Trans. Amer. Inst. electr. Engrs. Vol. 56 (1937), S. 101—106.

[13] Berger, K.: Resultate der Gewittermessungen in den Jahren 1934/35, Bull. schweiz. elektrotechn. Ver. Bd. 27 (1936), S. 145—163.

[14] Grünewald, H.: Recherches sur les perturbations provoquées par les orages et sur la protection des lignes aériennes contre les orages, CIGRE 1939, Nr. 323.

[15] Waldorf, S. K.: Experience with preventive lightning protection on transmission lines, Trans. Amer. Inst. electr. Engrs. Vol. 60 (1941), S. 249—254.

[16] Gross, J. W., u. G. D. Lippert: Lightning investigation on 132 kV system of the American Gas and Electric-Company, Trans. Amer. Inst. electr. Engrs. Vol. 61 (1942), S. 178—185.

[17] Bell, E., u. F. W. Parker: Lightning investigation on 220 kV line, Trans. Amer. Inst. electr. Engrs. Vol. 61 (1942), S. 196—201.

[18] Robertson, L. M., W. W. Lewis u. C. M. Foust: Lightning investigation at high altitudes in Colorado, Trans. Amer. Inst. electr. Engrs. Vol. 61 (1942), S. 201—208.

[19] Hanson, E., u. S. K. Waldorf: A eight-year investigation of lightning currents and preventive lightning protection on an transmission system, Trans. Amer. Inst. electr. Engrs. Vol. 63 (1944), S. 251—258.

[20] Lewis, W. W., u. C. M. Foust: Lightning investigation on transmission lines — VIII, Trans. Amer. Inst. electr. Engrs. Vol. 64 (1945), S. 107—115.

[21] Golde, R. H.: The frequency of occurence and the distribution of lightning flashes to transmission lines, Trans. Amer. Inst. electr. Engrs. Vol. 64 (1945), S. 902—910.

[22] Golde, R. H.: Lightning currents and potentials on overhead transmission lines, Proc. Inst. Electr. Engrs. Vol. 93 (1946) II, S. 559.

[23] Lewis, W. W.: Etude des effets de la foudre sur les lignes de transmission, CIGRE 1946, Nr. 313.

[24] Bruce, C. E. R., u. R. H. Golde: Coups de foudre et fréquence des amorcages sur les lignes aériennes, CIGRE 1946, Nr. 336.

[25] Golde, R. H.: Les courants de foudre dans les lignes de transport, CIGRE 1948, Nr. 311.

[26] McCann, G. D., u. E. L. Harder: Coups de foudre directs et ondes de foudre sur les lignes de transport d'énergie, CIGRE 1948, Nr. 322.

[27] McCarthy, D. D., D. A. Staun, D. R. Edge u. W. C. McKinley: Lightning investigation on a rural distribution system, Trans. Amer. Inst. electr. Engrs. Vol. 68 (1949) I, S. 428—437.

[28] Golde, R. H.: Le rassemblement des données statistiques sur les défauts dus à la foudre dans les lignes aériennes, CIGRE 1950, Nr. 306.

[29] Böckmann, M., u. N. Hyltén-Cavallius: Surtensions d'origine atmosphérique sur les lignes H. T., dispositifs d'enregistrement et résultats de deux années, CIGRE 1950, Nr. 321.

[30] Baatz, H.: Blitzeinschlagmessungen in Freileitungen, ETZ Bd. 72 (1951), S. 191—198.

[31] Norinder, H.: Recherches effectuées en Suède sur les perturbations des lignes

électriques produites par la foudre, Bull. Soc. franç. Électr. Vol. 7 (1952), S. 228–237.

[32] GOLDE, R. H.: Lightning surges on overhead distribution lines caused by indirect and direct lightning strokes, Power apparat. syst. Vol. 73 (1954), S. 437–447.

3. Meßverfahren der Gewitterforschung.

[1] BRAUN, F.: Über ein Verfahren zur Demonstration und zum Studium des zeitlichen Verlaufes variabler Ströme, Wiedemann's Ann. Phys. Bd. 60 (1897), S. 552.

[2] POCKELS, F.: Meteor. Z. Bd. 15 (1898), S. 141; Bd. 18 (1901), S. 40.

[3] ZENNECK, J.: Momentaufnahmen mit der Braunschen Röhre, Phys. Z. Bd. 14 (1913), S. 226.

[4] DUFOUR, A.: Sur un oscillograph cathodique, C. R. Acad. Sci., Paris, Vol. 158 (1914), S. 1139.

[5] PETERS, J. F.: The Klydonograph, Electr. Wld. Vol. 83 (1924), S. 769–773.

[6] PECK JR., F. W.: Lightning and other transients on transmission lines, Trans. Amer. Inst. electr. Engrs. Vol. 43 (1924), S. 1205–1217.

[7] COX, J. H., u. J. W. LEGG: The klydonograph and its application to surge investigation, Trans. Amer. Inst. electr. Engrs. Vol. 44 (1925), S. 857–870.

[8] McEACHRON, K. B.: Measurement of transient by the Lichtenberg Figures, Trans. Amer. Inst. electr. Engrs. Vol. 45 (1926), S. 712–717.

[9] MÜLLER-HILLEBRAND, D.: Überspannungsregistrierung mit dem Klydonographen, Siemens-Z. Bd. 7 (1927), S. 547–605.

[10] LEE, E. S., u. C. M. FOUST: The measurement of surge voltage on transmission lines due to lightning, Trans. Amer. Inst. electr. Engrs. Vol. 46 (1927), S. 339 bis 348.

[11] HEYNE, H.: Messungen von Gewitterspannungen mittels Staffelfunkenstrecke, Arch. Elektrotechn. Bd. 24 (1930), S. 469–502.

[12] HARTJE, F.: Eine Verbesserung der Klydonographen, ETZ Bd. 53 (1932), S. 939–940.

[13] FOUST, C. M., u. H. P. KUEHNI: The surge-crest ammeter, Gen. Electr. Rev. Vol. 35 (1932), S. 644–648; ATM V 327–1, Juli 1933.

[14] WILKINSON, E.: Untersuchungen über die Wirkungsweise des Klydonographen, ETZ Bd. 54 (1933), S. 627–629.

[15] FOUST, C. M., u. G. F. GARDNER: A new surge crest ammeter, Gen. Electr. Rev. Vol. 37 (1934), S. 324–327.

[16] McMORRIS, W. A., M. A. RUSHER u. J. H. HAGENGUTH: The crater-lamp oscillograph, Gen. Electr. Rev. Vol. 37 (1934), S. 514–516.

[17] ZADUK, H.: Messung von Stoßströmen, ATM, V 327–2, Dez. 1935.

[18] BIGALKE, A.: Elektronenstrahl-Oszillograph, Literatur bis Anfang 1939, ATM (1939), J 834–24 u. 25.

[19] WAGNER, C. F., u. G. D. McCANN: New instruments for recording lightning currents, Trans. Amer. Inst. electr. Engrs. Vol. 59 (1940), S. 1061–1068.

[20] HAGENGUTH, J. H.: Lightning recording instruments, Gen. Electr. Rev. (1940), S. 195–201 u. 248–255.

[21] RABUS, W.: Messung von Überspannungen und Stoßspannungen mit Hochvakuumventil und elektrostatischem Spannungsmesser, ETZ Bd. A 74 (1953), H. 23, S. 676–681.

[22] RABUS, W., u. E. FISCHER: Ein neuer registrierender Spitzenspannungsmesser, VDE-Fachber. Bd. 18 (1954), S. I/19–24.

[23] BERGER, K.: Die Meßeinrichtungen für die Blitzforschung auf dem Monte San-Salvatore, Bull. schweiz. elektrotechn. Ver. Bd. 46 (1955), S. 193–201.

4. Indirekte Gewitterüberspannungen.

[1] WAGNER, K. W.: Elektromagnetische Ausgleichvorgänge in Freileitungen und Kabeln, Par. 5, B. G. Teubner, Leipzig: 1908.

[2] BEWLEY, L. V.: Traveling waves due to lightning, Trans. Amer. Inst. electr. Engrs. Vol. 48 (1929), S. 1050—1064.

[3] BEWLEY, L. V.: Critique of ground wire theory, Trans. Amer. Inst. electr. Engrs. Vol. 50 (1931), S. 1—18.

[4] AIGNER, V.: Induzierte Blitzüberspannungen und ihre Beziehung zum rückwärtigen Überschlag, ETZ Bd. 56 (1935), S. 497—500.

[5] NORINDER, H.: Indirekte Blitzüberspannungen in Kraftleitungen, ETZ Bd. 59 (1938), S. 105—111.

[6] NORINDER, H.: Quelques essais récents relatifs à la détermination des surtensions indirectes, CIGRE 1939, Nr. 303.

[7] WAGNER, C. F., u. G. D. McCANN: Induced voltages on transmission lines, Trans. Amer. Inst. electr. Engrs. Vol. 61 (1942), A. S. 916—930.

[8] SZPOR, S.: Nouvelle théorie des surtensions induites, CIGRE 1948, Nr. 308.

5. Ausbreitung und Dämpfung von Wellen.

[1] MOELLER, F.: Über den Einfluß der Wanderwellenlänge auf die Abflachung steiler Stirnen, Arch. Elektrotechn. Bd. 18 (1927), S. 339—415.

[2] McEACHRON, K. B., J. G. HEMSTREET u. W. J. RUDGE: Studies of traveling waves on transmission lines with artificial lightning surges, Trans. Amer. Inst. electr. Engrs. Vol. 49 (1930), S. 885—894.

[3] BEWLEY, L. V.: Traveling waves on transmission lines, Trans. Amer. Inst. elektr. Engrs. Vol. 50 (1931), S. 532—550.

[4] BRUNE, O., u. J. R. EATON: Experimental studies in the propagation of lightning surges on transmission lines, Trans. Amer. Inst. electr. Engrs. Vol. 50 (1931), S. 1132—1138.

[5] BEWLEY, L. V.: Attenuation and distortion of waves, Trans. Amer. Inst. electr. Engrs. Vol. 52 (1933), S. 876—884.

[6] BEWLEY, L. V.: Resolution of surges into multivelocity components, Trans. Amer. Inst. electr. Engrs. Vol. 54 (1935), S. 1199—1203.

[7] ILSCHENKO, W. J.: Ununterbrochene Reflexionen in nichtausgeglichenen Leitungen, Arch. Elektrotechn. Bd. 30 (1936), S. 36—45.

[8] SCHWENKHAGEN, H.: Die Einwirkung der Mastkapazitäten auf die Ausbreitung von Wanderwellen auf Leitungsbündeln, Arch. Elektrotechn. Bd. 31 (1937), S. 73—92.

[9] HAWLEY, W. G., u. H. M. LACEY: Essais de choc sur une ligne à 33 kV, CIGRE 1937, Nr. 307.

[10] McEACHRON, K. B., u. E. G. WADE: Field investigations using controlled surges, Gen. Electr. Rev. Vol. 40 (1937), S. 72—83.

[11] SKILLING, H. H., u. P. DE K. DYKES: Distortion of travelling waves by corona, Trans. Amer. Inst. electr. Engrs. Vol. 56 (1937), S. 850—857.

[12] McCANN, G. D.: The effect of corona on coupling factors between ground wires and phase conductors, Trans. Amer. Inst. electr. Engrs. Vol. 62 (1943), S. 818 bis 826.

[13] MILLER, K. W.: Diffusion of electric current into rods, tubes, and flat surfaces, Trans. Amer. Inst. electr. Engrs. Vol. 66 (1947), S. 1496.

[14] PÉLISSIER, R.: La propagation des ondes transitoires et périodiques le long des lignes électriques, Rev. gén. Électr. Vol. 59 (1950), S. 379—399 u. 437—454; Bull. Ass. Ing. électr. Montefiore Vol. 64 (1951), S. 643—662.

[*15*] Satche, P., u. V. Grosse: Le calcul des tensions de rétablissement et des surtensions internes par la méthode de Bergeron, CIGRE 1950, Nr. 128.

[*16*] Böckmann, M., N. Hyltén-Cavallius u. S. Rusck: Propagation d'impulsions de générateur atteignant 850 kV sur une ligne à 132 kV, CIGRE 1950, Nr. 314.

[*17*] Moritz, K.: Rechnerische Ermittlung der Dämpfung und Verzerrung von Wanderwellen, Arch. Elektrotechn. Bd. 41 (1953), S. 160—180.

[*18*] Bulla, W.: Das Bergeron-Diagramm für Wanderwellen, Elektrotechn. u. Masch.-Bau Bd. 71 (1954), S. 37—41.

[*19*] Chura, V.: Der Anteil des Erdwiderstandes an der Dämpfung von Wanderwellen, Elektrotechn. u. Masch.-Bau Bd. 71 (1954), S. 467—468.

[*20*] Maudit, M. A.: Méthode graphique de Bergeron pour l'étude de la propagation des ondes le long des lignes électriques, Rev. gén. Électr. Vol. 63 (1954), S. 191 bis 221.

[*21*] Gross, J. W., u. C. F. Wagner: Essais de surtensions sur les lignes de transport et les sous-stations à T. H. T., CIGRE 1954, Nr. 334.

[*22*] Wagner, C. F., J. W. Gross u. B. L. Lloyd: Hight-voltage tests on transmission lines, Power apparat. syst. Vol. 73 (1954), S. 196—210.

[*23*] Gross, J. W., S. B. Griscom, J. M. Clayton u. W. S. Price: High-voltage impulse tests in substations, Power apparat. syst. Vol. 73 (1954), S. 210—222.

6. Erdseilschutz.

[*1*] Petersen, W.: Der Schutzwert von Blitzseilen, ETZ Bd. 35 (1914), S. 1.

[*2*] Grünewald, H.: Erdseile bei Freileitungen und ihre Erdung, ETZ Bd. 57 (1936), S. 1373—1377.

[*3*] Walter, B.: Von wo ab steuert der Blitz auf seine Einschlagstelle los? Z. techn. Phys. Bd. 18 (1937), S. 105.

[*4*] Schwaiger, A.: Über den Schutzwert der Erdseile, ETZ Bd. 58 (1937), S. 507—508.

[*5*] Matthias, A.: Modellversuche über Blitzeinschläge, ETZ Bd. 58 (1937), S. 881—883, 928—930 u. 973—976.

[*6*] Evans, L.: Lightning protection improvements for transmission lines, AIEE Techn. Pap. (1938), S. 38—123.

[*7*] Matthias, A., u. W. Burkhardtsmaier: Der Schutzraum von Blitzfangvorrichtungen und seine Ermittlung durch Modellversuche, ETZ Bd. 60 (1939), S. 681—687 u. 720—726.

[*8*] Schwaiger, A., u. H. Ziegler: Die Blitzschutzwirkung von Erdseilen bei elektrischen Leitungsanlagen, Mitt. Rosenthal-Isolat. 1939, H. 23.

[*9*] Matthias, A.: Recherches sur les coups de foudre artificiels effectués sur des modèles, CIGRE 1939, Nr. 334.

[*10*] Golde, R. H.: The validity of lightning tests with scale models, J. Instn. electr. Engrs. Vol. 88 (1941), S. 67.

[*11*] Wagner, C. F., C. D. McCann u. G. L. McLane jr.: Shielding of transmission lines, Trans. Amer. Ing. electr. Engrs. Vol. 60 (1941), S. 313—328.

[*12*] Wagner, C. F., G. D. McCann u. C. M. Lear: Shielding of substations, Trans. Amer. Ing. electr. Engrs. Vol. 61 (1942), S. 96—100.

[*13*] Norinder, H., u. O. Salka: Propriétés des coups de foudre artificiels sur une surface géologiquement hétérogène, CIGRE 1950, Nr. 313.

[*14*] Langrehr, H.: Der Schutzraum der Erdseile, AEG-Mitt. Bd. 41 (1951), S. 295 bis 298.

[*15*] Drechsler, E.: Blitzeinzugsgebiete und Schutzwinkel nach Versuchen an Freileitungsmodellen, Inst. Energet. Bd. 22 (1953), S. 90—98.

[*16*] DRECHSLER, E.: Die Blitzeinschlaggefährdung von Freileitungen im Modell-versuch, Dtsch. Elektrotechn. Bd. 8 (1954), S. 182—187.

[*17*] SZPOR, E.: Contribution aux problèmes du conducteur de terre dans la zone d'entrée d'une ligne aérienne, CIGRE 1954, Nr. 314.

[*18*] KAUFMANN, W.: Beitrag zur gewittersicheren Freileitungsgestaltung durch richtige Anordnung der Erdseile, Energietechn. Bd. 4 (1954), S. 353—356.

7. Maßnahmen zum wirksamen Erdseilschutz.

[*1*] BEWLEY, L. V.: Protection of transmission lines against lightning. Theory and calculations, Gen. Electr. Rev. Vol. 40 (1937), S. 180—188 u. 236—241.

[*2*] MELVIN: Operating experience with wood utilized as lightning insulation, Trans. Amer. Inst. electr. Engrs. Vol. 52 (1933), S. 503—511.

[*3*] SPORN, P., u. J. T. LUSIGNAN JR.: Lightning strength of wood in power trans-mission structures, Trans. Amer. Inst. electr. Engrs. Vol. 57 (1938), S. 91—101.

[*4*] LUSIGNAN JR., J. T., u. C. J. MILLER JR.: What wood may add to primary insulation for withstanding lightning, Trans. Amer. Inst. electr. Engrs. Vol. 59 (1940), S. 534—540.

[*5*] STRAUVEN, M.: Prédétermination de l'isolement des lignes aériennes à haute tension contre les surtensions dues aux coups de foudre directs, CIGRE 1946, Nr. 205.

[*6*] HARDER, E. L., u. G. D. McCANN: A large-scale general-purpose electric analog computer, Trans. Amer. Inst. electr. Engrs. Vol. 67 (1948), S. 664—673.

[*7*] HARDER, E. L., u. J. M. CLAYTON: Transmission line design and performance based on direct lightning strokes, Trans. Amer. Inst. electr. Engrs. Vol. 68 (1949), I, S. 439—449.

[*8*] BOOKER, C. A.: Comparative performance records steel and wood transmission lines, Trans. Amer. Inst. electr. Engrs. Vol. 68 (1949), I, S. 686—689.

[*9*] SCHAHFUER, R. M., u. W. H. KNUTZ: Comportement des lignes de transport sur poteaux en bois vis-à-vis de la foudre, CIGRE 1950, Nr. 212.

[*10*] AIEE COMMITTEE REPORT: A method of estimating lightning performance of transmission lines, Trans. Amer. Inst. electr. Engrs. Vol. 69 (1950), II, S. 1187 bis 1196.

[*11*] HOUSLEY, J. E., u. J. D. HARPER: Protection of transmission lines over moun-tainous region where lightning incidence is high, Trans. Amer. Inst. electr. Engrs. Vol. 70 (1951), I, S. 124—128.

[*12*] HARDER, E. L., u. E. R. WHITEHEAD: Méthode pour évaluer le comportement aux coups de foudre des lignes de transmission, CIGRE 1952, Nr. 309.

[*13*] BURGSDORF, W. W.: Blitzschutz der Holzmastübertragungsleitungen, Energie-techn. Bd. 4 (1954), S. 350—353.

[*14*] SOMMER, E. M. K.: Hochspannungsfreileitungen: Gewitter- oder schadensicher, Energietechn. Bd. 4 (1954), S. 363—364.

8. Masterdungen.

[*1*] AIGNER, V.: Das Verhalten gestreckter Erder bei Stoßbeanspruchung, ETZ Bd. 54 (1933), S. 1233—1236.

[*2*] BEWLEY, L. V.: Theory and tests of the counterpoise, Electr. Engng. Vol. 5 (1934), S. 1163—1173.

[*3*] GRÜNEWALD, H., u. H. ZADUK: Zur Frage der Erdung von Freileitungsmasten im Hinblick auf Gewittereinwirkungen, ETZ Bd. 57 (1936), S. 1079—1082.

[4] BAATZ, H.: Über den wirksamen Widerstand von Erdern bei Stoßbeanspruchung, ETZ Bd. 59 (1938), S. 1263—1267.

[5] NORINDER, H., u. R. NORDELL: Influence de la nature de la terre et de la disposition des électrodes sur la résistance des prises de terre aux courants d'impulsion, CIGRE 1939, Nr. 302.

[6] DAVIS, R. u. J. E. M. JOHNSTON: The surge charakteristics of tower and tower footing impedances, J. Instn. electr. Engrs. Vol. 88 (1941), S. 453—465.

[7] BELLASCHI, P. L., R. E. ARMINGTON u. A. E. SNOWDEN: Impulse and 60-cycle characteristics of driven grounds II, Trans. Amer. Inst. electr. Engrs. Vol. 61 (1942), S. 349—363.

[8] HANSON, H. u. S. K. WALDORF: Practical design of counterpoise for transmission line lightning protection, Trans. Amer. Inst. electr. Engrs. Vol. 61 (1942), S. 599—603.

[9] BELLASCHI, P. L., u. R. E. ARMINGTON: Impulse and 60-cycle characteristics of driven grounds III, Effect of lead in ground installation, Trans. Amer. Inst. electr. Engrs. Vol. 62 (1943), S. 334—345.

[10] EATON, J. R.: Impulse characteristics of electrical connections to earth, Gen. Electr. Rev. Vol. 47 (1944), S. 41—50.

[11] BERGER, K.: Das Verhalten von Erdungen unter hohen Stoßströmen, Bull. schweiz. elektrotechn. Ver. Bd. 37 (1946), S. 197—211.

[12] BERGER, K.: Le comportement des prises de terre sous courants de choc de grande intensité, CIGRE 1946, Nr. 215.

[13] FRITSCH, V.: Die Überprüfung von Blitzerdern mit Hochfrequenz, Elektrotechn. u. Masch.-Bau Bd. 64 (1947), S. 142—148.

[14] BAATZ, H.: Der wirksame Widerstand ausgedehnter Erder bei Stoßbeanspruchung, Dtsch. Elektrotechn. Bd. 2 (1948), S. 185—189.

[15] PETROPOULOS, G. H.: The high-voltage characteristics of earth resistance, J. Inst. electr. Engrs. Vol. 95 (1948), II, S. 59—70.

[16] NORINDER, H., u. G. H. PETROPOULOS: Impulse characteristics of the ground under direct discharges and with pointed electrodes, Ark. Matem., Astronomi och Fysik Bd. 35 A (1948), H. 26.

[17] NORINDER, H., u. G. H. PETROPOULOS: Caractéristiques des électrodes pointues et décharges directes dans les courants de décharges à terre, CIGRE 1948, Nr. 310.

[18] GRÜNEWALD, H.: Über den Stoßausbreitungswiderstand von Erdern, ETZ Bd. 70 (1949), S. 505—508.

[19] TRIGLER, E. F.: Meßgeräte zur Bestimmung des Widerstandes von Erdern, ÖZE. Bd. 2 (1949), S. 164—166.

[20] FRITSCH, V.: Einige Untersuchungen an Blitzschutzerdungen, Bull. schweiz. elektrotechn. Ver. Bd. 40 (1949), S. 354—359.

[21] SUNDE, E. D.: Earth conduction effects in transmission systems, D. van Nostrands Company 1949.

[22] WESSEL, R.: Einfaches Verfahren zur elektrischen Untersuchung des Untergrundes für Erdungen, ETZ Bd. 71 (1950), S. 339—340.

[23] FRITSCH, V.: Geoelektrische Untersuchungen in der Blitzschutztechnik, Elektrotechn. u. Masch.-Bau Bd. 67 (1950), S. 142—147.

[24] KOCH, W.: Die Potentialsteuerung bei Leitungsmasten, ETZ Bd. 72 (1951), S. 651—655.

[25] WETTSTEIN, M.: Vorausberechnung der Masse, der Form und der Anordnung der Erdelektroden bei der Erstellung von Erdungsanlagen, Bull. schweiz. elektrotechn. Ver. Bd. 42 (1951), S. 49—63.

[26] NORINDER, H., u. O. SALKA: Stoßwiderstände der verschiedenen Erdelektroden

und Einbettungsmaterialien, Bull. schweiz. elektrotechn. Ver. Bd. 42 (1951), S. 321—327.

[27] BULLA, W.: Über den Wert von HF-Messungen an Blitzschutzerdern, Elektrotechn. u. Masch.-Bau Bd. 69 (1952), S. 140—146.

[28] FRITSCH, V.: Über HF-Messungen an Blitzschutzerdern, Elektrotechn. u. Masch.-Bau Bd. 69 (1952), S. 422—426.

[29] ROLLET, E.: Einige Betrachtungen zum Problem des Banderders bei Stoßbelastung, Elektrotechn. u. Masch.-Bau 69 (1952), S. 461—465.

[30] FRITSCH, V.: Die Ableitung des Blitzstromes durch einen Erder, Die Technik, Ausg. E Bd. 2 (1952), S. 97—108 u. 137—143.

[31] BULLA, W.: Der Stoßausbreitungswiderstand von Erdern, Die Technik, Ausg.E Bd. 2 (1952), S. 125—136.

[32] OBPACHER, H.: Erfahrungen mit dem Siemens-Erdungsmesser für Bodenuntersuchungen, Siemens-Z. Bd. 26 (1952), S. 249—252.

[33] LUNDHOLM, R., u. S. RUSCK: Nouvelles expériences concernant la technique des mises à la terre des pylônes et des postes électriques, CIGRE 1952, Nr. 305.

[34] ERBACHER, W.: Untersuchungen von Masterdungen, ETZ Bd. A 74 (1953), S. 390—393.

[35] SANICK, J. H.: Einfluß der Elektrolytgel-Behandlung von Erdelektroden auf den Erdungswiderstand, Bull. schweiz. elektrotechn. Ver. Bd. 44 (1953), S. 1052 bis 1057.

36] GALEAZZI, A., R. MARENESI u. A. PAOLUCCI: Ohmmètre de terre en ondes de choc pour la détermination des résistances de terre dans les lignes de transmission avec fil de garde, CIGRE 1954, Nr. 329.

[37] KOCH, W.: Erdungen in Wechselstromanlagen über 1 kV, Berlin/Göttingen/ Heidelberg, Springer 1955.

9. Kabel in Freileitungsnetzen.

[1] MCEACHRON, K. B., J. C. HEMSTREET u. H. P. SEELYO: Effects of short lengths of cable on traveling waves, Gen. El. Rev. Vol. 33 (1930), S. 634—646.

[2] BUSS, K., u. W. VOGEL: Stoßspannungsversuche an Hochspannungskabeln, VDE-Fachber. Bd. 7 (1935), S. 61—63.

[3] SCHNEEBERGER, P. E.: L'essai de surtension par ondes de choc appliqué à la technique des câbles souterrains, CIGRE 1937, Nr. 211.

[4] VUILLERMOZ, J.: Le comportement des câbles de transmission d'énergie électrique vis-à-vis des surtensions, Rev. gén. Électr. Vol. 44 (1938), S. 543—551.

[5] HELD, CH., u. H. W. LEICHSENRING: La résistance des câbles à haute tension aux ondes de choc, CIGRE 1939, Nr. 207.

[6] LEICHSENRING, H. W., u. CH. HELD: Die Gewittersicherheit von Hochspannungskabelanlagen, Elektrizitätswirtsch. Bd. 39 (1940), S. 156—160.

[7] FOUST, C. M., u. J. A. SCOTT: Some impulse-voltage breakdown tests on oil-treated paper-insulated cables, Trans. Amer. Inst. electr. Engrs. Vol. 59 (1940), S. 389—391.

[8] DAVIS, E. W., u. W. N. EDDY: Impulse strength of cable insulation, Trans. Amer. Inst. electr. Engrs. Vol. 59 (1940), S. 394—399.

[9] KOMIVES, L. J.: Impulse strength as a measure of cable quality, Trans. Amer. Inst. electr. Engrs. Vol. 60 (1941), S. 929—933.

[10] WITZE, R. L., u. T. J. BLISS: Surge protection of cable-connected equipment, Trans. Amer. Inst. electr. Engrs. Vol. 69 (1950), S. 527—542.

[11] GRÜNEWALD, H.: Überspannungsschutz von Kabeln im Zuge von Mittelspannungs-Freileitungen, Elektrizitätswirtsch. Bd. 51 (1952), S. 604—608.

[*12*] BAATZ, H.: Durchschlag-Stoßspannungen von Einleiter-Papierbleikabeln, ETZ Bd. A 74 (1953), S. 69—70.

[*13*] HOWARD, P. R.: Impulse punkture characteristics of mass-impregnated paper-insulated cables, with special reference to testing procedures, Proc. Inst. Electr. Engrs. Vol. 100 (1953), S. 315—318.

[*14*] PRIAROGGIA, P. G.: Prove ad impulso su cavi ad alta tensione, Elettrotecnica Vol. 41 (1954), S. 289—293.

10. Ventilableiter.

[*1*] SLEPIAN J.: Theory of the autovalve arrester, J. Amer. Inst. electr. Engng. Vol. 45 (1926), S. 3—8.

[*2*] MÜLLER-HILLEBRAND, D.: Die neuzeitliche Entwicklung von Überspannungsschutzgeräten in Hochspannungsanlagen, ETZ Bd. 55 (1934), S. 733—738.

[*3*] WITTE, H.: Experimentelle Trennung von Temperaturanregung und Feldanregung im elektrischen Bogen, Z. Phys. Bd. 88 (1934), S. 415.

[*4*] GROSS, E.: Gewitterschutz durch Überspannungsableiter, Elektrotechn. u. Masch.-Bau Bd. 54 (1936), S. 87—91.

[*5*] MÜLLER-HILLEBRAND, D.: Aus der Entwicklung der Überspannungstechnik im letzten Jahrzehnt, Elektrotechn. u. Masch.-Bau Bd. 54 (1936), S. 361—366.

[*6*] FRÜHAUF, G.: Die Grenzen der Belastbarkeit von Überspannungsableitern unter Berücksichtigung direkter Blitzeinschläge, ETZ Bd. 58 (1937), S. 441—444.

[*7*] BORRIES, B. VON: Die Bewährung der Überspannungsableiter im Elektrizitätswerksbetrieb, ETZ Bd. 58 (1937), S. 493—499.

[*8*] TESZNER, S.: L'expérience d'exploitation et les récents progrès de la technique des parafoudres-déchargeurs, CIGRE 1937, Nr. 335.

[*9*] McEACHRON, K. B., u. W. A. McMORRIS: Discharge currents in distribution arresters — II, Trans. Amer. Inst. electr. Engrs. Vol. 57 (1938), S. 307—314.

[*10*] SZPOR, S.: Fusibles pour parafoudres, CIGRE 1939, Nr. 318.

[*11*] GEISSLER, H.: Aus der Entwicklung des Kathodenfallableiters für Hochspannung, ETZ Bd. 61 (1940), S. 229—233.

[*12*] HALPARIN, H.: Testing of distribution arresters, Trans. Amer. Inst. electr. Engrs. Vol. 59 (1940), S. 142—148.

[*13*] GROSS, J. W., u. W. A. McMORRIS: Lightning currents in arresters at station, Trans. Amer. Inst. electr. Engrs. Vol. 59 (1940), S. 417—422.

[*14*] BERGVALL, R. C., u. E. BECK: Lightning and lightning protection on distribution system, Trans. Amer. Inst. electr. Engrs. Vol. 59 (1940), S. 442—448.

[*15*] BERGER, K.: Ausgleichsvorgänge beim Ansprechen von Überspannungsableitern in Prüfanlagen und Netzen, Bull. schweiz. elektrotechn. Ver. Bd. 32 (1941), S. 257—266.

[*16*] GANTENBEIN, A.: Neuere Forschungsergebnisse im Überspannungsableiterbau, Bull. schweiz. elektrotechn. Ver. Bd. 37 (1941), S. 695—699.

[*17*] GROSS, J. W., G. D. McCann u. E. BECK: Field investigations of lightning currentsdischarged by arresters, Trans. Amer. Inst. electr. Engrs. Vol. 61 (1942), S. 266—271.

[*18*] BERGER, K.: Le contrôle des parafoudres en exploitation, CIGRE 1946, Nr. 328.

[*19*] SVENSSON, B.: Estimation des caractéristiques des parafoudres, considérée en rapport avec quelques problèmes relatifs aux mesures, CIGRE 1946, Nr. 337.

[*20*] ASHWORTH F., W. NEEDHAM u. R. W. SILLARS: Silicone carbide non-ohmic resistors, J. Inst. electr. Engrs. Vol. 93 (1946), I, S. 385—405.

[*21*] McCANN, G. D. u. E. BECK: Field research on lightning arresters discharges, Trans. Amer. Inst. electr. Engrs. Vol. 66 (1947), S. 92.

[22] GANTENBEIN, A., u. H. ROHRER: Sorte d'hystérésis des tensions de choc appliquées aux isolateurs et aux parafoudres, CIGRE 1948, Nr. 325.

[23] PIRIE, J. H.: L'application d'un émail semi-conducteur aux isolateurs en porcelaine, CIGRE 1948, Nr. 202.

[24] LEHMANN, G.: Zwei Jahrzehnte Erfahrungen mit modernen Überspannungsableitern, Elektrotechn. Bd. 4 (1950), S. 268—275.

[25] DEGOUMOIS, CH.: Überspannungsableiter für langdauernde Blitzströme, BB-Mitt. Bd. 37 (1950), S. 171—173.

[26] JONES, H. F., u. C. J. O. GARRARD: The design specification and performance of high-voltage surge diverters, Proc. Inst. Electr. Engrs. Vol. 97 (1950), II, S. 365—388.

[27] KALB, J. W.: New lightning arrester has better operating tolerance, Electr. Wld. Vol. 134 (1950), S. 103.

[28] STEWART, H. R., u. F. M. DEFAUDORF: New lightning arrester standard, Trans. Amer. Inst. electr. Engrs. Vol. 69 (1950), I, S. 525—526.

[29] DEGOUMOIS, CH.: Der Überspannungsschutz der elektrischen Anlagen, BB-Mitt. Bd. 38 (1951), S. 92—95.

[30] ZOLLER, W.: Der Resorbitableiter und seine neueste Entwicklung, BB-Mitt. Bd. 38 (1951), S. 105—114.

[31] MONAHAN, T. F.: The design and performance of surge diverters for the protection of alternating-current systems, Proc. Inst. Electr. Engrs. Vol. 98 (1951), II, S. 312—330.

[32] ACKERMANN, O.: The power interruption testing of lightning arresters, Trans. Amer. Inst. electr. Engrs. Vol. 70 (1951), I, S. 1—5.

[33] BECK, E.: The duty on lightning arresters for a—c systems, Trans. Amer. Inst. electr. Engrs. Vol. 70 (1951), II, S. 1134—1148.

[34] HOWARD, S. B., T. J. CARPENTER u. H. SCHWARTZ: Long-duration surge testing of lightning arresters, Trans. Amer. Inst. electr. Engrs. Vol. 70 (1951), II, S. 1487—1492.

[35] AMSLER, J., u. L. REGEZ: Beeinflussung der Ansprechspannung von Überspannungsableitern moderner Bauart durch Beregnung und Verschmutzung, Bull. schweiz. elektrotechn. Ver. Bd. 43 (1952), S. 311—316.

[36] ROHRER, H.: Dispersion des tensions d'amorcage au choc des parafoudres, CIGRE 1952, Nr. 322.

[37] GRUNDMARK, B.: Les parafoudres. Exigences auxquelles doivent satisfaire les parafoudres, sur la base de l'expérience suédoise, CIGRE 1952, Nr. 330.

[38] LEDOUX, CH. P., u. S. TESZNER: Développement des idées en matière de parafoudres à haute tension, CIGRE 1952, Nr. 333.

[39] LEDOUX, CH. P., u. S. TESZNER: La position actuelle des parafoudres à haute tension, Bull. Soc. franç. Électr. Vol. 7 (1952), S. 555—573.

[40] KOETTNITZ, H.: Ergebnisse einer Großzahl-Überprüfung von Überspannungsableitern, Inst. Energet. Bd. 22 (1953), S. 21—35.

[41] KOETTNITZ, H.: Die Messung der Wechselspannungs- 50 Hz-Ansprechspannung von Überspannungsableitern, Reihe 1—60, Instit. Energet. Bd. 21 (1953), S. 14—21.

[42] KOETTNITZ, H.: Die Ursachen für das Absinken der Ansprechspannung von Überspannungsableitern im Betrieb, Instit. Energet. Bd. 21 (1953), S. 22—45.

[43] BERGER, K.: Experimentelle Untersuchungen über die Streuung der Überschlag- und Ansprechspannungen von Isolatoren, Funkenstrecken und Ableitern unter hohen Stoßspannungen, Bull. schweiz. elektrotechn. Ver. Bd. 44 (1953), S. 353—376.

[44] GRUNDMARK, B.: Lightning arresters, Asea-J. Vol. 26 (1953), S. 17—24.

[45] AIEE Committee Report: Performance characteristics of lightning protective devices, Trans. Amer. Inst. electr. Engrs. Vol. 72 (1953), III, S. 427—432.

[46] Cornelius, H. A.: Use of 10 × 20 current waves for lightning-arrester tests, Trans. Amer. Inst. electr. Engrs. Vol. 72 (1953), III, S. 895—901.

[47] Koettnitz, H.: Kritische Betrachtung der Störungen und Ausfälle von Überspannungsableitern, Energietechn. Bd. 4 (1954), S. 99—113.

[48] Neuve-Église, G.: Le comportement des parafoudres à résistance variable aux surtensions de coupure des charges réactives, CIGRE 1954, Nr. 326.

[49] Bitter, H.: Kathodenfallableiter für Mittelspannungsanlagen. Stand der Entwicklung, konstruktive Gestaltung und Betriebsverhalten, Siemens Zeitschr. Bd. 29 (1955), S. 400—408.

11. Rohrableiter.

[1] Torok, J. J., u. Pittmann: Protection against lightning surges, Electr. Engng. Vol. 50 (1931), S. 498—500.

[2] McEachron, K. B., J. W. Gross u. H. L. Melvin: The expulsion protective gap, Trans. Amer. Inst. electr. Engrs. Vol. 52 (1933), S. 884—893.

[3] Opsahl, A. M., u. J. J. Torok: The de-ion flashover protector, Trans. Amer. Inst. electr. Engrs. Vol. 52 (1933), S. 895—899.

[4] Sporn, P., u. J. W. Gross: Expulsion protective gaps on 132 kV lines, Electr. Engng. Vol. 54 (1935), S. 66—73.

[5] Bewley, L. V.: Effect which different distribution of expulsion gaps have on direct-stroke protection of transmission lines, Gen. Electr. Rev. Vol. 38 (1935), S. 505—510.

[6] Putman, H. V.: Direct-stroke protection of distribution transformers, Electr. J. Vol. 34 (1937), S. 60—62.

[7] Hodnette, J. K., u. H. D. Forbes: De-ion gap arresters protect distribution transformers, Electr. J. Vol. 34 (1937), S. 335—337.

[8] Rudge jr., W. J., u. E. J. Wade: Expulsion protective gaps, Trans. Amer. Inst. electr. Engrs. Vol. 56 (1937), S. 551—557.

[9] Altbürger, P.: Selbstlöschende Funkenstrecken zur Vermeidung von Gewitterüberschlägen in Stationen, Elektrizitätswirtsch. Bd. 37 (1938), S. 462-465.

[10] Wisco, E., u. A. C. Monteith: Experience with protector tubes, Electr. J. Vol. 35 (1938), S. 299—300.

[11] Nancy, E. P.: Comparison of protector tubes and ground wires for 66 kV, Electr. J. Vol. 35 (1938), S. 301—305.

[12] Evans, R. D., u. A. C. Monteith: Recovery-voltage characteristics of typical transmission systems and relation to protector-tube applications, Trans. Amer. Inst. electr. Engrs. Vol. 57 (1938), S. 432—440.

[13] Sporn, P., u. J. W. Gross: Protector-tube application and performance on 132 kV transmission lines, Trans. Amer. Inst. electr. Engrs. Vol. 57 (1938), S. 520—530.

[14] Foitzik, R.: Löschrohrableiter und ihre Anwendungsmöglichkeiten, ETZ Bd. 60 (1939), S. 268—271.

[15] Frühauf, G.: Hartgasableiter als Überspannungsschutz, Elektrizitätswirtsch. Bd. 38 (1939), S. 480—483.

[16] Rabus, W., u. H. Hattendorf: Überspannungsschutz durch SAW- und Hartgasableiter, AEG-Mitt. (1940), S. 121.

[17] Peterson, H. A., W. J. Rudge, A. C. Monteith u. L. R. Ludwig: Protector tubes for power Systems, Trans. Amer. Inst. electr. Engrs. Vol. 59 (1940), S. 282—288.

[18] SELS, H. K., u. A. W. GOTHBERG: Lightning protection of wood pole lines, Trans. Amer. Inst. electr. Engrs. Vol. 59 (1940), S. 328–331.

[19] WESCHE, K.: Betriebserfahrungen mit Überspannungs-Schutzröhren in Hausstationen eines kompensierten Mittelspannungsnetzes, Elektrizitätswirtsch. Bd. 40 (1941), S. 132–135.

[20] AIEE COMMITTEE REPORT: Expulsion-type lightning arresters. Impulse sparkover volt-time characteristics, Trans. Amer. Inst. electr. Engrs. Vol. 67 (1948), 1, S. 520.

[21] LÄPPLE, H.: Der Planeinsatz von Löschrohren, VDE-Fachber. Bd. 13 (1949), S. 77–86.

[22] BÉMER, V.: Les parafoudres à expulsion utilisés pour la protection économique des postes de transformation ruraux et des lignes à moyenne et à haute tension, Bull. Soc. franç. Électr. Vol. 9 (1949), S. 125–137.

[23] FERNIER, M. B.: Les parafoudres à expulsion, Bull. Soc. franç. Électr. Vol. 9 (1949), S. 583–595.

[24] GRÜNEWALD, H.: Das Verhalten von Rohrableitern bei Stoß- und Wechselspannungen, VDE-Fachber. Vol. 14 (1950), S. 10–15.

[25] ACKERMANN, O., u. E. J. DE VAL: Spiral arc chokes power flow in new lightning arresters, Trans. Amer. Inst. electr. Engrs. Vol. 70 (1951), S. 995–998.

[26] HARHAMMER, E.: Der Löschrohreinsatz in den 20-kV-Verteilnetzen der NEWAG, ÖZE. Bd. 6 (1953), S. 286–289.

[27] LEDOUX, Ch. P.: La protection des réseaux de distribution à moyenne tension contre les surtensions L'éclateur-parafoudre à transfert d'arc, Bull. Soc. franç. Électr. Vol. 3 (1953), S. 527–535.

[28] AIEE COMMITTEE REPORT: Application and performance of 13–138-kV line expulsion lightning arresters (Line protector tubes), Trans. Amer. Inst. electr. Engrs. Vol. 72 (1953), III, S. 151–159.

[29] ACKERMANN, O.: The duty on expulsion-type lightning arresters for distribution systems, Trans. Amer. Inst. electr. Engrs. Vol. 72 (1953), III, S. 759–769.

[30] BECKER, R. F.: Erfahrungen mit Löschrohrableitern in Mittelspannungsnetzen, Energietechn. Bd. 4 (1954), S. 338–349.

[31] JIRKÒ, J.: Einbau und Schutzbereich von Löschrohren in Mittelspannungsnetzen, Energietechnik Bd. 5 (1955), S. 359–364.

[32] BECKER, R. F.: Sprühelektroden an Löschrohren, Energietechnik Bd. 5 (1955), S. 364–367.

12. Schutzfunkenstrecken.

[1] DE ZOETEN, J. G.: La coordination de l'isolement dans quelques sous-stations à haute tension dans les Pays-Bas pour une tension de service de 150 kV, CIGRE 1936, Nr. 306.

[2] HIGGINS, R., u. H. L. RORDEN: The control gap for lightning protection, Trans. Amer. Inst. electr. Engrs. Vol. 55 (1936), S. 1029.

[3] EEI-NEMA REPORT: Flashover Characteristics of rod gaps and insulators, Trans. Amer. Inst. electr. Engrs. Vol. 56 (1937), S. 712–714.

[4] JACOTTET, P., u. W. WEICKER: Überschlag-Wechselspannungen und 50%-Überschlag-Stoßspannungen von Stabfunkenstrecken, ETZ Bd. 61 (1940), S. 565–566.

[5] WANGER, W.: Stoßüberschlagmessungen an Stabfunkenstrecken, Bull. schweiz. elektrotechn. Ver. Bd. 34 (1943), S. 193–201.

13. Schutzkondensatoren.

[1] Boll, G.: Schutz gegen Überspannungen durch Kondensatoren und Kabel, BBC-Nachr. Bd. 18 (1931), S. 47—55.

[2] Rogowski, W., u. H. Boekels: Der Kabelkondensator als Wellenschutz, Elektrizitätswirtsch. Bd. 32 (1933), S. 273—276.

[3] Lundholm, R.: Kondensatoren als Schutz gegen atmosphärische Überspannungen, Ericsson Rev. (1933), S. 31; Referat ETZ Bd. 55 (1934), S. 17.

[4] Neurath, K.: Beitrag zur Frage des Überspannungsschutzes von Stationen mit Kabelstrecken, ETZ Bd. 59 (1938), S. 306—309.

[5] Métraux, A.: Der Kondensator als Überspannungsschutz, Bull. schweiz. elektrotechn. Ver. Bd. 30 (1939), S. 17—20.

[6] Métraux, A., u. G. Rutgers: Le condensateur de protections, CIGRE 1939, Nr. 107.

[7] Meyer, H.: Überspannungsschutz mit Kapazitäten, Bull. schweiz. elektrotechn. Ver. Bd. 31 (1940), S. 597—598.

[8] Berger, K.: Vom Blitzschlag bedingter Spannungsverlauf in einer am Ende einer Freileitung angeschlossenen Kapazität, Bull. schweiz. elektrotechn. Ver. Bd. 35 (1944), S. 14—26.

[9] Marzahl, H.: Überspannungsschutz von Stationen durch Kabeleinführungen und Ableiter, Elektrizitätswirtsch. Bd. 51 (1952), S. 608—614.

[10] Herlitz, J., u. N. Knudsen: Protection contre les surtensions du matériel électrique relié par câble à une ligne aérienne, CIGRE 1952, Nr. 324.

[11] Schulze, H.: Überspannungsschutz durch Kondensatoren und Kabel, Dtsch. Elektrotechn. Bd. 8 (1954), S. 174—181.

14. Koordination der Isolation.

[1] Estorff, W.: Die Bemessung der Isolation elektrischer Hochspannungsanlagen, ETZ Bd. 60 (1939), S. 825—831 u. 860—864.

[2] Estorff, W.: Neue Wege in der Auswahl der Isolation auf Grund der Beanspruchung im Betrieb, ETZ Bd. 62 (1941), S. 365—369 u. 391—394.

[3] Jacottet, P.: Atmosphärische Einflüsse auf das Isoliervermögen von Hochspannungsanlagen, insbesondere in größeren Höhenlagen, Arch. Elektrotechn. Bd. 36 (1942), S. 629—651.

[4] Wanger, W., u. W. Frey: Untersuchungen über die Sicherheit der Isolationsabstufung bei der Koordination der Isolation, BBC-Mitt. Bd. 30 (1943), S. 259.

[5] Strauven, M.: Contribution à la coordination de l'isolement des postes à haute tension en Belgique, CIGRE 1946, Nr. 310.

[6] Wanger, W.: La coordination des isolements-Étude de quelques questions concernant la gradation des différentes isolations d'un poste à haute tension, CIGRE 1946, Nr. 316.

[7] Tvrethem, A.T.: Choix des niveaux d'isolements et coordination des isolements dans les centrales, postes et sous-stations à haute tension, CIGRE 1946, Nr. 333.

[8] Dalla Verde, A.: Considération sur la coordination des isolements dans les installations électriques, CIGRE 1946, Nr. 345.

[9] SEV: Regeln und Leitsätze für die Koordination der Isolationsfestigkeit in Wechselstrom-Hochspannungsanlagen, Bull. schweiz. elektrotechn. Ver. Bd. 38 (1947), S. 869—880.

[*10*] SCHULTZE, M.: Der Einfluß der Systemerdung auf die Isolationsfestigkeit des Stationsmaterials in Höchstspannungsanlagen, BB-Mitt. Bd. 35 (1948), S. 205—210.

[*11*] AESCHLIMANN, D.: Recherches concernant la coordination de l'isolement dans les installations à haute tension, CIGRE 1948, Nr. 405.

[*12*] BELLASCHI, L.: Coordination et protection de l'isolement des stations (Rapport sur l'état actuel de la question), CIGRE 1948, Nr. 407.

[*13*] HÜTER, W.: Koordination der Isolationsfestigkeit in Wechselstrom-Hochspannungsanlagen, Dtsch. Elektrotechn. Bd. 3 (1949), S. 141—144.

[*14*] HERLITZ, J., u. G. JANCKE: Rapport sur les travaux du comité international d'études de la coordination de l'isolement, CIGRE 1950, Nr. 404.

[*15*] FOOTE, J. H.: La pratique de la coordination des isolements aux États-Unis, CIGRE 1950, Nr. 413.

[*16*] MONTEITH, A. C., u. H. R. VAUGHAN: Insulation coordination, Electr. Transm. a. Distrib. Ref. Book, E. Pittsburgh, Pa. Ed. 4 (1950), S. 610—642.

[*17*] REISKE, K.: Die Isolationsbemessung als Problem des Schaltanlagenbaues, ETZ Bd. 72 (1951), S. 105—109.

[*18*] ELSNER, R.: Entwurf neuer Leitsätze für die Bemessung und Prüfung der Isolation elektrischer Anlagen von 1 kV und darüber (VDE 0111), ETZ Bd. 72 (1951), S. 662—664.

[*19*] WAGNER, C. F., R. L. WITZKE, E. BECK u. W. L. TEAGUE: Insulat on Co-ordination, Trans. Amer. Inst. electr. Engrs. Vol. 71 (1952), III, S. 1064—1084.

[*20*] BÖCKMAN, M.: L'influence de la pluie sur les essais de choc, CIGRE 1954, Nr. 405.

[*21*] HERLITZ, J., u. G. JANCKE: Rapport sur les travaux du comité d'études No. 15 sur la coordination des isolements, CIGRE 1954, Nr. 409.

15. Überspannungsschutz der Netze.

[*1*] MÜLLER-HILLEBRAND, D.: Gewitterstörungen in Mittelspannungsnetzen nach statistischen Ermittlungen, ETZ Bd. 55 (1934), S. 133—136, 158—161 u. 243 bis 246.

[2] GRÜNEWALD, H.: Gewittergefährdung und Gewitterschutz von Freileitungsanlagen, Elektrizitätswirtsch. Bd. 34 (1935), S. 454—459.

[3] McEACHRON, K. B.: La protection des lignes et des appareils contre les effets de la foudre, CIGRE 1935, Nr. 334.

[*4*] KAUTZMANN, O.: Erfahrungen über Gewittereinflüsse in Mittelspannungsnetzen und Auswirkung ergriffener Maßnahmen, ETZ Bd. 57 (1936), S. 387—389.

[*5*] KRUSE, W.: Betriebserfahrungen mit Überspannungsableitern, ETZ Bd. 60 (1939), S. 1417—1418.

[6] FRÜHAUF, G.: Erfahrungen im Überspannungsschutz, AEG-Mitt. (1933), S. 488 bis 490.

[*7*] GRÜNEWALD, H.: Recherches sur les perturbations provoquées par les orages et sur la protection des lignes aériennes contre les orages, CIGRE 1939, Nr. 323.

[*8*] BODIER, G.: Essais de protection d'un réseau contre les surtensions, CIGRE 1939, Nr. 327.

[9] BERGVALL, R. C., u. E. BECK: Lightning and lightning protection of distribution circuits, Trans. Amer. Inst. electr. Engrs. Vol. 59 (1940), S. 442—448.

[*10*] WESCHE, K.: Gewittersicherheit von Mittelspannungs-Freileitungen, ETZ Bd. 62 (1941), S. 585—589.

[*11*] AIEE COMMITTEE REPORT: Ten years of progress in lightning protection, Trans. Amer. Inst. electr. Engrs. Vol. 61 (1942), S. 564—568.

[*12*] SIEMER, W.: Richtlinien für den Einbau von Überspannungsableitern in Freileitungsnetzen, ETZ Bd. 64 (1943), S. 601.

[*13*] ZAMBETTI, TH.: Gewittererfahrungen im Tessin, Bull. schweiz. elektrotechn. Ver. Bd. 34 (1943), S. 129—130.

[*14*] SCHILLER, H.: Erfahrungen mit Überspannungsschutzeinrichtungen in Netzen verschiedener Spannungen, Bull. schweiz. elektrotechn. Ver. Bd. 34 (1943), S. 130—134.

[*15*] BITTERLI, S.: Erfahrungen mit Überspannungsableitern, Bull. schweiz. elektrotechn. Ver. Bd. 34 (1943), S. 136—138.

[*16*] BERGER, K.: État actuel des questions techniques dans le domaine de la foudre et des surtensions, CIGRE 1948, Nr. 327.

[*17*] DENNHARDT, A.: Gewitterschutz in Mittelspannungsnetzen. Stand der Technik und Weiterentwicklung, Elektrizitätswirtsch. Bd. 48 (1949), S. 173—179 u. 238—243.

[*18*] ST.-GERMAIN, J.: Le rôle des parafoudres dans la coordination de l'isolement, Bull. Soc. franç. Électr. Vol. 9 (1949), S. 482—496.

[*19*] TESZNER, S.: Les parafoudres et les éclateurs de coordination des isolements, Bull. Soc. franç. Électr. Vol. 9 (1949), S. 596—606.

[*20*] LACEY, H. M.: The lightning protection of high-voltage overhead transmission and distribution systems, Proc. Inst. Electr. Engrs. Vol. 96 (1949), S. 287—307.

[*21*] RORDEN, H. L.: Lightning arresters as a criterion for insulation levels, Trans. Amer. Inst. electr. Engrs. Vol. 69 (1950), I, S. 84—91.

[*22*] VOGEL, V. J.: Margins between lightning arresters protective levels and transformer insulation, Trans. Amer. Inst. electr. Engrs. Vol. 69 (1950), I, S. 110—112.

[*23*] CARPENTER, T. J., J. B. JOHNSON u. L. E. SALINE: Evaluation of lightning arrester lead length and separation in co-ordinated protection of apparatus against lightning, Trans. Amer. Inst. electr. Engrs. Vol. 69 (1950), II, S. 933—944.

[*24*] WITZKE, R. L., u. T. J. BLISS: Coordination of lightning arresters location with transformer insulation level, Trans. Amer. Inst. electr. Engrs. Vol. 69 (1950) II, S. 964—975.

[*25*] FORREST, J. S.: The performance of the British Grid System in thunderstorms, Proc. Inst. Electr. Engrs. Vol. II, 97 (1950), S. 345—364; Referat Elektrizitätswirtsch. Bd. 50 (1951), S. 200—203.

[*26*] PARSCHALK, F.: Überspannungsableiter im Rahmen der Isolationskoordination von Hochspannungsanlagen, VDE-Fachber. Bd. 15 (1951), S. 91—97.

[*27*] DEGOUMOIS, CH.: Der Überspannungsschutz der elektrischen Anlagen, BBC-Mitt. Bd. 38 (1951), S. 96—105.

[*28*] BOSSI, H.: Die Bedeutung und der Einsatz des Ableiters im modernen Überspannungsschutz, BBC-Mitt. Bd. 38 (1951), S. 96—105.

[*29*] KALB, J. W.: Some effects of lightning arresters protection characteristics and location upon station apparatus protection, Trans. Amer. Inst. electr. Engrs. Vol. 70 (1951), I, S. 379—388.

[*30*] BERGER, K.: Comparaison statistique des perturbations par orage de quelques grands réseaux à tension élevée, CIGRE 1952, Nr. 302.

[*31*] GROSS, J. W., T. J. BLISS u. J. K. DILLARD: Lightning protection in extra-high-voltage stations-Analysis, Anacom study and results, Trans. Amer. Inst. electr. Engrs. Vol. 71 (1952), III, S. 482—492.

[*32*] McEACHRON, K. B.: Lightning-A hazard to electric systems, Trans. Amer. Inst. electr. Engrs. Vol. 71 (1952), III, S. 977—982.

[*33*] AESCHLIMANN, H., u. J. AMSLER: Schutz von Transformatoren gegen Überspannungen durch Ableiter oder Stabfunkenstrecken, Bull. schweiz. elektrotechn. Ver. Bd. 44 (1953), S. 88—95.

[*34*] Ledoux, Ch. P.: La protection des réseaux de distribution à moyenne tension contre les surtensions. Le problème de la continuité de service, Bull. Soc. franç. Électr. Vol. III (1953), S. 510—516 u. 527—535.

[*35*] Oakeshott, D. F.: Protecting medium voltage lines against lightning, Electr. Tms. Vol. 124 (1953), S. 937—942, 989—994 u. 1041—1046.

[*36*] Grundmark, B.: Lightning arresters protecting the 380 kV-power system, Asea-J. Vol. 26 (1953), S. 114—119.

[*37*] Gross, J. W., L. B. le Vesconte u. J. K. Dillard: Lightning protection in extra high-voltage stations-Influence of multiple-circuits, Trans. Amer. Inst. electr. Engrs. Vol. 72 (1953), III, S. 882—890.

[*38*] Berger, K.: Rapport sur les travaux du Comité d'Études Nr. 8, CIGRE 1954, Nr. 306.

[*39*] Lundholm, R., N. Hyltén-Cavallius u. B. Grundmark: La protection des centrales contre les surtensions d'origine extérieure, CIGRE 1954, Nr. 309.

[*40*] Rorden, H. L., u. R. S. Gens: Protective practices as a criterion for high-voltage transmission design, Power apparat. syst. Vol. 73 (1954), S. 465—473.

[*41*] Dillard, J. K., H. R. Armstrong u. A. R. Hileman: Lightning protection in a 120 kV-station. Field and laboratory studies, Power apparat. syst. Vol. 73 (1954), S. 1143—1152.

16. Sternpunktschutz.

[*1*] Wellauer, M.: Die Beanspruchung und der Überspannungsschutz des Sternpunktes von Transformatoren, Bull. Oerlikon (1952), Nr. 295, S. 73—81.

[*2*] Wellauer, M.: Protection du point neutre des transformateurs contre les contraintes et les surtensions, CIGRE 1952, Nr. 117.

[*3*] Sollergen, B.: La possibilité de niveaux d'isolement réduits dans le neutre des transformateurs, CIGRE 1952, Nr. 134.

[*4*] Bader, J., u.W. Lech: Protection du point neutre des transformateurs, CIGRE 1954, Nr. 113.

17. Kurzunterbrechung.

[*1*] Sporn, P., u. C. A. Muller: Five years experience with ultra-high-speed reclosing of high-voltage transmission lines, Trans. Amer. Inst. electr. Engrs. Vol. 60 (1941), S. 241—245.

[*2*] Schultheiss, F.: Einordnung der Kurzschlußfortschaltung in den Netzbetrieb, ETZ Bd. 64 (1943), S. 521.

[*3*] Teszner, S., u. R. Chambrillon: Sur l'application du réenclenchement ultra-rapide aux réseaux de distribution, CIGRE 1946, Nr. 331.

[*4*] Roche, L.: Le réenclenchement automatique sur le réseau français de transport d'énergie, Bull. Soc. franç. Électr. Vol. 7 (1952), S. 501—512.

[*5*] Pétard, M.: Résultats d'exploitation des systèmes de réenclenchement automatique sur les réseaux à 220 et 150 kV de l'E.D.F. en 1950 et 1951, Bull. Soc. franç. Électr. Vol. 7 (1952), S. 513—515.

[*6*] Jurikow, P. A.: Selbsttätige Kurzschlußfortschaltung als Hauptmittel zur Bekampfung von Gewitterschäden auf Überlandleitungen mit geringem Isolationspegel, Dtsch. Elektrotechn. Bd. 7 (1953), S. 545.

[*7*] Kruse, W., u. F. Geise: Kurzunterbrechung in Mittelspannungsnetzen. — Ein Großversuch und Betriebserfahrungen, Elektrizitätswirtsch. Bd. 53 (1954), S. 195—198 u. 276—280.

18. Überspannungsschutz von Maschinen.

[1] NEUHAUS, H., u. K. STRIGEL: Der Verlauf von Wanderwellen in elektrischen Maschinen und deren Schutz beim Anschluß an Freileitungen, Arch. Elektrotechn. Bd. 29 (1935), S. 702.

[2] HUNTER, E. M.: Tests on lightning protection for a—c rotating machines, Electr. Engng. Vol. 55 (1936), S. 137—144.

[3] McCANN, G. D., E. BECK u. L. A. FINZI: Lightning protection for rotating machines, Trans. Amer. Inst. electr. Engrs. Vol. 63 (1944), S. 319—332.

[4] BELLASCHI, P. L.: Caractéristiques des surtensions et protection des générateurs, CIGRE 1950, Nr. 331.

[5] HUNTER, E. M., u. N. E. DILLOW: Surge protection: $A—C$ rotating machines, Gen. Electr. Rev. Vol. 53 (1950), H. 5, S. 20—24.

[6] SCHULZE, H.: Sicherung der Generatoren und Erregermaschinen gegen Überspannungen, Instit. Energet. Bd. 21 (1953), S. 6—13.

19. Überspannungsschutz der Niederspannungsanlagen.

[1] ROTH, A.: Über die Gefährdung von Freileitungsnetzen für Niederspannung durch Gewitter, Bull. schweiz. elektrotechn. Ver. Bd. 25 (1934), S. 93—99.

[2] MENGELE, B.: Anwendung und Einbau von Überspannungsableitern, Elektrotechn. u. Masch.-Bau Bd. 56 (1938), S. 329—334.

[3] MOREL, CH.: La foudre et les installations éléctriques intérieures, Bull. schweiz. elektrotechn. Ver. Bd. 30 (1939), S. 13—16.

[4] WELLAUER, M.: Die Übertragung von Überspannungen von der Oberspannung auf die Unterspannungswicklung von Transformatoren, Bull. schweiz. elektrotechn. Ver. Bd. 30 (1939), S. 124—133.

[5] MOREL, CH.: Blitzschläge und Gebäudeblitzschutz. Statistische Untersuchungen der 1925 bis 1937 in der Schweiz erfolgten Gebäudeblitzschläge, Bull. schweiz. elektrotechn. Ver. Bd. 31 (1940), S. 178—186.

[6] Mitteilungen aus den Technischen Prüfanstalten des SEV: Über den Schutz von Hausinstallationen gegen atmosphärische Überspannungen, Bull. schweiz. elektrotechn. Ver. Bd. 31 (1940), S. 549—550.

[7] BERGER, K.: Der Überspannungsschutz von Hausinstallationen, Bull. schweiz. elektrotechn. Ver. Bd. 32 (1941), S. 699—703.

[8] BERGER, K.: Stoßversuche an Hausinstallationen und vorläufige Beurteilung der Möglichkeiten des Schutzes von Hausinstallationen gegen atmosphärische Überspannungen, Bull. schweiz. elektrotechn. Ver. Bd. 35 (1944), S. 523—533.

[9] OLSSON, C. E.: Schutz gegen atmosphärische Überspannungen in Niederspannungsanlagen, Tekn. T. Elektrotekn. Vol. 73 (1943), S. 167; Auszug ETZ Bd. 65 (1944), S. 100.

[10] OLSSON, C. E.: Insulation level and coordination of insulation in electric low-tension plants, Chalmers Tekn. Högskolashandl. (1945), Nr. 42.

[11] SCHRANK, W.: Überspannungsableiter in Niederspannungsanlagen, Elektrotechn. Bd. 1 (1947), S. 85—90.

[12] SOLLERGREN, B., u. N. HYLTÉN-CAVALLIUS: Insulation and over-voltage problems in low voltage network, Acta Polytechn. Vol. 57 (1950); Electr. Engng. Vol. 2, Nr. 8.

[13] WITZIG, M.: Schutz der Niederspannungsanlagen, BBC-Nachr. Bd. 38 (1951), S. 115—119.

[14] Kristofory, F. L.: Ein verbesserter Überspannungsschutz für Wechselstrom-Niederspannungsanlagen, Siemens-Z. Bd. 27 (1953), S. 223–227.

[15] Erich, M.: Betriebs- und Schutzerdung in Verteilernetzen und Stationen, Elektrizitätswirtsch. Bd. 52 (1953), S. 340–342.

[16] Hieke, C.: Die Verbindung des niederspannungsseitigen Sternpunktes von Transformatoren mit der Hochspannungsschutzerde durch Überspannungsableiter für Niederspannung, Instit. Energet. Bd. 22 (1953), S. 60–69.

[17] Kristofory, F. L.: Verhütung von Überspannungsschäden in Installationsanlagen, Siemens-Z. Bd. 28 (1954), S. 309–313.

[18] Meyer, G.: Anforderungen an den Überspannungsschutz und Erfahrungen mit Ableitern in Niederspannungsanlagen, Energietechn. Bd. 4 (1954), S. 170–176.

20. Ausgleichvorgänge in Netzen.

[1] van Sickle, R. C.: Breaker performance studied by cathode ray oscillogramms, Electr. Engng. Vol. 54 (1935), S. 178–184.

[2] Baatz, H.: Hochfrequente Ausgleichsvorgänge bei Betriebs- und Fehlerschaltungen in Drehstrom-Hochspannungsnetzen, Diss. T. H. Berlin 1936.

[3] Kesselring, F., u. F. Koppelmann: Das Schaltproblem der Hochspannungstechnik, Arch. Elektrotechn. Bd. 30 (1936), S. 71–108.

[4] Puppikofer, H.: L'influence de l'arc sur l'allure du rétablissement de la tension aux bornes des interrupteurs, CIGRE 1937, Nr. 141.

[5] Evans, R. D., A. C. Monteith u. R. L. Witzke: Power-System transients caused by switching and faults, Trans. Amer. Inst. electr. Engrs. Vol. 58 (1939), S. 386–396.

[6] Pollard, A. H.: Utilisation de la coupure des résistances pour l'interruption des circuits à haute tension, CIGRE 1946, Nr. 136.

[7] Dorsch, H.: Über die Frequenz der elektromagnetischen Eigenschwingungen in Drehstromnetzen, Dtsch. Elektrotechn. Bd. 1 (1947), S. 177–179.

[8] AIEE: General Systems Subcommittee: Power system overvoltages produced by faults and switching operations, Trans. Amer. Inst. electr. Engrs. Vol. 67 (1948), S. 912–922.

[9] Dorsch, H.: Untersuchung von Schaltvorgängen bei dreiphasigen Stromkreisen, Diss. T. U. Berlin 1949.

[10] Meyer, H.: Die grundlegenden Probleme der Hochspannungsschalter, BBC-Mitt. Bd. 37 (1950), S. 108–122.

[11] Satche, P., u. V. Grosse: Le calcul des tensions de rétablissement et des surtensions internes par la méthode de Bergeron, CIGRE 1950, Nr. 128.

[12] Saint-Germain, J., u. M. Perolini: Les surtensions de coupure dues aux interrupteurs et aux coupe-circuits à fusibles à haute tension et leur rapport avec la coordination des isolements, CIGRE 1952, Nr. 131.

[13] Roth, A.: Aktuelle Probleme im Bau von Hochspannungsschaltern, Elektrotechn. u. Masch.-Bau Bd. 70 (1953), S. 425–430 u. 460–467.

[14] Biermanns, J.: Druckgasschalter, ETZ Bd. A 74 (1953), S.281–289.

[15] Perolini, M.: L'atténuation des surtensions de coupure dues aux disjoncteurs et aux coupe-circuits à fusibles, Bull. Soc. franç. Électr. Vol. 3 (1953), S.455–465.

[16] Kohn, S.: Comparaison et choix des paramètres essentiels intervenant dans la formation des surtensions lors des manoeuvres d'enclenchement et de déclenchement des moteurs, transformateurs ou condensateurs, Bull. Soc. franç. Électr. Vol. 3 (1953), H. 35, S. 700–707.

[17] Teszner, S.: Mécanisme physique et caractéristique des surtensions de

280 Schrifttum.

manoeuvres sur circuits inductifs; moyens de les combattre, Bull. Soc. franç. Électr. Vol. 3 (1953), H. 35, S. 708–718.

[18] JOHNSON, J. B., u. A. J. SCHULTZ: Switching-surge voltages in high-voltage stations, Power apparat. syst. Vol. 73 (1954), S. 69–79.

[19] BERGSTRÖM, L. R., O. JOHANSEN u. B. GRUNDMARK: Limitation des surtensions de commutation, Essais sur réseau, essais de laboratoire et calculs, CIGRE 1954, Nr. 117.

[20] TESZNER, S., E. MAURY u. M. PEROLINI: Les surtensions de coupure: moyens utilisés pour les atténuer et possibilités d'une réglementation des interrupteurs, CIGRE 1954, Nr. 146.

21. Überspannungen bei Erdschluß.

[1] PETERSEN, W.: Der aussetzende (intermittierende) Erdschluß, ETZ Bd. 38 (1917), S. 553 u. 564.

[2] BERGER, K.: Untersuchungen mittels Kathodenstrahl-Oszillograph der durch Erdschluß hervorgerufenen Überspannungen in einem 8 kV-Verteilnetz, Bull. schweiz. electr. Ver. Vol. 21 (1930), S. 756–788.

[3] EATON, J. R., J. K. PEEK u. J. M. DUNHAM: Experimental studies of arcing faults on a 75 kV-transmission system, Trans. Amer. Inst. electr. Ver. Bd. 50 (1931), S. 1469–1479.

[4] FLEISCHHAUER, W.: Vorgänge bei Erdschluß in gelöschten und ungelöschten Netzen und die gebräuchlichen Relaisschutzeinrichtungen, Siemens-Z. Bd. 15 (1935), S. 520–526.

[5] WILLHEIM, R.: Das Erdschlußproblem in Hochspannungsnetzen, Springer, Berlin 1936.

[6] DORSCH, H.: Untersuchungen von Erdschlußüberspannungen mit Hilfe von Modellnetzen, Siemens-Z. Bd. 25 (1951), S. 136–141.

[7] MEYER, H.: Der Erdschlußwischer in Hochspannungsnetzen, ETZ Bd. A 73 (1952), S. 537–541; Beitrag hierzu F. SCHÄR: Bull. schweiz. elektrotechn. Ver. Bd. 44 (1953), S. 586 u. 639.

[8] DSHUWARLY, T. M.: Zur Theorie der Überspannungen infolge von Erdschluß-lichtbögen in Netzen mit isoliertem Sternpunkt, Elektrizität (russ.) (1953), S. 18–27.

[9] GEISE, F.: Erdkurzschluß, Einfach- und Doppelerdschluß in Mittelspannungs-netzen, ETZ Bd. A 75 (1954), S. 215–220.

22. Überspannungen mit 50 Hz.

[1] MORAW, K.: Bemerkenswerte Störungen als Folge von Erdschlüssen, Elektro-techn. u. Masch.-Bau Bd. 64 (1947), S. 14–16.

[2] BULLA, W.: Induzierte Erdschlußspannungen, Elektrotechn. u. Masch.-Bau Bd. 66 (1949), S. 189–191.

[3] RÖSCH, H.: Erdschlußvorgänge in stern-stern-geschalteten Transformatoren bei beiderseitig geschützten Netzen, ETZ Bd. 70 (1949), S. 315–321.

[4] RÖSCH, H.: Über eine Gefahr höchster Überspannungen am Sternpunkt von Zusatztransformatoren, Elektrotechn. u. Masch.-Bau Bd. 69 (1952), S. 161–171.

[5] RÖSCH, H.: Einfluß der Ausgleichswicklung auf die Verlagerungsspannung am Sternpunkt von Zusatzregeltransformatoren beim unsymmetrischen zweipoli-gen Kurzschluß, Elektrotechn. u. Masch.-Bau Bd. 69 (1952), S. 343–348.

[6] Schär, F.: Ein einfaches Mittel zur Verhinderung der Spannungsverlagerung bei Spannungswandlern, hervorgerufen durch Kippen des Schwingungskreises, Bull. schweiz. elektrotechn. Ver. Bd. 45 (1954), S. 471—472.

23. Abschalten von Kurzschlüssen, Einschwingvorgänge.

[1] Berger, K., u. H. Habich: Die Abschaltung von Kurzschlüssen am Ende unverzweigter Leitungen und die sich dabei ergebenden Überspannungen, nach Versuchen mit den Kathodenstrahl-Oszillographen, Bull. schweiz. elektrotechn. Ver. Bd. 20 (1929), S. 681—702.

[2] Gubler, H.: Errechnung der Eigenfrequenz der wiederkehrenden Spannung und ihre Bedeutung für die Abschaltleistung, VDE-Fachber. Bd. 5 (1931), S. 48—51.

[3] Park, R. H., u. W. F. Skeats: Circuit breaker recovery voltages. Magnitudes and rates of rise, Trans. Amer. Inst. electr. Engrs. Vol. 50 (1931), S. 204—239.

[4] van Sickle, R. C., u. W. E. Berkey: Arc extinction phenomena in high voltage circuit breakers. Studied with a cathode ray oscillograph, Trans. Amer. Inst. electr. Engrs. Vol. 52 (1933), S. 850—860.

[5] von Borries, B., u. W. Kaufmann: Abschaltversuche an Hochleistungsschaltern. Untersuchungen mit dem Kathodenstrahloszillographen, Z. VDI Bd. 79 (1935), S. 597—604.

[6] Kaufmann, W.: Experimentelle Untersuchungen über den Anstieg der wiederkehrenden Spannung bei Abschaltvorgängen, VDE-Fachber. Bd. 7 (1935), S. 39—42.

[7] Hameister, G.: Untersuchungen über die Frequenz der wiederkehrenden Spannung als Unterlage für die Prüfbestimmungen in VDE 0670, VDE-Fachber. Bd. 7 (1935), S. 42—47.

[8] Krohne, E.: Contribution à l'étude de la fréquence de la tension de retour dans les coupures de court-circuit, CIGRE 1935, Nr. 116.

[9] Hameister, G.: Der Anstieg der wiederkehrenden Spannung nach Kurzschlußabschaltungen im Netz, ETZ Bd. 57 (1936), S. 1025—1028 u. 1052—1054.

[10] Wanger, W., u. K. Brown: Berechnung der Schwingungen der wiederkehrenden Spannung nach Kurzschlüssen, BB-Mitt. Bd. 24 (1937), S. 283—302.

[11] Krohne, E., u. F. Kesselring: Recherches effectuées en 1936 sur la résistance et la tension de rétablissement dans les disjoncteurs, CIGRE 1937, Nr. 112.

[12] Juillard, E.: Rapport sur les travaux du Comité des interrupteurs, CIGRE 1937, Nr. 139.

[13] Gantenbein, A.: Le processus de la disjonction dans les coupe circuits et les fusibles à pouvoir de coupure élevé ne provoquant pas de surtensions, CIGRE 1939, Nr. 131.

[14] Peterson, H. A.: Power system voltage-recovery characteristics, Trans. Amer. Inst. electr. Engrs. Vol. 58 (1939), S. 405—411.

[15] Adams, J. A., W. F. Skeats, R. C. van Sickle u. T. G. A. Sillers: Practical calculation of circuit transient recovery voltages, Trans. Amer. Inst. electr. Engrs. Vol. 61 (1942), S. 771—779.

[16] Hammarlund, P. E., u. O. Johansen: Tensions de rétablissement transitoires consécutives à la coupure des courants de court-circuits avec une référence spéciale aux réseaux électriques suédois, CIGRE 1948, Nr. 107.

[17] ter Horst, Th. J.: Les fréquences naturelles dans le réseau de transmission à 150 kV des Pays-Bas, CIGRE 1948, Nr. 123.

[18] Thommen, H.: De la question des oscillations électrodynamiques sollicitant les disjoncteurs à grande puissance, CIGRE 1948, Nr. 125.

[19] Kurth, F.: Fréquence de l'oscillation de la tension de rétablissement dans les réseaux à courant alternatif, CIGRE 1948, Nr. 139.

[20] Grünewald, H.: Die Vermeidung von Schaltüberspannungen in Umspannwerken mit Erdschlußlöscheinrichtungen, Elektrizitätswirtsch. Bd. 48 (1949), S. 103—107.

[21] Witzke, R. L.: Voltage-recovery characteristics of distribution systems, Trans. Amer. Inst. electr. Engrs. Vol. 68 (1949), I, S. 172—180.

[22] Eason, W. H., J. B. Johnson, J. W. Kalb u. H. A. Peterson: Short-circuit currents and recovery voltages on rural distribution systems, Trans. Amer. Inst. electr. Engrs. Vol. 68 (1949), II, S. 930—937.

[23] Blase, J.: Influence de la tension de rétablissement sur la performance des disjoncteurs, Bull. Ass. Ing. électr. Montefiore 63 (1950), S. 221—238.

[24] Hammarlund, P. E., u. O. Johansen: Die wiederkehrende Spannung bei Kurzschlußabschaltung im schwedischen Kraftwerk, Asea's Tidn. 42 (1950), H. 1 u. 2.

[25] Cliff, J. S.: Les caractéristiques du réamorcage des stations d'essai et les essais de disjoncteurs, CIGRE 1950, Nr. 109.

[26] Gosland, L., u. J. S. Vesper: Tension de réamorcage dans les réseaux britanniques à 66 kV, CIGRE 1950, Nr. 110.

[27] Fourmarier, P.: Méthode expérimentale nouvelle de déterminiation de la tension de rétablissement. — Résultats obtenus sur les réseaux belges, CIGRE 1950, Nr. 117.

[28] ter Horst, Th. J.: Fréquences propres d'un réseau de lignes aériennes à 50 kV et du réseau d'interconnexion à 110 kV aux Pays-Bas, CIGRE 1950, Nr. 127.

[29] Kurth, F.: Méthode pour la mesure directe du taux de la tension de rétablissement, dans les réseaux, sans interruption de service, CIGRE 1950, Nr. 136.

[30] Belot, R.: Les fréquences propres dans les réseaux de transport d'énergie des Unions des Centrales Electriques du Hainaut, CIGRE 1950, Nr. 317.

[31] Someda, G.: Détermination expérimentale des fréquences propres dans un réseau italien, CIGRE 1950, Nr. 329.

[32] Leeds, W. M., u. D. J. Povejsil: Out-of-phase switching voltages and their effect on high-voltage circuit breaker performance, Trans. Amer. Inst. electr. Engrs. Vol. 71 (1952), III, S. 88—96.

[33] AIEE Committee Report: Transient fault current and voltage recovery characteristics of distribution systems, Trans. Amer. Inst. electr. Engrs. Vol. 71 (1952), III, S. 768—787.

[34] Cliff, J. S.: Les facteurs d'amplitude des tensions transitoires de rétablissement dans les stations d'essais de disjoncteurs, CIGRE 1952, Nr. 102.

[35] Johansen, O. S.: Recherches sur les valeurs de la vitesse d'accroissement de la tension transitoire de rétablissement et du facteur d'amplitude dans les réseaux suédois d'énergie et proposition concernant les valeurs de référence de la vitesse d'accroissement de la tension transitoire de rétablissement, CIGRE 1952, Nr. 104.

[36] Belot, R.: Amplitude et fréquences propres de la tension de rétablissement dans les réseaux de l'Union des Centrales Electriques du Hainaut (Belgique), CIGRE 1952, Nr. 109.

[37] Gosland, L., u. J. S. Vosper: Étude, à l'aide de la table à calcul, des tensions transitoires inhérentes de rétablissement sur le réseau britannique à 132 kV, CIGRE 1952, Nr. 120.

[38] Lehmhaus, F.: Anforderungen an Leistungsschalter im Verbundbetrieb, Elektrizitätswirtsch. Bd. 52 (1953), S. 188—190.

[39] Dorsch, H.: Die wiederkehrende Spannung beim Abschalten von Kurz-

schlüssen in Netzen mit fester Sternpunkterdung, VDE-Fachber. Bd. 17 (1953), S. II/22—27.

[40] Petschner, K.: Die Bewertung des Ausschaltvermögens der Leistungsschalter unter Berücksichtigung des Spannungseinschwingvorganges, Dtsch. Elektrotechn. Bd. 7 (1953), S. 52—55.

[41] Puppikofer, H.: Bemerkungen zum Entwurf der neuen Regeln des SEV für Wechselstrom-Hochspannungsschalter, Bull. schweiz. elektrotechn. Ver. Bd. 44 (1953), S. 37—40.

[42] Langer, H.: Einschwingfrequenzen und Bewertung des Ausschaltvermögens von Leistungsschaltern im Netz, Elektrizitätswirtsch. Bd. 54 (1955), S. 166 bis 170 u. S. 196—201.

[43] Böcker, H.: Einschwingfrequenzen in Netzen, ETZ Bd. A 76 (1955), S. 792—795.

24. Schalten von Transformatoren im Leerlauf.

[1] Hammerschmidt: Über Ausgleichvorgänge beim Abschalten von Induktivitäten, Arch. Elektrotechn. Bd. 10 (1922), S. 431.

[2] Kopeliovitch, J.: Les surtensions de déclenchement et particulièrement celles des transformateurs à vide, Bull. schweiz. elektrotechn. Ver. Bd. 18 (1927), S. 513—542.

[3] Freiberger, H.: Überschläge in Schaltanlagen beim Abschalten von Transformatoren, VDE-Fachber. Bd. 7 (1935), S. 32—35.

[4] Berger, K., u. Ch. Jean-Richard: Oszillographisch gemessene Überspannungen beim Abschalten eines leerlaufenden Transformators mit Druckluft- und Ölschaltern verschiedener Bauart, Bull. schweiz. elektrotechn. Ver. Bd. 35 (1944), S. 551—559.

[5] Berger, K., u. R. Pichard: Die Berechnung der beim Abschalten leerlaufender Transformatoren, insbesondere mit Schnellschaltern, entstehenden Überspannungen, Bull. schweiz. elektrotéchn. Ver. Bd. 35 (1944), S. 560—570.

[6] Rambaut, S.: Détermination de la tension aux bornes de l'interrupteur en fonction du courant coupé au moyen d'essais de coupure de faible intensité, CIGRE 1948, Nr. 111.

[7] Bresson, Ch.: Sollicitations particulières des interrupteurs dans les réseaux, CIGRE 1950, Nr. 104.

[8] Baltensperger, P.: Surtensions lors du déclenchement de faibles courants inductifs, CIGRE 1950, Nr. 116.

[9] Srinivasan, A.: Surtensions transitoires dans les transformateurs par suite d'une interruption du courant d'excitation, CIGRE 1950, Nr. 333.

[10] Baltensperger, P.: Abschalten eines leerlaufenden Transformators mit einem modernen 150 kV-BB-Druckluftschnellschalter im Unterwerk Bottmingen der Atel, BB-Mitt. Bd. 39 (1952), S. 335—341.

[11] Young, A. F. B.: Some researches on current chopping in high-voltage circuit-breakers, Proc. Inst. Electr. Engrs. Vol. II, 100 (1953), S. 337—361.

[12] Poma, M., u. L. Richard: Contribution à l'étude des surtensions consécutives à la coupure de courants faibles, CIGRE 1954, Nr. 118.

[13] Roth jr., A. W., u. H. R. Strickler: La réduction des surtensions résultant du déclenchement à vide des transformateurs, CIGRE 1954, Nr. 129.

[14] Neuve-Église, J.: Le comportement des parafoudres à résistance variable aux surtensions de coupure des charges réactives, CIGRE 1954, Nr. 326.

[15] Baltensperger, P., u. P. Schmid: Lichtbogenstrom und Überspannungen

beim Abschalten kleiner induktiver Ströme in Hochspannungsnetzen, Bull. schweiz. elektrotechn. Ver. Bd. 46 (1955), S. 1–13.

[16] BALTENSPERGER, P., u. E. RUOSS: Beherrschung von Umschlagstörungen durch Druckluftschalter, ETZ Bd. A 76 (1955), S. 132–134.

25. Schalten von Leitungen im Leerlauf.

[1] BAATZ, H.: Vorgänge beim Abschalten leerlaufender Hochspannungsleitungen, VDE-Fachber. Bd. 7 (1935), S. 35–39.

[2] BRESSON, CH.: La coupure des lignes à vide par les interrupteurs, CIGRE 1939, Nr. 109.

[3] AKOPIAN, A. A.: La destruction des interrupteurs dans l'huile au déclenchement à vide des lignes de transmission à haute tension, CIGRE 1948, Nr. 141.

[4] BERGSTRÖM, L. R.: Schaltüberspannungen in großen Netzen, Tekn. T. Vol. 79 (1949), S. 915–923.

[5] DORSCH, H.: Ausgleichspannungen auf einer 700 km langen 380 kV-Drehstromübertragung bei Lastabwurf, ETZ Bd. 71 (1950), S. 685–688.

[6] FISCHER, U.: Analyse und Synthese der Vorgänge beim Abschalten leerlaufender Hochspannungsleitungen, VDE-Fachber. Bd. 15 (1951), S. 36–43.

[7] EHRENSPERGER, H.: Versuche mit einem neuen 220 kV-Ölstrahlschalter in der Schaltstation Fontenay, Bull. schweiz. elektrotechn. Ver. Bd. 43 (1952), S. 730–738.

[8] PICHARD, R.: Comparaison des surtensions survenant lors du déclenchement d'une ligne ouverte alimentée par un transformateur dont le neutre est isolé ou mis directement à la terre, CIGRE 1952, Nr. 114.

[9] BARON, Y. C.: Contribution à l'étude expérimentale des phénomènes d'interruption, Bull. Soc. franç. Électr. Vol. 3 (1953), S. 753–769.

26. Schalten von Transformatoren und Leitungen im Leerlauf.

[1] PUPPIKOFER, H., u. H. HABICH: Essais de déclenchement de transformateurs et de lignes aériennes de transport, CIGRE 1939, Nr. 130.

[2] KILLGARE, C. L., A. C. CONGER u. W. WANGER: Großversuche mit einem 230 kV-Druckluftschnellschalter im Kraftwerk Grand Coulee (USA), BBC-Mitt. Bd. 38 (1951), S. 375–390.

[3] BALTENSPERGER, P.: Abschalten leerlaufender Leitungen und kleiner induktiver Ströme mit einem modernen 220 kV-BB-Druckluftschnellschalter im schwedischen Kraftwerk Stadsforsen, BB-Mitt. Bd. 38 (1951), S. 391–410.

[4] BERGSTRÖM, L. R., u. U. SANDSTRÖM: The field testing of 220 kV-air-blast circuit breakers, Electr. Engng. Vol. 70 (1951), S. 118–124.

[5] LAUENER, P.: Prüfung moderner Hochleistungsschalter für hohe Spannungen im Netz, VDE-Fachber. Bd. 16 (1952), S. II/1–8.

[6] AUTENRIETH, K.: Unterbrechung kleiner induktiver und kapazitiver Ströme mit den Druckausgleichschaltern, VDE-Fachber. Bd. 16 (1952), S. II/8–13.

[7] MEYER, H.: Compte rendu des essais sur réseaux exécutés avec un nouveau type de disjoncteur pneumatique à très haute tension, CIGRE 1952, Nr. 115.

[8] BERGER, K.: Überspannungen beim Schalten leerlaufender Transformatoren und Leitungen, Bull. schweiz. elektrotechn. Ver. Bd. 44 (1953), S. 397–409.

[9] JANCKE, G., u. U. SANDSTRÖM: Field testing 400 kV circuit breakers, Electr. Engng. Vol. 72 (1953), S. 1015–1020.

[*10*] JANCKE, G., u. U. SANDSTRÖM: Essais de champ de disjoncteurs à 380 kV, CIGRE 1954, Nr. 106.

[*11*] LABORDE, M., Y. BAROU, M. MASCARIN, M. FALLOU u. M. POUARD: Contribution expérimentale du Centre de recherches de Fontenay à l'étude de certains problèmes d'interruption, CIGRE 1954, Nr. 149.

[*12*] BAATZ, H., W. WASTE u. H. ZADUK: Überspannungen beim Abschalten leerlaufender Transformatoren und Leitungen, ETZ-A, Bd. 76 (1955), S. 241–247.

27. Schalten von Motoren.

[*1*] BALTENSPERGER, P., u. H. MEYER: Überspannungen beim Abschalten von Hochspannungsmotoren, BB-Mitt. Bd. 40 (1953), S. 342–350.

[2] FOURMARIER, P.: Sur les surtensions à front raide auxquelles peuvent être soumis les moteurs triphasés raccordés à un réseau de cables lors de l'enclenchement et du déclenchement, Bull. Soc. franç. Électr. Vol. 3 (1953), S. 447 bis 454.

28. Schalten von Kondensatoren.

[*1*] HÜRBIN, M.: Statische Kondensatoren zur Verbesserung des Leistungsfaktors in ihrer Rückwirkung auf das Netz, Bull. schweiz. elektrotechn. Ver. Bd. 20 (1929), S. 652–669.

[2] GRÜNEWALD, H.: Das Schalten von Hochspannungs-Phasenschieber-Kondensatoren großer Leistung nach Netzversuchen, VDE-Fachber. Bd. 7 (1935), S. 25–30.

[*3*] FUNKHOUSER, A. W., R. C. VAN SICKLE u. D. F. SHANKLE: Switching high-voltage shunt capacitor banks, Trans. Amer. Inst. electr. Engrs. Vol. I, 70 (1951), S. 129–133.

[*4*] VAN SICKLE, R. C., u. J. ZABORSZKY: Capacitor switching phenomena, Trans. Amer. Inst. electr. Engrs. Vol. I, 70 (1951), S. 151–159.

[*5*] DILLOW, N. E., J. B. JOHNSON, N. R. SCHULTZ u. A. E. WERE: Switching capacitive Kilovolt-Amperes with power circuit breakers, Trans. Amer. Inst. electr. Engrs. Vol. III, 71 (1952), S. 188–199.

[*6*] HENDRICKSON, P. E., J. B. JOHNSON u. N. R. SCHULTZ: Open conductors and capacitors can produce abnormal 3-phase feeder voltages, Electr. Wld. Vol. 141 (1954), S. 84–87.

[7] PRIGENT, H.: Mécanismes de l'enclenchement et de la coupure des batteries de condensateurs raccordées en dérivation dans les réseaux à moyenne tensions, Bull. Soc. franç. Électr. Vol. 4 (1954), S. 513–526.

Sachverzeichnis.